高职高专"十三五"规划教材

化工产品分析与检测

HUAGONG CHANPIN FENXI YU JIANCE

祁新萍　李永霞　主编　　朱明娟　副主编
杨永红　主　审

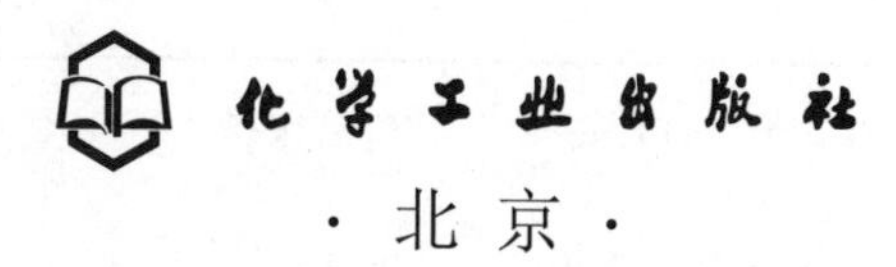

·北京·

本书属于理实一体化教材，既有学生进行实际操作所必需的理论知识，同时又有许多可操作的实验，内容包括化工分析基础知识、化工分析基本操作、配位滴定分析、氧化还原分析、沉淀滴定分析与重量分析、电位分析、吸光光度分析、原子吸收光谱分析、气相色谱分析及配套实验等内容。

本书作为高职高专院校、中职院校应用化工专业学生教材，也可作为化工企业分析岗位员工参考。

图书在版编目（CIP）数据

化工产品分析与检测/祁新萍，李永霞主编．—北京：化学工业出版社，2018.8

高职高专“十三五”规划教材

ISBN 978-7-122-32509-9

Ⅰ.①化… Ⅱ.①祁… ②李… Ⅲ.①化工产品-分析-高等职业教育-教材②化工产品-检测-高等职业教育-教材 Ⅳ.①TQ075

中国版本图书馆CIP数据核字（2018）第138328号

责任编辑：张双进　　文字编辑：孙凤英

责任校对：马燕珠　　装帧设计：王晓宇

出版发行：化学工业出版社（北京市东城区青年湖南街13号　邮政编码100011）

印　　装：大厂聚鑫印刷有限责任公司

787mm×1092mm　1/16　印张16¾　字数425千字　2018年9月北京第1版第1次印刷

购书咨询：010-64518888（传真：010-64519686）　售后服务：010-64518899

网　　址：http://www.cip.com.cn

凡购买本书，如有缺损质量问题，本社销售中心负责调换。

定　　价：45.00元

前言

FOREWORD

本书是根据全国高职高专化工教学的特点进行编写的。本书充分考虑了教学改革和培养面向21世纪高素质人才的需要，并根据我们教师多年的教学经验和化工类不同专业的需求，汲取了现有同类教材的优点，经过反复修改而成。

本书采用项目化教学，主要面向煤化工、石油化工、氯碱化工等化工类以及医药、环境监测等高职高专的学生。全书力求贯彻应用性、实用性、综合性的原则，注重理论和实际的结合，在内容安排上注意知识构架的完整性。在本书的编写过程中，主要注重以下几个方面。

1. 在内容选材方面，主要以教育部高职高专教学指导委员会对课程的教学基本要求为依据，力图做到理论联系实际，精选实训内容，使学生能够全面地充实自己的专业知识。

2. 在本书的内容安排上，力求保持实训内容的系统性和完整性。本书采用项目化教学方式进行编写，使知识点划分具有鲜明性。

3. 在编写过程中，主要是结合高职高专学生的特点，注重理论联系实际，重点培养学生的动手能力，体现专业特色，以提高学生的学习兴趣。

4. 本书实验内容满足教学基本需求，教师可有较多的选择。

本书由新疆轻工职业技术学院祁新萍、李永霞任主编，朱明娟任副主编。具体分工如下：祁新萍（项目一），李永霞（项目四、项目十一、项目十二、项目十三、附录），朱明娟（项目二、项目三、项目八、项目九），李芸（项目五、项目六），龙燕（项目七、项目十）。全书由祁新萍、李永霞统稿，由杨永红主审。

本书在编写的过程中，得到了编者所在学校领导和同事的关心和帮助，同时也得到了一些化工企业的大力支持。

由于编者水平有限，书中难免有不妥之处，恳请读者批评指正。

编　者

2018年5月

目录

CONTENTS

绪　论

一、分析化学实训课开设的目的

分析化学实训课是高等院校有关专业必修课，以介绍分析化学实训原理、实训方法、实训手段为主要内容，以实践能力训练和实训技能培养为目标的独立课程。本门课程是化工类化学教学中重要的组成部分，也是培养学生创新意识、创新能力的主要途径。

在完成具体的实训任务后，可以使学生达到以下目的。

① 在实训过程中，使学生能够掌握实训条件、试剂用量等对分析结果准确度的影响，对“量”这个概念有正确的了解。在正确、合理地选择分析方法、实训仪器、所用试剂和实训条件进行实训的前提下，保证准确的分析结果。

② 正确地掌握实训数据的处理方法，正确记录、计算和表示分析结果，能够完整地写出实训报告。

③ 巩固和加深对分析化学基本理论知识的理解，更加熟练地掌握更多的分析化学的基本操作技术，充实实验基本知识，学习并掌握重要的分析方法，具有初步进行科学实验的能力，为后续的课程学习和将来从事相关研究工作打下坚实的基础。

④ 把所学的分析化学基本理论和所掌握的实验基本知识结合起来，设计实验方案，并通过实际操作验证其可行性。

⑤ 培养严谨细致的工作态度，使学生提出问题、分析问题、解决问题的能力能够得以提高。

二、分析化学实训课的任务和要求

① 在实训课开始之前，要求学生能够认真阅读“实验室规则”和“天平使用规则”，必须严格遵守实训室的各项规章制度。了解实训室的安全常识、化学药品的保管和使用方法及注意事项等，进一步了解实训室一般故障的处理方法，并按照操作规程和指导教师的正确指导进行操作实训。

② 实训课开始之前要求学生必须进行预习，力求明确任务目标，对实训原理充分理解，熟悉实训步骤，做好预习并写预习报告。未经预习的学生不允许进行实训。

③ 实训课开始之前，要认真清点自己使用的仪器。实训过程中损坏和丢失的仪器及时向实训指导教师报告，进行登记领取，并按有关规定进行赔偿。

④ 要求实训过程中所有的原始数据必须随时记在专用的、预先准备好的实训记录本上，做到不得涂改原始实训数据。

⑤ 在实训过程中，保证实训准确度的情况下，尽量降低试剂的消耗。实训产生的废液、废物最后要进行无害化处理后才能排放，或放在指定的废物收集器中，做统一处理。

⑥ 在洗涤仪器时，做到节约试剂、滤纸、纯水及自来水等的使用。对水的用量上遵循“少量多次”的原则，在取试剂时注意看清楚标签，防止由于取错而浪费试剂和造成实训数据不准确。

⑦ 为了集中精力做好实训，要注意保持实训室安静。同时保持实训台卫生清洁，实训仪器摆放整齐、有序。

三、分析化学实训课的基本内容

分析化学实训课是化工类课程的重要组成部分，通过实训操作，可以提高分析问题和解决问题的能力，巩固和深化分析化学的基础理论知识，培养理论联系实际、实事求是的科学态度和良好的工作作风，为今后的学习和工作奠定基础。本书主要分为十三个项目，分别为：化工分析基本操作技能训练；食醋中醋酸的测定；工业片碱分析；自来水及工业废水的测定；工业用水 DO 的测定；工业双氧水的测定；氯碱厂粗盐水的测定；分光光度法测定工业盐酸中的铁含量；紫外分光光度法测定有机物；原子吸收光谱分析化工原料及产品；气相色谱法测定有机化工产品的含量；高效液相色谱法测定有机物的含量；离子色谱法测定工业水样中离子的含量。在每个项目中开展项目化教学，并且开设了与其对应的任务项目作为支撑。

项目一

化工分析基本操作技能训练

化工分析是一门实践性非常强的学科，是化学化工类专业的重要课程之一。通过本课程的学习，能使学生加深对化工分析基本理论与基本概念的理解；掌握化工分析实验的基本操作技能；培养学生良好的实验习惯、实事求是的科学态度、一丝不苟的科学作风；在实验过程中培养学生观察现象、发现问题、分析问题与解决问题的能力；树立“量”的概念，将“误差”概念贯穿在整个实验过程中；掌握正确处理实验数据的方法，规范实验报告的书写。

知识链接

一、实验室基本常识

（一）化工分析实验的主要目的和基本要求

化工分析是建立在实验科学基础上的一门学科，是培养学生独立操作、观察记录、分析归纳、撰写报告等多方面能力的重要环节。

1. 化工分析实验的主要目的

① 使学生通过观察实验现象，了解和认识化学反应的事实，加深对化学化工基本概念和基本理论的理解、巩固、充实和提高，并适当地扩大知识面；

② 培养学生正确掌握一定的化工分析基本操作和技能；

③ 培养学生正确使用基本仪器测量实验数据，正确处理数据和表达实验结果；

④ 培养学生独立思考、独立解决问题的能力、严谨的科学态度和良好的实验素质，为后续课程的学习以及参加实际工作和科学研究打下良好的基础；

⑤ 激发学生的学习兴趣，树立学生的创新意识，培养学生的创新能力。

2. 本课程学习的基本要求

① 实验前应认真预习，查阅有关原料和产物的物理常数，明确实验目的要求，了解实验基本原理、实验步骤、方法和注意事项，做到心中有数。

② 根据实验内容，写好预习报告。以简单明了的方式（如图、表、流程线等）描述实验步骤和方法，画好表格，以便实验时及时、准确地记录实验现象和有关数据。

③ 实验开始前先清点仪器设备，如发现缺损，应立即报告教师（或实验室工作人员），并按规定手续向实验员申请补领。实验中如有仪器破损，应及时报告并按规定手续向实验员

换取新仪器。

④ 实验时应保持安静，集中精力，认真操作，仔细观察，如实记录实验过程中的现象、数据和结果，积极思考问题，并运用所学理论知识解释实验现象，分析并探讨实验中的问题。

⑤ 熟悉常用仪器使用方法和操作规程，如玻璃仪器的清洗、干燥、装配、使用和拆卸；加热、冷却、萃取和洗涤；重结晶、过滤和抽滤、液体和固体样品的干燥；分离提纯和物理常数的测定；滴定、定性分析和定量分析。

⑥ 理解有效数字概念及其简便运算规则，正确读取和记录有效数字。掌握常用数据处理方法如平均值法、作图法等。

⑦ 了解分析天平的构造，掌握其使用方法。

⑧ 能够正确记录和处理实验数据、分析及表达实验结果，撰写合格的实验报告。

⑨ 实验时要爱护实验器材，注意节约水、电、试剂。按照化学实验基本操作规定的方法取用试剂。必须严格按照操作规程使用精密仪器。如发现仪器有故障，应立即停止使用，并及时报告指导教师。

⑩ 实验完毕，将玻璃仪器洗涤干净，放回原处。整理桌面，清洁水槽和打扫地面卫生。

⑪ 实验结束，进行数据处理，认真地写好实验报告，并对实验中出现的现象和问题进行认真的讨论。

（二）化工分析的学习方法

为达到教学目的，学生必须树立正确的学习态度，掌握适当的学习方法。化工分析实验的学习方法，大致可分为预习、实验和撰写实验报告三个步骤。

1. 实验前的预习

学生进入实验室前，必须做好预习。实验前的预习，归纳起来是“读、查、写”三个字。

读：仔细阅读与本次实验有关的全部内容（实验项目内容、实验中涉及的基本操作）。

查：通过查阅书后附录、有关手册以及与本次实验相关教材的内容，了解实验的基本原理、化学物质的性质和有关理化常数。

写：在读和查的基础上，认真写好预习报告。预习报告的具体内容及要求如下：

① 实验目的和要求，实验原理或反应方程式，需用的仪器和装置，溶液的浓度及配制方法，主要试剂和产物的物理常数，主要试剂的规格、用量等。

② 根据实验内容用自己的语言简单明了地写出简明的实验步骤（不要照抄!），关键之处应加以注明。步骤中的内容可用符号简化。例如，化合物只写分子式，加热用“△”，加用“+”，沉淀用“↓”，气体逸出用“↑”等符号表示；仪器及装置画出示意图。这样，在实验前形成了一个基本提纲，实验时就会心中有数。

③ 制备实验或提纯实验应列出制备或纯化原理和过程（以操作流程线表示）。

④ 对于实验中可能会出现的问题（包括安全问题和导致实验失败的因素）要写出防范措施和解决办法。

2. 实验记录

① 实验时除了认真操作、仔细观察、积极思考外，还应及时地将观察到的实验现象及测得的各种数据如实地记录在专门的记录本上。记录必须做到简明、扼要、全面，字迹整洁。

② 如果发现实验现象和理论不符，应认真检查原因，遇到疑难问题而自己难以解释时，可向教师请教。必要时重做实验。

③ 实验记录必须完整，不得随意涂改，不得用铅笔记录，记录本不得撕页。

④ 任何数据和记录不得记录在记录本以外的其他纸张上，也不得记录在实验讲义上。

⑤ 实验完毕后，将实验记录交教师审阅。

3. 实验报告

做完实验后，应在规定的时间内完成实验报告，交指导教师批阅。实验报告应该简明扼要，一般包括如下几个部分：

① 实验名称，实验日期。

② 目的要求。

③ 实验原理。简述该实验的基本原理及相关化学反应式，作为进行此项实验的理论依据。

④ 主要仪器与试剂。实验装置要求画图。

⑤ 实验步骤。按操作时间先后顺序条理化地表达实验进行的过程，实验步骤按不同实验要求，用箭头、方框、简图、表格等形式表达，既可减少文字，又简单、明了、清晰。实验过程中需要特别注意和小心操作的地方要着重注明，切忌抄袭教材。

⑥ 实验现象和数据记录。应及时、正确、客观地记录实验现象或原始数据。能用表格形式表达的最好用表格，一目了然，便于分析和比较。

⑦ 数据处理。以原始记录为依据，合理地对原始数据按照一定要求进行处理。

⑧ 实验结果。实验结果是整个实验的成果和核心，是对实验现象、实验数据进行客观分析和处理之后得到的结论。

⑨ 问题与讨论。问题是对实验思考题的解答或对实验方法及实验内容提出的改进意见和建议，便于学生与教师进行交流和探讨。讨论是对影响实验结果的主要因素、异常现象或数据的解释，或将计算结果与理论值比较，分析误差的原因。

⑩ 未做实验，不得撰写实验报告。

（三）实验室规则

化学实验会接触许多化学试剂和仪器，其中包括一些有毒、易燃、易爆、有腐蚀性的试剂以及玻璃器皿、电气设备、高压及真空器具等。如不按照使用规则进行操作就可能发生中毒、火灾、爆炸、触电或仪器设备损坏等事故。因此，为保障身体健康及人身安全，进行化学实验时必须严格执行实验室规则。

① 实验前应充分预习，写好实验预习方案，按时进入实验室。未预习及迟到者，不能进行实验。

② 必须认真完成规定的实验内容。如果对实验及其操作有所改动，或者做自选实验，应先与指导教师商讨，经允许后方可进行。

③ 浓酸、浓碱具有强腐蚀性，切勿溅在皮肤或衣服上，并注意眼睛的防护。稀释浓硫酸等，应将它们慢慢倒入水中，而不能相反进行，以避免溅出发生意外。

④ 有毒药品（如钡盐、铅盐、砷的化合物、汞的化合物及剧毒药品氰化物等）不得进入口内或接触伤口。

⑤ 加热试管时，不要将管口对着自己或他人，更不能俯视正在加热的液体，以免液体溅出而发生意外伤害。

⑥ 绝对禁止任意混合各种化学药品，以免发生意外事故。

⑦ 一切有毒或有刺激性气体产生的实验都应在通风橱内进行。

⑧ 将玻璃管、温度计、漏斗等插入橡胶塞（或软木塞）时，应用水或凡士林等润滑，并用布包好，操作时应手持塞子的侧面，切勿将塞子握在手掌中，以防玻璃管破碎刺伤。

⑨ 药品和仪器应整齐地摆放在一定位置，用后立即放回原位。火柴梗、废纸屑、碎玻璃等及时倒入垃圾箱，不得随意乱丢。

⑩ 必须正确地使用仪器和实验设备。如发现仪器有损坏，应按规定的有关手续到实验预备室换取新的仪器；未经同意不得随意拿取别的位置上的仪器；如发现实验设备有异常，应立即停止使用，及时报告指导教师。

⑪ 水、电、煤气一经使用完毕就应立即关闭。

⑫ 实验时应保持实验室和台面的整洁。腐蚀性或污染性的废物应倒入废液桶或指定容器内，严禁投入或倒入水槽内，以防水槽和下水道堵塞或腐蚀。

⑬ 实验室内不得吸烟、饮食，离开实验室前应先洗手；若使用过毒物，还应漱口。

⑭ 实验室的一切物品及试剂不得带离实验室。用剩的药品应交还给教师。

⑮ 清理实验所用的仪器，将属于自己保管的仪器放进实验柜内锁好。各实验台轮流值日，必须检查水、电和煤气开关是否关闭，负责实验室内的清洁卫生。

⑯ 实验结束后，将实验记录经指导教师检查签字后方能离开实验室。

（四）学生行为准则

① 实验室将于实验所规定的时间前开始允许学生进入并准备实验。为保障实验室安全，实验室非开放时间，未经允许严禁任何学生进入。

② 学生做实验前必须预习实验，明确实验原理，熟悉实验内容，写出预习报告，并接受实验指导老师检查。凡未写出实验预习报告者，一经查出，应退出实验室，补写好后，再做实验。

③ 进入实验室必须按要求穿着实验服，严禁穿拖鞋、背心入内。

④ 实验必须在老师的指导下进行，未经老师许可不可擅自操作。

⑤ 实验过程中，按规范进行实验操作，仔细观察实验现象，认真做好实验记录，接受老师的指导和安排。

⑥ 必须将实验数据记录在专门的记录本上，记录要求真实、及时、齐全、清楚、规范。应该用钢笔或圆珠笔记录，如有记错，将记录画掉，在旁边重写清楚，不得涂改。实验完毕，须将实验记录交老师检查合格签字后，方可离开实验室。

⑦ 实验过程中，实验仪器应放置整齐，实验台面及地面应保持干燥、清洁。废液、火柴头、垃圾各归其位，不得倒入水池。实验完毕，整理好实验仪器、试剂，摆放整齐。值日生按《卫生细则》做好整个实验室的卫生，关好门窗、水电，经老师检查合格方可离开。

⑧ 学生在结束一门实验课程后，应将全部仪器洗涤干净后交还实验室。

⑨ 实验室内严禁吸烟、饮食；严禁大声喧哗、打闹。

⑩ 学生损坏实验室仪器、设备，按有关规定进行一定金额赔偿。

（五）卫生细则

（1）每学期学生实验开始前，各班班长需向实验室提供清洁卫生值日表（每个卫生小组需安排一个负责人），值日表一式两份，由实验室存档。

（2）实验结束后，每个学生都需自觉清理自己的台面和试剂架，试剂瓶应摆放整齐，并尽量使试剂瓶恢复到实验前的摆放状态。严禁将任何废弃物丢入水池中，特别是试纸、滤纸、火柴等轻小物品，以免造成下水管道的堵塞。

（3）待学生基本做完实验离开实验室后，当天值日生方可开始进行实验室卫生工作。具体要求如下：

① 试剂瓶、试剂架及台面　检查试剂瓶的摆放位置是否正确，摆放是否整齐，试剂架及台面是否清洁。对于卫生状况未达到要求的，值日生应重新予以清洁整理。同时，还需对实验室公共台面进行清洁，实验室的公共台面包括边柜、通风橱及其两侧矮柜的台面。

② 水池　值日生应仔细清理水池，将残留在水池中的异物清出，并清洗水池壁。

③ 地面　负责拖地的同学应勤洗拖把，严禁一把拖把一次性拖完整个实验室的敷衍行为。拖把的清洗应在实验室内的水池进行，严禁使用卫生间的水池，以免弄脏走廊路面，也避免因瓷砖滞水而滑倒的情况发生。清洗过的拖把应尽量拧干后再拖地（实验室提供手套）。地面清洁完毕，将拖把洗净、拧干、挂回原处。

④ 板凳及抹布的摆放　值日生需对板凳和抹布进行正确摆放，以保持实验室的整洁。

⑤ 门窗水电　清洁卫生完毕，检查各仪器设备电源是否都已关闭，关好所有水龙头，关好门窗，特别注意要插好插销。

⑥ 其他　实验卫生清洁结束前，值日生应该对各蒸馏水瓶进行补充，试管刷应挂在水池两侧相应的位置，公共仪器设备应清洁干净后归还原位。

（4）清洁卫生的具体分工，由各卫生小组负责人全权负责。清洁卫生工作结束后，卫生小组负责人须配合实验员逐一进行清洁卫生的检查。

（5）清洁卫生的评分将由学生清洁卫生的出勤率决定。具体记分方式为出勤次数除以做清洁的总次数，再乘以100。清洁卫生工作敷衍了事和清洁工作未能达标的同学，按清洁卫生缺勤处理。

（6）清洁卫生的评分占学生实验总成绩的10％。

（六）仪器使用注意事项

（1）学生进入实验室后，应根据事先安排好的号码对号入座。实验室内禁止追逐嬉戏。

（2）在使用精密仪器前，学生需填写仪器使用登记表，其中仪器使用状况一栏在仪器使用完毕后填写。

（3）在实验指导教师宣布实验开始之前，学生不得擅自使用任何仪器，否则学生将对其所造成的损失进行相应的赔偿。如对本人或他人造成人身伤害的，其后果自负。

（4）实验进行过程中，学生应使用自己所认领的仪器，不得串用或强占他人的仪器设备。若本人的仪器在使用过程中出现异常状况，需向实验指导教师说明情况，经实验指导教师核实，在仪器使用登记表上注明故障原因并签字后，学生可以更换使用其他仪器设备。在确定新的仪器设备后，学生仍需填写新的仪器使用登记表。实验完毕，新的仪器使用登记表仍需实验指导教师签字，学生方可离开。

（5）对未曾使用过的仪器设备，学生应认真听实验指导教师讲解仪器的使用流程及注意事项，并在实验过程中按规定程序认真进行各实验操作。实验过程中对仪器使用的任何疑问应及时报告实验指导教师。切不可擅自操作，以免产生不必要的人身及财产损失。

（6）仪器使用完毕后，学生应关闭其电源开关并对仪器设备进行清洁维护，以保持其外观及内部的整洁，实验室各公用器皿也应各归其位。需要特别注意的是，天平使用完毕后，应对其托盘及托盘底部进行清理。确定天平内无异物后，才可关上两侧玻璃门，套上防尘罩，等待实验指导教师的检查。使用半自动电光天平的学生还应该特别注意天平旋钮的归零。天平清理过程中，禁止使用水，也不得让任何液体渗入天平内部。分光光度计使用完毕后，则应特别注意比色皿的清洗及归位。比色皿需用蒸馏水清洗2～3次，用滤纸或镜头纸擦净后，方可放入盒中，等待实验指导教师检查。

(7) 实验完毕，认真清洗干净所用仪器，并整齐摆放到仪器柜中。缺损的仪器及时报告，做好登记后，由实验技术人员补齐。

(8) 实验结束后，由实验指导教师检查仪器状态及实验结果，实验记录经实验指导教师签字后，学生方可离开实验室。

（七）实验室用水

1. 实验室用水的规格

我国已建立了分析实验室用水规格和试验方法的国家标准（GB 6682—2008），该标准规定了实验室用水的技术指标、制备方法及检验方法。实验室用水的规格及主要指标见表1-1。

表1-1 实验室用水的规格及主要指标

指标名称	一级	二级	三级
pH范围(25℃)	—	—	5.0～7.5
电导率(25℃)/(mS/m)	≤0.01	≤0.10	≤0.50
可氧化物质含量(以O计)/(mg/L)	—	≤0.08	≤0.4
吸光度(254nm,1cm光程)	≤0.001	≤0.01	—
蒸发残渣(105℃±2℃)含量/(mg/L)	—	≤1.0	≤2.0
可溶性硅(以SiO_2计)含量/(mg/L)	≤0.01	≤0.02	—

注：1. 由于在一级水、二级水的纯度下，难于测定其真实的pH值，因此，对于一级水、二级水的pH值范围不做规定。

2. 由于在一级水的纯度下，难于测定可氧化物质和蒸发残渣，对其限量不做规定。可用其他条件和制备方法来保证一级水的质量。

实验室常用的蒸馏水、去离子水和电导水，它们在298K时的电导率与三级水的指标相近。

2. 纯水的制备

(1) 蒸馏水　将自来水在蒸馏装置中加热汽化，再将蒸汽冷却，即得到蒸馏水。此法能除去水中的非挥发性杂质，比较纯净，但不能完全除去水中溶解的气体杂质。此外，一般蒸馏装置所用材料是不锈钢、纯铝或玻璃，所以可能会带入金属离子。

(2) 去离子水　指将自来水依次通过阳离子树脂交换柱、阴离子树脂交换柱及两者混合交换柱后所得的水。离子树脂交换柱除去离子的效果好，故称去离子水，其纯度比蒸馏水高。但不能除去非离子型杂质，常含有微量的有机物。

(3) 电导水　在第一套蒸馏器（最好是石英制的，其次是硬质玻璃）中装入蒸馏水，加入少量高锰酸钾固体，经蒸馏除去水中的有机物，得重蒸馏水。再将重蒸馏水注入第二套蒸馏器中（最好也是石英制的），加入少许硫酸钡和硫酸氢钾固体，进行蒸馏。弃去馏头、馏后各10mL，收取中间馏分。电导水应收集保存在带有碱石灰吸收管的硬质玻璃瓶内，时间不能太长，一般在两周以内。

(4) 三级水　采用蒸馏或离子交换来制备。

(5) 二级水　将三级水再次蒸馏后制得，可含有微量的无机、有机或胶态杂质。

(6) 一级水　将二级水经进一步处理后制得。如将二级水用石英蒸馏器再次蒸馏，基本上不含有溶解或胶态离子杂质及有机物。

3. 水纯度的检验

由表1-1可知纯水的主要指标是电导率，因此，可选用适于测定高纯水的电导率仪（最小量程为0.05μS/cm）来测定。

（八）化学试剂的一般常识

1. 化学试剂的分类

化学试剂的种类很多，其分类和分类标准也不尽一致。我国化学试剂的标准有国家标准（GB）和企业标准（QB）。试剂按用途可分一般试剂、标准试剂、特殊试剂、高纯试剂等；按组成、性质、结构又可分无机试剂、有机试剂。且新的试剂还在不断产生，没有绝对的分类标准。我国国家标准是根据试剂的纯度和杂质含量，将试剂分为五个等级（如表1-2所示），并规定了试剂包装的标签颜色及应用范围。

表1-2 化学试剂的等级标志和代号

级别	一级品	二级品	三级品	四级品	其他
标志	优级纯	分析纯	化学纯	实验试剂	生物试剂
代号	G. R.	A. R.	C. P.	L. R.	B. R. 或 C. R.
瓶签颜色	绿色	红色	蓝色	棕色	黄色
用途	纯度最高，杂质含量最少的试剂，适用于最精确分析及研究工作	纯度较高，杂质含量较低，适用于精确的微量分析，为分析实验广泛使用	质量略低于二级试剂，适用于一般的微量分析实验、要求不高的工业分析和快速分析	纯度较低，但高于工业用的试剂，适用于一般化学实验	根据说明使用

试剂等级不同，价格相差很大，因此应根据需要选用试剂。不能认为使用的试剂越纯越好，这需要有相应的纯水及仪器与之配合才能发挥试剂的纯度作用。一些要求不高的实验，例如配制铬酸洗液的浓硫酸及重铬酸钾，作为燃料及一般溶剂的乙醇等都应使用价格低廉的工业品。

2. 化学试剂的包装规格

化学试剂的包装单位是根据化学试剂的性质、纯度、用途和价值而确定的。包装的规格是指每个包装容器内盛装化学试剂的净重或体积，一般固体试剂为500g一瓶，液体试剂为500mL一瓶。国产化学试剂规定为五类包装。

第一类为稀有元素，是超纯金属等贵重试剂。由于其价值昂贵，包装规格分为五种：0.1g（或mL）、0.25g（或mL）、0.5g（或mL）、1g（或mL）、5g（或mL）。

第二类为指示剂、生物试剂及供分析标准用的贵重金属元素试剂。由于价值较贵，包装规格有三种：5g（或mL）、10g（或mL）、25g（或mL）。

第三类为基准试剂或较贵重的固体或液体试剂，包装规格有三种：25g（或mL）、50g（或mL）、100g（或mL）。

第四类为各实验室广泛使用的化学试剂，一般为固体或液体的化学试剂，包装规格为250g（或mL）、500g（或mL）两种。

第五类为酸类试剂及纯度较差的实验试剂，包装规格为0.5kg（或L）、lkg（或L）、2.5kg（或L）、5kg（或L）等。

3. 化学试剂的取用及存放

实验中应根据不同的要求选用不同级别的试剂。化学试剂在实验室分装时，一般把固体试剂装在广口瓶中，把液体试剂或配制的溶液盛放在细口瓶或带有滴管的滴瓶中，把见光易分解的试剂或溶液（如硝酸银等）盛放在棕色瓶内。每一试剂瓶上都贴有标签，上面写有试剂的名称、规格或浓度（溶液）以及日期，在标签外面涂上一层蜡来保护标签。

（1）固体试剂的取用规则

① 固体试剂一般都用药匙取用。药匙的两端为大小两个匙，取大量固体时用大匙，取少量固体时用小匙。必须用干净的药匙取用，用过的药匙必须洗净、擦干后才能再使用。

② 试剂取用后应立即盖紧瓶盖，不要盖错盖子。多取出的药品，不得再倒回原瓶。

③ 一般试剂可放在干净的称量纸或表面皿上称量。具有腐蚀性、强氧化性或易潮解的试剂应放在玻璃容器内称量。不准使用滤纸来盛放称量物。

④ 往试管中加入固体试剂时，可用药匙或将取出的药品放在对折的纸条上，递送进试管内约 2/3 处，如图 1-1 所示。加入块状固体时，应将试管倾斜，使其沿管壁慢慢滑下，以免碰破管底。

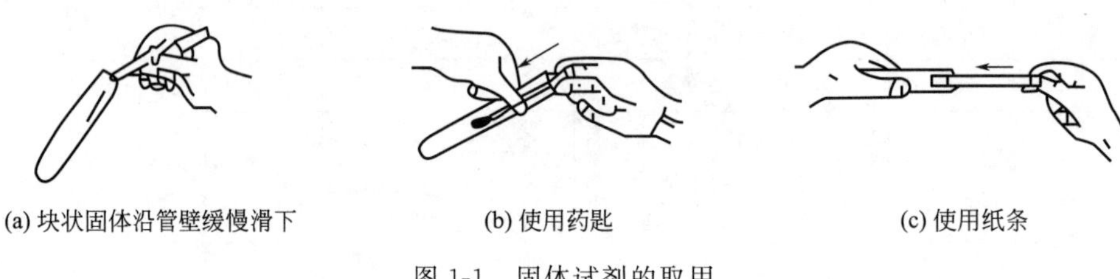

(a) 块状固体沿管壁缓慢滑下　　(b) 使用药匙　　(c) 使用纸条

图 1-1　固体试剂的取用

⑤ 有毒药品要在教师指导下取用。

（2）液体试剂的取用规则

① 从细口瓶中取用试剂时，用倾注法。将瓶塞取下，反放在桌面上。用左手的大拇指、食指和中指拿住容器（如试管、量筒等）。用右手拿起试剂瓶，并注意使试剂瓶上的标签对着手心，逐渐倾斜瓶子，让试剂沿着洁净的瓶口流入试管或沿着洁净的玻璃棒注入烧杯中，倒出所需量的试剂。倒出后，应将试剂瓶口在容器上靠一下，再逐渐竖起瓶子，以免遗留在瓶口的液体滴流到瓶的外壁。取用后，瓶塞须立刻盖在原来的试剂瓶上，把试剂瓶放回原处，并使瓶上的标签朝外。

② 从滴瓶中取用液体试剂时，必须注意保持滴管垂直，避免倾斜，不可横置或倒立，以免液体流入滴管的胶皮帽中而污染试剂。应在容器口上方将试剂滴入，滴管尖端不可接触容器内壁。

③ 定量取用试剂时，可使用量筒、移液管、吸量管或移液器量取。多余的试剂不能倒回原瓶，可倒入指定容器内供他人使用。

（3）特殊化学试剂（汞，金属钠、钾等）的存放

① 汞　汞易挥发，在人体内会积累起来，引起慢性中毒。因此，不要让汞直接暴露在空气中。汞要存放在厚壁器皿中，保存汞的容器内必须加水将汞覆盖，使其不能挥发。玻璃瓶装汞只能至半满。

② 金属钠、钾等通常应保存在煤油中，放在阴凉处，使用时先在煤油中切割成小块，再用镊子夹取，并用滤纸把煤油吸干，切勿与皮肤接触，以免烧伤。未用完的金属碎屑不能乱丢，可加少量酒精，使其缓慢反应掉。

二、实验室安全知识

（一）实验室安全守则

① 在进入实验室前必须阅读化学实验安全知识，并严格遵守有关规定。

② 了解实验室的主要设施及布局，主要仪器设备以及通风橱的位置、开关和安全使用方法。熟悉实验室水、电、气（煤气）总开关的位置，了解消防器材（消火栓、灭火器等）、急救箱、紧急淋洗器、洗眼装置等的位置和正确使用方法以及安全通道。

③ 做化学实验期间必须穿实验服（过膝、长袖），戴防护镜或自己的近视眼镜（包括戴隐形眼镜）。长发（过衣领）必须扎短或藏于帽内，不准穿拖鞋。

④ 取用化学试剂必须小心，在使用腐蚀性、有毒、易燃、易爆试剂（特别是有机试剂）之前，必须仔细阅读有关安全说明。使用移液管取液时，必须用洗耳球。

⑤ 一旦出现实验事故，如灼伤、化学试剂溅撒在皮肤上等，必须立即报告实验指导教师，以便采取相应措施及时处理，如立即用冷水冲洗或用药处理，被污染的衣服要尽快脱掉。

⑥ 实验室是大学生进行化学知识学习和科学研究的场所，必须严肃、认真。在化学实验室进行实验不允许嬉闹、高声喧哗，也不允许戴耳机边听边做实验。实验期间不允许接听或拨打手机。禁止在实验室内吃食品、喝水、咀嚼口香糖。实验后、吃饭前，必须洗手。

⑦ 使用玻璃仪器必须小心操作，以免打碎，划伤自己或他人。

⑧ 严格遵守实验室各项规章制度及仪器操作规程，确保实验安全。

（二）实验操作的潜在危险

① 对于加热生成气体的反应，一定要小心，不要在封闭体系中进行。

② 应该小心滴加在冷却条件下进行的反应，一定要严格遵守，不要图省事。

③ 反应前，一定要检查仪器有无裂痕。对于反应体系气压变化大的反应，尤其要特别注意。

④ 对于容易爆炸的物质，如过氧化物、叠氮化物、重氮化物，在使用的时候一定要小心。加热小心，量取小心，处理小心。防止因为振动引起爆炸。

（三）常见有毒气体中毒症状及急救常识

1. 一氧化碳中毒

（1）理化性状及中毒原因　一氧化碳是常见的有毒气体之一。凡是含碳的物质如煤、木材等在燃烧不完全时都可产生一氧化碳（CO）。一氧化碳进入人体后很快与血红蛋白结合，形成碳氧血红蛋白，而且不易解离。一氧化碳的浓度高时还可与细胞色素氧化酶的铁结合，抑制细胞呼吸而中毒。

一氧化碳与血红蛋白的结合力比氧与血红蛋白的结合力大 200～300 倍，碳氧血红蛋白的解离速率只有氧血红蛋白的 1/3600。因此一氧化碳与血红蛋白结合生成碳氧血红蛋白，不仅减少了红细胞的携氧能力，而且抑制、减慢氧合血红蛋白的解离和氧的释放。

（2）中毒症状　一氧化碳中毒症状主要有头痛、心悸、恶心、呕吐、全身乏力、昏厥等症状体征，重者昏迷、抽搐，甚至死亡。血中碳氧血红蛋白的浓度与空气中一氧化碳的浓度成正比。中毒症状取决于血中碳氧血红蛋白的浓度。根据一氧化碳中毒的程度可分为三度：

① 轻度中毒，血液碳氧血红蛋白在10%～20%，有头痛、眩晕、心悸、恶心、呕吐、全身乏力或短暂昏厥，脱离环境可迅速消除；

② 中度中毒，血液碳氧血红蛋白在30%～40%，除上述症状加重外，皮肤黏膜呈樱桃红色，脉快、烦躁，常有昏迷或虚脱，及时抢救之后可完全恢复；

③ 重度中毒，血液碳氧血红蛋白在50%以上。除上述症状加重外，病人可突然昏倒、继而昏迷。可伴有心肌损害、高热惊厥、肺水肿、脑水肿等，一般可产生后遗症。

(3) 现场急救　立即将病人移到空气新鲜的地方，松解衣服，但要注意保暖。对呼吸心跳停止者立即进行人工呼吸和胸外心脏按压，并肌注呼吸兴奋剂山梗菜碱或回苏灵等，同时给氧。昏迷者针刺人中、十宣、涌泉等穴。病人自主呼吸，心跳恢复后方可送医院。

若有条件时，可做一般性后续治疗：

① 纠正缺氧改善组织代谢，可采用面罩鼻管或高压给氧，应用细胞色素-C15mg（用药前需做过敏试验）、辅酶A50单位、ATP20mg，静滴以改善组织代谢；

② 减轻组织反应可用地塞米松10～30mg静滴，每日1次；

③ 高热或抽搐者用冬眠疗法，脑水肿者用甘露醇或高渗糖进行脱水等；

④ 严重者可考虑输血或换血，使组织能得到氧合血红蛋白，尽早纠正缺氧状态。

2.氯气中毒

(1) 理化特性与中毒原因　氯是一种黄绿色具有强烈刺激性气味的气体，并有窒息臭味，许多工业和农生产上都离不开氯。氯对人体的危害主要表现在对上呼吸道黏膜的强烈刺激，可引起呼吸道烧伤、急性肺水肿等，从而引发肺和心脏功能急性衰竭。

(2) 中毒症状　吸入高浓度的氯气，如每升空气中氯的含量超过2～3mg时，即可出现呼吸困难、发绀、心力衰竭等严重症状，病人很快因呼吸中枢麻痹而致死，往往仅数分钟至1h，称为“闪电样死亡”。较重度中毒，病人首先出现明显的上呼吸道黏膜刺激症状，如剧烈的咳嗽、吐痰、咽喉疼痛发辣、呼吸急促困难、颜面青紫、气喘。当出现支气管肺炎时，肺部听诊可闻及干、湿性罗音。中毒继续加重，造成肺泡水肿，引起急性肺水肿，全身情况也趋衰竭。

(3) 急救　迅速将伤员脱离现场，移至通风良好处，脱下中毒时所着衣服鞋袜，注意给病人保暖，并让其安静休息。

为解除病人呼吸困难，可给其吸入2%～3%的温湿小苏打溶液或1%硫酸钠溶液，减轻氯气对上呼吸道黏膜的刺激作用。

抢救中应当注意，氯中毒病人有呼吸困难时，不应采用徒手式的压胸等人工呼吸方法。这是因为氯对上呼吸道黏膜具有强烈刺激，可引起支气管肺炎甚至肺水肿，这种压式的人工呼吸方法会使炎症、肺水肿加重，有害无益。酌情使用强心剂如西地兰等。鼻部可滴入1%～2%麻黄素，或2%～3%普鲁卡因加0.1%肾上腺素溶液。由于呼吸道黏膜受到刺激腐蚀，故呼吸道失去正常保护机能，极易招致细菌感染，因而对中毒较重的病人，可应用抗生素预防感染。

（四）安全用电常识

1.防止触电

① 不要用潮湿的手接触电器。

② 电源裸露部分应有绝缘装置（例如电线接头处应裹上绝缘胶布）。

③ 所有电器的金属外壳都应接地保护。

④ 实验时，应先连接好电路后才接通电源。实验结束时，先切断电源再拆线路。

⑤ 修理或安装电器时，应先切断电源。

⑥ 不能用试电笔去试高压电。使用高压电源应有专门的防护措施。

⑦ 如有人触电，应迅速切断电源，然后进行抢救。

2. 防止引起火灾

① 使用的保险丝要与实验室允许的用电量相符。

② 电线的安全通电量应大于用电功率。

③ 室内若有氢气、煤气等易燃易爆气体，应避免产生电火花。继电器工作和开关电闸时，易产生电火花，要特别小心。电器接触点（如电插头）接触不良时，应及时修理或更换。

④ 如遇电线起火，立即切断电源，用沙子或二氧化碳、四氯化碳灭火器灭火，禁止用水或泡沫灭火器等导电液体灭火。

⑤ 严禁将易挥发有机物敞口放置于冰箱内，以防冰箱启动时产生的电火花引爆有机物。

3. 防止短路

① 线路中各接点应牢固，电路元件两端接头不要互相接触，以防短路。

② 电线、电器不要被水淋湿或浸在导电液体中，例如实验室加热用的灯泡接口不要浸在水中。

③ 使用电炉等加热时，小心勿使电线接触高热部位，以防电线烫坏而引发事故。

4. 电器仪表的安全使用

① 使用前先了解电器仪表要求使用的电源是交流电还是直流电，是三相电还是单相电以及电压的大小（380V、220V、110V 或 6V）。须弄清电器功率是否符合要求及直流电器仪表的正、负极。

② 仪表量程应大于待测量。若待测量大小不明时，应从最大量程开始测量。

③ 实验之前要检查线路连接是否正确。经教师检查同意后方可接通电源。

④ 在仪器使用过程中，如发现有不正常声响、局部过热或嗅到绝缘漆过热产生的焦味，应立即切断电源，并报告教师进行检查。

（五）使用化学药品的安全防护

1. 防毒

① 实验前，应了解所用药品的毒性及防护措施。

② 凡是产生有毒气体（如 H_2S、Cl_2、Br_2、NO_2、HCl 和 HF 等）的反应都应在通风橱内进行。

③ 苯、四氯化碳、乙醚、硝基苯等的蒸气会引起中毒。它们虽有特殊气味，但久嗅会使人嗅觉减弱，所以应在通风良好的情况下使用。

④ 有些药品（如苯、有机溶剂、汞等）能透过皮肤进入人体，应避免与皮肤接触。

⑤ 氰化物、汞盐［$HgCl_2$，$Hg(NO_3)_2$ 等］、可溶性钡盐（$BaCl_2$）、重金属盐（如镉、铅盐）、三氧化二砷等剧毒药品，应妥善保管，使用时要特别小心。

⑥ 禁止在实验室内喝水、吃东西。饮食用具不要带进实验室，以防毒物污染，离开实验室及饭前要洗净双手。

⑦ 任何生理性质不明的物质均以剧毒物对待。

2. 防爆

可燃气体与空气混合的比例达到爆炸极限时，受到热源（如电火花）的诱发，就会引起爆炸。

① 使用可燃性气体时，要防止气体逸出，室内通风要良好。

② 操作大量可燃性气体时，严禁同时使用明火，还要防止发生电火花及其他撞击火花。

③ 有些药品如叠氮铝、乙炔银、乙炔铜、高氯酸盐、过氧化物等受到振动或受热时都易引起爆炸，使用时要特别小心。

④ 严禁将强氧化剂和强还原剂存放在一起。

⑤ 放置较久的乙醚使用前应除去其中可能产生的过氧化物。

⑥ 进行容易引起爆炸的实验，应采取防爆措施。

3. 防火

化学实验室的易燃、易爆物品需经常定期检查，使用时远离火种，且不能与强氧化剂接触。许多有机溶剂如乙醚、丙酮、乙醇、苯等非常容易燃烧，大量使用时室内不能有明火、电火花或静电放电。实验室内不可存放过多这类药品，用后要及时回收处理，不可倒入下水道，以免聚集引起火灾。

有些物质如磷、金属钠、钾、电石及金属氢化物等，在空气中易氧化自燃。还有一些金属如铁、锌、铝等微粉，比表面积大也易在空气中氧化自燃。这些物质必须隔绝空气保存，使用时要特别小心。

4. 防灼伤

强酸、强碱、强氧化剂、溴、磷、钠、钾、苯酚、冰醋酸等都会腐蚀皮肤，特别要防止溅入眼内。液氧、液氮等也会严重灼伤皮肤，使用时要小心。万一灼伤应及时治疗。

5. 汞的安全使用

汞中毒分急性和慢性两种。急性中毒多为高汞盐（如 $HgCl_2$ 入口，0.1～0.3g 即可致死）。吸入汞蒸气会引起慢性中毒，症状有：食欲不振、恶心、便秘、贫血、骨骼和关节疼、精神衰弱等。汞蒸气的最大安全浓度为 $0.1mg/m^3$，而 20℃ 时汞的饱和蒸气压为 0.0012mmHg（1.6×10^{-4}kPa），超过安全浓度 100 倍。所以使用汞必须严格遵守安全用汞操作规定。具体规定如下：

① 不要让汞直接暴露于空气中，盛汞的容器应在汞面上加盖一层水。

② 装汞的仪器下面一律放置浅瓷盘，防止汞滴散落到桌面上和地面上。

③ 一切转移汞的操作，也应在浅瓷盘内进行（盘内装水）。

④ 实验前要检查装汞的仪器是否放置稳固。橡皮管或塑料管连接处要缚牢。

⑤ 因汞的密度较大，储汞的容器要用厚壁玻璃器皿或瓷器。用烧杯暂时盛汞，不可多装，以防破裂。

若有汞掉落在桌上或地面上（如温度计水银球破裂），先用吸汞管尽可能将汞珠收集起来，然后在汞溅落的地方撒上硫黄粉，并摩擦使之生成 HgS。也可用 $KMnO_4$ 溶液使其氧化。

⑥ 擦过汞或汞齐的滤纸或布必须放在有水的瓷缸内。

⑦ 盛汞器皿和有汞的仪器应远离热源，严禁把有汞仪器放进烘箱。

⑧ 使用汞时必须在通风良好的实验室进行，纯化汞应在有专用通风设备的实验室。

⑨ 手上若有伤口时，切勿接触汞。

（六）化学事故及防护常识

由于人为或自然的原因引起化学危险和泄漏、污染、爆炸，造成损害的事故叫化学事故。

1.化学危险品可能引起的伤害

① 刺激眼睛——流泪致盲；

② 灼伤皮肤——溃疡糜烂；

③ 损伤呼吸道——胸闷窒息；

④ 麻痹神经——头晕昏迷；

⑤ 燃烧爆炸——物毁人亡。

2.防止化学事故

① 了解化学危险品特性，不盲目操作，不违章使用。

② 妥善保管好化学危险品。

③ 严防室内积聚高浓度易爆、易燃气体。

3.防护器材

① 制式器材隔绝式和过滤过防毒面具、防毒衣。

② 简易器材湿毛巾、湿口罩、雨衣、雨靴等。

4.常用医药用品

实验室配置药箱，内放常用医药用品。

① 消毒剂 75%酒精，0.1%碘酒，3%双氧水，酒精棉球。

② 烫伤药 玉树油，蓝油烃，烫伤药，凡士林。

③ 创伤药 红药水，龙胆汁，消炎粉。

④ 化学灼伤药 5%的碳酸氢钠溶液，1%的硼酸，2%的醋酸，氨水，2%的硫酸铜溶液。

⑤ 治疗用品 药棉，纱布，护创胶，绷带，镊子等。

5.事故现场应急措施

① 向侧风或侧上风方向迅速撤离。

② 离开毒区后脱去污染衣物及时洗消。

③ 必要时到医疗部门检查或诊治。

（七）安全措施及事故处理

1.防火与灭火

实验室内严禁吸烟；电器设备要经常检查，防止绝缘不良而短路或超负荷而引起线路起火。实验室如果着火不要惊慌，首先要迅速对火势是否可控做出判断。如可控，应根据具体着火情况进行灭火。一面灭火，一面移开可燃物，切断电源，停止通风，防止火势蔓延，并随时准备报警。灭火的方法要针对起火原因选用合适的方法。对小面积的火灾，应立即用湿布、沙子等覆盖燃烧物，隔绝空气使火熄灭。火势大时可用泡沫灭火器。但电器设备所引起的火灾，只能使用二氧化碳或四氯化碳灭火器灭火，不能使用泡沫灭火器，以免触电。实验人员衣服着火时，切勿惊慌乱跑，赶快脱下衣服，或用石棉布覆盖着火处。

一旦火势扩大无法控制，应立即撤离现场人员并报警，根据燃烧物性质使用相应的灭火器进行抢救，以减少损失。

常用的灭火剂有水、沙等。但是以下几种情况不能用水灭火：

① 金属钠、钾、镁、铝粉、电石、过氧化钠着火，应用干沙灭火；

② 比水轻的易燃液体，如汽油、苯、丙酮等着火，可用泡沫灭火器；

③ 有灼烧的金属或熔融物的地方着火时，应用干沙或干粉灭火器；

④ 电器设备或带电系统着火，可用二氧化碳灭火器或四氯化碳灭火器。

灭火器有二氧化碳灭火器、四氯化碳灭火器、泡沫灭火器和干粉灭火器等。可根据起火的原因选择使用。

常用的灭火器有以下几种：

① 二氧化碳灭火器　适用于电器起火。

② 干粉灭火器　适用于扑灭可燃气体、油类、电器设备、物品、文件资料等初起火灾。

③ 泡沫式灭火器　适于油类和一般起火。

④ 1211 灭火器高效灭火剂，适用于扑灭易燃液体、气体、高压电器设备、精密仪器等的起火，特别适用于扑救珍贵文物、图书、档案等初起火灾。具有灭火效率高、毒性低、腐蚀性小、久储不变质、灭火后不留痕迹、不污染被保护物、绝缘性能良好等优点。

⑤ 四氯化碳灭火器适用于扑灭电器设备和贵重仪器设备的火灾、小范围的汽油等发生的火灾。四氯化碳毒性大，使用者要站在上风口。但金属钾、钠、镁和铝粉等失火，以及电石、乙炔气等起火，切勿使用四氯化碳扑救。

2. 一般伤害事故的处理

(1) 割伤处理　伤口保持清洁，伤处不能用手抚摸，也不能用水洗涤。若是玻璃创伤，应先把碎玻璃从伤处挑出，然后用酒精棉清洗，轻伤可涂以紫药水（或红汞、碘酒），必要时敷上消炎粉包扎，严重时采取止血措施，送往医院。

(2) 烫伤和烧伤的处理　轻度烧烫伤时，将烧烫伤部位用自来水轻轻冲洗 0.5～1h 或在冷水中浸泡 10min 左右，还可以考虑冷敷，时间以受伤部位不再感到疼痛为止。这些做法可以防止烫伤面扩大和损伤加重。还可以涂些防止感染、促进创伤面愈合的药物，促进受伤部位愈合。伤处皮肤未破时，可涂擦饱和碳酸氢钠溶液或用碳酸氢钠粉调成糊状敷于伤处，也可抹獾油或烫伤膏；如果伤处皮肤已破，可在伤处涂上玉树油或 75%酒精清创后涂蓝油烃。如果创伤面较大，深度达真皮，应小心用 75%酒精处理，并涂上烫伤油膏后包扎，并及时送往医院。

如果是重度烧烫伤，烧烫伤面积大，程度也比较深，要尽快让伤者躺下，将受伤部位垫高，详细检查伤者有无其他伤害，维持呼吸道畅通，必要时可将衣裤剪开。这时千万不要用水冲洗伤处，用冷水处理可能会加重全身反应，增加感染机会，要用消毒纱布或干净的布盖在伤处，保护伤口，并尽快送医院进行治疗。注意，这时不要涂抹任何油膏或药剂。

严重的烧烫伤后，受伤者往往感觉浑身发热、口渴，想喝水。如果烧烫伤部位在面部、头部、颈部、会阴部等，为防止发生休克可以给伤者喝些淡盐水，但千万不要在短时间内给伤者喝大量的白开水、矿泉水、饮料或糖水。否则可能会因饮水过多引发脑水肿或肺水肿等并发症，甚至危及生命。

(3) 化学灼伤的处理　如果沾上浓硫酸，应立即先用棉布吸取浓硫酸，再用大量水冲洗，接着用 3%～5%碳酸氢钠溶液（或稀氨水、肥皂水）中和，最后再用水清洗。必要时涂上甘油，若有水泡，应涂上龙胆汁。至于其他酸灼伤，可立即冲洗，然后进行处理。

若受碱腐蚀致伤，先用大量水冲洗，再用 2%醋酸溶液或 1%硼酸溶液清洗，最后再用水冲洗。

如果酸、碱溅入眼内，应先用水冲洗，再用 5%的碳酸氢钠溶液或 2%的乙酸清洗，用大量水冲洗后，送医院诊治。

若受溴腐蚀致伤，用苯或甘油洗涤伤口，再用水洗。

若受磷灼伤，用1%硝酸银、5%硫酸铜或浓高锰酸钾溶液洗涤伤口，然后包扎。

3.中毒的急救措施

化学中毒有三条途径：

① 通过呼吸道吸入有毒的气体、粉尘、烟雾而中毒；

② 通过消化道误服而中毒；

③ 通过接触皮肤而中毒。

在实验室发生中毒时，必须采取紧急处理措施，同时，紧急送往医院医治。常用的急救措施有以下几种：

① 呼吸系统中毒，应使中毒者撤离现场。转移到通风良好的地方，让患者呼吸新鲜的空气。轻者会较快恢复正常；若发生休克昏迷，可给患者吸入氧气及人工呼吸，并迅速送往医院。

② 消化道中毒应立即洗胃。常用的洗胃液有食盐水、肥皂水、3%～5%的碳酸氢钠溶液，边洗边催吐，洗到基本没有毒物后服用生鸡蛋清、牛奶、面汤等解毒剂。

③ 皮肤、眼、鼻、咽喉受毒物侵害时，应立即用大量的清水冲洗（浓硫酸先用干布吸干），具体措施和化学灼伤处理相同。

4.触电事故的急救措施

人体接触电压高过一定值（行业规定：安全电压为36V）就可引起触电，特别是手脚潮湿时更容易触电。

发生触电时，应迅速切断电源，将患者上衣解开进行人工呼吸，切忌注射兴奋剂。当患者恢复呼吸立即送往医院治疗。

（八）实验室“三废”的处理

实验过程中产生的废气、废液、废渣大多数是有害的，为防止环境污染，必须经过处理才能排放。

1.化学废弃物的处理

实验室废弃物收集的一般办法如下：

① 分类收集法　按废弃物的类别、性质和状态不同，分门别类收集。

② 按量收集法　根据实验过程中排出的废弃物的量的多少或浓度高低予以收集。

③ 相似归类法　性质或处理方式、方法等相似的废弃物应收集在一起。

④ 单独收集法　危险废弃物应予以单独收集处理。

2.废液处理的一般原则

① 实验室应配备储存废液的容器，实验所产生的对环境有污染的废液应分类倒入指定容器储存。

② 废弃化学药品禁止倒入下水管道中，必须集中到焚化炉焚烧或用化学方法处理成无害物。

③ 有机物废液集中后进行回收、转化、燃烧等处理。

④ 尽量不使用或少使用含有重金属的化学试剂进行实验。

⑤ 能够自然降解的有毒废物，集中深埋处理。

⑥ 碎玻璃和其他有棱角的锐利废料，不能丢进废纸篓内，要收集于特殊废品箱内处理。

3.无机物废液的处理

① 镉废液的处理　用消石灰将Cd^{2+}转化成难溶于水的$Cd(OH)_2$沉淀。即在镉废液中

加入消石灰，调节 pH 至 10.6～11.2，充分搅拌后放置，分离沉淀，检测滤液中无镉离子时，将其中和后即可排放。

② 含六价铬液的处理　主要采用铁氧吸附法，即利用六价铬氧化性采用铁氧吸附法，将其还原为三价铬，再向此溶液中加入消石灰，调节 pH 为 8～9，加热到 80℃左右，放置 12h，溶液由黄色变为绿色，排放废液。

③ 含铅废液的处理　用 $Ca(OH)_2$ 把二价铅转为难溶的 $Pb(OH)_2$，然后采用铝盐脱铅法处理，即在废液中加入消石灰，调节 pH 至 11，使废液中铅生成 $Pb(OH)_2$ 沉淀；然后加入硫酸铝，将 pH 降至 7～8，即生成 $Al(OH)_3$ 和 $Pb(OH)_2$ 共沉淀。放置，使其充分澄清后，检测滤液中不含铅，分离沉淀，排放废液。

④ 含砷废液的处理　利用氢氧化物的沉淀吸附作用，采用镁盐脱砷法，在含砷废液中加入镁盐，调节 pH 为 9.5～10.5，生成 $Mg(OH)_2$ 沉淀。利用新生的 $Mg(OH)_2$ 和砷化合物的吸附作用，搅拌，放置 12h，分离沉淀，排放废液。

⑤ 含汞废液的处理　先将含汞盐的废液的 pH 调至 8～10，然后加入过量的 Na_2S，使其生成 HgS 沉淀。再加入 $FeSO_4$（共沉淀剂），与过量的 Na_2S 生成 FeS 沉淀，将悬浮在水中难以沉淀的 HgS 微粒吸附共沉淀。然后静置、离心、过滤，分离沉淀，滤液的含汞量可降至 0.05mg/L 以下，达到可排放标准。

⑥ 氰化物废液的处理　因氰化物及其衍生物都是剧毒，因此处理时必须在通风橱内进行。利用漂白粉或次氯酸钠的氧化性将氰根离子转化为无害的气体，即先用碱溶液将溶液 pH 调到大于 11 后，加入次氯酸钠或漂白粉，充分搅拌，氰化物分解为 CO_2 和 N_2，放置 24h 后排放。

⑦ 酸、碱废液的处理　将废酸集中回收，或用来处理废碱，或将废酸先用耐酸玻璃纤维过滤，滤液加碱中和，调 pH 至 6～8 后即可排放，少量滤渣埋于地下。

4. 有机物废液的处理

目前，有机污染物最广泛最有效的处理方法是生物降解法、活性污泥法等。

① 含甲醇、乙醇、醋酸类可溶性溶剂的处理，由于这些溶剂能被细菌分解，可以用大量的水稀释后排放。

② 氯仿和四氯化碳废液可用水浴蒸馏，收集馏出液，密闭保存，回用。

③ 烃类及其含氧衍生物的处理最简单的方法是用活性炭吸附。

5. 废气的处理

产生少量有毒气体的实验应在通风橱内进行，通过排风设备将少量毒气排到室外，被空气稀释。

产生大量有毒气体的实验必须具备吸收或处理装置。如氮的氧化物、二氧化硫等酸性气体用碱液吸收，可燃性有机废气可于燃烧炉中通氧气完全燃烧。

三、化学实验中的数据表达与处理

（一）误差的来源

根据误差性质的不同可以分为系统误差和偶然误差两类。

1. 系统误差

系统误差也称为可测误差。它是由于分析过程中某些确定的原因所造成的，对分析结果的影响比较固定，在同一条件下重复测定时它会重复出现，使测定的结果系统地偏高或偏低。因此，这类误差有一定的规律性，其大小、正负是可以确定的，只要弄清来源，可以设法减小或校正。

产生系统误差的主要原因有以下。

（1）仪器误差　由于仪器本身不够精密或有缺陷而造成的误差。例如，使用未校正的容量瓶、移液管、砝码等。

（2）方法误差　由于分析方法本身不够完善而引入的误差。例如，反应不完全、副反应的发生、指示剂选择不当等。

（3）试剂误差　由于试剂或蒸馏水、去离子水不纯，含有微量被测物质或含有对被测物质有干扰的杂质等所引起的误差。

（4）主观误差　由于实验者的主观因素造成的误差。例如，对实验操作不熟练、个人对颜色的敏感性不同、对仪器刻度标线读数不准确等。主观误差的数值可能因人而异，但对一个操作者来说基本是恒定的。

2. 偶然误差

偶然误差又称为随机误差，是由某些随机的、难以控制、无法避免的偶然因素所造成的误差。偶然误差没有一定的规律性，虽然操作者仔细操作，外界条件也尽量保持一致，但测得的一系列数据仍有差别。产生这类误差的原因常常难以察觉，如室内环境的温度、湿度和气压的微小波动、仪器性能的微小变化等，都会导致测量结果在一定范围内波动，从而引起偶然误差。偶然误差的大小、方向都不固定。因此，无法测量，也无法校正。但经过大量的实践发现，如果在同样条件下进行多次测定，偶然误差符合正态分布。

（二）准确度与精密度

1. 准确度与误差

准确度是指测定值与真实值相接近的程度，它说明测定结果的可靠性。测定值与真实值之间的差值越小，则测定值的准确度越高。

准确度的高低用误差的大小来衡量。误差越小，准确度越高；误差越大，准确度越低。

误差有两种表示方法：绝对误差和相对误差。绝对误差是测定值与真实值（T）之差，以 E 表示；相对误差是绝对误差在真实值中所占的百分率。

$$E = x_i - T$$

$$\text{相对误差} = \frac{x_i - T}{T} \times 100\%$$

由于测定值可能大于真实值，也可能小于真实值，因此，绝对误差和相对误差有正、负之分。

绝对误差的大小取决于所使用的器皿、仪器的精度和操作者的观察能力，但不能反映误差在整个测量结果中所占的比例。相对误差可以反映误差在测量结果中所占的百分率。因此，用相对误差来比较各种情况下测定结果的准确度更为确切。

2. 精密度与偏差

精密度是指在相同条件下多次重复测定（称为平行测定）结果彼此相符合的程度，它表示了结果的再现性。

精密度的大小常用偏差来衡量。偏差越小，分析结果的精密度就越高。

偏差有以下几种表示方法。

（1）绝对偏差与相对偏差　绝对偏差是指个别测定值（x_i）与 n 次测定结果的算术平

均值（$\overline{x}$）的差值，以 d_i 表示。相对偏差是指绝对偏差在平均值中所占的百分率。

$$d_i = x_i - \overline{x}$$

$$相对偏差 = \frac{d_i}{\overline{x}} \times 100\%$$

绝对偏差和相对偏差都有正、负之分。绝对偏差和相对偏差只能用来衡量单次测定结果相对于平均值的偏离程度。

（2）平均偏差和相对平均偏差　平均偏差是指单次测定值绝对偏差的平均值，以 $\overline{d}$ 表示。平均偏差可用来衡量一组平行数据的精密度。相对平均偏差是指平均偏差在平均值中所占百分率。

$$\overline{d} = \frac{|d_1| + |d_2| + |d_3| + \cdots + |d_n|}{n} = \frac{1}{n}\sum_{i=1}^{n} |d_i|$$

$$相对平均偏差 = \frac{\overline{d}}{\overline{x}} \times 100\%$$

（3）标准偏差和相对标准偏差　标准偏差又称为均方根偏差。当重复测定次数 $n \to \infty$ 时，标准偏差以 σ 表示。

$$标准偏差(\sigma) = \sqrt{\frac{1}{n}\sum_{i=1}^{n} d_i^2} = \sqrt{\frac{1}{n}\sum_{i=1}^{n} (x_i - \mu)^2}$$

式中，μ 为无限多次测定结果的平均值，称为总体平均值。

当重复测定次数<20 时，标准偏差用 S 表示。

$$S = \sqrt{\frac{1}{n-1}\sum_{i=1}^{n} (x_i - \overline{x})^2}$$

相对标准偏差（RSD）又称变异系数（CV），指标准偏差占平均值的百分率。

$$RSD = \frac{S}{\overline{x}} \times 100\%$$

用标准偏差表示精密度比用算术平均偏差要好。由于单次测量值的偏差经平方后，较大的偏差就能更显著地反映出来，更能准确地反映测定数据之间的离散性，因此，实际工作中常用相对标准偏差（RSD）来表示精密度。

3. 准确度与精密度的关系

准确度表示测定结果与真实值接近的程度，用误差表示。精密度表示几次平行测定结果之间的接近程度，用偏差表示。二者的关系见图 1-2。

由图 1-2 可见，甲的测定结果的准确度和精密度都好，结果可靠；乙的实验结果的精密度虽然很高，但准确度较低；丙的实验结果的精密度和准确度都很差；丁的实验结果的精密度很差，平均值虽然接近真值，但这是由于大的正、负误差相互抵消的结果，因此，丁的实验结果也是不可靠的。

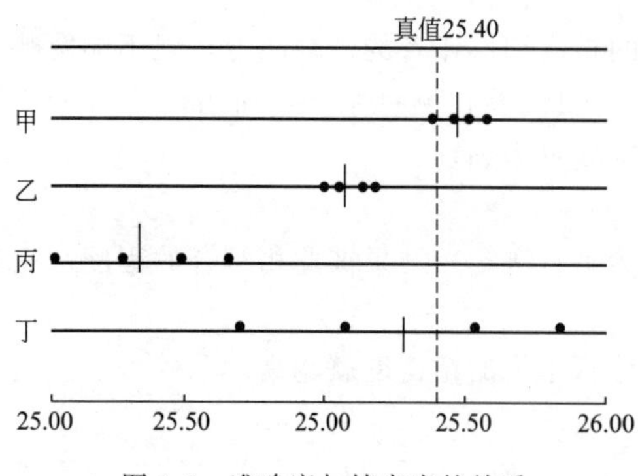

图 1-2　准确度与精密度的关系

由此可见，精密度是保证准确度的必要条件。精密度好，准确度不一定好，可能有系统误差存在；精密度不好，衡量准确度就无意义了。在确定消除了系统误差的前提下，精密度可以表达准确度。

（三）提高测定结果准确度的方法

根据误差产生的原因，可以采用相应的措施尽可能地减小系统误差和偶然误差，从而提高测定结果的准确度。通常采用的方法如下。

1.系统误差的校正

系统误差是影响分析结果准确度的主要因素。造成系统误差的原因是多方面的，应根据具体情况采用不同的方法检验和消除系统误差。

（1）校正仪器　由仪器不准确引起的系统误差可以通过校正仪器来消除。例如，配套使用的容量瓶、移液管、滴定管等容量器皿应进行校准；分析天平、砝码等应由国家计量部门定期检定。

（2）空白实验　空白实验是在不加试样溶液的情况下，按照试样溶液的分析步骤和条件进行分析的实验，所得结果称为“空白值”，从测定结果中扣除空白值，即可消除此类误差。

（3）对照实验　常用的对照实验有以下三种。

① 用组成与待测试样相近的已知准确含量的标准样品，按所选方法测定，将对照试验的测定结果与标样的已知含量相比，获得校正系数。

$$\text{校正系数}=\frac{\text{标准试样组分的标准含量}}{\text{标准试样测定的含量}}$$

则被测组分的含量为：

$$\text{被测组分的含量}=\text{测得含量}\times\text{校正系数}$$

② 用标准方法与所选用的方法测定同一试样，若测定结果符合误差要求，说明所选方法可靠。

③ 用加标回收率的方法检验，即取两等份试样，在一份中加入待测组分的纯物质，用相同的方法进行测定，计算测定结果和加入纯物质的回收率，以检验分析方法的可靠性。

2.偶然误差的消除

可通过增加平行测定次数，以减小测定过程中的偶然误差。

（四）有效数字及其有关规则

在化学实验中，不仅要准确测定物理量，而且应正确地记录所测定的数据并进行合理地运算。测定结果不仅能表示其数值的大小，而且还反映了测定的精密度和准确度。

例如，某试料用托盘天平称量1g与用分析天平称量1g是不相同的。托盘天平只能称准至±0.1g，而分析天平可以称准至±0.0001g，二者准确度不同。记录称量数据时，前者应记为1.0g，而后者应记为1.0000g，后者较前者准确1000倍。同理，在数据运算过程中也有类似的问题。因此，在记录实验数据和计算结果时应特别注意有效数字的问题。

1.有效数字的使用

有效数字就是在测量和运算中得到的具有实际意义的数值，通常包括全部准确数字和一位不确定的可疑数字。所谓不确定的可疑数字，除特殊说明外，一般可理解为该数字上有±1个单位的误差。

明确有效数字的位数十分重要。为了正确判别和写出测量数值的有效数字，必须注意以下几点。

（1）记录测定数据和运算结果时，只保留一位不确定数字，既不允许增加位数，也不应减少位数。有效数字的位数与所用测量仪器和方法的精密度一致。例如，化学实验中称量质量和测量体积，获得如下数字，其意义是有所不同的。

1.0000g是五位有效数字，这不仅表明试样的质量为1.0000g，还表示称量误差在±0.0001g以内，是用精密分析天平称量的；如将其质量记录成1.00g，则表示该试样是用台秤或精度为0.01g的电子天平称量的，其误差范围为±0.01g。例如，用分析天平称量一个烧杯的质量为15.0637g，可理解为该烧杯的真实质量为（15.0637±0.0001)g，即15.0636～15.0638g，因为分析天平能称准至±0.0001g。

例如，10.00mL是四位有效数字，是用滴定管或吸量管量取的，刻度精确至0.1mL，估计至±0.01mL。当用25mL移液管移取溶液时，应记录为25.00mL。用5mL吸量管时，应记录为5.00mL。当用250mL容量瓶配制溶液时，所配的溶液体积应记作250.0mL。用50mL容量瓶时，则应记为50.00mL，这是根据容量瓶质量的国家标准所允许容量误差决定的。

不同大小的量筒刻度精度不同，例如，10.0mL，是三位有效数字，一般是用10mL小量筒取的，刻度至1mL，估计至±0.01mL；10mL则是两位有效数字，是用大量筒取的，说明量取准确度至±1mL即可满足实验要求。

（2）数值的有效数字的位数与量的使用单位无关，与小数点的位置无关。其单位之间的换算的倍数通常以乘10的相当幂次来表示。例如，称得某物的质量为2.1g，两位有效数字；若以mg为单位，应记为2.1×10^{3}mg，而不应记为2100mg；若以kg为单位，可记为0.0012kg或2.1×10^{-3}kg。

（3）非零数字都是有效数字。

（4）数据中的“0”要做具体分析。“0”在第一个非零数字前面不作有效数字，“0”在非零数字的中间或末端都是有效数字。例如，0.1041与0.01041有效数字都是4位，而0.10410则表示有5位有效数字。

（5）pH、p*K*等，其有效数字的位数仅取决于小数部分的位数，其整数部分只说明原数值的方次，起定位作用，不是有效数字。例如，pH=7.68，则$[H^{+}]=2.1\times10^{-8}$mol/L，只有两位有效数字。

（6）简单的整数、分数、倍数以及常用π、e等属于准确数或自然数，其有效数字可以认为是无限制的，在计算中需要几位就取几位，因为对数学上的纯数不考虑有效数字的概念。

2.有效数字的运算规则

在实验过程中，一般都要经过几个测定步骤获得多个测量数据，然后根据这些测量数据经过一定的运算步骤才能获得最终的结果。由于各个数据的准确度不一定相同，因此运算时必须按照有效数字的运算规则进行，合理地取舍各数据的有效数字的位数，既可以节省时间，又可以保证得到合理的结果。

（1）有效数字的修约规则　采用“四舍六入五留双”的规则对测量数据的有效数字进行修约。即在拟舍弃的数字中，若左边第一个数字≤4时则舍去；若左边第一个数字>6时则进1；若左边第一个数字等于5时，其后的数字不全为零，则进1；若左边第一个数值等于5，其后的数字全为零，保留下来的末位数字为奇数时，则进1，为偶数（包括0）时则不进位。例如，将下列数值修约成三位有效数字，其结果分别为：

10.345修约为10.3（尾数=4）

10.3625修约为10.4（尾数=6）

10.3500 修约为 10.4（尾数=5，前面为奇数）

10.2500 修约为 10.2（尾数=5，前面为偶数）

10.0500 修约为 10.0（尾数=5，0 视为偶数）

10.0501 修约为 10.1（尾数 5 后面并非全部为 0）

若被舍弃的数字包括几位数字时，不得对该数进行连续修约，而应根据以上法则仅做一次性修约处理。

（2）有效数字的加减运算法　在加减法运算中，应以参加运算的各数据中绝对误差最大（小数点后位数最少）的数据为标准确定有效数字的位数。例如，将 0.0201、0.00571、1.03 三个数相加，根据上述法则，上述三个数的末位均是可疑数字，它们的绝对误差分别为±0.0001、±0.000011、±0.01，其中 1.03 的绝对误差最大（小数点后位数最少）。因此在运算中应以 1.03 为依据确定运算结果的有效数字位数。先将其他数字依舍弃法则取到小数点后两位，然后相加：

$$0.0201+0.00571+1.03=0.02+0.01+1.03=1.06$$

（3）乘除运算规则　在乘除运算中，保留有效数字的位数，应以相对误差最大（有效数字位数最少）的数为标准。例如：

$$0.0201\times 15.63\times 1.05681=?$$

上述三个数字的相对误差分别为：

$$\frac{\pm 0.0001}{0.0201}\times 100\%=\pm 0.5\%$$

$$\frac{\pm 0.01}{15.63}\times 100\%=\pm 0.06\%$$

$$\frac{\pm 0.00001}{1.05681}\times 100\%=\pm 0.0009\%$$

可见 0.0201 的相对误差最大，有效数字的位数最少，应以它为标准先进行修约，再计算。即：

计算结果的准确度（相对误差）应与相对误差最大的数据保持在同一数量级（有效数字的位数相同），不能高于它的准确度。

（五）实验数据的记录与处理

学生在实验过程中应养成正确记录测量数据的习惯。各种测量数据应及时、准确、清楚地记录下来。要严肃、科学、实事求是，切忌带有主观因素，更不允许随意拼凑或伪造数据。

应用专门的编有页码的实验记录本，并且在任何情况下都不能撕页。

在记录测量所得数值时，要如实地反映测量的准确度，只保留一位可疑数字。用 0.1mg 精度的分析天平称量时，要记到小数点后第四位，即 0.0001g，如 0.3600g、1.4571g；如果用 0.1g 精度的电子天平（或托盘天平）称量，则应记到小数点后一位，如 0.2g、2.7g、10.6g 等。

用玻璃量器量取溶液时，准确度视量器不同而异。5mL 以上滴定管应记到小数点后两位，即±0.01mL；5mL 以下的滴定管则应记到小数点后第三位，即 0.001mL。例如，从滴定管读取的体积为 24mL 时，应记为 24.00mL，不能记为 24mL 或 24.0mL。50mL 以下的无分度移液管应记到小数点后两位，如 50.00mL、25.00mL、5.00mL 等。有分度的移液管，只有 25mL 以下的才能记到小数点后两位。10mL 以上的容量瓶总体积可记到四位有效数字，如常用的 25.00mL、100.0mL、250.0mL。50mL 以上的量筒只能记到个位数；5mL、10mL 量筒则应记到小数点后一位。

正确记录测量所得数值，不仅反映实际测量的准确度，也反映测量时所耗费的时间和精力。例如，称量某物质的质量为 0.2000g，表明是用分析天平称取的。该物质的实际质量应为（0.2000±0.0001)g，相对误差 0.0001/0.2000＝±0.05％；如果记作 0.2g，则相对误差为 0.1/0.2＝±50％，准确度差了 1000 倍。如果只要一位有效数字，用托盘天平就可称量，不必费时费事地用分析天平称取。

由此可见，记录测量数据时，切记不要随意舍去小数点后的“0”，当然也不允许随意增加位数。

四、重量分析基本操作技术

重量分析法是分析化学中重要的经典分析方法，可分为沉淀重量法、气体重量法（挥发法）和电解重量法。通常是用适当方法将被测组分经过一定步骤从试样中离析出来，称量其质量，进而计算出该组分的含量。最常用的沉淀重量法是将待测组分以难溶化合物从溶液中沉淀出来，沉淀经过陈化、过滤、洗涤、干燥或灼烧后，转化为称量形式称量，最后通过化学计量关系计算得出分析结果。沉淀重量分析法中的沉淀类型主要有两类，一类是晶形沉淀，另一类是无定形沉淀。

重量分析的基本操作包括：样品溶解、沉淀、过滤、洗涤、烘干和灼烧等步骤。任何过程的操作正确与否，都会影响最后的分析结果，故每一步操作都需认真、正确。

（一）样品的溶解

液体试样一般直接量取一定体积置于烧杯中进行分析。固体试样的溶（熔）解可分为水溶、酸溶、碱溶和熔融等方法。根据被测试样的性质，选用不同的溶（熔）解试剂，以确保待测组分全部溶解，且不使待测组分发生氧化还原反应造成损失，加入的试剂应不影响测定。

所用的玻璃仪器内壁不能有划痕，以防黏附沉淀物。烧杯、玻璃棒、表面皿的大小要适宜，玻璃棒两头应烧圆，长度应高出烧杯 5～7cm，表面皿的大小应大于烧杯口。

水溶性试样的溶解操作如下。

样品称于烧杯中，用表面皿盖好。

（1）试样溶解时产生气体的溶解方法　称取样品放入烧杯中，先用少量水将样品润湿，表面皿凹面向上盖在烧杯上，沿玻璃棒将试剂自烧杯嘴与表面皿之间的孔隙缓慢加入，或用滴管滴加，以防猛烈产生气体，加完试剂后，用水吹洗表面皿的凸面，流下来的水应沿烧杯内壁流入烧杯中，用洗瓶吹洗烧杯内壁。

（2）试样溶解时不产生气体的溶解方法　溶解时，取下表面皿，凸面向上放置，沿杯壁加溶剂或使试剂沿下端紧靠杯内壁的玻璃棒慢慢加入，加完后，需用玻璃棒搅拌的用玻璃棒搅拌使试样溶解，溶解后将玻璃棒放在烧杯嘴处（此玻璃棒不能作为它用），将表面皿盖在烧杯上，轻轻摇动，必要时可加热促其溶解，但温度不可太高，以防溶液溅失。

试样溶解需加热或蒸发时，应在水浴锅内进行，烧杯上必须盖上表面皿，以防溶液剧烈爆沸或迸溅，加热、蒸发停止时，用洗瓶洗表面皿或烧杯内壁。

（二）试样的沉淀

为了达到重量分析对沉淀尽可能地完全和纯净的要求，实验操作必须严格按照具体操作步骤进行。需要按照沉淀的类型选择沉淀条件，如溶液的体积、酸度、温度，加入沉淀剂的数量、浓度、加入顺序、加入速度、搅拌速度、放置时间等。

沉淀所需试剂溶液浓度准确到1%即可，液体试剂用量筒量取，固体试剂用台秤称取。

沉淀的类型不同，所采用的操作方法也不同。

晶形沉淀的沉淀条件即稀、热、慢、搅、陈“五字原则”。

稀：沉淀的溶液配制要适当稀释。

热：沉淀时在热溶液中进行。

慢：沉淀剂的加入速度要缓慢。

搅：沉淀时要用玻璃棒不断搅拌。

陈：沉淀完全后，要静止一段时间陈化。

沉淀操作时，一般左手拿滴管，滴管口接近液面，缓慢滴加沉淀剂，以免溶液溢出。右手持玻璃棒不断搅动溶液，防止沉淀剂局部过浓。搅拌时玻璃棒不要碰烧杯内壁和烧杯底，以免划损烧杯使沉淀附着在划痕处。速度不宜快，以免溶液溅出。加热时应在水浴或电热板上进行，不得使溶液沸腾。

沉淀完后，应检查沉淀是否完全：将沉淀溶液静置，待上层溶液澄清后，于上清液中滴加一滴沉淀剂，观察滴落处是否浑浊，如浑浊，表明沉淀未完全，还需补加沉淀剂，直至再次检查时上层清液清亮。沉淀完全，盖上表面皿，放置一段时间或在水浴上保温静置1h左右，进行陈化。非晶形沉淀沉淀时宜用较浓的沉淀剂，加入沉淀剂和搅拌的速度均可快些，沉淀完全后用蒸馏水稀释，不必放置陈化。

（三）沉淀的过滤和洗涤

过滤和洗涤的目的在于将沉淀从母液中分离出来，使其与过量的沉淀剂及其他杂质组分分开，并通过洗涤将沉淀转化成一纯净的单组分。应根据沉淀的性质选择适当的滤器。

不需称量的沉淀或烘干后即可称量或热稳定性差的沉淀，均应在微孔玻璃漏斗（坩埚）内进行过滤，对于需要灼烧的沉淀物，常在玻璃漏斗中用滤纸进行过滤和洗涤。

过滤和洗涤必须一次完成，不能间断。在操作过程中，不得造成沉淀的损失。

1. 用滤纸过滤

（1）滤纸　重量分析中常用定量滤纸进行过滤，滤纸分定性滤纸和定量滤纸两种。定量滤纸有“无灰滤纸”，灼烧后灰分极少，小于0.0001g，质量可忽略不计；定量滤纸经灼烧后，若灰分质量大于0.0002g，则需从沉淀物中扣除其质量，一般市售定量滤纸都已注明每张滤纸的灰分质量，可供参考。定量滤纸按滤速可分为快、中、慢速三种，一般为圆形，按直径有11cm、9cm、7cm等几种规格。根据沉淀的性质选择合适的滤纸，根据沉淀量的多少选择滤纸的大小。沉淀物完全转入滤纸中后，高度一般不超过滤纸圆锥高度的1/3处。表1-3是常用国产定量滤纸的灰分质量，表1-4是国产定量滤纸的类型。

表1-3　国产定量滤纸的灰分质量

直径/cm	7	9	11	12.5
灰分/(g/张)	3.5×10^{-5}	5.5×10^{-5}	8.5×10^{-5}	1.0×10^{-4}

表 1-4 国产定量滤纸的类型

类型	滤纸盒上色带标志	滤速/(s/100mL)	适用范围
快速	白色	60～100	无定形沉淀，如 $Fe(OH)_3$、$Al(OH)_3$、H_2SiO_3
中速	蓝色	100～160	中等粒度沉淀，如 $MgNH_4PO_4$、SiO_2
慢速	红色	160～200	细粒状沉淀，如 $BaSO_4$、$CaC_2O_4 \cdot 2H_2O$

（2）漏斗　漏斗是长颈漏斗，颈长为 15～20cm，漏斗锥体角为 60°，颈的直径一般为 3～5mm，出口处磨成 45°角，如图 1-3 所示。漏斗的大小应使折叠后滤纸的上缘低于漏斗上缘约 0.5～1cm，不能超出漏斗边缘。

（3）滤纸的折叠　滤纸的折叠如图 1-4 所示。

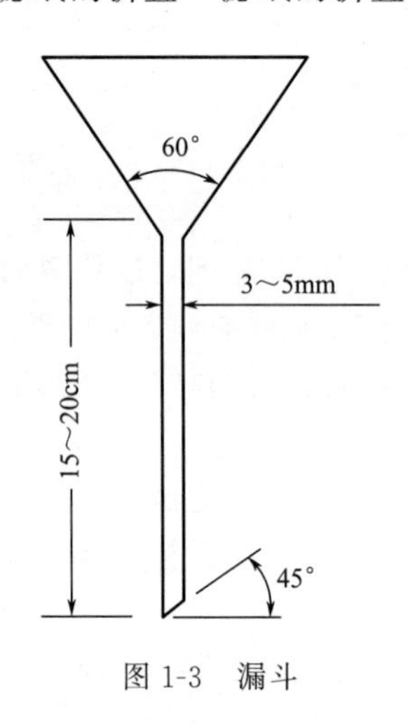

图 1-3　漏斗

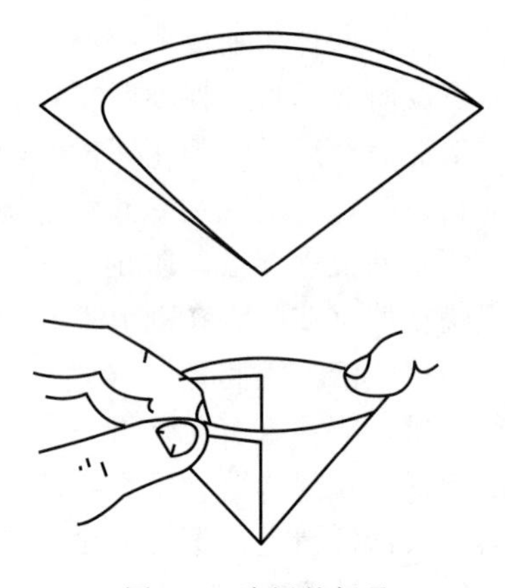

图 1-4　滤纸的折叠

滤纸按四折法折叠，折叠时，先将手洗干净，揩干，将滤纸整齐地对折，然后再对折，此时不能压紧，把滤纸放入漏斗中。观察滤纸是否能与漏斗内壁紧密贴合，若未紧密贴合可以适当改变滤纸折叠角度，直至与漏斗贴紧后把第二次的折边折紧。取出圆锥形滤纸，将半边为三层滤纸的外层折角撕下一块，撕下来的那一小块滤纸用来擦拭烧杯内残留的沉淀，保存备用。

（4）做水柱　折叠好的滤纸放入漏斗中，三层的一边放在漏斗出口短的一边，用食指按紧三层的一边，用洗瓶吹入少量水润湿滤纸，轻按滤纸边缘，使滤纸的锥体与漏斗之间没有空隙，用洗瓶加水至滤纸边缘，此时漏斗颈内应全部被水充满，当漏斗中水全部流尽后，颈内水柱仍能保留且无气泡。水柱可以提高过滤速度。

若形不成完整的水柱，可用手指堵住漏斗下口，稍微掀起滤纸三层的一边，用洗瓶向滤纸与漏斗间的空隙加水，直到漏斗颈和锥体的大部分被水充满，按紧滤纸边，放开堵住出口的手指，此时水柱即可形成。用去离子水冲洗滤纸，将漏斗放在漏斗架上，下面放一个盛接滤液的洁净烧杯，漏斗出口长的一边靠近烧杯壁，漏斗位置以过滤过程中漏斗颈的出口不接触滤液为度。漏斗和烧杯上均盖好表面皿，备用。

（5）倾泻法过滤和初步洗涤　过滤分三个阶段进行：第一阶段采用倾泻法，尽可能把清液先过滤去，并初步洗涤烧杯中的沉淀；第二阶段转移沉淀到漏斗上；第三阶段清洗烧杯和洗涤漏斗上的沉淀。此三步操作一定要一次完成，不能间断。

过滤时采用倾泻法，可以避免沉淀堵塞滤纸的空隙，影响过滤速度。倾斜静置烧杯，待沉淀下降后，先将上层清液倾入漏斗中。

沉淀完全后，静置，待沉淀下降后，将烧杯移到漏斗上方，轻轻提起玻璃棒，将玻璃棒下端轻碰一下烧杯壁使悬挂的液滴流回烧杯中，将烧杯嘴与玻璃棒贴紧，玻璃棒要直立，下端对着滤纸的三层边，尽可能靠近滤纸但不接触。倾入的溶液量一般只充满滤纸的 2/3，离滤纸上边缘至少 5mm，否则少量沉淀因毛细管作用越过滤纸上缘，造成损失。如图 1-5 所示。

暂停倾泻溶液时，烧杯沿玻璃棒向上提起，逐渐直立烧杯，以免使烧杯嘴上的液滴流失。等玻璃棒和烧杯变为几乎平行时，将玻璃棒离开烧杯嘴而移入烧杯中。玻璃棒放回原烧杯时，勿将清液搅浑，也不要靠在烧杯嘴处，如烧杯嘴处沾有少量沉淀会导致烧杯内的液体较少而不便倾出，此时可将玻璃棒稍向左倾斜，烧杯倾斜角度更大。倾泻法若一次不能将上清液倾注完时，应等烧杯中沉淀下沉后再次倾注。重复操作至上清液倾完。带沉淀的烧杯放置方法如图 1-6 所示。

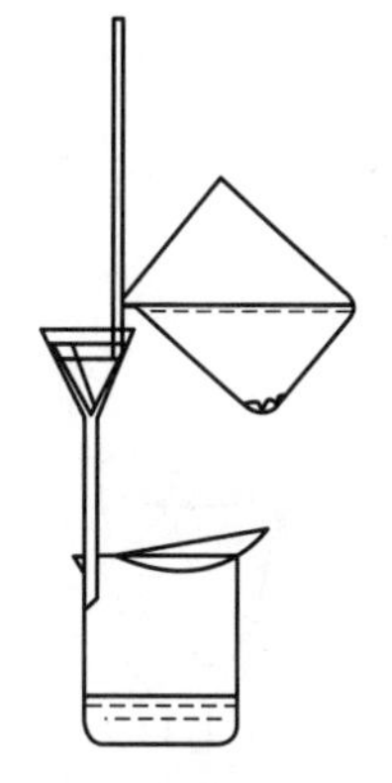

图 1-5　倾泻法过滤

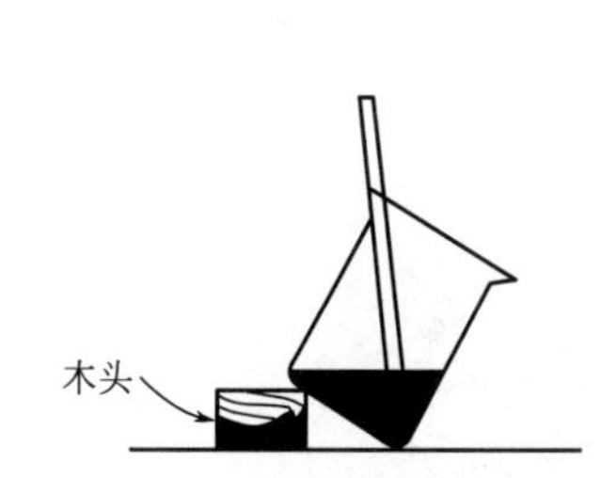

图 1-6　过滤时带沉淀的烧杯放置方法

图 1-7　转移沉淀的操作

过滤开始后，应随时检查滤液是否透明，如不透明，说明有穿滤现象发生，此时须更换另一洁净烧杯盛接滤液，在原来漏斗上再次过滤已接滤液；如发现滤纸穿孔，则应更换滤纸重新过滤，用过的滤纸需保留。

倾注完后，在烧杯中做初步洗涤。洗涤液的选择，应根据沉淀的类型而定。

① 晶形沉淀　选用冷的稀的沉淀剂进行洗涤，可以减少沉淀的溶解损失。若沉淀剂为不挥发的物质，则不能用作洗涤液，可用蒸馏水或其他合适的溶液。

② 无定形沉淀　用热的电解质溶液作洗涤剂，大多采用易挥发的铵盐溶液作洗涤剂。

③ 溶解度较大的沉淀　可采用沉淀剂加有机溶剂洗涤沉淀。

洗涤时，沿烧杯壁旋转加入约 15mL 洗涤液吹洗烧杯内壁，使黏附着的沉淀集中在烧杯底部，用倾泻法倾出过滤清液，重复 3～4 次。每次尽可能把洗涤液倾倒尽。加入少量洗涤液于烧杯中，搅拌均匀，立即将沉淀和洗涤液一起，通过玻璃棒转移至漏斗上。

（6）沉淀的转移　沉淀用倾泻法洗涤后，全部倾入漏斗中。如此重复 2～3 次，使大部分沉淀都转移到滤纸上。将玻璃棒横架在烧杯口上，下端应在烧杯嘴上，且超出杯嘴 2～3cm，用左手食指压住玻璃棒上端，大拇指在前，其余手指在后，将烧杯倾斜放在漏斗上方，杯嘴向着漏斗，玻璃棒下端指向滤纸的三边层，用洗瓶或滴管吹洗烧杯内壁，沉淀连同溶液流入漏斗中（图 1-7）。如有少许沉淀吹洗不下来，可用前面折叠滤纸时保留的纸角擦“活”，即以水润湿滤纸后，先擦玻璃棒上的沉淀，再用玻璃棒按住纸块，沿杯壁自上而下旋转着把沉淀倾出，然后用玻璃棒将它拨出，放入该漏斗中心的滤纸上，与主要沉淀合并。用洗瓶吹洗烧杯，把擦“活”的沉淀微粒涮洗入漏斗中。在明亮处仔细检查烧杯内壁、玻璃棒、表面皿，若仍有痕迹，则需重复操作至完全。也可用沉淀帚（图 1-8）在烧杯内壁自上而下、从左向右擦洗烧杯上的沉淀，然后洗净沉淀帚。

（7）洗涤　沉淀转移完全后即进行洗涤，目的是除去吸附在沉淀表面的杂质及残留液。洗涤方法如图 1-9 所示，洗涤应“从缝到缝”，即从滤纸的多重边缘开始，螺旋形地往下移动，最后到多重部分停止，可使沉淀洗得干净且可将沉淀集中到滤纸的底部，以免沉淀外溅。洗涤沉淀的原则是少量多次，即每次螺旋形往下洗涤时，所用洗涤剂的量要少，以便尽快沥干，沥干后，再行洗涤。如此反复多次，直至沉淀洗净为止，可提高洗涤效率。一般洗涤 8～10 次，或洗至流出液无 Cl^- 为止（洗几次后，用小试管或小表面皿接取少量滤液，用硝酸酸化的 $AgNO_3$ 溶液检查滤液中是否还有 Cl^-，若无白色浑浊，即可认为已洗涤完毕，否则需进一步洗涤）。

过滤和洗涤沉淀的操作不能间隔过久，必须不间断地一次完成。若沉淀干固，黏成一团，就无法洗涤干净了。无论是盛沉淀还是盛滤液的烧杯，都应该经常用表面皿盖好。每次过滤完液体后，应将漏斗盖好，以防落入灰尘。

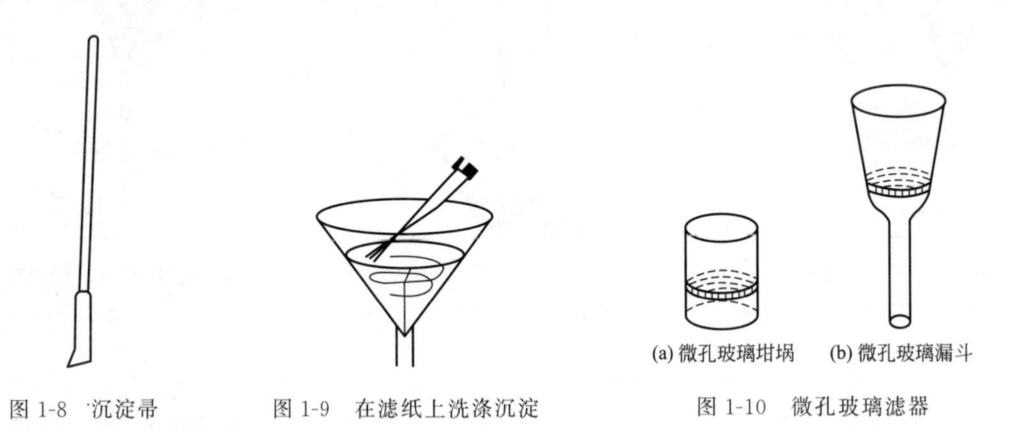

图 1-8　沉淀帚　　图 1-9　在滤纸上洗涤沉淀　　图 1-10　微孔玻璃滤器

2. 用微孔玻璃坩埚（漏斗）过滤

微孔玻璃漏斗（坩埚）的滤板是用玻璃粉末在高温下熔结而成的，因此又常称为玻璃钢砂芯漏斗（坩埚）。不需称量的沉淀或烘干后即可称量或热稳定性差的沉淀，均应在微孔玻璃漏斗（坩埚）内进行过滤。微孔玻璃滤器如图 1-10 所示，不能用这种滤器过滤强碱性溶渣，以免强碱腐蚀玻璃微孔。按微孔的孔径大小由大到小可分为六级，即 G_1～G_6（或称 1 号～6 号）。其规格和用途见表 1-5。玻璃漏斗（坩埚）必须在抽滤的条件下，采用倾泻法过滤。其过滤、洗涤、转移沉淀等操作均与滤纸过滤法相同。

表 1-5　微孔玻璃漏斗（坩埚）的规格和用途

滤板编号	孔径/μm	用途	滤板编号	孔径/μm	用途
G_1	20～30	滤除大沉淀物及胶状沉淀物	G_4	3～4	滤除液体中细的沉淀物或极细沉淀物
G_2	10～15	滤除大沉淀物及气体洗涤	G_5	1.5～2.5	滤除较大杆菌及酵母
G_3	4.5～9	滤除细沉淀及水银过滤	G_6	<1.5	滤除 1.4～0.6mm 的病菌

（四）沉淀的干燥和灼烧

过滤所得沉淀经加热处理，即获得组成恒定的与化学式表示组成完全一致的沉淀。

（1）干燥器的准备和使用　干燥器是具有磨口盖子的密闭厚壁玻璃器皿，常用以保存坩埚、称量瓶、试样等物。干燥器底部盛放干燥剂，最常用的干燥剂是变色硅胶和无水氯化钙，其上搁置洁净的带孔瓷板。使用干燥器时，首先将干燥器擦干净，烘干多孔瓷板后，将干燥剂通过一纸筒装入干燥器的底部，应避免干燥剂沾污内壁的上部，然后盖上瓷板。它的磨口边缘涂一薄层凡士林，使之能与盖子密合，如图1-11所示。由于各种干燥剂吸收水分的能力都是有一定限度的，例如硅胶，20℃时，被其干燥过的1L空气中残留水分为6×10^{-3}mg；无水氯化钙，25℃时，被其干燥过的1L空气中残留水分小于0.36mg。因此干燥器中的空气并不是绝对干燥，只是湿度相对降低。所以灼烧和干燥后的坩埚和沉淀，如在干燥器中放置过久，可能会吸收少量水分而使质量增加。坩埚等可放在瓷板孔内。

图1-11　干燥器

图1-12　搬干燥器的动作

使用干燥器时应注意下列事项。

① 打开干燥器时，不能往上掀盖，应用左手按住干燥器下部，右手小心地把盖子稍微推开，等冷空气徐徐进入后，才能完全推开，盖子必须仰放在桌子上安全的地方。

② 搬移干燥器时要用双手，用大拇指紧紧按住盖子，如图1-12所示。

③ 太热的物体不能放入干燥器中。有时较热的物体放入干燥器后，空气受热膨胀会把盖子顶起来，应当用手按住盖子，不时把盖子稍微推开（不到1s），以放出热空气。

④ 灼烧或烘干后的坩埚和沉淀，在干燥器内不宜放置过久，否则会因吸收一些水分而使质量略有增加。

⑤ 变色硅胶干燥时为蓝色（含无水Co^{2+}色），受潮后变粉红色（水合Co^{2+}色）。可以在120℃烘受潮的硅胶，待其变蓝后反复使用，直至破碎不能用为止。

（2）坩埚的准备　先将瓷坩埚洗净，小火烤干或烘干，编号（可用含Fe^{3+}或Co^{2+}的蓝墨水在坩埚外壁上编号），然后在所需温度下加热灼烧。灼烧可在高温电炉中进行。由于温度骤升或骤降常使坩埚破裂，将坩埚在已升至较高温度的炉膛口预热一下，再放进炉膛中，最好将坩埚放入冷的炉膛中逐渐升高温度。一般在800～950℃下灼烧0.5h（新坩埚需灼烧1h）。从高温炉中取出坩埚时，应先使高温炉降温。将坩埚移入干燥器中，将干燥器连同坩埚一起移至天平室，冷却至室温（约需30min），称量。随后进行第二次灼烧，约15～20min，冷却并称量。如果前后两次称量结果之差不大于0.2mg，即可认为坩埚已达质量恒定，否则需重复灼烧，直至质量恒定。灼烧空坩埚的温度必须与以后灼烧沉淀的温度一致。

（3）沉淀的烘干　凡是用微孔玻璃滤器过滤的沉淀，可用烘干法处理。将微孔玻璃滤器连同沉淀放在表面皿上，置于烘箱中，选择合适的温度。烘干一般是在250℃以下进行的。

第一次烘干时间可稍长（如 2h），第二次烘干时间可缩短为 40min，沉淀烘干后，置于干燥器中冷至室温后称量。如此反复操作直至恒重。每次操作条件要保持一致。

（4）沉淀的包裹　欲从漏斗中取出沉淀和滤纸时，对于胶状沉淀，可用扁头玻璃棒将滤纸的三层部分挑起，向中间折叠，将沉淀全部盖住，如图 1-13 所示，再用玻璃棒轻轻转动滤纸包，以便擦净漏斗内壁可能粘有的沉淀。然后将滤纸包转移至已恒重的坩埚中。包晶形沉淀可按照图 1-14 中的（a）法或（b）法卷成小包，将沉淀包好后，用滤纸原来不接触沉淀的那部分，将漏斗内壁轻轻擦一下，擦下可能粘在漏斗上部的沉淀微粒。把滤纸包的三层部分向上放入已恒重的坩埚中，可使滤纸较易灰化。

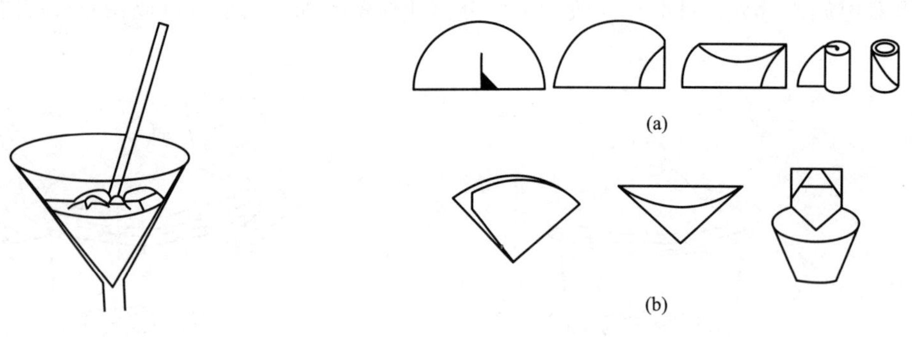

图 1-13　胶状沉淀的包裹

图 1-14　过滤后滤纸的折叠

（5）沉淀的干燥和灼烧　灼烧适用于用滤纸过滤的沉淀，是指高于 250℃以上温度进行的处理。沉淀的干燥和灼烧是在一个预先已经洗净并经过两次灼烧至质量恒定的坩埚中进行的。

沉淀和滤纸的烘干通常在电炉上进行，使它倾斜放置，多层滤纸部分朝上，盖上坩埚盖，稍留一些空隙，置于电炉上进行烘烤。稍稍加大火力，使滤纸炭化，如遇滤纸着火，可用坩锅盖盖住，使坩埚内火焰熄灭（切不可用嘴吹灭），火熄灭后，将坩埚盖移至原位，继续加热至全部炭化。注意火力不能突然加大，如温度升高太快，滤纸会生成整块的炭；炭化后加大火焰，使滤纸灰化。滤纸灰化后应该呈灰白色。为了使坩埚壁上的炭灰化完全，随时用坩埚钳夹住坩埚转动，为避免转动过剧沉淀飞扬，每次只能转一极小的角度。

滤纸和沉淀灰化后，将坩埚移入高温炉中（根据沉淀性质调节适当温度），盖上坩埚盖，但要留有空隙，灼烧 40～45min，其灼烧条件与空坩埚灼烧时相同。取出，冷却至室温，称量，然后进行第二次、第三次灼烧，直至坩埚和沉淀恒重为止。恒重，是指相邻两次灼烧后的称量差值在 0.2～0.4mg 之内。一般第二次以后灼烧 20min。

从高温炉中取出坩埚时，先将坩埚移至炉口，至红热稍退后，再将坩埚从炉中取出放在洁净耐火板上，在夹取坩埚时，坩埚钳应预热，待坩埚冷至红热退去后，再将坩埚转至干燥器中，盖好盖子，随后须开启干燥器盖 1～2 次。在坩埚冷却时，原则是冷至室温，一般需 30min 以上。每次灼烧、称量和放置的时间，都要保持一致。

五、定量分析中的分离操作技术

在分析化学实验中，经常会用到各种分离方法，这些分离方法和技术因为其原理不同，可以分为过滤、萃取、色谱分离及离子交换分离等几大类。其中过滤包括常压过滤和减压过滤，萃取包括液-液萃取和液-固萃取，色谱分离包括纸色谱、薄层色谱和柱色谱等。

（一）过滤

分离溶液与沉淀最常用的操作方法是过滤法。溶液与沉淀的混合物通过过滤器（滤纸等）时，溶液通过过滤器，沉淀留在过滤器上。过滤后得到的溶液称为滤液。过滤方法主要有常压过滤、减压过滤（抽滤或真空过滤）和热过滤。

常压过滤：用内衬滤纸的锥形玻璃漏斗过滤，滤液靠自身的重力透过滤纸流下，实现分离。

减压过滤（抽滤或真空过滤）可以加快过滤速度，得到的沉淀也比较干燥，但不适用过滤胶体沉淀或细小的晶体沉淀。

减压过滤装置如图 1-15 所示。水泵中急速的水流不断将空气带走，从而使吸滤瓶内压力减小，布氏漏斗内的液面与吸滤瓶内造成一个压力差，提高了过滤的速度。在连接水泵的橡皮管和吸滤瓶之间安装一个安全瓶，用以防止因关闭水阀或水泵内流速的改变引起自来水倒吸，进入吸滤瓶将滤液污染并冲稀。因此，在停止过滤时，应首先从吸滤瓶上拔掉橡皮管，然后才关闭自来水龙头，以防止自来水吸入瓶内。

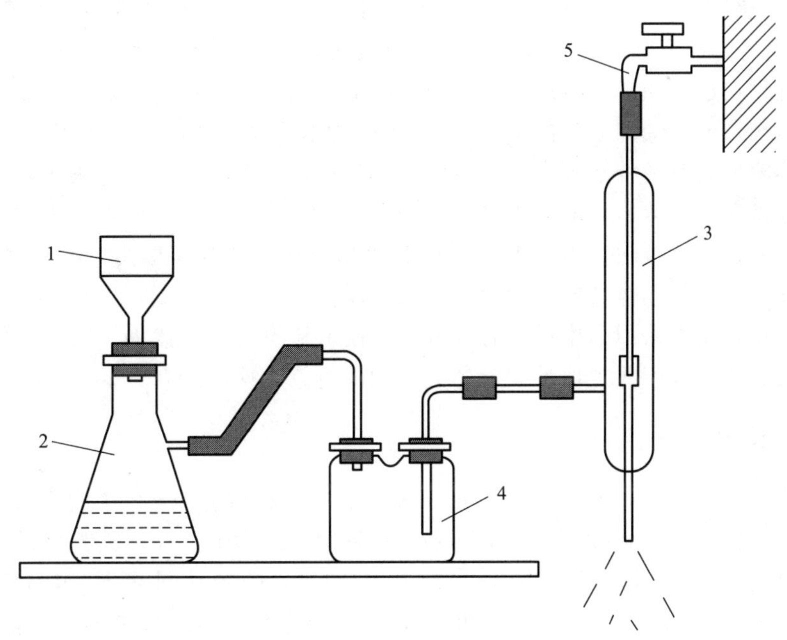

图 1-15　减压过滤装置

1—布氏漏斗；2—吸滤瓶；3—水泵；4—安全瓶；5—自来水龙头

抽滤用的滤纸应比布氏漏斗的内颈略小，但又能把瓷孔全部盖住。漏斗末端的斜面应对着吸滤瓶侧面的支管。将滤纸放入布氏漏斗中，铺平，用洗瓶挤出少量水润湿滤纸，慢慢打开自来水龙头，先抽气使滤纸紧贴，然后才往漏斗内转移溶液。转移溶液时，先将上层清液沿玻璃棒倾入漏斗，每次倾入量不应超过漏斗容量的 2/3，然后将水龙头开大，待清液过滤完以后，再转移沉淀，沉淀应尽量平铺在滤纸上，抽至沉淀比较干燥为止。在抽滤过程中，吸滤瓶中的滤液应低于其侧面的支管。抽滤完毕，应注意防止倒吸。沉淀的洗涤与常压过滤相似。最后，取出沉淀及滤液。取出沉淀时，应把漏斗取下，倒扣在滤纸或干净的容器上，在漏斗的边缘轻敲或用洗耳球从漏斗出口处往里吹气。滤液应从吸滤瓶的上口倒出至干净的容器中，不能从侧面的支管倒出，以免污染滤液。

有些浓的强酸、强碱或强氧化性的溶液，过滤时不能使用滤纸，因为它们要和滤纸作用而破坏滤纸。这时可用纯的确良布或尼龙布来代替滤纸。另外也可使用烧结玻璃漏斗（也叫玻璃砂漏斗），这种漏斗在化学实验室中常见的规格有四种，即1号、2号、3号、4号，1号的孔径最大，可以根据沉淀颗粒不同来选用。但它不适用于强碱性溶液的过滤，因为强碱会腐蚀玻璃。

（二）萃取

萃取是将存在于某一相的有机物用溶剂浸取、溶解，转入另一液相的分离过程。这个过程是利用有机物按一定的比例在两相中溶解分配的性质实现的。萃取分为液-液萃取和液-固萃取。向含有溶质A和溶剂1的溶液中加入一种与溶剂1不相溶的溶剂2，溶质A自动地在两种溶剂间分配，达到平衡。此时溶质A在两种溶剂中的浓度之比称为溶质A在两种溶剂间的分配系数K：

$$K=c_2/c_1$$

式中，c_1和c_2分别是溶质A在溶剂1和溶剂2中的浓度。只有当A在溶剂2中比在溶剂1中的溶解趋势大得多，即K值比1大得多时，溶剂2对于A的萃取才是有效的。

液-液萃取是一种适宜溶剂从溶液中萃取有机物的方法。此时所选溶剂与溶液中的溶剂不相溶，有机物在这两相以一定的分配系数从溶液转向所选溶剂中，如用苯分离煤焦油中的酚、用有机溶剂分离石油馏分中的烯烃、用CCl_4萃取水中的Br_2。液-液萃取时两种溶剂对被萃取物的溶解性质及两种溶剂自相溶解的程度是选择溶剂的出发点。在萃取过程中，将一定量的溶剂分做多次萃取，其效果要比一次萃取为好。液-固萃取也叫浸取，是用一种适宜溶剂浸取固体混合物的方法。所选溶剂对此有机物有很大的溶解能力，有机物在固-液两相间以一定的分配系数从固体转向溶剂中。如用水浸取甜菜中的糖类，用酒精浸取黄豆中的豆油以提高油产量，用水从中药中浸取有效成分以制取流浸膏叫“渗沥”或“浸沥”。液-固萃取可以用一次回流法或索氏提取器法，各有不同的特点和使用场合。

（三）色谱分离法

俄国植物学家Tsweet于1903年在用碳酸钙柱分离植物干燥叶子的石油醚萃取物时，用纯石油醚淋洗柱子，在碳酸钙柱子上得到了三种颜色的谱带，并称其为色谱（chromatography）。1931年德国的Kuhn和Lederer用该方法分离了60多种色素，1941年Martin和Synge提出用气体代替液体作流动相的可能性，11年之后，James和Martin发表了从理论到实践比较完整的气液色谱方法，并因此获得了1952年的诺贝尔化学奖。

色谱分析法是一种物理化学分析方法，基于混合物中各组分在两相（固定相和流动相）中溶解、解吸、吸附、脱附等作用力的差异，当两相做相对运动时，使各组分在两相中反复多次受到各作用力作用而得到相互分离。可以完成这种分离的仪器即色谱仪。色谱分析法的特点是对混合物具有高超的分离能力。色谱法有很多优点：分离效率高、应用范围广、分析速度快、样品用量少、灵敏度高、分离和测定一次完成及易于自动化，可在工业流程中使用。色谱分析法的优点是突出的，但是对分析对象的鉴别功能较差。

色谱法有多种类型，从不同的角度出发，有几种分类方法。按两相的状态分：流动相为气体的为气相色谱（GC），流动相为液体的为液相色谱（LC）。按固定相的固定方式分：固定相装在色谱柱中或涂在柱壁上的为柱色谱，将吸附剂粉末制成薄层作固定相的为薄层色谱（TLC），用滤纸上的水分子作固定相的纸色谱（PC）则称为平板色谱。按照分离机理分可分为吸附色谱、分配色谱、离子交换色谱和排阻色谱等。经过一个多世纪的发展，目前色谱法是生命科学、材料科学、环境科学、农业科学、医药科学、食品科学、法庭科学以及航天科学等领域的重要手段。各种色谱仪器也成为各类实验室及研究室的重要仪器设备。常量定量分析中，常用的有纸色谱、薄层色谱和柱色谱。

纸色谱法是以滤纸为载体，附着在纸上的水是固定相。样品溶液点在纸上，作为展开剂的有机溶剂自下而上移动，样品混合物中各组分在水-有机溶剂两相发生溶解分配，并随有机溶剂的移动而展开，达到分离的目的。样品经展开后，可用比移值（R_f）表示其各组成成分的位置（比移值＝原点中心至斑点中心的距离/原点中心至展开剂前沿的距离），但由于影响比移值的因素较多，因而一般采用在相同实验条件下与对照物质对比以定其异同。作为药品的鉴别时，样品在色谱中所显主斑点的颜色（或荧光）与位置，应与对照品在色谱中所显的主斑点相同。作为药品的含量测定时，将主色谱斑点剪下洗脱后，再用适宜的方法测定。纸色谱属于液-液分配色谱。合适的展开剂一般有一定的极性，但难溶于水。在有机溶剂和水两相间，不同的有机物会有不同的分配性质。水溶性大或能形成氢键的化合物，在水相中分配得多，在有机相中分配得少；极性弱的化合物在有机相中分配得多。纸色谱在糖类化合物、氨基酸和蛋白质、天然色素等有一定亲水性的化合物的分离中有广泛的应用。纸色谱的操作与薄层色谱很相似，只是纸色谱的载样量比薄层色谱更小些。

薄层色谱法是快速分离和定性分析少量物质的一种很重要的实验技术，属固-液吸附色谱，它兼备了柱色谱和纸色谱的优点，一方面适用于少量样品（几到几十微克，甚至0.01μg）的分离；另一方面在制作薄层板时，把吸附层加厚加大，因此，又可用来精制样品。将吸附剂、载体或其他活性物质均匀涂铺在平面板（如玻璃板等）上，形成薄层，干燥后在涂层的一端点样，竖直放入一个盛有少量展开剂的有盖容器中。展开剂接触到吸附剂涂层，借毛细作用向上移动。与柱色谱过程相同，经过在吸附剂和展开剂之间的多次吸附-溶解作用，将混合物中各组分分离成孤立的样点，实现混合物的分离。

柱色谱法是将固定相装在色谱柱中或涂在柱壁上的色谱分离方法。柱色谱使用的固定相材料又称吸附剂。色谱管为内径均匀、下端缩口的硬质玻璃管，下端用棉花或玻璃纤维塞住，管内装入吸附剂。吸附剂的颗粒应尽可能保持大小均匀，以保证良好的分离效果。除另有规定外，通常多采用直径为0.07～0.15mm的颗粒。常用吸附剂有氧化铝、硅胶、活性炭等。色谱分离使用的流动相又称展开剂。展开剂对于选定了固定相的色谱分离有重要的影响。在色谱分离过程中，混合物中各组分在吸附剂和展开剂之间发生吸附-溶解分配，强极性展开剂对极性大的有机物溶解得多，弱极性或非极性展开剂对极性小的有机物溶解得多，随展开剂的流过，不同极性的有机物以不同的次序形成分离带并按次序流出柱子，实现分离的目的。

（四）离子交换法

离子交换法是通过离子交换剂上的离子与水中离子交换以去除水中阴离子的方法。离子交换树脂是常用的离子交换剂。

离子交换树脂是一类带有功能基的网状结构的高分子化合物，它由不溶性的三维空间网状骨架、连接在骨架上的功能基团和功能基团上带有相反电荷的可交换离子三部分构成。离子交换树脂不溶于水和一般溶剂，机械强度较高，化学性质很稳定，一般情况下有较长的使用寿命。离子交换树脂可分为阳离子交换树脂、阴离子交换树脂和两性离子交换树脂。若带有酸性功能基，能与溶液中的阳离子进行交换，称为阳离子交换树脂；若带有碱性功能基，能与阴离子进行交换，则称为阴离子交换树脂。两性树脂是一类在同一树脂中存在着阴、阳两种基团的离子交换树脂，包括强酸-弱碱型、弱酸-强碱型和弱酸-弱碱型。

离子交换法制备纯水是将原水通过离子交换柱（内装离子交换树脂），在此过程中水中的离子与树脂上的离子交换，从而达到除去原水中杂质离子净化水质的目的。常见的两种离子交换方法分别是硬水软化和去离子法。

硬水软化需使用离子交换法，它的目的是利用阳离子交换树脂以钠离子来交换硬水中的钙与镁离子，以此来降低水源内钙镁离子的浓度。其软化的反应式如下：

$$Ca^{2+}+2Na—EX\longrightarrow Ca—EX_2+2Na^+$$

$$Mg^{2+}+2Na—EX\longrightarrow Mg—EX_2+2Na^+$$

式中的EX表示离子交换树脂，这些离子交换树脂结合了Ca^{2+}及Mg^{2+}之后，将原本含在其内的Na^+释放出来。

去离子法是将溶解于水中的无机离子排除，与硬水软化器一样，也是利用离子交换树脂的原理。在这里使用两种树脂：阳离子交换树脂与阴离子交换树脂。阳离子交换树脂利用氢离子（H^+）来交换阳离子，而阴离子交换树脂则利用氢氧根离子（OH^-）来交换阴离子，氢离子与氢氧根离子互相结合成中性水，其反应方程式如下：

$$M^{x+}+xH—EX\longrightarrow M—EX_x+xH^+$$

$$A^{z-}+zOH—EX\longrightarrow A—EX_z+zOH^-$$

上式中的M^{x+}表示阳离子，x表示电价数，M^{x+}与阴离子交换树脂结合后，释放出氢离子H^+，A^{z-}则表示阴离子，z表示电价数，A^{z-}与阴离子交换树脂结合后，释放出OH^-。H^+与OH^-结合后即成中性的水。

这些树脂的吸附能力耗尽之后也需要再还原，阳离子交换树脂需要强酸来还原；相反地，阴离子则需要强碱来还原。阳离子交换树脂对各种阳离子的吸附力有所差异，它们的强弱程度及相对关系如下：

$$Ba^{2+}>Pb^{2+}>Sr^{2+}>Ca^{2+}>Ni^{2+}>Cd^{2+}>Cu^{2+}>Co^{2+}>$$
$$Zn^{2+}>Mg^{2+}>Ag^+>Cs^+>K^+>NH_4^+>Na^+>H^+$$

阴离子交换树脂与各阴离子的亲和力强度如下：

$$SO_4^{2-}>I^->NO_3^->NO_2^->Cl^->HCO_3^->OH^->F^-$$

阴、阳离子交换树脂可被分别包装在不同的离子交换床中，分成所谓的阴离子交换床和阳离子交换床。也可以将阳离子交换树脂与阴离子交换树脂混在一起，置于同一个离子交换床中。不论是哪一种形式，当树脂与水中带电荷的杂质交换完树脂上的氢离子及（或）氢氧根离子，就必须进行“再生”。再生的程序恰与纯化的程序相反，利用氢离子及氢氧根离子进行再生，交换附着在离子交换树脂上的杂质。

六、试纸的使用

在实验室中常用一些试纸来定性检验溶液的性质或某些物质是否存在，操作简单、方便、快速，并具有一定的精确度。

（一）试纸的种类

实验室所用的试纸种类很多，常用的有pH试纸、$Pb(Ac)_2$试纸、KI-淀粉试纸等。

1. pH 试纸

pH 试纸用来检验溶液或气体的 pH，包括广泛 pH 试纸和精密 pH 试纸两大类别。广泛 pH 试纸的变色范围在 pH 为 1～14，用来粗略估计溶液的 pH。精密 pH 试纸可相对较精密地估计溶液的 pH，根据其变色范围可以分为多种，如变色范围在 pH 为 2.7～4.7、3.8～5.4、5.4～7.0、6.9～8.4、8.2～10.0、9.5～13.0 等，根据待测溶液的酸碱性可选用某一变色范围的试纸。一般先用广泛 pH 试纸粗测，再选用适当精密 pH 试纸较准确地测量。

2. $Pb(Ac)_2$ 试纸

$Pb(Ac)_2$ 试纸是用来定性检验 H_2S 气体的试纸。当含有 S^{2-} 的溶液被酸化后，逸出的 H_2S 气体遇到该试纸，即与纸上的 $Pb(Ac)_2$ 反应，生成黑色的 PbS 沉淀，使试纸呈黑褐色，并具有金属光泽。若溶液中 S^{2-} 的浓度较小，则不易检验出。

$$Pb(Ac)_2 + H_2S = PbS\downarrow + 2HAc$$

3. KI-淀粉试纸

KI-淀粉试纸是用来定性检验氧化性气体如 Cl_2、Br_2 的一种试纸。当氧化性气体遇到湿的 KI-淀粉试纸时，将试纸上的 I^- 氧化成 I_2，后者立即与试纸上的淀粉作用而显蓝色。

$$2I^- + Cl_2 = I_2 + 2Cl^-$$

如气体氧化性强，且浓度较大时，还将 I_2 可以进一步氧化而使试纸褪色。

$$I_2 + 5Cl_2 + 6H_2O = 2HIO_3 + 10HCl$$

使用时必须仔细观察试纸颜色的变化，以免得出错误的结论。

4. 其他试纸

目前我国生产的各种用途的试纸已多达几十种，较为重要的有测 AsH_3 的溴化汞试纸、测汞的汞试纸等。

（二）试纸的使用方法

每种试纸的使用方法都不一样，在使用前应仔细阅读使用说明，但也有一些共性的地方，如用作测定气体的试纸，都需要先行润湿后再测量，并且不要将试纸接触相应的液体或反应器，以免造成误差；使用试纸时，应注意节约，尽量将试纸剪成小块，盛装在小的广口瓶中；使用试纸时应尽量少取，取后盖好瓶盖，以防污染［尤其是 $Pb(Ac)_2$ 试纸］；不要将试纸浸入到反应液中，以免造成溶液的污染。

下面介绍几种试纸的一般使用方法。

1. pH 试纸及石蕊、酚酞试纸

将小块试纸放在洁净的表面皿或点滴板上，用玻璃棒蘸取少量待测液点在试纸的中部，试纸即被待测液润湿而变色，再与标准色阶板比较，确定相应的 pH 或 pH 范围；若是其他试纸，则根据颜色的变化确定其酸碱性。如果需要测气体的酸碱性时，应先用蒸馏水将试纸润湿，将其沾附在洁净玻璃棒尖端，移至产生气体的试管口上方（不要接触试管），观察试纸的颜色变化。

2. KI-淀粉试纸或 $Pb(Ac)_2$ 试纸

将小块试纸用蒸馏水润湿后沾附在干净的玻璃棒尖端，移至产生气体的试管口上方（不要接触试管或触及试管内的溶液），观察试纸的颜色变化。若气体量较小时，可在不接触溶液及管壁的条件下将玻璃棒伸进试管内进行观察。

（三）试纸的制备

1. KI-淀粉试纸（无色）

将 3g 可溶性淀粉溶于 25mL 冷水，搅匀后倾入 225mL 沸水中，再加入 1gKI 和 1gNa_2CO_3，搅拌，加水稀释至 500mL，将滤纸条浸润，取出后放置于无氧化性气体处晾干，保存于密封装置（如广口瓶）中备用。

2. $Pb(Ac)_2$ 试纸（无色）

在浓度小于 1mol/L 的 $Pb(Ac)_2$ 溶液［每升中含 190g $Pb(Ac)_2 \cdot 3H_2O$］中浸润滤纸条，在无 H_2S 气氛中干燥即可，密封保存备用。

任务一 仪器认领与玻璃管（棒）的简单加工

知识链接

一、常用玻璃仪器

玻璃仪器按玻璃的性质不同可以简单地分为软质玻璃仪器和硬质玻璃仪器两类。软质玻璃承受温差的性能、硬度和耐腐蚀性都比较差，但透明度比较好。一般用来制造不需要加热的仪器，如试剂瓶、漏斗、量筒、吸管等。硬质玻璃具有良好的耐受温差变化的性能，用它制造的仪器可以直接用灯火加热，这类仪器耐腐蚀性强、耐热性能以及耐冲击性能都比较好。常见的烧杯、烧瓶、试管、蒸馏器和冷凝管等都用硬质玻璃制作。

无机化学实验中常用玻璃仪器及辅助仪器种类、规格、主要用途及注意事项见表 1-6。

表 1-6 常用玻璃仪器及辅助仪器

仪器名称	规格	主要用途	注意事项
试管　离心试管	玻璃质。分硬质、软质，有刻度，无刻度。无刻度试管以管口外径(mm)×长度(mm)表示。有刻度试管以容积(mL)表示	①少量试剂的反应容器； ②收集少量气体； ③少量沉淀的辨识和分离	①可直接用火加热，但不能骤冷； ②离心试管只能用水浴加热； ③所装液体不超过试管容积的 1/2，加热时不超过 1/3； ④加热固体时管口略向下倾斜
试管架	木质、铝质和特种塑料	插放试管、离心试管等	试管架应洗干净。洗净的试管不用时尽量倒插在管架上

续表

仪器名称	规格	主要用途	注意事项
毛刷	以大小和用途表示，如试管刷、烧杯刷、滴定管刷等	洗刷玻璃仪器	①毛刷大小选择要合适； ②小心刷子顶端的铁丝撞破玻璃仪器
试管夹	木质和钢丝制成	加热时夹住试管	防止烧坏或锈蚀
烧杯	玻璃质或塑料。有一般型和高型、有刻度和无刻度。规格以容积(mL)表示	①反应物量较多时的反应容器； ②配制溶液； ③容量大的可用作水浴	①加热时垫石棉网，使其受热均匀，外壁擦干； ②反应液体不得超过其容积的 2/3
广口瓶　细口瓶　滴瓶	玻璃质或塑料。分无色、棕色，规格以容积(mL)表示	①滴瓶、细口瓶用于盛放液体试剂； ②广口瓶用于盛放固体试剂； ③棕色瓶用于盛放见光易分解的试剂	①不能加热； ②磨口塞或滴管要原配，不可互换； ③盛放碱液时应使用橡皮塞； ④不可使溶液吸入滴管橡皮头内，亦不可使滴管倒置
烧瓶	玻璃质。有平底、圆底、长颈、短颈及标准磨口之分。规格以容积(mL)表示	反应容器。反应物较多，且需要长时间加热时用	加热时底部垫石棉网，使其受热均匀，使用时勿使温度变化过于剧烈
量筒　量杯	玻璃质。以所能量度的最大容积(mL)表示	粗略量取一定体积的溶液	①不可在其中配制溶液； ②不能加热或量热溶液； ③不能用作反应容器
表面皿	玻璃质。规格以口径(mm)大小表示	①盖在蒸发皿或烧杯上以免液体溅出或灰尘落入； ②盛放待干燥的固体物质	不能用火直接加热
蒸发皿	瓷质。有无柄、有柄之分，规格以容积(mL)表示	蒸发、浓缩液体	可耐高温，能直接用火加热，高温时不能骤冷

续表

仪器名称	规格	主要用途	注意事项
长颈漏斗　短颈漏斗	玻璃质。分长颈漏斗、短颈漏斗。规格以口径(mm)大小表示	①短颈漏斗用于一般过滤； ②长颈漏斗在定量分析中用于过滤沉淀	不能用火直接加热
漏斗架	木质或塑料	用于过滤时支撑漏斗	组装件，不可倒放
锥形瓶　碘量瓶	玻璃质，规格以容积(mL)表示	反应容器。振荡方便。用于加热处理试样及滴定分析中，碘量瓶用于碘量法分析中	①可加热至高温，底部垫石棉网； ②碘量瓶磨口塞要原配，加热时要打开瓶塞
容量瓶	玻璃质。有无色、棕色之分，规格以刻度以下的容积(mL)表示	配制一定体积准确浓度的溶液	①磨口塞要原配，漏水的不能用； ②不能加热
称量瓶	玻璃质。分扁型和高型两种，规格以外径(mm)×高(mm)表示	①扁型用于测定水分，烘干基准物； ②高型用于称量样品、基准物	①不可盖紧磨口塞烘烤； ②磨口塞要原配，不能互换
酸式　碱式 滴定管	分酸式、碱式、无色、棕色、常量、微量。规格以容积(mL)表示	容量分析滴定操作	碱性滴定管盛碱性溶液或还原性溶液；酸式滴定管盛放酸性溶液或氧化性溶液；见光易分解的溶液应用棕色滴定管

续表

仪器名称	规格	主要用途	注意事项
移液管　吸量管	以容积(mL)表示	准确量取各种不同量的溶液	①不能加热； ②未标"吹"字，不可用外力使残留在末端尖嘴溶液流出
分液漏斗　滴液漏斗	玻璃质。分筒形、球形、梨形、长颈、短颈。规格以容积(mL)和漏斗的形状表示	①滴液漏斗用于向反应体系中滴加液体； ②分液漏斗用于萃取分离和富集分开两相液体	①磨口必须原配，漏水不能用； ②活塞要涂凡士林； ③不能用火直接加热
洗瓶	用玻璃或塑料制作，规格以容积(mL)大小表示	装蒸馏水洗涤仪器或沉淀物	玻璃洗瓶可放在石棉网上加热
抽滤瓶　布氏漏斗	抽滤瓶为玻璃质，布氏漏斗为瓷质。规格以抽滤瓶容积(mL)和漏斗口径(mm)大小表示	两者配套用于沉淀的减压过滤	①抽滤瓶不能加热； ②滤纸必须与漏斗底部吻合，过滤前须先将滤纸润湿
研钵	以铁、瓷、玻璃、玛瑙为材料。规格以钵口径(mm)大小表示	研磨固体物质	①不能用火直接加热； ②只能研磨，不能敲击(铁质除外)
点滴板	瓷质。点滴板的釉面有黑、白两种规格	用于定性分析、点滴实验。生成有色沉淀用白面，白色沉淀用黑面	不能加热
坩埚	用瓷器、石英、铁、镍等制作，规格以容积(mL)表示	①灼烧固体； ②样品高温加热	①依试样的性质选用不同材料的坩埚； ②瓷坩埚加热后不能骤冷； ③灼烧时放在泥三角上，直接用火加热

续表

仪器名称	规格	主要用途	注意事项
普通干燥器 真空干燥器	玻璃质。规格以口部外径(mm)大小表示	①内放干燥剂，保持样品或产物的干燥； ②真空干燥器通过抽真空造成负压，干燥效果更好	①放入底部的干燥剂不要放得太满； ②不可将红热物品放入，放入热物质后要不时开盖； ③防止盖子滑动而摔碎
石棉网	用铁丝网和石棉制作。规格以铁丝网边长(mm)表示，如150mm×150mm	加热玻璃反应容器时垫在容器底部，使其受热均匀	不可与水接触，以免铁丝生锈及石棉脱落
泥三角	用瓷管和铁丝制作，有大小之分	盛放加热的坩埚和小蒸发皿	①灼烧的泥三角不要滴上冷水，以免瓷管破裂； ②大小选择要合适，坩埚露出泥三角的部分不超过其高度的1/3
坩埚钳	用金属合金材料制作，表面镀镍、铬	夹持坩埚及坩埚盖	①不要与化学试剂接触，防止腐蚀； ②放置时头部朝上，以免污染； ③高温下使用前，钳尖要预热
铁架台	铁制品，有铁架、铁夹和铁圈	固定反应容器	应先将铁夹等升至合适高度，并旋紧螺丝，使之牢固后再进行实验
三脚架	铁制品	放置较大或较重的加热容器	防止生锈
药匙	牛角、不锈钢或塑料制品，两端都可用	取用固体试剂样品	①取少量固体用小端； ②取用前药匙一定要洗净，以免沾污试剂

二、玻璃仪器的洗涤

实验室经常使用的玻璃仪器必须干净，才能得到可信的实验结果。通常附着于仪器上的污物有可溶性物质，也有不溶性物质和尘土、油污以及有机物质等。玻璃仪器洗涤的方法很多，一般来说，应根据实验要求、污物的性质、沾污程度以及仪器的类型和形状选择合适的方法进行洗涤。已经清洁的器皿壁上留有均匀的一层水膜，器壁不应挂有水珠，表示已经洗净。凡是已经洗净的仪器，决不能用布或纸擦干，否则，布或纸上的纤维将会附着在仪器上。常用洗涤方法如下。

1.用毛刷洗

用毛刷蘸水刷洗仪器，可以去掉仪器上附着的尘土、可溶性物质和易脱落的不溶性杂质。洗涤时要根据待洗涤的玻璃仪器的形状选择大小合适的毛刷，并防止刷内的铁丝将玻璃仪器撞破。

2.用去污粉（肥皂、合成洗涤剂）洗

去污粉是由碳酸钠、白土、细砂等混合而成的。将要洗的容器先用少量水湿润，然后撒入少量去污粉，再用毛刷擦洗。它是利用碳酸钠的碱性具有强的去污能力，细砂的摩擦作用，白土的吸附作用，增加了对仪器的清洗效果。仪器内外壁经擦洗后，先用自来水冲洗掉去污粉颗粒，然后用少量蒸馏水洗 3 次，去掉自来水中带来的钙、镁、铁、氯等离子。注意节约用水，采取“少量多次”的原则。

3.用铬酸洗液洗

铬酸洗液是由浓硫酸和重铬酸钾配制而成的（通常将 25g $K_2Cr_2O_7$ 置于烧杯中，加 50mL 水溶解，然后在不断搅拌下，慢慢加入 450mL 浓硫酸），呈深红褐色，具有强酸性、强氧化性，对有机物、油污等的去污能力特别强。

一些较精密的玻璃仪器，如滴定管、容量瓶、移液管等，由于口小、管细，难以用刷子刷洗，且容量准确，不宜用刷子摩擦内壁，常可用铬酸洗液来洗。洗涤时装入少量洗液，将仪器倾斜转动，使管壁全部被洗液湿润，转动一会儿后将洗液倒回原洗液瓶中，再用自来水把残留在仪器中的洗液洗去，最后用少量的蒸馏水洗 3 次。沾污程度严重的玻璃仪器用铬酸洗液浸泡十几分钟、数小时或过夜，再依次用自来水和蒸馏水洗涤干净。把洗液微微加热浸泡仪器，效果会更好。

使用铬酸洗液时，应注意以下几点：

① 尽量把仪器内的水倒掉，以免把洗液稀释；

② 洗液用完应倒回原瓶内，可反复使用；

③ 洗液具有强的腐蚀性，会灼伤皮肤，破坏衣物，如不慎把洗液洒在皮肤、衣物和桌面上，应立即用水冲洗；

④ 已变成绿色的洗液（重铬酸钾被还原为硫酸铬的颜色，无氧化性），不能继续使用；

⑤ 铬（Ⅵ）有毒，清洗残留在仪器上的洗液时，第一、第二次的洗涤水不要倒入下水道，应回收处理。

三、玻璃仪器的干燥

1.烘干

洗净的玻璃仪器可以放在电热恒温干燥箱内烘干，放进去之前应尽量把水沥干净。放置时，应注意使仪器的口朝下（倒置后不稳的仪器则应平放），可以在电热干燥箱的最下层放一个搪瓷盘，以接收从仪器上滴下的水珠，不使水滴到电炉丝上，以免损坏电炉丝。也可放在红外灯干燥箱内烘干。

2. 烤干

烧杯和蒸发皿可以放在石棉网的电炉上烤干。试管可以直接用小火烤干，操作时，先将试管略为倾斜，管口向下，并不时地来回移动试管，水珠消失后，再将管口朝上，以便水汽逸出。也可放在红外灯下烤干。

3. 晾干

洗净的仪器可倒置在干净的实验柜内或仪器架上（倒置后不稳定的仪器，应平放），让其自然干燥。

4. 吹干

急于干燥的或不适合放入烘箱的玻璃仪器可用吹干的办法。通常是用少量乙醇将玻璃仪器荡洗，荡洗剂回收，然后用电吹风吹。开始用冷风，当大部分溶剂挥发后用热风吹至仪器完全干燥，再用冷风吹去残余的蒸气，使其不再冷凝在容器内。一些带有刻度的计量仪器，不能用加热方法干燥，否则，会影响仪器的精密度。可以将少量易挥发的有机溶剂（如乙醇或乙醇与丙酮的混合液）倒入洗净的仪器中，把仪器倾斜，转动仪器，使仪器壁上的水与有机溶剂混合，然后倾出，少量残留在仪器内的混合液很快挥发，或用冷风吹干。

四、加热与冷却

（一）加热用仪器

在实验室中加热常用酒精灯、酒精喷灯、煤气灯、电炉、电热板、电热套、红外灯等。

1. 酒精灯

酒精灯是实验室最常用的加热灯具。酒精灯由灯罩、灯芯和灯壶三部分组成，灯罩上有

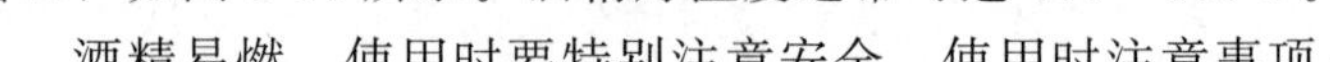

磨口，如图 1-16 所示。酒精灯温度通常可达 400～500℃。

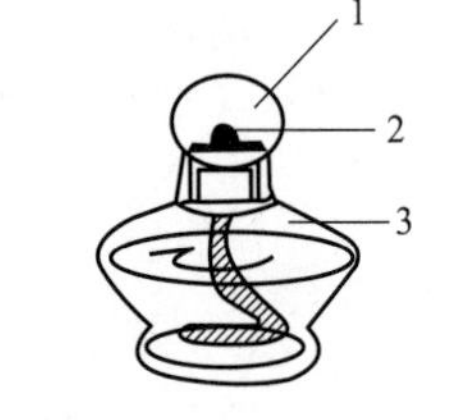

图 1-16　酒精灯的构造

1—灯罩；2—灯芯；3—灯壶

酒精易燃，使用时要特别注意安全。使用时注意事项：

（1）添加酒精时应将灯熄灭，利用漏斗将酒精加入到灯壶内。灯壶内酒精的储量以容积的 1/2～2/3 为宜。

（2）应使用火柴或打火机点燃酒精灯［见图 1-17(a)］，绝不能用点燃的酒精灯来点燃［见图 1-17(b)］，否则会把酒精洒在外面而引起火灾或烧伤。

（3）熄灭酒精灯时，不要用嘴吹，将灯罩盖上即可［见图 1-17(c)］。但注意当酒精灯熄灭后，要将灯罩拿下，稍作晃动赶走罩内的酒精蒸气后盖上，以免引起爆炸（特别是在酒精灯使用时间过长时，尤其应注意）。

（4）酒精灯不用时应盖上灯罩，以免酒精挥发。

酒精灯火焰分外焰、内焰和焰心，如图 1-18 所示。外焰温度最高，因此，加热时用外焰。

2. 酒精喷灯

常用的酒精喷灯有座式和挂式两种。座式喷灯的酒精储存在灯座内，挂式喷灯的酒精储存罐悬挂于高处。这里主要介绍座式喷灯。座式酒精喷灯由灯管、空气调节器、预热盆、铜

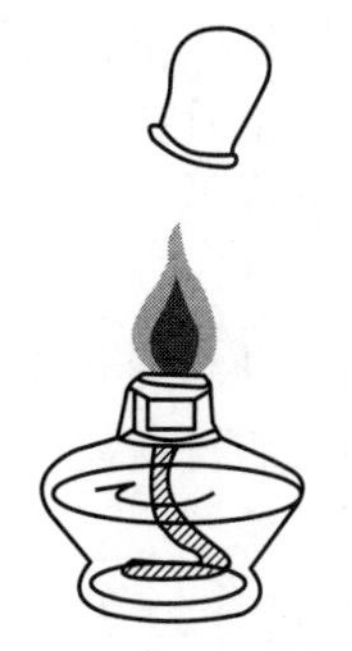

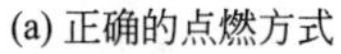

(a) 正确的点燃方式　　(b) 错误的点燃方式　　(c) 酒精灯的熄灭

图 1-17　酒精灯的点燃和熄灭

帽、酒精壶构成，如图 1-19 所示。火焰温度可达 700～1000℃，每耗用酒精 200mL，可连续工作半小时左右。

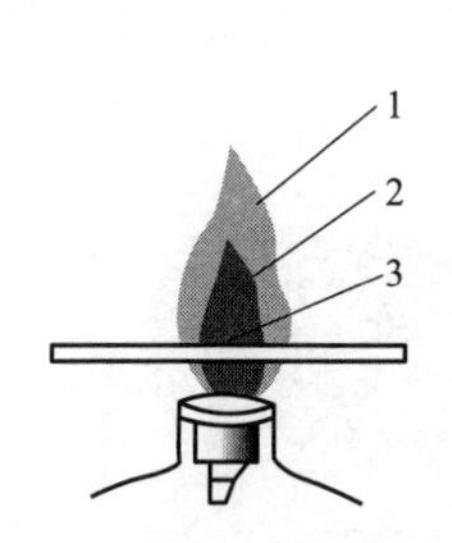

图 1-18　酒精灯的灯焰

1—外焰；2—内焰；3—焰心

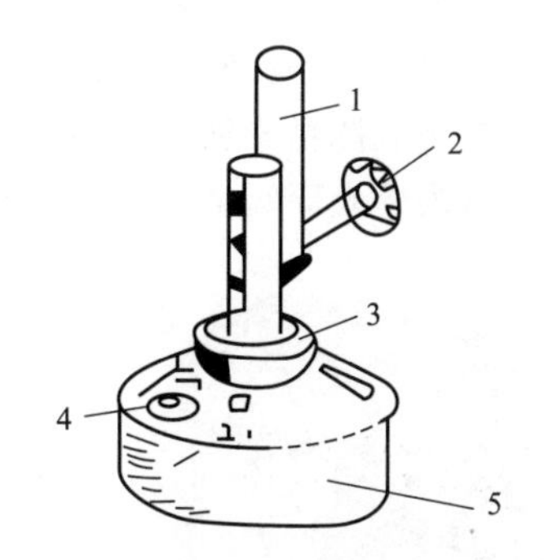

图 1-19　座式酒精喷灯

1—灯管；2—空气调节器；3—预热盆；4—铜帽；5—酒精壶

座式喷灯使用方法如下。

（1）借助小漏斗向酒精储罐内添加酒精，酒精壶内的酒精不能装得太满，以不超过酒精壶容积的 2/3 为宜，一般约 250mL，铜帽一定要旋紧。将喷灯倒置片刻，倒出灯管中的金属氧化物、玻璃碴。燃烧管内下端喷孔若没有酒精渗出，应用捅针把喷孔捅一捅，以保证出气口畅通。

（2）往预热盆里加入酒精至满，点燃酒精使灯管受热，待酒精接近燃尽且在灯管口有火焰时，上下移动空气调节阀，调节空气进入量，产生呼呼响声，火焰达到最高且稳定连续时，锁定空气阀，调节火焰为正常火焰（见图 1-20）。

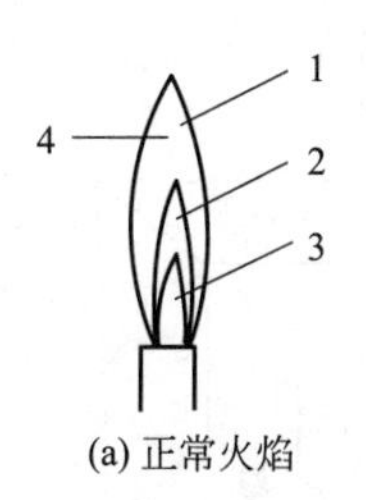

(a) 正常火焰

(b) 凌空火焰

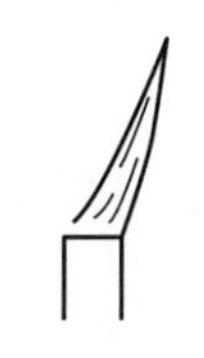

(c) 侵入火焰

图 1-20　灯焰的几种情况

1—氧化焰；2—还原焰；3—焰心；4—最高温度点

（3）座式喷灯连续使用不能超过半小时，或火焰变小时，必须暂时熄灭喷灯，待冷却后，添加酒精再继续使用。

（4）停止使用时，用石棉网、硬质板或湿抹布盖灭火焰，也可以将调节器上下移动来熄灭火焰。若长期不用时，须将酒精壶内剩余的酒精倒出。

（5）在使用过程中，若发现酒精壶底部出现隆起，立即熄灭喷灯，用湿抹布降温，以免发生事故。

（6）如发现灯身温度升高或罐内酒精沸腾（有气泡破裂声）时，要立即停用，避免由于罐内压强增大导致罐身崩裂。

3. 电炉

电炉有普通万用电炉及封闭式电炉，如图 1-21 所示。目前常用的万用电炉是用电炉丝加热（注意电炉丝上不要沾有酸、碱等试剂），温度的高低用调节器来控制。加热温度一般在 500～1000℃，有的可高达 2000℃以上。使用时，容器和电炉之间要放置石棉网。封闭式电炉是一种新型电加热器，发热体被全封闭在绝缘耐高温材料中，外壳表面采用优质冷轧钢板，经耐温材料涂覆，同时炉盘表面喷涂无毒不粘涂料，干净、防腐蚀、防油烟、便于清洗、清洁卫生。它具有加热快、使用方便、热效率高、特别安全耐用等优点。使用前先检查电源线是否有破损，电炉表面有没有液体等残留物，电源线有没有贴在加热盘周围。插上电源插座，根据需要调节调温旋钮，调节到所需温度即可。使用结束后，拔除电源插座，等冷却充分后，用软布擦净表面污渍，置干燥处存放。

(a) 万用电炉

(b) 封闭式电炉

图 1-21　万用电炉及封闭式电炉

4. 高温电阻炉

实验室进行高温灼烧或反应时，除用电炉外，还常用高温电阻炉（简称高温炉）（图 1-22）。高温炉利用电热丝或硅碳棒加热，用电热丝加热的高温炉最高使用温度为 950℃；用硅碳棒加热的高温炉温度高达 1300～1500℃。高温炉根据形状分为管式电阻和箱式电阻，箱式又称马弗炉。高温炉的炉温由高温计测量。高温计由一对热电偶和一只毫伏表组成。

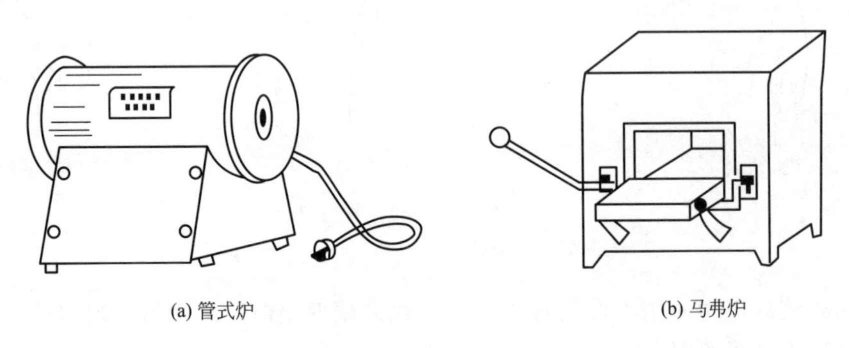

(a) 管式炉　　(b) 马弗炉

图 1-22　高温电阻炉

使用时应注意：查看高温炉所接电源电压是否与电炉所需电压相符，热电偶是否与测量温度相符，热电偶正、负极是否接反；调节温度控制器的定温调节按钮，设定所需温度；打开电源开关升温，当温度升至所需温度时即能恒温；被加热物体必须放置在能够耐高温的容器（如坩埚）中，不要直接放在炉膛上，同时不能超过最高允许温度；灼烧完毕，先关上电源，不要立即打开炉门，以免炉膛骤冷碎裂，一般当温度降至200℃以下时方可打开炉门，用坩埚钳取出样品；高温炉应放置在水泥台上，不可放置在木质桌面上，以免引起火灾；炉膛内应保持清洁，炉周围不要放置易燃物品，也不可放置精密仪器。

5. 电热恒温水浴锅

电热恒温水浴锅（图1-23）通过电热管加热水槽内的水，当水的温度达到设定值时，温度控制系统自动切断电源，电热管停止加热；当水温低于设定值时，控制电路自动接通电源，启动电热管重新加热，如此自动反复循环，使水槽内的水温稳定在设定值。电热恒温水浴锅适用于100℃以下的加热操作。锅盖是由一组由大到小的同心圆水浴环组成。根据受热器皿底部受热面积的大小选择适当口径的水浴环。使用时，装有样品的容器悬置于水槽内或置于水浴环上，即可在所需要的温度下进行恒温加热。

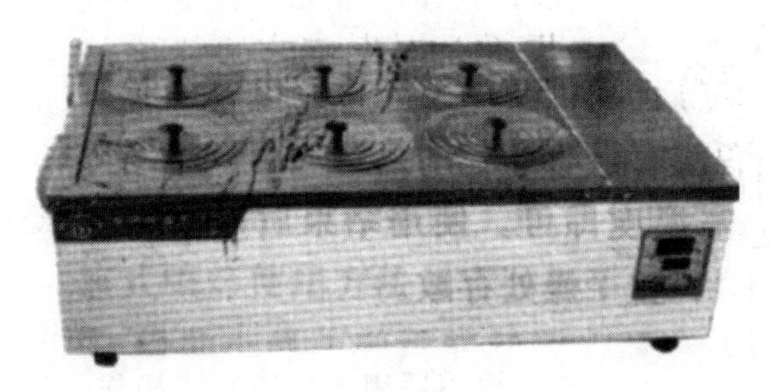

图1-23　电热恒温水浴锅

（二）加热方法

1. 直接加热

当被加热的样品在高温下稳定而不分解，又无着火危险时，可使用直接加热法。使用酒精灯或万用电炉加热盛装液体样品的烧杯、烧瓶等玻璃仪器时，容器的水应擦干，同时在火源与容器之间应放置石棉网，以防受热不均而破裂。

直接使用酒精灯、电炉等热源隔石棉网对玻璃仪器进行加热的方式也称为空气浴。加热时，必须注意玻璃仪器与石棉网之间要留有空隙（约1cm）。较好的空气浴方式是使用电加热套。使用电热套时烧瓶的外壁和电热套的内壁应有1cm左右的距离，以利空气传热和防止局部过热。同时，要注意防止水、药品等物落入套内。

加热时，液体量不超过烧杯容积的1/2或烧瓶容积的1/3。加热含较多沉淀的液体以及需要蒸干沉淀时，用蒸发皿比用烧杯好。在加热过程中，应适时搅拌，以防爆沸。

加热试管中的液体时，应该用试管夹夹持试管的中上部，试管稍倾斜，管口向上，但不得对着人或有危险品的方向。先加热液体的中上部，然后慢慢向下移动。加热过程中不时地上下移动试管［如图1-24(a) 所示］，使管内液体各部分受热均匀，以免液体爆沸冲出试管。注意试管中的液体量不得超过试管高度的1/3。

加热时，要注意加热的试管应位于灯焰的外焰，其他位置不正确［见图1-24(b) 和图1-24(c)］。

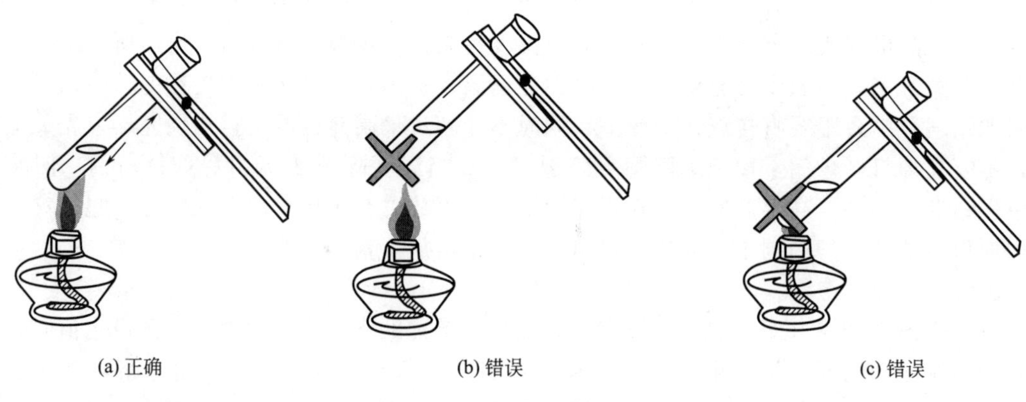

图 1-24　试管中液体的加热

在高温下加热固体样品时，可将固体样品放置于坩埚中，用氧化焰灼烧（图 1-25）。开始时，用小火烘烧坩埚，待坩埚均匀受热后，加大火焰灼烧坩埚底部。根据实验要求控制灼烧温度和时间，灼烧完毕后移去热源，冷却后备用。高温下的坩埚应使用干净的坩埚钳夹取，放置于石棉网上冷却。

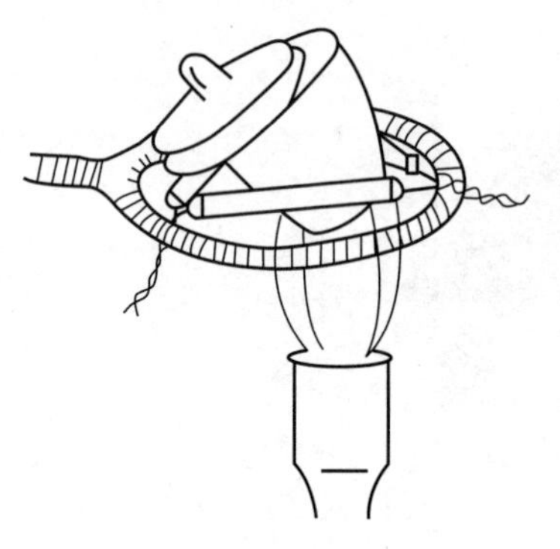

图 1-25　高温灼烧固体

2. 间接加热

直接加热的方式较为猛烈，受热不太均匀，有产生局部过热的危险，且难以控制温度，一般只适用于高沸点且不易燃烧物质的加热，而不适用于低沸点易燃液体的加热，也不适用于减压蒸馏操作。为此，常使用各种加热浴进行间接加热。一般加热浴有水浴、油浴和砂浴。

（1）水浴　水浴是借助被加热的水或水蒸气进行间接加热的方法。凡需均匀受热且所需加热温度不超过 100℃时，均可使用水浴加热。若要严格控制水浴温度，应使用电热恒温水浴锅。将被加热器皿（试管、烧杯、烧瓶等）放在水浴锅盖的金属圈上，水蒸气即可使被加热物受热升温。如果不严格要求水浴恒温，可自制简易的水浴加热装置，将水装入普通水浴锅或烧杯中，水量约为水浴锅或烧杯容积的 2/3，使用万用电炉及封闭式电炉等加热水浴锅或烧杯，反应容器置于水浴锅中或悬置在烧杯中，利用热水浴或蒸汽浴加热。与空气浴相比，水浴加热均匀，温度易于控制，适合于低沸点物质的加热、回流等。用盛水的烧杯进行水浴加热过程中，由于水的蒸发，应注意及时加水。

但是，对于低沸点易燃液体的水浴加热，如乙醚溶液的蒸馏或回流等，应预先烧好热水，在进行热水浴时，切不可在水浴锅下使用酒精灯、电炉等加热。使用钾（钠）的操作不能在水浴上进行。

（2）油浴　油浴是借助被加热的油进行间接加热的方法。当加热温度要求在 100～250℃范围时，一般可采用油浴。油浴常用浴液有甘油、石蜡油、硅油、真空泵油或一般植物油等，其中硅油最佳。在油浴加热时，要注意采取措施，不要让水溅入油中，否则加热时浴液会产生泡沫或引起飞溅。同时还应注意防止着火，发现油浴受热冒烟情况严重时，应立即停止加热。在使用植物油时，为防止植物油在高温下的分解，可加入 1%对苯二酚，以增加其热稳定性。硅油和真空泵油加热温度可达 250℃以上，热稳定性好，实验室较常采用。

在油浴操作中，应使用接点温度计或控温装置，随时监测、调节和控制温度。需注意温度升高时会有油烟产生，达到燃点时就自燃，同时引起油着火。此时应立即切断热源，取出受热器，用盖板迅速盖住油浴锅，以熄灭油火。

（3）砂浴　砂浴是借助被加热的细砂进行间接加热的方法。若加热温度在250～350℃范围，应采用砂浴。将细砂（需先洗净并煅烧除去有机杂质）装入铁盘中，把反应容器埋在砂中，注意使反应器底部有一层砂层，以防局部过热。砂浴温度分布不太均匀。测试砂浴温度时，温度计应靠近反应容器。

因砂的热传导能力差，砂浴温度分布不均匀，故容器底部的砂要薄些，以使容器易受热，而容器周围的砂要厚些，以利于保温。

（三）冷却方法

最简单的冷却方法就是自然冷却，其次是用水冷却，即将盛有反应物的容器浸入冷水浴中或流动自来水中。

很多化学反应必须控制好温度，有些反应甚至要求在低温下进行，操作中需要使用制冷剂。在进行一些放热反应时，由于反应产生大量的热，使温度迅速升高，导致反应过于剧烈，甚至发生冲料或爆炸等事故。为此，必须进行适当的冷却，使温度控制在一定的范围。通常的冷却方式是将反应器浸入冷水或冰水中。当反应必须在低于室温的温度下进行时，用碎冰和水混合物的冷却效果比单纯使用冰好，因为前者与容器的接触面积更大。采用冰水冷却时，冰块要弄得很碎，为了更好地移除热量，可加入少量的水。对于水溶液中的反应，将干净的碎冰直接投入反应器中可将反应体系有效地维持在低温水平。

如果所需温度在0℃以下，可采用冰-盐混合物作冷却剂。制冰盐冷却剂时，应把盐研细，然后与碎冰均匀混合，并随时加以搅拌。碎冰和食盐的混合物能冷却到－5～－18℃。

固体二氧化碳（干冰）与乙醇、异丙醇或丙酮等以适当比例混合可冷却到很低的温度（－50～－78℃）。为保持冷却效果，冷却剂常盛装在广口保温瓶等容器中。常见冰盐混合比例见表1-7。如果要长期保持低温，就要使用冰箱。放在冰箱内的容器要塞紧，否则水汽会在物质上凝结，放出的腐蚀性气体也会侵蚀冰箱，容器要做好标记。

表1-7　常用冷却剂组成及冷却温度

冷却剂组成	最低冷却温度/℃
冰水	0
氯化铵(1份)＋碎冰(4份)	－15
氯化钠(1份)＋碎冰(3份)	－21
六水合氯化钙(1份)＋碎冰(1份)	－29
六水合氯化钙(1.4份)＋碎冰(1份)	－55
干冰＋乙醇	－72
干冰＋丙酮	－78
干冰＋乙醚	－100
液氮	－196

任务实施

【目的】

1. 了解实验室的规则与要求；

2. 认识实验常用仪器，熟悉其名称、规格及用途，了解使用注意事项；

3. 了解酒精喷灯的构造和原理，掌握正确的使用方法；

4. 练习玻璃管（棒）的切割和圆口基本操作；

5. 完成滴管、搅拌棒和小药匙的制作。

【原理】

玻璃管受热后可以进行简单加工。

【仪器和药品】

酒精喷灯，锉刀，玻璃棒（直径 3～5mm），玻璃管（内径 4mm，壁厚 1～2mm），乳胶头，钻孔器，胶塞。

工业酒精（95%）。

【步骤】

1. 仪器认领

（1）实验室简介及注意事项。

（2）实验要求，实验目的、意义，实验学习方法，实验室规则，实验安全与卫生等。

（3）实验预习报告、实验报告的书写要求。

（4）认领并清点常用实验仪器，缺少和损坏的仪器列出清单，予以更换。

2. 酒精喷灯的使用

玻璃管（棒）的熔烧需要高温，一般使用酒精喷灯。其使用方法参见第二部分相关内容。

3. 玻璃管和玻璃棒的加工

（1）玻璃管（棒）的切割　将玻璃管（棒）平放在桌面上，依需要的长度左手按住要切割的部位，右手用锉刀的棱边（或薄片小砂轮）在要切割的部位向前或向后（向一个方向，不要来回锯）用力挫出一道深而短的凹痕［见图 1-26(a)］。挫出的凹痕应与玻璃管（棒）垂直，这样才能保证截断后的玻璃管（棒）截面是平整的。然后双手持玻璃管（棒），两拇指齐放在凹痕背面［见图 1-26(b)］，并轻轻地由凹痕背面向外推折，同时两食指和拇指将玻璃管（棒）向两边拉［图 1-26(c)］，玻璃管（棒）即折成两段。

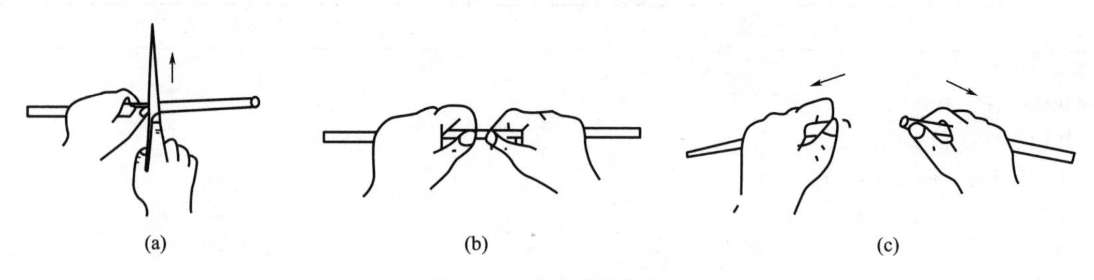

图 1-26　玻璃管的切割

截取长 18cm 左右玻璃管一支；截取长分别为 18～20cm、15cm 的粗玻璃棒各一支；截取长约 18cm 细玻璃棒一支。

（2）熔光　切割的玻璃管（棒），其截断面的边缘很锋利容易割破皮肤，橡皮管或塞子，所以必须放在火焰中熔烧，使之平滑，这个操作称为熔光（或圆口）。将刚切割的玻璃管（棒）的一头插入火焰中熔烧。熔烧时，角度一般为 45°，并不断来回转动玻璃管（棒）（图 1-27），直至截面变成红热平滑为止。

熔烧时，加热时间过长或过短都不好，过短，管（棒）口不平滑；过长，管径会变小。

转动不匀，会使管口不圆。灼热的玻璃管（棒），应放在石棉网上冷却，切不可直接放在实验台上，以免烧焦台面，也不要用手去摸，以免烫伤。

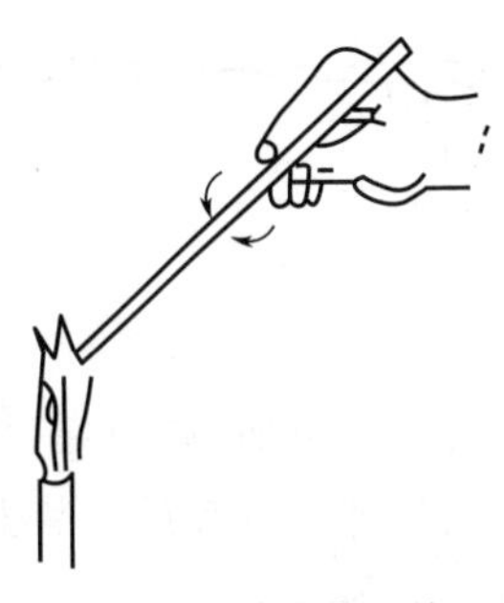

图 1-27 玻璃管（棒）截面的熔光

（3）玻璃管的弯曲

① 烧管。先将玻璃管在小火上来回旋转预热，然后用双手托持玻璃管，把要弯曲的地方斜插入氧化焰中，以增大玻璃管的受热面积（也可以在喷灯管上罩以鱼尾形灯头扩展火焰，增大玻璃管的受热面积），同时缓慢地转动玻璃管。使之受热均匀，如图 1-28(a) 所示。注意两手用力要均匀，转速一致，以免玻璃管在火焰中扭曲。加热到玻璃管发黄变软即可弯管。

② 弯管。自火焰中取出玻璃管后，迅速用“V”字形手法将玻管准确地弯成所需的角度。弯管的手法是两手在上边，玻璃管的弯曲部分在两手中间的正下方，如图 1-28(b) 所示。弯好后，待其冷却变硬才可撒手，放在石棉网上继续冷却。120°以上的角度可一次性弯成。较小的锐角可分几次弯，先弯成一个较大的角度，然后在第一次受热部位的偏左、偏右处进行再次加热和弯曲，如图 1-28(b) 中的 L 和 R 处，直到弯成所需的角度为止。

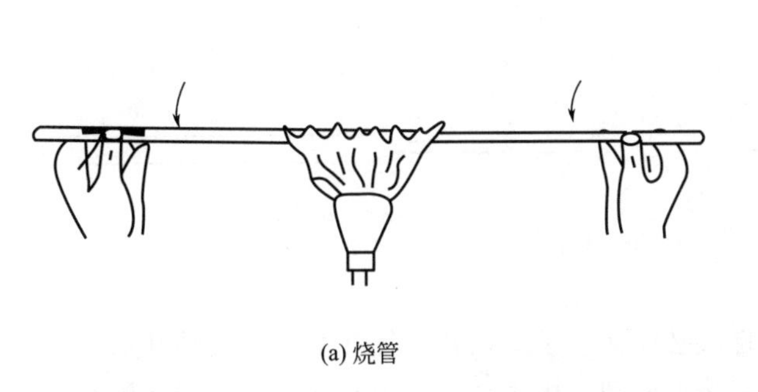

(a) 烧管

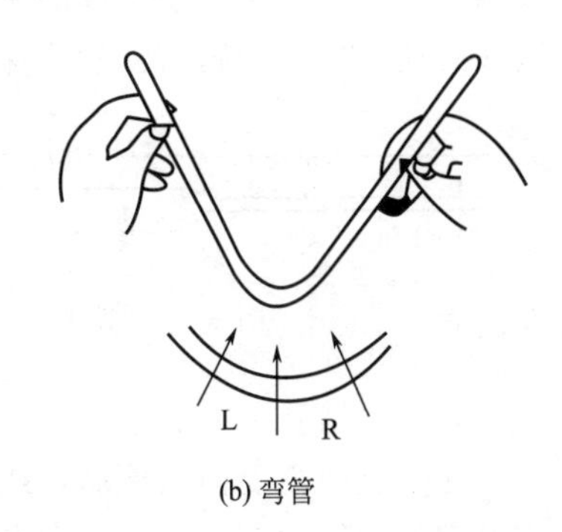

(b) 弯管

图 1-28 玻璃管的弯曲

合格的弯管必须弯角内外均匀平滑，角度准确。整个玻璃管处在一个平面上。弯管好坏的比较分析如图 1-29 所示。

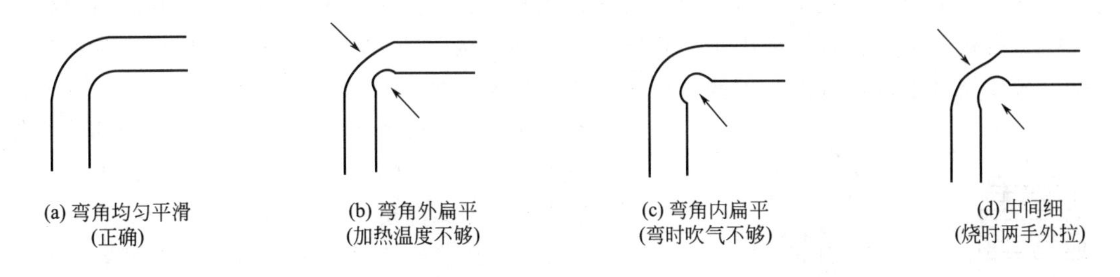

图 1-29 弯管好坏的比较

（4）滴管的制作 将长约 18cm 玻璃管中点部分平放在火焰中加热，双手同时不断旋转使其受热均匀，待充分软化后，从火焰中取出，在同一水平面，两手同时向左右两边旋拉（如图 1-30 所示），拉至所需细度，此时一手持玻璃管，使之垂直下垂。冷却后，即可按需要截断，制成毛细管或滴管。

如制作滴管，在细部中点截开，管嘴用火圆口。将未拉细的另一端玻璃管口以 40°角斜

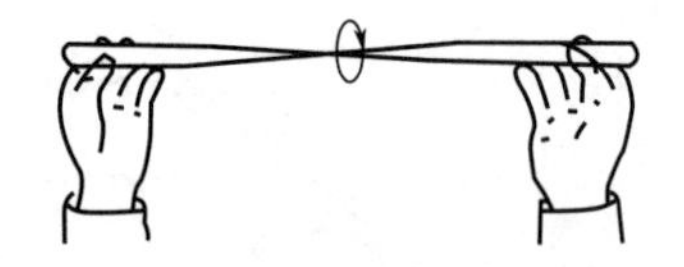
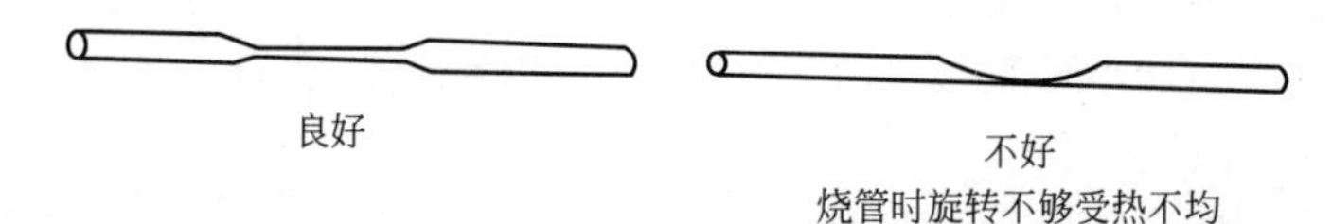

图 1-30　拉管方法及拉管好坏比较

插入火焰中加热，并不断转动加热至红热，立即垂直在石棉网上轻轻按一下，使管口变厚并略向外翻，冷却后，装上乳胶头，即成滴管，如图 1-31 所示。标准滴管要求每滴出 20 滴左右，约为 1mL。

（5）玻璃棒的制作　将长 18～20cm、15cm 玻璃棒的两端用喷灯火焰加热，圆口，冷却得两支玻璃棒。

（6）玻璃小药匙的制作　将上述较长的玻璃棒的一头放进火焰中加热变软时，立即在石棉网上用点滴板侧面将其压扁，并使扁平面与玻璃棒成 120°。

（7）小头搅拌棒　将长约 18cm 的细玻璃棒中间部位平放在火焰中加热至充分变软时，拉长、拉细中间部分（直径 2～3mm）。置石棉网上冷却后，从中间截断。在火焰中加热细头端点使其成一小球型，如图 1-32 所示。放至冷却后，将小头搅拌棒另一端端面熔烧圆口。做好的搅拌棒、药匙、滴管均保存备用。

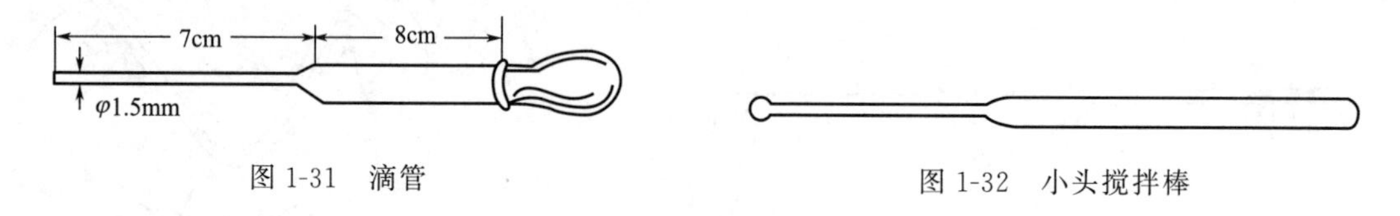

图 1-31　滴管　　　　图 1-32　小头搅拌棒

4. 塞子钻孔

在塞子内需要插入玻璃管或温度计时，必须在塞子上钻孔。钻孔的工具是钻孔器，它是一组直径不等的金属管，一端有柄、另一端很锋利，用来钻孔。此外每组钻孔器还配有一个带柄的细铁棒，用来捅出钻孔时进入钻孔器中的橡皮或软木。

（1）塞子的选择　实验室所用的塞子有软木塞、橡胶塞及玻璃磨口塞。前两者常用于钻孔，以插配温度计和玻璃导管等。选用塞子时，除了要选择材质外，还要根据容器口径大小选择合适大小的塞子。软木塞由于质地松软，严密性较差且易被酸碱腐蚀，但与有机物作用小，不被有机溶剂溶胀，故常用于与有机物（溶剂）接触的情况。但现在人们已很少使用软木塞。橡胶塞弹性好，可把瓶子塞得严密，并耐强碱侵蚀，故常用于无机化学实验。塞子的大小应与仪器的口径相符，塞子进入瓶颈部分不能少于塞子本身高度的 1/2，也不能高于本身的 2/3。塞进过多、过少都是不合适的。

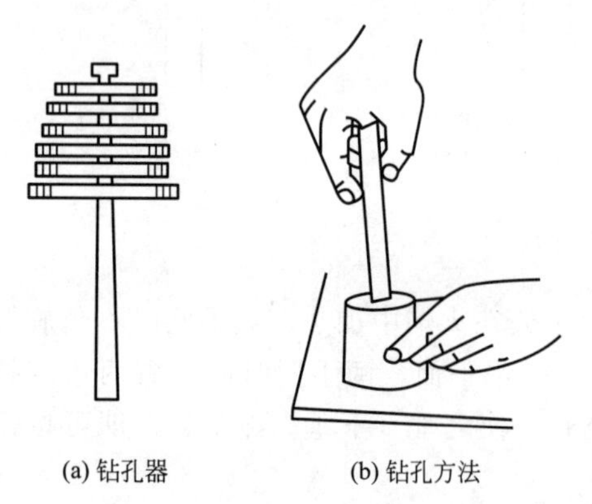

图 1-33　钻孔器及钻孔方法

（2）钻孔器的选择　钻孔器应比玻璃管口径略粗，因为橡胶塞有弹性，孔道钻成后会收缩，使孔径变小。钻孔器如图 1-33 所示。

（3）钻孔方法　将塞子小的一端朝上，平放在木板上，左手持塞，右手握住钻孔器［见图 1-33(b)］。钻之前在钻孔器上涂点水或甘油将钻孔器按在选定的位置上，朝一个方向旋转，同时用力向下压，如图 1-33(b)所示。注意，钻孔器应垂直于塞子，不能左右摆动，也不能倾斜，以免把孔钻穿。当钻至一半时，以反方向旋转，并向上拔，取出钻孔器。

按同法在大头钻孔，注意要对准小的那端孔位。直到两端的圆孔贯穿为止。拔出钻孔器，将钻孔器中的橡皮取出。

钻孔后，检查孔道是否合适。若玻璃管轻松地插入圆孔，说明孔过大，孔和玻璃管间密封不严，塞子不能使用；若塞孔稍小或不光滑时，可用圆锉修整。

（4）玻璃管插入橡胶塞的方法　用水或甘油把玻璃管润湿后，用布包住玻璃管，然后用手握住玻璃管的前端，把玻璃管慢慢旋入塞孔内，如图 1-34 所示。注意，用力不要过猛或手离橡皮塞不要太远，防止玻璃管折断，刺伤手。

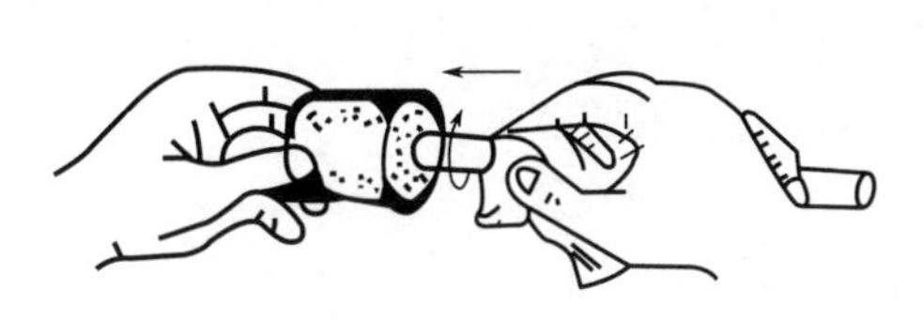

(a) 正确的方法

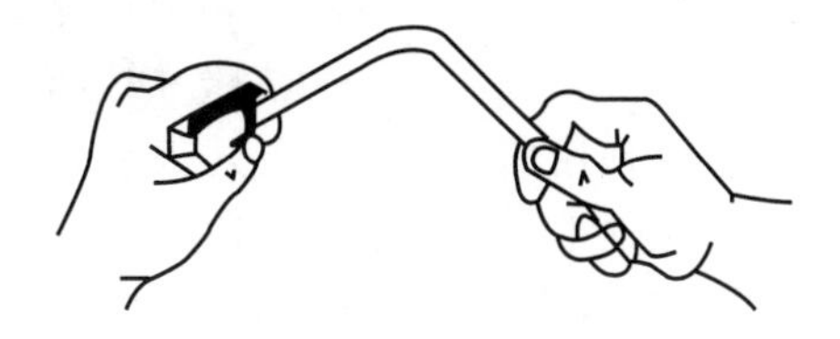

(b) 不正确的方法

图 1-34　玻璃管插入橡胶塞的方法

【注意事项】

1. 切割玻璃管、玻璃棒时要防止划破手；

2. 使用酒精喷灯前，必须先准备一块湿抹布备用；

3. 灼热的玻璃管、玻璃棒，要按先后顺序放在石棉网上冷却，切不可直接放在实验台上，防止烧焦台面；未冷却之前，也不要用手去摸，防止烫伤手。

【任务训练】

1. 酒精喷灯的构造怎样、如何使用？

2. 酒精喷灯的火焰分几层？各层的温度和性质如何？

3. 切割玻璃管时应注意什么？为什么要熔光？

4. 为什么向塞子插入玻璃管前要涂抹甘油或水？

任务二

电子天平的使用

知识链接

一、电子天平

（一）电子天平的功能

电子天平是新一代的天平，是根据电磁力平衡原理直接称量，即利用电子装置完成电磁力补偿的调节或通过电磁力矩的调节，使物体在重力场中实现力矩的平衡。电子天平性能稳

图 1-35 Acculab ALC 型电子天平

定、操作简便、称量速度快、灵敏度高，能进行自动校正、去皮及质量电信号输出。图 1-35 为 Acculab ALC 型电子天平。

电子天平最基本的功能是可以自动调零、自动校准、自动扣除空白和自动显示称量结果。

电子天平的结构设计一直在不断改进和提高，向着功能多、平衡快、体积小、重量轻和操作简便的趋势发展。但就其基本结构和称量原理而言，各种型号都基本类似。

（二）电子天平的使用方法

一般情况下，Acculab ALC 型电子天平只使用开/关键、调零/去皮键和校准/清除键。其操作步骤如下：

① 在使用前观察水平仪是否水平，若不水平，需调整水平调节脚。

② 接通电源，预热 30min。

③ 按［ON/OFF］键，显示屏全亮，约 2s 后，显示 0.0000g。

④ 如果显示不是 0.0000g，则需按一下 ZERO 键调零。

⑤ 将容器（或被称量物）轻轻放在秤盘上称皮重，待显示数字稳定并出现质量单位“g”后，即可读数，并记录称量结果。若需清零，去皮重，轻按 ZERO 键，显示全零状态 0.0000g，容器质量显示值已去除，即为去皮重。可继续在容器中加入药品进行称量，显示出的是药品的质量，当拿走称量物后，就出现容器质量的负值。

⑥ 称量完毕，取下被称物，轻按 ZERO 键清零。若不再使用，按一下［ON/OFF］键关机。如不久还要称量，可不拔掉电源，让天平处于待命状态；再次称量时按一下 ON 键就可使用。最后使用完毕，应拔下电源插头，盖上防尘罩。

（三）使用注意事项

（1）将天平置于稳定的工作台上，避免振动、气流及阳光照射。

（2）在使用前调整水平仪气泡至中间位置。使用前要进行预热。

（3）开关天平门时要轻缓。

（4）操作天平不可过载使用，以免损坏天平。

（5）加取称量物时要轻缓，称量的物品必须放在适当的容器中，不得直接放在天平盘上。易挥发和具有腐蚀性的物品要盛放在密闭的容器中，以免腐蚀和损坏电子天平。

（6）避免使用滤纸或玻璃纸作称量容器，这会加大静电干扰，同时这种轻质的容器也会增加空气浮力等对称量的影响。

（7）称量时，关上防风罩，等数值稳定了再读数。

（8）称量完毕应将各部件恢复原位，关好天平门，罩上天平罩，切断电源。最后在天平使用登记本上写清使用情况。

（9）不要在防风罩内放置干燥剂。因为干燥剂的存在会引起防风罩内空气对流而影响称量，另外干燥剂也会增大静电的产生。

（10）经常对电子天平进行自校或定期外校，保证其处于最佳状态。

（11）不要冲击称盘，不要让粉粒等异物进入中央传感器孔。使用后应及时清扫天平内外（切勿扫入中央传感器孔），定期用酒精擦洗称盘及防护罩，以保证玻璃门正常开关。

（四）称量方法

常用的称量方式有直接称量法和减量法。

1. 直接称量法

直接称量法用于称取不易吸水、在空气中性质稳定的物质，如称量金属或合金试样。称量时先称出称量瓶（或称量纸）的质量（m_1），加上试样后再称出称量瓶（或称量纸）与试样的总质量（m_2）。

$$称出的试样质量=m_2-m_1$$

也可按调零/去皮键，去皮后称得的质量即是称出的试样质量。

2. 减量法称量

此法用于称取粉末状或容易吸水、氧化、与二氧化碳反应的物质。减量法称量应使用称量瓶。如欲称出 0.4～0.5g 的 $K_2Cr_2O_7$，方法如下。

① 取洁净干燥的称量瓶，内装约 2g$K_2Cr_2O_7$，按上述方法先在分析天平上称其准确质量 m_1。注意：切勿用手直接拿取，用干净的光纸条套在称量瓶上，如图 1-36(a) 所示。

② 用一干净的光纸条套在称量瓶上，用手拿取，再用一小块纸包住瓶盖，打开称量瓶，用盖轻轻敲击称量瓶，从称量瓶中小心倾出 0.4～0.5g$K_2Cr_2O_7$ 于一洁净干燥的小烧杯中。如图 1-36(b) 所示。

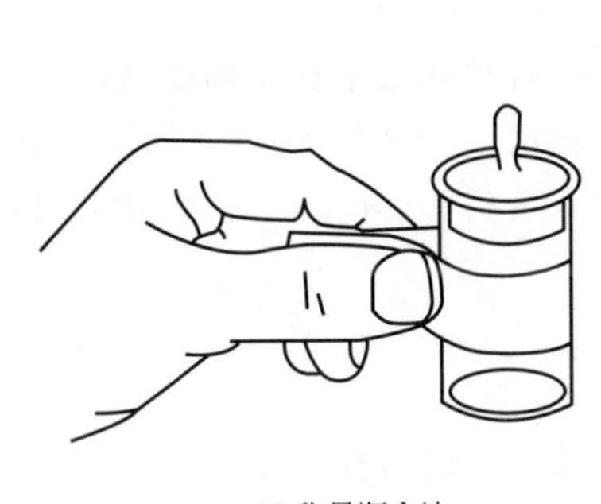

(a) 称量瓶拿法

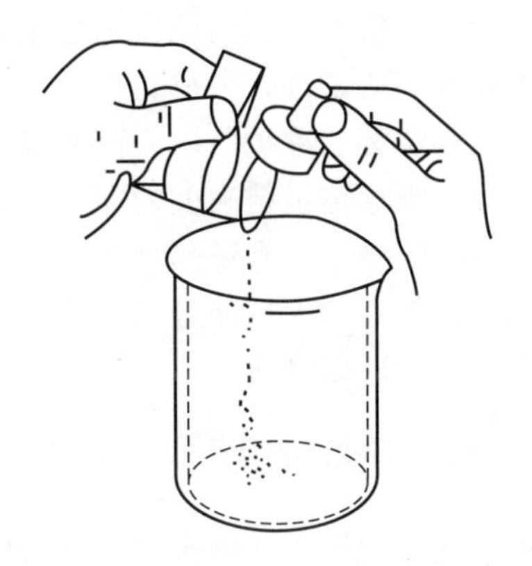

(b) 从称量瓶中敲出样品的操作

图 1-36　称量瓶操作

③ 再称出称量瓶与剩余的 $K_2Cr_2O_7$ 的质量 m_2，计算称出的 $K_2Cr_2O_7$ 质量 m（如果小于 0.4g，可再倾一次，再称量，直至倾出的 $K_2Cr_2O_7$ 质量在 0.4～0.5g 范围内为止），称出的样品质量为：

$$m=m_1-m_2$$

二、试剂的取用

（一）化学试剂的规格

我国化学试剂等级与规格见表 1-2。此外，还有一些特殊用途的所谓“高纯”试剂。例如，“光谱纯”试剂，它是以光谱分析时出现的干扰谱线强度大小来衡量的；“色谱纯”试剂，是在最高灵敏度下以 10^{-10}g 下无杂质峰来表示的；“放射化学纯”试剂，是以放射性测定时出现干扰的核辐射强度来衡量的；“MOS”试剂，是“金属-氧化物-硅”或“金属-氧化物-半导体”试剂的简称，是电子工业专用的化学试剂；等等。

在一般分析工作中，通常要求使用 A. R. 级（分析纯）试剂。后面的具体分析实验中使用的试剂一般均为分析纯试剂，以后不再另行说明。

化学试剂的检验，除经典的化学方法之外，已越来越多地使用物理化学方法和物理方法，如原子吸收光度法、发射光谱法、电化学方法、紫外分析法、红外分析法和核磁共振分析法以及色谱法等。高纯试剂的检验，无疑只能选用比较灵敏的痕量分析方法。

化学工作者必须对化学试剂标准有明确的认识，做到合理使用化学试剂，既不超规格引起浪费，又不随意降低规格影响分析结果的准确度。

（二）固体试剂的取用

固体试剂装在广口瓶内。见光易分解的试剂，如 $AgNO_3$、$KMnO_4$ 等要装在棕色瓶中。试剂取用原则是既要质量准确又必须保证试剂的纯度（不受污染）。

取固体试剂要使用干净的药品匙，药品匙不能混用，药匙的两端为大小两个匙，分别取用大量固体和少量固体。实验后洗净、晾干，下次再用，避免沾污药品。要严格按量取用药品。“少量”固体试剂对一般常量实验指半个黄豆粒大小的体积，对微型实验约为常量的1/5～1/10。多取试剂不仅浪费，往往还影响实验效果。如果一旦取多，可放在指定容器内或给他人使用，一般不许倒回原试剂瓶中。

需要称量的固体试剂，可放在称量纸上称量；对于具有腐蚀性、强氧化性、易潮解的固体试剂，要用小烧杯、称量瓶、表面皿等装载后进行称量；固体颗粒较大时，可在清洁干燥的研钵中研碎。根据称量精确度的要求，可分别选择台秤和天平称量固体试剂。用称量瓶称量时，可用减量法操作。有毒药品要在教师指导下取用；往试管中加入固体试剂时，应用药匙或干净的对折纸片装上后伸进试管约 2/3 处；加入块状固体时，应将试管倾斜，使其沿管壁慢慢滑下，以免碰破管底。

（三）液体试剂的取用

液体试剂装在细口瓶或滴瓶内，试剂瓶上的标签要写清名称、浓度。

1. 从滴瓶中取用试剂

从滴瓶中取试剂时，应先提起滴管离开液面，捏瘪胶帽后赶出空气，再插入溶液中吸取试剂。滴加溶液时滴管要垂直，这样滴入液滴的体积才能准确；滴管口应距接收容器口（如试管口）0.5cm 左右，以免与器壁接触沾染其他试剂，使滴瓶内试剂受到污染。如要从滴瓶取出较多溶液时，可直接倾倒。先排除滴管内的液体，然后把滴管夹在食指和中指间倒出所需量的试剂。滴管不能倒持，以防试剂腐蚀胶帽使试剂变质。不能用自己的滴管取公用试剂，如试剂瓶不带滴管又需取少量试剂，则可把试剂按需要量倒入小试管中，再用自己的滴管取用。

2. 从细口瓶中取用试剂

从细口瓶中取用试剂时，要用倾注法取用。先将瓶塞反放在桌面上，倾倒时瓶上的标签要朝向手心，以免瓶口残留的少量液体顺瓶壁流下而腐蚀标签。瓶口靠紧容器，使倒出的试剂沿玻璃棒或器壁流下。倒出需要量后，慢慢竖起试剂瓶，使流出的试剂都流入容器中，一旦有试剂流到瓶外，要立即擦净。切记不允许试剂沾染标签。然后将试剂瓶边缘在容器壁上靠一下，再加盖放回原处。

3. 取试剂的量

在试管实验中经常要取“少量”溶液，这是一种估计体积，对常量实验是指 0.5～1.0mL，对微型实验一般指 3～5 滴，根据实验的要求灵活掌握。要会估计 1mL 溶液在试管中占的体积和由滴管加的滴数相当的体积。

要准确量取溶液，则根据准确度和量的要求，可选用量筒、移液管或滴定管。

（四）特殊化学试剂的存放

（1）汞　汞易挥发，在人体内会积累起来，引起慢性中毒。因此，不要让汞直接暴露在空气中，汞要存放在厚壁器皿中，保存汞的容器内必须加水将汞覆盖，使其不能挥发。玻璃瓶装汞只能至半满。

（2）金属钠、钾　通常应保存在煤油中，放在阴凉处，使用时先在煤油中切割成小块，再用镊子夹取，并用滤纸把煤油吸干，切勿与皮肤接触，以免烧伤，未用完的金属碎屑不能乱丢，可加少量酒精，令其缓慢反应掉。

（五）注意事项

（1）因为化学试剂大多有毒，而有毒物质能以蒸气或微粒状态从呼吸道被吸入，或以水溶液状态从消化道进入人体，并且，当直接接触时，还可从皮肤或黏膜等部位被吸收。因此，使用有毒物质时，必须采取相应的预防措施。

（2）毒物、剧毒物要装入密封容器，贴好标签，放在专用的药品架上保管，并做好出纳登记。万一发现被盗窃，必须立刻报告。

（3）在一般毒性物质中，也有毒性大的物质，要加以注意。

（4）使用腐蚀性物质后，要严格实行漱口、洗脸等措施。

（5）特别有害物质，通常多为积累毒性的物质，连续长时间使用时，必须十分注意。

（六）防护方法

一般化学试剂在使用后洗净手和脸或有皮肤接触的地方即可。使用有剧毒物质时，要准备好橡皮手套，有必要时要穿防毒衣或戴上防毒面具。

任务实施

【目的】

1. 掌握电子天平的使用规则和使用方法。

2. 学会直接称量法和差减称量法。

【原理】

见电子天平的原理。

【仪器和药品】

电子天平，台秤，干燥的烧杯，称量瓶，干燥器。试样：风干研细的土样等。

【步骤】

1. 接通电源，检查水平仪，如不水平可通过水平螺脚调节。轻按“ON”键，显示器全亮，2s 后显示天平型号，待显示屏显示“0.0000”，如果未显示“0.0000”，则轻按一下

"TARE"键。

2. 直接称量法练习

(1) 用台秤粗称出干燥烧杯的质量。

(2) 将粗称好的烧杯放在电子天平秤盘上，显示稳定后，按一下"TARE"键（去皮键），去皮清零。

(3) 取下烧杯（此时显示屏显示烧杯质量的负值，注意不要按去皮键），倒入已粗称的试样，放在秤盘上，显示屏的读数即为试样的质量。

3. 差减称量法练习

(1) 用台秤粗称出装有试样的称量瓶的质量。

(2) 在电子天平上称出称量瓶加试样的准确质量（m_1）。

(3) 取出称量瓶，在接受容器的上方，倾斜瓶身，用称量瓶盖轻敲瓶口上部使试样慢慢落入容器中。当倾出的试样接近所需量时，一边继续用瓶盖轻敲瓶口，一边逐渐将瓶身竖直，使黏附在瓶口上的试样落下，盖好瓶盖；把称量瓶放回天平秤盘上，准确称量其质量（m_2）。两次质量之差，即为倾出试样的质量按上述方法连续递减，可称取多份试样。

【数据记录与处理】

1. 直接称量法

2. 差减称量法

编号	1	2	3
敲样前称量瓶+样品质量/g			
敲样后称量瓶+样品质量/g			
样品质量			

【任务训练】

1. 用差减称量法称取试样的过程中，若称量瓶内的试样吸湿，对称量有何影响？若试样倾入烧杯后再吸湿，对称量有无影响？为什么？

2. 提高称量的准确度，应采取哪些措施？

3. 称量的记录和计算中，如何正确运用有效数字？

任务三 容量瓶和移液管的使用

知识链接

容量瓶、移液管、吸量管和滴定管是分析化学中测量溶液体积常用的玻璃量器。它们的正确使用是分析化学实验的基本操作技术之一。现将这些量器的规格、洗涤、使用方法介绍如下。

一、容量瓶

容量瓶是一种细颈梨形平底的量器［图 1-37(a)］，由无色或棕色玻璃制成，带有磨口玻璃塞或塑料塞。容量瓶上标有：温度、容量等。颈上刻有一环形标，一般是“量入式”量器，表示在所指温度下（一般为 20℃）液体充满至弯月面与标线相切时的容积恰好与瓶上所注明的容积相等。容量瓶的用途是配制准确浓度的溶液或与移液管配合使用定量地稀释溶液。通常有 25mL、50mL、100mL、250mL、500mL、1000mL 等数种规格，实验中常用的是 100mL 和 250mL 的容量瓶。

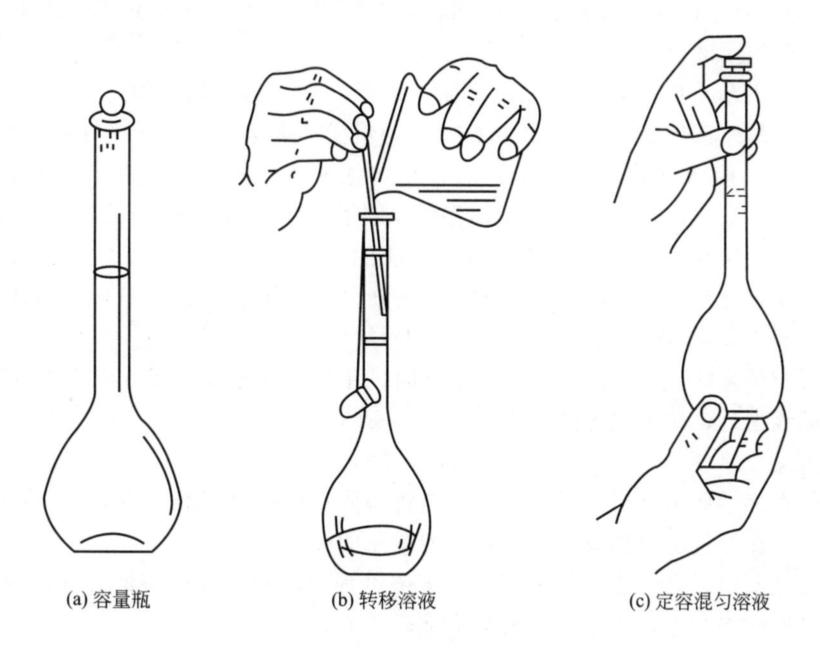

(a) 容量瓶　(b) 转移溶液　(c) 定容混匀溶液

图 1-37　容量瓶的使用

1. 容量瓶的检查

在使用容量瓶之前，要先进行以下两项检查：

（1）容量瓶容积与所要求的是否一致。

（2）检查瓶塞是否严密，不漏水。在容量瓶内加水至标线，塞紧瓶塞，用一手食指顶住瓶塞，另一只手五指托住容量瓶底，将其颠倒（瓶口朝下）10 次，每次颠倒过程中在倒置状态保持 10s，检查容量瓶是否漏水（可用滤纸片）。若不漏水，将瓶正立且将瓶塞旋转 180°后，再次检查是否漏水。若两次操作容量瓶瓶塞周围皆无水漏出，即表明容量瓶不漏水。经检查不漏水的容量瓶才能使用。检查合格的瓶塞用细绳或橡皮筋系在瓶颈上，以防跌碎或与其他容量瓶搞混。

2. 容量瓶的洗涤

容量瓶可用自来水冲洗至内壁不挂水珠，再用纯水淋洗三次备用，否则需要用铬酸洗液洗涤。先尽量倒去瓶中的水，再倒入适量洗液（250mL 容量瓶需 20～30mL 洗液），倾斜转动容量瓶使洗液布满内壁，浸泡 20min 左右将洗液倒回，用自来水冲洗容量瓶，用纯水淋洗三次。纯水每次用量为容量瓶体积的 1/10～1/5。

3. 溶液的配制

（1）溶解样品　将准确称量的固体试样放在100～200mL小烧杯中，加入少量溶剂，搅拌使其完全溶解（若难溶，可盖上表面皿，稍加热，但必须放冷后才能转移）。

（2）溶液转移　定量转移溶液时，右手拿玻璃棒，将玻璃棒下端轻轻碰一下烧杯壁后悬空伸入容量瓶中，下端接触瓶颈内壁（不能接触瓶口）[图1-37(b)]，左手拿烧杯，烧杯嘴应紧靠玻璃棒中下部，慢慢倾斜烧杯，使溶液沿玻璃棒流入容量瓶中，待溶液流尽后，将烧杯沿玻璃棒上提1～2cm，同时烧杯慢慢直立离开玻璃棒，并将玻璃棒放入烧杯中（玻璃棒不能靠在烧杯嘴上）。然后用洗瓶吹洗玻璃棒和烧杯内壁三四次，按同样的方法定量地转移至容量瓶。加水至容量瓶体积约2/3处，用右手食指和中指夹住瓶塞的扁头将容量瓶水平方向摇转几周（勿倒转），使溶液初步混匀。继续加水至距标线1cm左右，等待1～2min，使黏附在瓶颈内壁的溶液流下。

（3）定容　用左手拇指和食指（亦可加上中指）拿起容量瓶，保持垂直，眼睛平视标线，用滴管伸入瓶颈接近液面处（勿接触液面），慢慢加水至弯月面下部与标线相切。

（4）摇匀　立即盖好瓶塞，用左手的食指按住瓶塞，右手的手指托住瓶底[图1-37(c)]，注意不要用手掌握住瓶身，以免体温使液体膨胀，影响容积的准确（对于容积小于10mL的容量瓶，不必托住瓶底）。随后将容量瓶倒转，使气泡上升到顶，此时可将瓶水平摇动几周，如此重复操作10次左右，使溶液充分混合均匀。放正容量瓶，将瓶塞稍提起，重新盖好，再倒转3～5次混匀。

若用容量瓶稀释一定量、一定浓度的溶液时，用移液管移取一定体积的浓溶液于容量瓶中，加水至标线附近，按上述方法定容。

4. 注意事项

（1）不能在容量瓶里进行溶质的溶解，应将溶质在烧杯中溶解后转移到容量瓶里。

（2）用于洗涤烧杯的溶剂总量不能超过容量瓶的标线。

（3）容量瓶不能进行加热。如果溶质在溶解过程中放热，要待溶液冷却后再进行转移，因为温度升高瓶体将膨胀，所量体积就会不准确。

（4）容量瓶只能用于配制溶液，不能储存溶液，因为溶液可能会对瓶体进行腐蚀，从而使容量瓶的精度受到影响。

（5）容量瓶使用前需用滤纸擦干瓶塞和磨口。用毕应及时洗涤干净，塞上瓶塞，并在塞子与瓶口之间夹一条纸条，防止瓶塞与瓶口粘连。

二、移液管和吸量管

移液管正规名称是“单标线吸量管”，是用于准确移取一定体积溶液的量出式玻璃量器。移液管是中间有膨大部分（称为球部）的玻璃量器，球的上部和下部均为较细窄的管颈，管颈上部刻有标线[见图1-38(a)]。常用的移液管有5mL、10mL、25mL等规格，标明在管壁上。在标明的温度下，移取溶液的弯月面与标线相切，溶液按一定的方式自由流出，则流出体积与管上标明的体积相同。吸量管的全称是“分度吸量管”，是带有分度的量出式量器[见图1-38(a)]，常用的吸量管有1mL、2mL、5mL、10mL等规格，用于移取非固定体积的溶液。使用吸量管时须注意，有的吸量管分刻度不是刻到管尖，而是刻到管尖上方1～2cm处。吸量管吸取溶液的准确度不如移液管。近些年来市场上不同类型的固定的或可调的定量取液器，其容积为1～5mL、0.2～1mL、50～100μL、20～100μL、2～20μL等，适于微量、半微量分析中使用，使用方便。

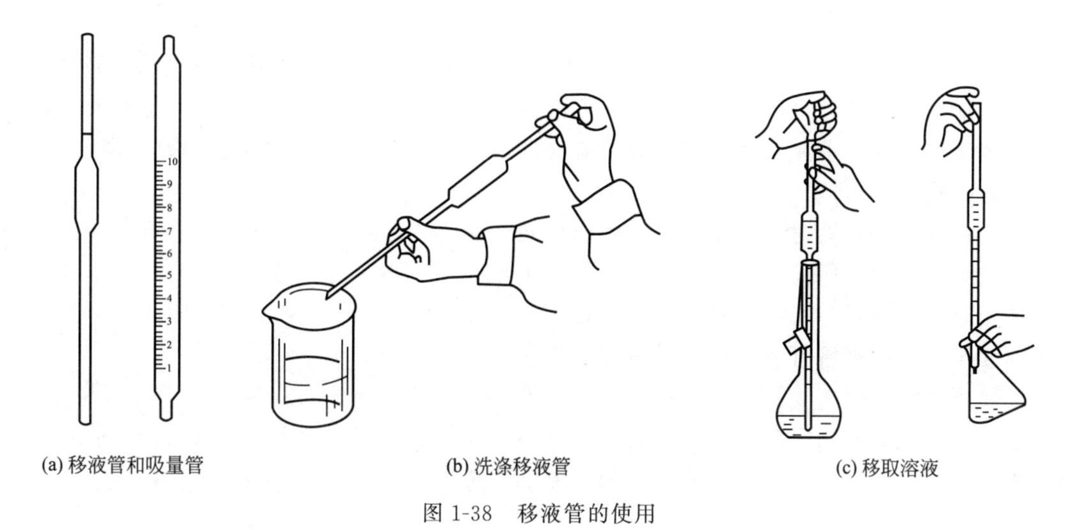

(a) 移液管和吸量管　　(b) 洗涤移液管　　(c) 移取溶液

图 1-38　移液管的使用

1. 移液管和吸量管的检查

移液管使用之前应先检查管口和尖嘴有无破损，如有破损则不能使用。

2. 移液管和吸量管的洗涤

使用前，按照玻璃仪器洗涤的标准，移液管和吸量管都应该洗至整个内壁和其下部的外壁不挂水珠。洗涤过程为：先用自来水冲洗 1 次，如挂水珠，即需要使用铬酸洗液洗涤。洗涤时，右手拿移液管或吸量管标线以上的合适部分，食指靠近管上口，中指和无名指握住移液管，小指辅助拿住移液管。左手持洗耳球，持握拳式，将洗耳球握在掌中。将洗耳球对准移液管口，管尖紧贴在吸水纸上，用洗耳球尽量吹去管尖残留的水。排出洗耳球中的空气，将移液管管尖插入洗液瓶中，将已排出空气的洗耳球尖头紧紧插入移液管上口，松开洗耳球吸取洗液至移液管球部或吸量管的 1/4 处，移开洗耳球的同时用右手的食指迅速堵住管口，横过移液管，左手扶住管的下端无洗液部分，松开右手食指，一边转动移液管，一边使管口降低，让洗液布满全管，从管下口将洗液放回原瓶［如图 1-38(b) 所示］。等数分钟后，用自来水充分冲洗。再用洗耳球如上操作吸取纯水将整个管的内壁淋洗 3 次，待用。

3. 溶液的吸取

移取溶液前，移液管和吸量管必须先用待测液润洗。方法是：先用吸水纸将管尖端内外壁残留的水吸净，再按前述洗涤操作，将待测液吸至球部或吸量管的 1/4 处（注意，勿使溶液回流，以免稀释），平置，使溶液布满全管内壁，当溶液流至距上口 2～3cm 时，将管直立，使溶液由尖嘴放出，弃去。反复洗 3 次。

如图 1-38(c) 所示，经淋洗后的移液管插入待吸液面下 1～2cm 深处（不要插入太浅，以免液面下降时吸空；也不要插入太深，以免管外壁粘带溶液过多；吸液时，应使管尖随液面的下降而下移），慢慢放松洗耳球，管中的液面徐徐上升，当液面升至标线以上时，迅速移去洗耳球，并同时用右手食指堵住管口，将移液管上提，离开液面，用吸水纸擦去管外部沾带的溶液。

4. 调节液面

左手持盛待吸液的容器或一洁净的小烧杯，并倾斜 30°左右，将移液管的管尖出口紧贴其内壁，右手食指微微松动，用拇指及中指轻轻捻转管身，使液面缓缓下降，直到视线平视时弯月面与标线相切，立即用食指按紧。

5. 放出溶液

如图 1-38(c) 所示，将移液管移入准备接受溶液的容器中，仍使其流液口紧贴倾斜的器壁，松开食指，使溶液自由地沿壁流下。待液面下降到管尖后，等待 15s，移出移液管。管尖的存留溶液，除特别注明“吹”字的移液管外，不能吹入，因生产检定移液管体积时，这部分溶液不包括在内。

用吸量管吸取溶液时，大体与上述操作相同。应注意每次吸取溶液，液面都应调到最高刻线，然后小心放出所需体积的溶液。吸量管上如标有“吹”字，尤其是 1mL 以下的吸量管，使用时更要注意。有些吸量管刻度离管尖尚差 1～2cm，放出溶液时也应注意。实验过程中要使用同一支移液管或吸量管，以免带来误差。

6. 放置

移液管和吸量管用完应放在移液管架上，不要随便放在实验台上，尤其要防止管径下端被污染。实验完毕，应将它用自来水、纯水分别冲洗干净，保存。

7. 注意事项

（1）移液管和吸量管不能在烘箱中烘干。

（2）移液管和吸量管不能移取过热或过冷的溶液，要待溶液接近室温时再进行转移。

（3）移液管和容量瓶经常配合使用，因此要注意二者的体积相对校准。

（4）实验中尽量使用同一只移液管。

（5）在使用吸量管时，为了减小误差，每次都应该以最上面的刻度作为起点。

三、滴定管

滴定管是可以放出不固定体积液体的量出式玻璃仪器，主要用于滴定时准确测量滴定剂的体积。它的主要部分管身是由内径均匀并具有精确刻度的玻璃管制成的，下端连接一个尖嘴玻璃管，中间连接控制滴定速度的玻璃旋塞或含有玻璃珠的乳胶管。

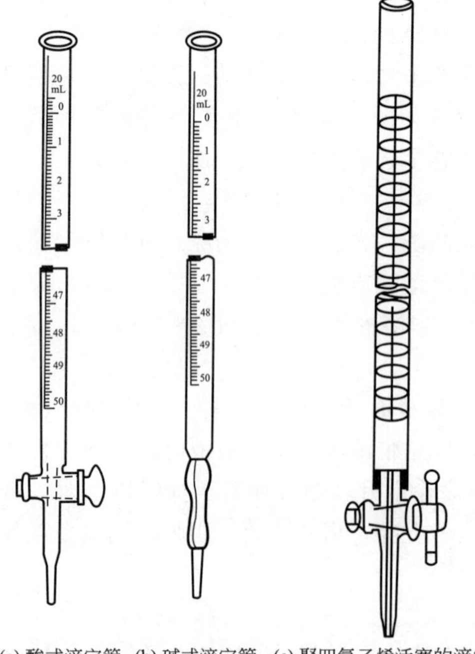

(a) 酸式滴定管 (b) 碱式滴定管 (c) 聚四氟乙烯活塞的滴定管

图 1-39 滴定管

1. 滴定管的选择

滴定管的容量精度分为 A 级和 B 级。

按规定，标准的滴定管应标明制造厂商、“Ex”（量出式）、温度、级别。应根据滴定中消耗滴定剂大概的体积及滴定剂的性质来选择滴定管。滴定管容积有 100mL、50mL、25mL、10mL、1mL 等多种，最小刻度为 0.1mL，读数时精确到 0.0lmL。最常用的是常量分析使用的 50mL、25mL 标准的滴定管。根据盛放溶液的性质不同，滴定管可分为两种。一种是下端带有玻璃活塞的酸式滴定管，用于盛放酸性溶液、氧化性溶液和盐类稀溶液，不能盛放碱性溶液，因玻璃活塞会被碱性溶液腐蚀，见

图 1-39(a)。另一种为碱式滴定管，管的下端连接一段乳胶管，乳胶管内放一粒玻璃珠来控制溶液滴定的速度，用于盛放碱性溶液，但不能盛放与乳胶管发生反应的氧化性溶液如 $KMnO_4$、I_2 等溶液，见图 1-39(b)。另外，利用聚四氟乙烯材料做成滴定管下端的活塞（W 酸式滴定管；碱式滴定管；活塞套，代替酸管的玻璃活塞或碱管的乳胶材料，这种滴定管不受溶液酸碱性的限制，可以盛放各种溶液，如酸、碱、氧化性、还原性溶液等，见图 1-39(c)。

2. 滴定管的准备

(1) 酸式滴定管的准备

① 外观和密合性的检查　在使用之前，应先检查外观和密合性。将旋塞呈关闭状态，管内充水至最高标线，垂直挂在滴定台上，20min 后漏水不应超过 1 个分度，可用吸水纸检查是否漏水。如密合性好，进行洗涤。

② 酸式滴定管的洗涤　根据滴定管受沾污的程度，可采用下列几种方法进行清洗。

a. 用自来水冲洗。外壁可以用洗衣粉或去污粉刷洗，管内不太脏的可以直接用自来水冲洗。洗净的滴定管，管内壁应呈均匀水膜，不挂水珠。如果没有达到洗净标准，则需用铬酸洗液清洗。

b. 铬酸洗液洗涤。洗涤时将滴定管内的水分尽量除去，关闭活塞。将铬酸洗液装入酸式滴定管近满，浸泡 10min 左右，打开活塞将洗液放回原瓶。或者装入 10～15mL 洗液于酸管中，用两手横持酸管，边转动边向管口倾斜，直到洗液布满全管内壁。在放平过程中，酸管上口对准洗液瓶口，防止洗液洒到外面。然后将洗液从出口放回原瓶，再用自来水清洗，最后用纯水淋洗三次，每次用纯水约 10mL。

③ 玻璃活塞涂油　如果滴定管活塞密合性不好或转动不灵活，则需将活塞涂凡士林(涂油)。

将滴定管中的水倒净后，平放在实验台上，取下橡皮圈，取出活塞。用滤纸片将活塞和活塞套表面的水及油污擦干净。用食指蘸上油脂，均匀地在除活塞孔一圈外即在活塞两端涂上薄薄一层油脂（见图 1-40）。油脂要适量，油涂得太多，活塞孔会被堵住；涂得太少，达不到转动灵活和密合的目的。涂好油后将活塞直接插入仍平放的滴定管的活塞套中。插好后，沿同一方向旋转几次，此时活塞部位应透明，否则说明未擦干净或凡士林涂的不合适，应重新处理。最后套上橡皮圈。

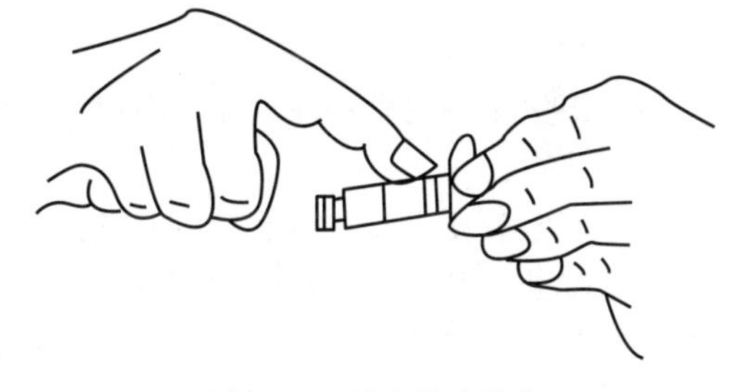

图 1-40　活塞涂油操作

涂油后，用水充满滴定管，放在滴定管架上直立静置 10min，如无漏水，再将活塞旋转 180°试一次。如漏水，则应重新处理。

如果活塞孔或滴定管尖被油脂堵塞，可以将管尖插入热水中温热片刻，使油脂熔化，打开活塞，使管内的水急流而下，冲掉软化油脂。或者将滴定管活塞打开，用洗耳球在滴定管上口挤压，将油脂排除。

(2) 碱式滴定管的准备　使用前检查乳胶管是否老化变质、玻璃珠大小是否合适。玻璃珠过大，放液吃力，操作不便；过小则会漏液或溶液操作时上下滑动。如不合要求，应及时更换。

洗涤方法与酸管相同。如果需要铬酸洗液，将玻璃珠向上推至与管身下端相触（防止洗液接触乳胶管），然后将铬酸洗液装入滴定管近满，浸泡 10min 左右，将洗液倒回原瓶，再依次用自来水和纯水洗净。尖嘴部分如需用铬酸洗，可将其放入一个装有稀液的小烧杯中浸泡，再依次用自来水和纯水洗净。

3.滴定剂的装入

溶液装入滴定管前将其摇匀，使凝结在瓶内壁上的水珠混入溶液。溶液应直接装入滴定管中，不得用其他容器（如漏斗、烧杯、滴管等）来转移。装入溶液时，左手持滴定管上部无刻度处，并稍微倾斜，右手拿住试剂瓶向滴定管倒入溶液。

（1）润洗　为避免装入后溶液被稀释，应先用标准溶液润洗滴定管内壁三次。每次约10mL溶液，两手持管，边转动边将管身放平，使溶液洗遍全部内壁，然后从管尖端放出溶液。润洗后，装入溶液至“0”刻度以上。

（2）排气泡　装好溶液的滴定管，应排除管下端的气泡。酸管有气泡时，右手拿管上部无刻度处，并将滴定管倾斜30°，左手迅速旋转活塞，使溶液急速流出的同时将气泡赶出。对于碱式滴定管，右手拿住管身下端，将滴定管倾斜60°，用左手食指和拇指握玻璃珠部位，胶管向上弯曲的同时捏挤胶管，使溶液急速流出的同时赶出气泡（图1-41），观察玻璃珠以下的管中气泡是否排尽。

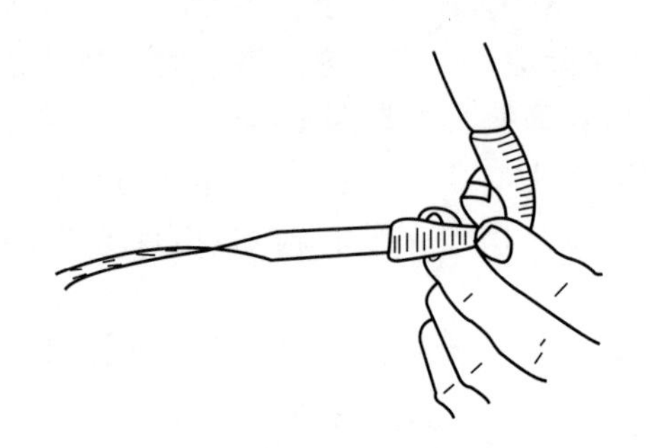

图1-41　碱式滴定管排气泡

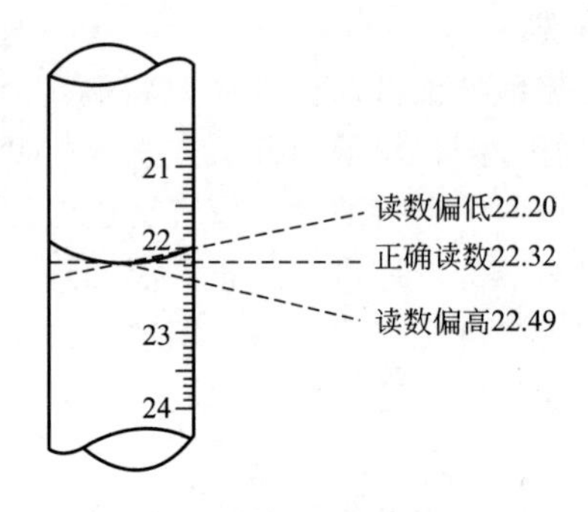

图1-42　读数视线

4.读数

装入溶液至滴定管零线以上几毫米，等待30s，即可调节初读数（或零点）。读数时需注意以下几点。

（1）滴定管要垂直。将滴定管从滴定管架上取下，用右手大拇指和食指轻轻捏住滴定管上端无溶液处，其他手指从旁边辅助，使滴定管保持自然竖直，然后再读数。如果滴定管在滴定管架上很难保持竖直，一般不直接在滴定管架上读数。

（2）由于水对玻璃的浸润作用，滴定管内的液面呈弯月形。无色和浅色溶液的弯月面比较清晰，读数时，应读弯月面下缘实线的最低点，即视线与弯月面下缘的最低点在同一水平（图1-42）。对于深色溶液，如$KMnO_4$、I_2溶液，其弯月面不够清晰，读数时，视线应与液面的上边缘在同一水平。

（3）在装入溶液或放出溶液后，必须等1～2min，使附着在内壁的溶液流下后方可读数。如果放出溶液的速度很慢，只需等0.5～1min即可读数，每次读数时，应检查管口尖嘴处有无悬挂液滴，管尖部分有无气泡。

（4）每次读数都应准确到0.01mL。

（5）对于乳白底蓝条线衬背的“蓝带”滴定管，滴定管中液面呈现三角交叉点，应读取交叉点与刻度相交之点的读数。

5.滴定管的操作

使用滴定管时，应将滴定管垂直地夹在滴定管夹上。

（1）酸式滴定管的操作　使用酸式滴定管时，左手握滴定管活塞部分，无名指和小指向手心弯曲，位于管的左侧，轻轻贴着出口的尖端，用其他三指控制活塞的转动，如图 1-43 所示。左手手心内凹，不能接触活塞的小头处，且拇指、食指和中指应稍稍向手心方向用力，以防推出活塞而漏液。

（2）碱式滴定管的操作　使用碱式滴定管时，用左手大拇指和食指捏住玻璃珠右侧的乳胶管，向右边挤推，使溶液从玻璃珠旁边的空隙流出，如图 1-44 所示。其他手指辅助夹住胶管下玻璃小管。注意：推乳胶管不是捏玻璃珠，不要使玻璃珠上下移动，也不能捏玻璃珠下的胶管，以免空气进入形成气泡，影响读数。

（3）滴定操作　滴定操作可在锥形瓶或烧杯内进行。用锥形瓶时，右手的拇指、食指和中指拿住瓶颈，其余两指辅助在下侧。当锥形瓶放在台上时，滴定管高度以其下端插入瓶内 1cm 为宜。左手握滴定管活塞部分，边滴加溶液，边用右手摇动锥形瓶，见图 1-45。

进行滴定操作时，应注意以下几点。

① 每次滴定时都从接近“0”的附近任意刻度开始，这样可以减少体积误差。

② 滴定时左手不要离开活塞，避免溶液自流。视线应观察液滴落点周围溶液颜色的变化。

③ 滴定速度的控制。开始时，滴定速度可稍快，呈“见滴成线”，约 10mL/min，接近终点时，应改为一滴一滴加入，即加一滴摇几下，再加再摇。最后每加半滴摇几下，直至溶液出现明显的颜色变化为止。每次滴定控制在 6～10min 完成。

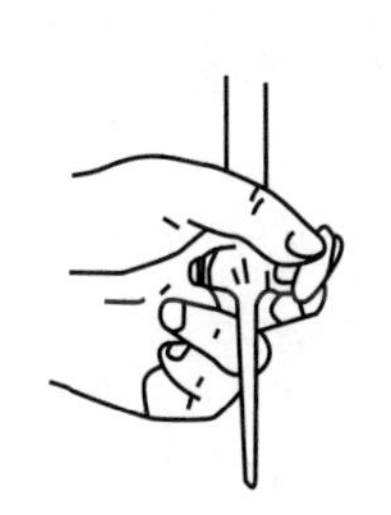

图 1-43　酸式滴定管操作

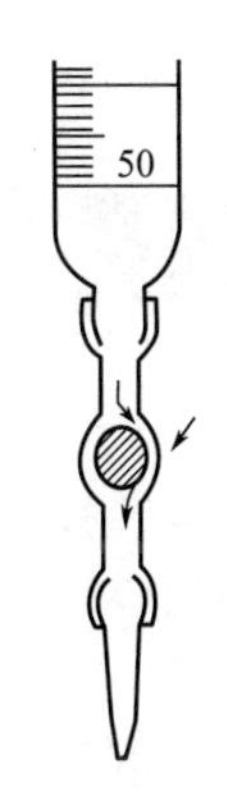

图 1-44　碱式滴定管操作

图 1-45　两手滴定操作姿势

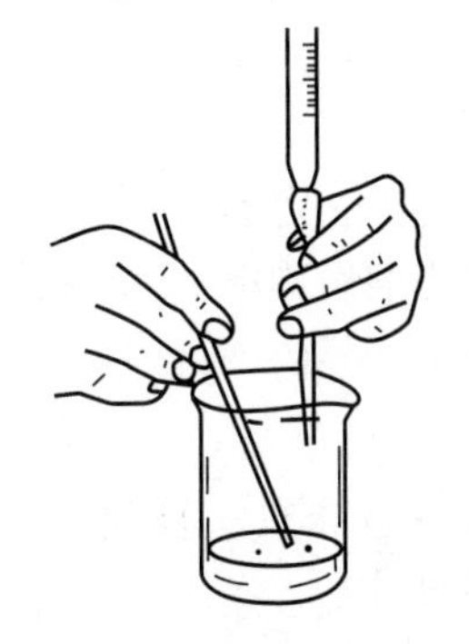

图 1-46　在烧杯中的滴定操作

④ 摇瓶时，应微动腕关节，使溶液向同一方向旋转，使溶液出现旋涡。不要往前后、上下、左右振动，以免溶液溅出。不要使瓶口碰在滴定管口上，以免损坏。

⑤ 掌握加入半滴的方法用酸管时，可轻轻转动活塞，使溶液悬挂在出口管嘴形成半滴后，马上关闭滴定管。用锥形瓶内壁将其沾落，再用洗瓶以少量水吹洗锥形瓶内壁沾落溶液处。但是如果冲洗次数太多，用水量太大，使溶液过分稀释，可能导致终点时变色不敏锐，因此最好用涮壁法，即将锥形瓶倾斜，使半滴溶液尽量靠在锥形瓶较低处，然后用瓶中的溶液将附于壁上的半滴溶液涮入瓶中。用碱管时，用食指和拇指推挤出溶液悬挂在管尖后，松开手指，再将液滴沾落，否则易有气泡进入管尖。

在烧杯中滴定时，将烧杯放在滴定台上，调节滴定管使其下端深入烧杯内约 1cm，且位于烧杯的左后方处。左手滴加溶液，右手持玻璃棒搅拌溶液，如图 1-46 所示，搅拌时玻璃棒不要碰到烧杯壁和底部，整个滴定过程中，搅拌棒不能离开烧杯。

滴定通常在锥形瓶中进行，而溴酸钾法、碘量法等需要在碘量瓶中进行反应和滴定。碘量瓶是带有磨口玻璃塞和水槽的锥形瓶，喇叭形瓶口与瓶塞柄之间形成一圈水槽，槽中加纯净水可以形成水封，防止瓶中溶液反应生成的 Br_2、I_2 等逸失。反应一定时间后，打开瓶塞，水即流下并可冲洗瓶塞和瓶壁，接着进行滴定。

6. 滴定结束后滴定管的处理

滴定剂不应长时间放在滴定管中，滴定结束，滴定管内的溶液应弃去，不要倒回原瓶，以免沾污标准溶液。用水洗净滴定管，用纯水充满全管，挂在滴定台上。

酸式滴定管长期不用时，应将活塞部分垫上纸片，防止活塞打不开。碱式滴定管长期不用时应将胶管拔下。

任务实施

【目的】

1. 正确掌握定量转移、定容和准确移取的操作方法。

2. 练习正确使用容量瓶和移液管的基本操作。

【原理】

物质溶解前后，溶质的物质的量保持不变。

【仪器和药品】

分析天平，250mL 容量瓶，25mL 移液管，烧杯，洗瓶，玻璃棒，滴管等。

固体 Na_2CO_3。

【步骤】

1. 定量转移、定容

用减量法准确称取 2.0g 左右 Na_2CO_3 一份，放入 250mL 烧杯中，加蒸馏水溶解，将溶液定量转移至 250mL 容量瓶中定容，充分摇匀。

2. 准确移取

用移液管（注意：移液前一定要用所移溶液润洗三次）吸取 25.00mL 上述溶液于 250mL 锥形瓶中。

【注意事项】

容量瓶使用前要试漏。

【任务训练】

1. 移液管在移溶液前为什么要用所移溶液润洗三次？

2. Na_2CO_3 试样未溶解完全就转移至容量瓶中定容，容易产生什么后果？

3. 移液管尖嘴部分残留的液体是否需要用洗耳球吹到锥形瓶中？

任务四 常用度量仪器的校正

任务实施

【目的】

1. 了解常用度量仪器校准的意义，学习常用度量仪器的校准方法。

2. 初步掌握移液管的校准和容量瓶与移液管间相对校准的操作。

【原理】

滴定分析常用的玻璃量器有三种：滴定管、移液管和容量瓶。这三种玻璃量器都具有刻度和标准容量。国家相关标准（JJG 196—2006）（表 2-8～表 2-10）规定了其容量允差。合格产品符合国家标准，但不合格产品的容积与表示体积并非完全一致，会给实验结果带来系统误差。因此，在进行分析化学实验之前，应对所用玻璃仪器进行校准。

表 2-8　滴定管的容量允差（JJG 196—2006）

标称容量/mL	容量允差/mL	
	A	B
1	±0.010	±0.020
2	±0.010	±0.020
5	±0.010	±0.020
10	±0.025	±0.050
25	±0.04	±0.08
50	±0.05	±0.10
100	±0.10	±0.20

表 2-9　移液管的容量允差（JJG 196—2006）

标称容量/mL	容量允差/mL	
	A	B
1	±0.007	±0.015
2	±0.010	±0.020
5	±0.015	±0.030
10	±0.020	±0.040
25	±0.030	±0.060
100	±0.08	±0.16

表 2-10　容量瓶的容量允差（JJG 196—2006）

标称容量/mL	25	50	100	250	500	1000	2000
A	±0.03	±0.05	±0.10	±0.15	±0.25	±0.40	±0.60
B	±0.06	±0.10	±0.20	±0.30	±0.50	±0.80	±1.20

校准仪器常用称量法，即称量被校准仪器中量入或量出的纯水的质量，再根据当时水温下的密度计算出该量器在20℃时的实际容量。

量器的容积和水的体积都与温度有关，称量时也受空气浮力的影响。一般用实验工作的平均温度20℃作为标准温度。我国生产的量器，其容积都是以20℃为标准温度标定的。例如一个标有20℃ 1L的容量瓶，表示在20℃时，它的容积是1L（即真空中质量为1kg的纯水在3.98℃时所占的体积）。量器校正的体积单位是L，即在真空中质量为1kg的纯水，在3.98℃时和标准大气压下所占的体积。

校正时应考虑下列三个因素。

（1）水的密度受温度影响水在真空中，3.98℃时密度为1kg/L，高于或低于此温度时，其密度均小于1kg/L。

（2）玻璃的体积膨胀系数随温度变化的影响温度改变时，因玻璃的膨胀和收缩，量器的容积也随之改变。因此，在其他温度校准时，必须以标准温度（20℃）为基础加以校正。但由于玻璃膨胀系数较小（如1000mL的钠玻璃容器，每改变1℃，容积变化0.026mL，体积膨胀系数为0.000026），对于常量分析工作可以忽略。

（3）在空气中称量受空气浮力的影响校准时，由于空气浮力，水在空气中称得的质量小于在真空中的质量，应加以校正。

【仪器和药品】

50mL酸式滴定管，25mL移液管，100mL容量瓶，150mL锥形瓶，具塞50mL小锥形瓶，100mL烧杯，电子天平，蒸馏水。

【步骤】

1.滴定管的校正

取一个洗净晾干的具塞50mL小锥形瓶，称量其质量，准确至0.001g。将蒸馏水装入已洗净晾干的滴定管中，调整液面至0.00mL，按照每分钟约10mL的流速准确放出5.00mL的水至小锥形瓶中，称量，两次质量之差即为水的质量。查表并计算出滴定管该段体积的真实容积。按照上述方法，每次以5.00mL间隔为一段进行校正。

2.容量瓶的校正

将100mL待校正的清洁、干燥的容量瓶称量至0.01g，将与室温平衡的蒸馏水注入容量瓶至刻度（水面弯月面下缘恰与标线的上边缘水平相切），用滤纸片吸干瓶颈内壁的水，再称量。两次质量之差即为该容量瓶所容纳的水的质量。根据水温，查表并计算出该容量瓶的容积。可用钻石笔将校正的容积刻在瓶壁上，供以后使用。

3.移液管的校正

取一个洗净晾干的具塞50mL小锥形瓶，称量其质量，准确至0.001g。用洗净晾干的25mL移液管准确移取与标线等体积的水，放入小锥形瓶中，再称量。两次质量之差即为放出的水的质量。查表并计算出该移液管的容积。

4.容量瓶和移液管的相互校正

在实际分析工作中，容量瓶常和移液管配合使用。在容量瓶中配制溶液后，用移液管移取一部分进行测定。此时，容量瓶及移液管的准确容积并不重要，重要的是两者的容量是否为准确的整数倍关系。例如，用25mL移液管从100mL容量瓶中吸取的溶液是否准确地为总量的1/4，此时，需要进行容量瓶和移液管的相互校正。方法如下。

取洗净晾干的25mL移液管准确移取纯水四次至洗净晾干的100mL容量瓶中，观察水面弯月面下缘是否恰与标线的上边缘水平相切，如果不符合，可另做一标记，使用时即以此标记为刻度。

【数据记录与处理】

1. 滴定管的校正

水温＿＿＿＿＿＿　水密度＿＿＿＿＿＿

项目	瓶/g	(瓶＋水)/g	水/g	瓶/g	(瓶＋水)/g	水/g	水(平均)/g	实际体积/mL	校正值/mL
0.00～5.00g									
5.00～10.00g									
10.00～15.00g									
15.00～20.00g									
20.00～25.00g									
25.00～30.00g									
30.00～35.00g									
35.00～40.00g									
40.00～45.00g									
45.00～50.00g									

2. 容量瓶的校正

水温＿＿＿＿＿＿　水密度＿＿＿＿＿＿

容量瓶读数体积/mL	瓶/g	(瓶＋水)/g	水/g	实际体积/mL	校正值/mL

3. 移液管的校正

水温＿＿＿＿＿＿　水密度＿＿＿＿＿＿

移液管读数体积/mL	瓶/g	(瓶＋水)/g	水/g	实际体积/mL	校正值/mL

【任务训练】

1. 容量仪器校正时的影响因素主要有哪些?

2. 本实验称量纯水时为什么只要求准确到0.01g或0.001g，而不是通常要求的0.0001g?

3. 校正滴定管时，为什么每次放出的水都要从0.00刻度线开始?

项目二

食醋中醋酸的测定

食醋的主要成分是醋酸，此外还含有少量其他弱酸如乳酸等，在工业上通常用酸碱滴定的方法来测定食醋中的总酸度。

知识链接

一、滴定分析的基本概念

滴定分析法又称容量分析法，是化学分析法中重要的分析方法之一。按反应的类型可分为酸碱滴定、沉淀滴定、配位滴定和氧化还原滴定四大类。它是将一种已知准确浓度的试剂溶液，滴加到被测物质的溶液中，直到所加的试剂溶液与被测物质按化学式计量关系定量反应完全，根据试剂溶液的浓度和消耗的体积，计算被测物质含量的方法。

在滴定分析中将已知准确浓度的试剂溶液，称滴定液或标准溶液；滴定液滴加到被测溶液中的操作过程，称为滴定；当滴加的滴定液与被测物质的物质的量之间正好符合化学反应式所表示的计量关系时，称反应到达化学计量点，（简称计量点，以 sp 表示）；在被测溶液中加入一种辅助试剂，利用它的颜色变化指示化学计量点的到达，这种辅助试剂称为指示剂。指示剂恰好发生颜色变化的转变点，称作滴定终点（以 ep 表示）。滴定终点是实验测量值，而化学计量点是理论值，两者往往不一致，它们之间存在很小的差别，由此造成的误差称为终点误差（或称滴定误差）。

滴定分析法主要用于常量分析，其特点是快速、准确，操作简便，在化工产品含量测定中应用广泛。

二、滴定分析法的基本要求

滴定分析法是基于化学反应为基础的一种定量分析方法，因此，滴定分析要求化学反应必须符合下列条件：

① 反应必须按化学反应式定量完成，完成程度要求达到 99.9%以上，不能有副反应发生。

② 反应速率要快，反应要求在瞬间完成，对于速率较慢的反应必须有适当的方法加快

反应速率，如加热或加催化剂等措施来增大反应速率。

③ 必须有适宜的指示剂或简便可靠的方法确定滴定终点。

三、滴定方式

1. 直接滴定法

直接滴定法是指滴定液直接滴加到被测物质溶液中的一种滴定方法。只要符合上述滴定分析法基本要求的化学反应，都可应用直接滴定法进行滴定。

例如，用 HCl 滴定液滴定 NaOH 溶液，或用 $AgNO_3$ 滴定液滴定 NaCl 等均属于直接滴定法。

$$NaOH + HCl = NaCl + H_2O$$

$$NaCl + AgNO_3 = AgCl \downarrow + NaNO_3$$

2. 返滴定法

如果被测物质在水中的溶解度较小，或被测物质与滴定液反应速率较慢，反应不能瞬间完成，则可以先加入准确过量的滴定液至被测物质中，待反应完全后，用另一种滴定液滴定剩余的滴定液，这种滴定方式为返滴定法或剩余滴定法。如固体碳酸钙的测定，可先加入准确量的过量盐酸滴定液，待反应完全后，再用氢氧化钠滴定液滴定剩余的盐酸滴定液。反应如下：

$$CaCO_3 + \underset{\text{(准确过量)}}{2HCl} = CaCl_2 + CO_2 \uparrow + H_2O$$

$$\underset{\text{(剩余)}}{HCl} + NaOH = NaCl + H_2O$$

3. 置换滴定法

如果被测物质与滴定液的化学反应没有确定的计量关系，或伴有副反应的发生，则可先用适当试剂与被测物质发生反应，使定量置换出的物质被滴定液滴定，这种滴定方式为置换滴定法。

4. 间接滴定法

如被测物质不能与滴定液直接反应，则可以先加入某种试剂与被测物质发生化学反应，再用适当的滴定液滴定其中的一种生成物，间接测定出被测物质的含量，这种滴定方式为间接滴定法。

用 $KMnO_4$ 滴定液测定 $CaCl_2$ 的含量时，由于钙盐不能直接与 $KMnO_4$ 滴定液反应，可先加过量 $(NH_4)_2C_2O_4$，使 Ca^{2+} 定量沉淀为 CaC_2O_4，再将其过滤洗涤后用 H_2SO_4 溶解，生成具有还原性的 $H_2C_2O_4$，再用 $KMnO_4$ 滴定液滴定 $H_2C_2O_4$，间接算出 $CaCl_2$ 的含量。其主要反应式如下：

$$Ca^{2+} + C_2O_4^{2-} \rightleftharpoons CaC_2O_4 \downarrow$$

$$CaC_2O_4 + 2H^+ \rightleftharpoons H_2C_2O_4 + Ca^{2+}$$

$$2MnO_4^- + 5H_2C_2O_4 + 6H^+ \rightleftharpoons 2Mn^{2+} + 10CO_2 \uparrow + 8H_2O$$

四、酸碱滴定

酸（acid）和碱（base）是化学变化中应用最为广泛的概念之一，1887 年阿伦尼乌斯

(S. A. Arrhenius) 提出酸碱的近代电离理论认为：在水溶液中解离出来的阳离子全部是 H^+ 的物质是酸，解离出来的阴离子全部是 OH^- 的物质是碱，酸碱反应的实质是 H^+ 和 OH^- 结合生成水。酸碱解离理论成功地解释了一部分含 H^+ 或 OH^- 的物质在水溶液中的酸碱性，但是它将酸碱局限于水溶剂，而且必须含有可解离的 H^+ 或 OH^-，不能解释非水溶剂中的酸碱反应。1923 年布朗斯特（J. N. Bronsted）和劳莱（T. M. Lowry）提出了酸碱质子理论，它克服了酸碱解离理论的局限性，扩大了酸碱的范围并为人们所广泛应用。

五、酸碱质子理论的定义

酸碱质子理论认为：凡是能给出质子（H^+）的物质都是酸，凡是能接受质子的物质都是碱。例如，HAc、H_2CO_3、$H_2PO_4^-$、HNO_3 等都是酸，因为它们在化学反应中能给出质子；NH_3、CO_3^{2-}、HPO_4^{2-}、CN^-、Cl^- 等都是碱，因为它们在化学反应中能接受质子。既能给出质子又能接受质子的物质称为两性物质。例如，H_2O、HPO_4^{2-}、HCO_3^- 等。质子理论中不存在盐的概念。

根据酸碱质子理论，酸碱是矛盾的两个方面，它们相互依存，在一定条件下相互转化。酸（HB）失去一个质子变成相应的碱（B^-），碱（B^-）得到一个质子就变成相应的酸（HB），这种对应关系称为酸碱的共轭关系。可表示为：

$$HB \rightleftharpoons H^+ + B^-$$

上式称为酸碱半反应关系式，左边的酸是右边碱的共轭酸，右边的碱是左边的酸的共轭碱。例如：

$$HAc \rightleftharpoons H^+ + Ac^-$$
$$NH_4^+ \rightleftharpoons H^+ + NH_3$$
$$HCO_3^- \rightleftharpoons H^+ + CO_3^{2-}$$
$$H_2CO_3 \rightleftharpoons H^+ + HCO_3^-$$
$$HCl \rightleftharpoons H^+ + Cl^-$$

这种互相依存又互相转化的性质称为共轭性，酸碱两者之间相差一个质子，它们共同构成了一个共轭酸碱对。

1. 酸碱反应的实质

一个共轭酸碱对组成一个酸碱半反应，单个的酸碱半反应是不能发生的，酸给出质子必须有另一种能接受质子的碱存在才能实现。酸碱反应实际上是两个共轭酸碱对共同作用的结果，其实质是质子在两对共轭酸碱对之间的转移，故酸碱反应又称为质子传递反应。例如 HAc 在水中的离解反应：

$$\overset{H^+}{\overbrace{\underset{酸_1}{HAc}+\underset{碱_2}{H_2O}}} \rightleftharpoons \underset{酸_2}{H_3O^+} + \underset{碱_1}{Ac^-}$$

其结果是质子从 HAc（$酸_1$）转移到 H_2O（$碱_2$），变成相应的共轭碱 Ac^-（$碱_1$）和相应的共轭酸 H_3O^+（$酸_2$）。这种反应可以在水溶液中进行，也可在非水溶液中或气相中进行，使酸碱反应的范围扩大了。例如，电离理论中的中和反应、解离反应和水解反应都可以归纳为酸碱质子传递反应。

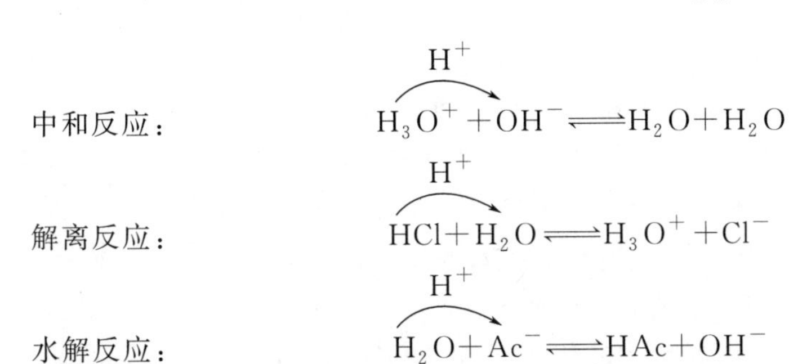

酸碱质子理论对酸碱做了严格定义，扩大了原解离理论的酸碱范围，使酸碱概念扩展到了非水溶液领域，是对酸碱理论的一个重大发展。

2. 质子理论酸碱的强弱

酸碱的相对强弱不仅与物质的本性有关，而且也与反应的对象或溶剂的性质有关，因为溶剂同样也要给出或接受质子。因此要比较各种酸碱的强弱，必须固定溶剂。同一种酸在不同的溶剂中，由于溶剂接受质子能力的不同，则显示出不同的酸性。例如 HAc 在水溶液中是较弱的酸，而在氨水溶液中则是较强的酸。因为 NH_3 接受质子的能力比 H_2O 强。又如硝酸在水中是强酸，而在冰醋酸中酸性大为降低，在硫酸中它却显碱性了。

$$HNO_3 + H_2O \rightleftharpoons H_3O^+ + NO_3^-$$

$$HNO_3 + HAc \rightleftharpoons H_2Ac^+ + NO_3^-$$

$$HNO_3 + H_2SO_4 \rightleftharpoons H_2NO_3^+ + HSO_4^-$$

酸碱质子理论的优点主要有以下三点。

(1) 和阿仑尼乌斯电离理论相比，它扩大了酸和碱的范围，特别是扩大了碱的范围。

(2) 酸碱反应的实质是质子转移的过程。这不仅使人们对酸碱的认识更深刻了，而且能把中和、电离和水解等反应都概括为质子传递的反应，解决了酸碱在非水溶剂及气相中的反应问题。

(3) 把酸或碱的性质和溶剂的性质联系起来，把酸或碱和它的作用对象联系起来。因而明确易懂，实用价值较大。

但由于质子传递必须有 H^+，凡不含有 H^+ 的化合物参与反应，质子理论就无法解释。例如，早已为实验证实的酸性物质如 SO_3、BF_3 等却被划在酸的行列之外。这是质子理论的局限性。在此基础上路易斯（G. N. Lewis）又提出了酸碱电子理论，这里不做讨论。

六、水溶液中的质子转移平衡

1. 水的质子自递平衡与溶液的 pH

(1) 水的质子自递反应　水分子是一种两性物质，它既可给出质子，又可接受质子。因此在水分子间也可发生质子传递反应，称为水的质子自递反应：

$$\underset{酸_1}{H_2O} + \underset{碱_2}{H_2O} \overset{H^+}{\rightleftharpoons} \underset{碱_1}{OH^-} + \underset{酸_2}{H_3O^+}$$

一个水分子给出一个质子变成 OH^-，另一个水分子得到一个质子变成 H_3O^+。在一定温度下达到平衡，其平衡常数表达式为

$$K = \frac{[H_3O^+][OH^-]}{[H_2O][H_2O]}$$

式中的［H_2O］可以看成是一常数，将它与 K 合并，则得新常数 $K_w=[H_3O^+][OH^-]$。为简便起见，用 H^+ 代表水合氢离子 H_3O^+，则有 $K_w=[H^+][OH^-]$。K_w 称为水的质子自递平衡常数，又称水的离子积，其数值与温度有关。例如，在 0℃时 K_w 为 1.10×10^{-15}，25℃时为 1.00×10^{-14}，100℃时为 5.50×10^{-13}。在 25℃的纯水中

$$[H^+]=[OH^-]=\sqrt{K_w}=1.00\times10^{-7}\text{mol/L}$$

水的离子积不仅适用于纯水，也适用于所有的稀水溶液。

［例 2-1］ 计算 0.01mol/L HCl 溶液中的［H^+］和［OH^-］。

解： 因水中加入强酸，H^+ 增多，根据平衡移动原理，水的自递平衡向左移，由 H_2O 自递反应产生［H^+］$<10^{-7}$mol/L，故此时溶液中 H^+ 主要由 HCl 提供，$[H^+]\approx0.01$mol/L。根据水的离子积公式可计算 OH^- 的浓度。

$$[OH^-]=\frac{K_w}{[H^+]}=\frac{1.00\times10^{-14}}{0.01}=1.0\times10^{-12}(\text{mol/L})$$

由此可见，在酸性水溶液中，有 H^+ 存在，同时有 OH^- 存在，H^+、OH^- 浓度的乘积为一常数，只要知道 H^+ 浓度，便可计算 OH^- 浓度。反之亦然。

（2）溶液的 pH　在水溶液中同时存在 H^+ 和 OH^-，它们的含量不同，溶液的酸碱性也不同。而且，很多酸碱稀溶液的 H^+ 和 OH^- 都很小，为了更方便地表示溶液中 H^+ 含量不同和酸碱程度不同，引入氢离子浓度指数的概念，其数值俗称“pH”。pH 定义为溶液所含氢离子浓度的常用对数的负值，即：

$$\text{pH}=-\lg[H^+]$$

根据 pH 定义和水的离子积，不难得出下列结论：

中性溶液中　$[H^+]=[OH^-]=1.0\times10^{-7}$mol/L，pH=7

酸性溶液中　$[H^+]>1.0\times10^{-7}$mol/L，pH<7

碱性溶液中　$[H^+]<1.0\times10^{-7}$mol/L，pH>7

类似于 pH 定义，同样可以定义 $\text{pOH}=-\lg[OH^-]$，$\text{p}K=-\lg K$ 等。

2. 水溶液中弱酸弱碱的质子转移平衡

（1）一元弱酸、弱碱的质子转移平衡

① 解离平衡常数。弱酸或弱碱与水分子的质子传递反应是可逆的，其反应进行的程度可以用反应的平衡常数来衡量。例如，弱酸（HB）在水溶液中的离解反应达到一定程度就达到了平衡：

$$HB+H_2O \rightleftharpoons H_3O^++B^-$$

平衡时：
$$K_a=\frac{[H_3O^+][B^-]}{[HB]}$$

也可简化写成：
$$K_a=\frac{[H^+][B^-]}{[HB]}$$

K_a 称为酸的离解常数，此值越大，表示该酸在水溶液中酸性越强。

同理，弱碱 B^- 在水溶液中有下列平衡：

$$B^-+H_2O \rightleftharpoons HB+OH^-$$

平衡时：
$$K_b=\frac{[HB][OH^-]}{[B^-]}$$

K_b 称为碱的离解常数，此值越大，表示该碱在水中碱性越强。同样的化学物质，当溶

剂改变之后其酸碱性会发生很大的变化。在不同的溶剂中，K_a、K_b 有不同的数值，比较酸碱的强弱只能在同一溶剂中才能进行。

弱酸弱碱的离解平衡常数具有平衡常数的一般属性，它与平衡体系中各组分浓度变化无关。例如，298K 时，实验测得不同浓度的醋酸的 K_a 基本稳定在 1.76×10^{-5}。温度对电离平衡常数虽有影响，但由于酸（碱）与水的质子转移反应热效应较小，温度改变对电离平衡常数影响不大。所以在室温范围内可忽略温度对电离常数的影响。

② 共轭酸碱电离平衡常数 K_a 和 K_b 的关系。酸的电离平衡参数 K_a 与其共轭碱的电离平衡常数 K_b 之间有确定的对应关系。以 HB-B^- 体系为例：

$$HB+H_2O \rightleftharpoons H_3O^+ + B^-$$

$$K_a=\frac{[H_3O^+][B^-]}{[HB]}$$

而其共轭碱的质子传递平衡：

$$B^- + H_2O \rightleftharpoons HB+OH^-$$

$$K_b=\frac{[HB][OH^-]}{[B^-]}$$

$$K_aK_b=\frac{[H_3O^+][B^-]}{[HB]}\times\frac{[HB][OH^-]}{[B^-]}=[H_3O^+][OH^-]=K_w$$

上式表示 K_a 和 K_b 成反比，说明酸越强，其共轭碱越弱；碱越强，其共轭酸越弱。根据上述关系，若已知酸的电离平衡常数 K_a，就可以其共轭碱的电离平衡常数 K_b，反之亦然。

③ 一元弱酸、弱碱离解平衡的近似计算。一元弱酸 HB 溶液的浓度为 c(mol/L)，它在水中的电离平衡为：

$$HB \rightleftharpoons H^+ + B^-$$

根据平衡原理：
$$K_a=\frac{[H^+][B^-]}{[HB]}$$

而
$$[HB]=c-[H^+]$$

由于 HB 电离出的 $[H^+]$ 与 $[B^-]$ 相等

$$K_a=\frac{[H^+]^2}{c-[H^+]}$$

$$[H^+]=\sqrt{K_a(c-[H^+])}$$

当弱酸较弱，浓度也不太稀，一般当 $c/K_a\geqslant500$ 时，可认为 $c-[H^+]\approx c$，则：

$$K_a=\frac{[H^+][B^-]}{c}$$

$$[H^+]=\sqrt{K_ac}$$

这就是一元弱酸计算 H^+ 浓度的最简式。

[例 2-2] 计算 0.10mol/L HAc 溶液的 $[H^+]$ 和 α？已知 HAc 的 $K_a=1.76\times10^{-5}$

解：根据公式 $[H^+]=\sqrt{K_ac_a}\approx\sqrt{1.76\times10^{-5}\times0.10}=1.33\times10^{-3}$ mol/L

$$\alpha=\frac{1.33\times10^{-3}}{0.10}=0.0133=1.33\%$$

同理，一元弱碱 B（例 NH_3、Ac^-、CN^-）在水溶液中达到电离平衡时：

$$B+H_2O \rightleftharpoons BH^+ + OH^-$$

一元弱碱溶液中［OH^-］的计算可用：　［OH^-］$=\sqrt{K_b c_b}$

必须注意［H^+］$=\sqrt{K_a c_a}$（［OH^-］$=\sqrt{K_b c_b}$）只有当 $c_a/K_a \geqslant 500$，$c_a K_a \geqslant 20K_w$（$c_b/K_b \geqslant 500$，$c_b K_b \geqslant 20K_w$）时，才成立；否则按此公式计算会产生较大误差。

［例 2-3］ 计算 0.10mol/L NH_4Cl 溶液的酸度、碱度、pH、pOH。

解： 根据质子理论 NH_4Cl 是酸碱结合物，其中［$NH_4{}^+$］是一元离子弱酸，其共轭碱为 NH_3 与溶剂水的质子传递反应为：

$$NH_4{}^+ + H_2O \rightleftharpoons NH_3 + H_3O^+$$

平衡时：
$$K_a^{NH_4^+} = \frac{[NH_3][H^+]}{[NH_4^+]} = \frac{K_w}{K_b^{NH_3}} = \frac{1.0\times10^{-14}}{1.76\times10^{-5}} = 5.7\times10^{-10}$$

判断
$$\frac{c^{NH_4^+}}{K_a^{NH_4^+}} = \frac{0.10}{5.7\times10^{-10}} > 500$$

$$c^{NH_4^+} K_a^{NH_4^+} = 0.10\times5.7\times10^{-10} > 20K_w$$

可用最简公式：
$$[H^+] = \sqrt{K_a c} = \sqrt{5.7\times10^{-10}\times0.10} = 7.5\times10^{-6}(\text{mol/L})$$

$$[OH^-] = \frac{K_w}{[H^+]} = \frac{1.0\times10^{-14}}{7.5\times10^{-6}} = 1.3\times10^{-9}(\text{mol/L})$$

$$pH = -\lg(7.5\times10^{-6}) = 5.1; pOH = 14 - pH = 14 - 5.1 = 8.9$$

（2）多元弱酸，弱碱的质子转移平衡　凡是在水溶液中能放出两个或更多个质子的弱酸称多元弱酸。例如，H_2CO_3、$H_2C_2O_4$、H_3PO_4、H_2S 等。凡是在水溶液中能接受两个或更多个质子的弱碱称多元弱碱。例如，CO_3^{2-}、$C_2O_4^{2-}$、PO_4^{3-}、S^{2-} 等。多元弱酸（弱碱）与溶剂水的质子转移是分步进行的，它们在水中分步电离出多个质子，称分步电离或逐级电离。

例如，H_2S 是二元弱酸，它与水之间的质子传递反应分两步进行：

$$H_2S + H_2O \rightleftharpoons H_3O^+ + HS^-$$
$$HS^- + H_2O \rightleftharpoons H_3O^+ + S^{2-}$$

酸平衡常数分别是：

$$K_{a1} = \frac{[H^+][HS^-]}{[H_2S]} = 9.1\times10^{-8}$$

$$K_{a2} = \frac{[H^+][S^{2-}]}{[HS^-]} = 1.1\times10^{-12}$$

二元弱酸 H_2S 第一步电离生成 H_3O^+ 和 HS^-，生成的 HS^- 又发生第二步电离生成 H_3O^+ 和 S^{2-}，这两步电离平衡同时存在于溶液中。K_{a1}、K_{a2} 分别为 H_2S 的第一、第二步电离的平衡常数。

三元弱酸 H_3PO_4 的电离分三步进行：

$$H_3PO_4 + H_2O \rightleftharpoons H_3O^+ + H_2PO_4^- \qquad K_{a1} = 7.52\times10^{-3}$$
$$H_2PO_4^- + H_2O \rightleftharpoons H_3O^+ + HPO_4^{2-} \qquad K_{a2} = 6.23\times10^{-8}$$
$$HPO_4^{2-} + H_2O \rightleftharpoons H_3O^+ + PO_4^{3-} \qquad K_{a3} = 2.22\times10^{-13}$$

从上面的电离常数可看出：$K_{a1} \gg K_{a2} \gg K_{a3}$，彼此都相差 $10^4 \sim 10^5$ 倍以上。可见，第

二步电离远比第一步困难。而第三步又比第二步更困难。这是由于第一步反应产生的 H^+ 与第二步反应产生的 H^+ 是相同离子，能抑制第二步反应，促使其平衡向左移动，同时第二步质子转移反应是从已带有一个负电荷的离子中再释放出一个 H^+，比从中性分子释放出一个 H^+ 要困难得多，因此，K_{a1} 远大于 K_{a2}。同理，第三步反应就更困难了。如从浓度对电离平衡的影响来看，第一步电离出的 H^+ 能抑制第二、第三步的电离，因此从数量上看，由第二、第三步电离出的 H^+ 与第一步电离的 H^+ 相比就微不足道了。如果仅计算这些多元弱酸溶液的 H^+ 浓度，通常只须考虑第一步电离即可。若需计算第二、第三步电离中其他物质的浓度，则需考虑第二或第三步电离平衡。

［例 2-4］ 计算 0.10mol/L H_2S 水溶液的 $[H^+]$、pH、α、$[S^{2-}]$。

解：溶液中存在平衡：

$$H_2S + H_2O \rightleftharpoons H_3O^+ + HS^- \qquad K_{a1} = 9.1\times10^{-8}$$

$$HS^- + H_2O \rightleftharpoons H_3O^+ + S^{2-} \qquad K_{a2} = 1.1\times10^{-12}$$

$K_{a1} \gg K_{a2}$；$[H^+]$ 主要由第一步电离获得，可当作一元弱酸处理。

$$\frac{c^{H_2S}}{K_{a1}} = \frac{0.10}{9.1\times10^{-8}} > 500$$

$$c^{H_2S}K_{a1} = 0.10\times9.1\times10^{-8} > 20K_w$$

用近似公式计算

$$[H^+] = \sqrt{c^{H_2S}K_{a1}}$$

$$= \sqrt{0.10\times9.1\times10^{-8}} = 9.5\times10^{-5}\ (\text{mol/L})$$

$$pH = -\lg[H^+] = -\lg(9.5\times10^{-5}) = 4.02$$

$$\alpha = \frac{9.5\times10^{-5}}{0.10} = 0.00095 = 0.095\%$$

S^{2-} 是第二步质子转移反应的产物，所以要根据第二级平衡进行计算。

$$HS^- + H_2O \rightleftharpoons H_3O^+ + S^{2-} \qquad K_{a2} = 1.1\times10^{-12}$$

由于第二步质子转移平衡常数小，则可近似认为：

$$[H^+] \approx [HS^-] = 9.5\times10^{-5}\text{mol/L}$$

（因 K_{a2} 很小，$[HS^-]$ 变化很小，且溶液中只有一个 $[H^+]$）

$$[S^{2-}] = \frac{[H^+][S^{2-}]}{[HS^-]} = K_{a2} = 1.1\times10^{-12}\text{mol/L}$$

通过上例计算，可得出以下结论：

① 多元弱酸溶液，若其 $K_{a1} \gg K_{a2} \gg K_{a3}$，则求算 $[H^+]$ 时，可将多元弱酸当作一元弱酸来处理。

② 二元弱酸溶液，酸根离子浓度近似等于 K_{a2}，与酸的原始浓度无关。

③ 多元弱酸溶液中，酸根离子浓度极小。在有些情况需要较多酸根离子时，往往用其可溶性盐（共轭碱）而不用其酸。例如，当溶液中需增大 S^{2-} 浓度时，可加 Na_2S，K_2S 或 $(NH_4)_2S$ 等，而不是加 H_2S 饱和溶液。

多元弱碱如 Na_2S、Na_2CO_3 和 Na_3PO_4 等在水中分步接受质子以及溶液中碱度计算原则与多元弱酸相似，只是计算时需采用碱电离常数 K_b。例如二元弱碱 Na_2CO_3 在水溶液中 CO_3^{2-} 分步接受质子的反应：

$$CO_3^{2-} + H_2O \rightleftharpoons HCO_3^- + OH^- \qquad K_{b1} = K_w/K_{a2} = 1.8\times10^{-4}$$

$$HCO_3^- + H_2O \rightleftharpoons H_2CO_3 + OH^- \qquad K_{b2} = K_w / K_{a1} = 2.3 \times 10^{-8}$$

一般的规律是，$K_{a1} \gg K_{a2}$，故 $K_{b1} \gg K_{b2}$，也就是说，多元弱碱也只有第一步电离平衡是主要，因而可利用这个主要的平衡进行近似处理。若 $c/K_{b1} \geqslant 500$ 即可采用：$[OH^-] = \sqrt{K_b c}$ 的最简公式进行计算。

（3）两性物质的质子转移平衡　以上已讨论了多元弱酸（H_2CO_3、$H_2C_2O_4$、H_3PO_4、H_2S）和多元弱碱（Na_2S、Na_2CO_3、Na_3PO_4）它们在水中 H^+ 浓度或 OH^- 浓度的计算方法。而两性物质（$NaHCO_3$、NaH_2PO_4 和 Na_2HPO_4 等）在水中的酸碱度怎样计算呢？总的说来，两性物质溶液中质子转移平衡比较复杂，应根据具体情况，抓住溶液中主要平衡进行近似处理。

酸式盐溶液。下面以 NaH_2PO_4 为例说明酸式盐溶液的酸碱性：

在 NaH_2PO_4 溶液中存在着下列平衡

$$H_2PO_4^- + H_2O \rightleftharpoons H_3O^+ + HPO_4^{2-} \qquad K_{a2} = 6.23 \times 10^{-8}$$

$$H_2PO_4^- + H_2O \rightleftharpoons OH^- + H_3PO_4$$

$$K_{b3} = \frac{K_w}{K_{a1}} = \frac{1.0 \times 10^{-14}}{7.2 \times 10^{-3}} = 1.39 \times 10^{-12}$$

在第一个电离平衡中，$H_2PO_4^-$ 给出质子是酸；在第二个水解平衡中，$H_2PO_4^-$ 接受质子是碱。比较 K_{a2} 和 K_{b3}，则 $K_{a2} > K_{b3}$，故给质子的能力大于获得质子的能力，所以溶液显酸性。

弱酸弱碱盐溶液。下面以 NH_4Ac 溶液为例说明弱酸弱碱盐溶液的酸碱性：

其中 NH_4^+ 起酸的作用

$$NH_4^+ + H_2O \rightleftharpoons H_3O^+ + NH_3 \tag{1}$$

$$K_a^{NH_4^+} = \frac{K_w}{K_b^{NH_3}} = 5.68 \times 10^{-10}$$

Ac^- 起碱的作用

$$Ac^- + H_2O \rightleftharpoons OH^- + HAc \tag{2}$$

$$K_b^{Ac^-} = \frac{K_w}{K_a^{HAc}} = 5.68 \times 10^{-10}$$

由于 $K_a^{NH_4^+} \approx K_b^{Ac^-}$，因而 NH_4Ac 溶液显中性。

水的电离

$$H_2O + H_2O \rightleftharpoons H_3O^+ + OH^- \tag{3}$$

由（1）+（2）−（3）得：

$$NH_4^+ + Ac^- \rightleftharpoons HAc + NH_3 \tag{4}$$

$$K_{总} = \frac{K_w}{K_a^{HAc} K_b^{NH_3}}$$

由于 K_a^{HAc}、$K_b^{NH_3}$ 都很小，其乘积更小，故 $K_{总}$ 较大，即上式的反应向右进行的程度较大。

两性物溶液的酸碱性，取决于该两性物质给出质子和接受质子能力的相对大小；

若 $K_a > K_b$，则溶液呈酸性；若 $K_a < K_b$，则溶液呈碱性；若 $K_a = K_b$，则溶液呈中性。

质子转移反应平衡常数可以定性判断两性物质溶液的酸碱性外，还可对溶液 pH 进行近似计算。以 $NaHCO_3$ 溶液为例，其溶液 H^+ 浓度计算的简化公式为：

$$[H^+]=\sqrt{K_{a1}K_{a2}}$$

（4）同离子效应与盐效应　酸碱电离平衡和其他一切化学平衡一样，也是一个动态平衡。当外界条件改变时，旧的平衡被破坏，平衡发生移动，最终达到新的平衡。

① 同离子效应。例如，在弱酸 HAc 溶液中，加入少量 NaAc。因 NaAc 是强电解质，在溶液中全部离解为 Na^+ 和 Ac^-。溶液中 Ac^- 浓度大大增加，使 HAc 在水中的质子转移平衡向左移动，从而降低了 HAc 的电离度，溶液中的 H^+ 浓度下降。

$$\xleftarrow{\text{移动}}$$

$$HAc+H_2O \rightleftharpoons H_3O^+ + Ac^-$$

加入：

$$NaAc = Na^+ + Ac^-$$

同理，在 $NH_3 \cdot H_2O$ 中加入少量强电解质 NH_4Cl，$NH_3 \cdot H_2O$ 的电离度也降低了。

$$\text{移动}\longleftarrow$$

$$NH_3+H_2O \rightleftharpoons OH^- + NH_4^+$$

加入：

$$NH_4Cl = Cl^- + NH_4^+$$

在 HAc 溶液中加盐酸，或 $NH_3 \cdot H_2O$ 溶液加氢氧化钠也能使 HAc 和 $NH_3 \cdot H_2O$ 的电离平衡左移而使电离度降低。这种在弱电解质溶液中，加入与该弱电解质含有相同离子的强电解质而使弱电解质的电离平衡发生移动，从而降低弱电解质电离度的现象，称为同离子效应。

② 盐效应。若在 HAc 溶液中加入不含相同离子的强电解质（如 NaCl），因离子强度增大，溶液中离子间牵制作用增大，离子活度减小，使 HAc 的电离度略有增大，这种现象称盐效应。例如在 0.10mol/L HAc 溶液中，加入 0.10mol/L NaCl，则 HAc 的电离度将由 1.33%增大为 1.82%

在同离子效应发生的同时，必然伴随盐效应的发生。盐效应虽然可使弱酸或弱碱电离度增大，但改变不是很大，而同离子效应的影响要大得多。对于很稀的溶液，不考虑盐效应，不会产生太大影响。

七、缓冲溶液

1. 缓冲溶液的组成

表 2-1 是 1L 不同溶液中加入少量酸碱后的 pH 变化。

表 2-1　不同溶液加酸碱后的 pH 变化

溶液	加入 0.010mol NaOH 后 pH 的变化	加入 0.010mol HCl 后 pH 的变化
0.10mol/L HAc +0.10mol/L NaAc	+0.09pH 单位	−0.09pH 单位
0.10mol/L HAc	+0.93pH 单位	−0.93pH 单位
纯水	+5.00pH 单位	−5.00pH 单位

从表 2-1 可以看出：如果在中性的水中加入少量酸或碱，溶液 pH 就会显著偏离 7，因此，纯水不具有抵抗外来少量的酸碱的能力；而在 HAc 和 NaAc 组成的混合溶液中外加少量酸碱，溶液的 pH 变化很小。

把 HAc-NaAc 这样的溶液，具有能够抵抗外来少量强酸、强碱或适当稀释，使体系的

pH 基本保持不变的作用，叫做缓冲作用。具有缓冲作用的溶液叫缓冲溶液。

溶液要具有缓冲作用，其组分中必须含有抗酸成分和抗碱成分，两者之间必须存在化学平衡。通常把组成缓冲溶液的一对物质称为缓冲对（或称缓冲体系）。按酸碱质子理论，缓冲溶液实质上是由共轭酸碱对组成的。

缓冲溶液的主要组成类型：

① 弱酸及其共轭碱：HAc-NaAc、H_2CO_3-HCO_3^-、H_3PO_4-$H_2PO_4^-$等。

② 弱碱及其共轭酸：$NH_3 \cdot H_2O$-NH_4Cl 等。

③ 多元弱酸的两种盐：$H_2PO_4^-$-HPO_4^{2-}、HPO_4^{2-}-PO_4^{3-}、$NaHCO_3$-Na_2CO_3 等。

2. 缓冲溶液的缓冲原理

缓冲溶液为什么具有缓冲作用呢？现以 HAc-NaAc 为例来说明缓冲原理。在它们组成的溶液中有：

$$HAc + H_2O \rightleftharpoons H_3O^+ + Ac^-$$

$$NaAc \longrightarrow Na^+ + Ac^-$$

在 HAc-NaAc 缓冲溶液中，由于同离子效应，抑制了 HAc 的电离，溶液中的 H^+ 浓度下降，而［HAc］、［Ac^-］相对较大。

若向缓冲溶液中加入少量强酸（H^+），由于溶液中有大量 Ac^- 存在，加入的 H^+ 与 Ac^- 会结合成 HAc 分子，使平衡向左移动。当达到新的平衡时，溶液中 H^+ 浓度增大很少，则溶液的 pH 改变甚微。Ac^- 起了抵抗 H^+ 浓度增大的作用，故 Ac^- 是抗酸成分。若向缓冲溶液中加入少量强碱（OH^-）时，HAc 电离的 H^+ 和加入的 OH^- 结合生成水，降低了 H^+ 浓度，平衡向右移动。由于缓冲溶液 HAc 浓度较大，HAc 继续电离生成 H^+，使 H^+ 浓度降低不多，pH 改变不大。HAc 起了抵抗 OH^- 浓度增大的作用，故 HAc 是抗碱成分。

当溶液稀释时，由于溶液的体积增大，H^+ 浓度降低，但 Ac^- 浓度同时也降低，同离子效应减弱，使 HAc 电离度增大，产生的 H^+ 使 pH 基本保持不变。

由以上可知，在组成缓冲溶液的共轭酸碱对中，酸是抗碱成分，而其共轭碱则为抗酸成分。同时，还可以看出，缓冲溶液对外来少量酸或碱具有缓冲能力，但并不是说可以无休止地往缓冲溶液中加入大量酸或碱，当外来酸或碱的量大到一定程度时，缓冲溶液将失去缓冲能力。一些常用缓冲溶液见表 2-2。

表 2-2　一些常用缓冲溶液

缓冲对	弱酸	弱碱	pK_a
HAc-NaAc	HAc	Ac^-	4.76
NaH_2PO_4-Na_2HPO_4	$H_2PO_4^-$	HPO_4^{2-}	7.21
NH_3-NH_4Cl	NH_4^+	NH_3	9.25
$NaHCO_3$-Na_2CO_3	HCO_3^-	CO_3^{2-}	10.32
Na_2HPO_4-Na_3PO_4	HPO_4^{2-}	PO_4^{3-}	12.32

3. 缓冲溶液 pH 计算

缓冲溶液具有保持溶液酸度相对稳定的性能，因此计算缓冲溶液的 pH 将显得很重要。现以弱酸及其共轭碱组成（HB-MB）的缓冲溶液为例推导计算公式。

在弱酸及其共轭碱组成（HB-MB）的缓冲溶液中存在着下列平衡：

$$HB \rightleftharpoons H^+ + B^-$$

$$MB \longrightarrow M^+ + B^-$$

平衡时：

$$K_a^{HB}=\frac{[H^+][B^-]}{[HB]}$$

$$[H^+]=K_a^{HB}\times\frac{[HB]}{[B^-]}$$

$$-\lg[H^+]=-\lg K_a^{HB}-\lg\frac{[HB]}{[B^-]}$$

$$pH=pK_a+\lg\frac{[B^-]}{[HB]}$$

由于 HB 的电离度较小，加上同离子效应，故缓冲溶液中的［HB］可看作弱酸的原来浓度；同时，由于 MB 是强电解质，几乎全部电离，故溶液中的［B^-］可看作是弱酸共轭碱 MB 的原来浓度。即：[HB]=[共轭酸]，[MB]=[共轭碱]，代入得：

$$pH=pK_a+\lg\frac{[共轭碱]}{[共轭酸]}$$

上式即为计算弱酸及其共轭碱组成的缓冲溶液的 pH 计算公式，此公式也同样适用于多元弱酸的两性盐组成的缓冲溶液，只是公式中的 K_a 要用多元弱酸的 K_{a2} 或 K_{a3}。同理可推导出弱碱及其共轭酸组成的缓冲溶液的 pOH 计算公式：

$$pOH=pK_b+\lg\frac{[共轭酸]}{[共轭碱]}$$

4. 缓冲容量

缓冲溶液的缓冲作用是有一定限度的，一旦超过这个限度，溶液的 pH 就会发生很大变化，也就失去缓冲能力。缓冲溶液缓冲能力大小，常用缓冲容量（buffer capacity）来表示。缓冲容量是指使 1L 或 1mL 缓冲溶液的 pH 改变 1 个单位所需加入的强酸（或强碱）的量。

缓冲溶液的缓冲容量主要由两个因素决定：一是组成缓冲溶液的共轭酸碱对（缓冲对）的总浓度，溶液缓冲对的浓度大时，缓冲能力就越强；反之，缓冲能力较弱。缓冲对物质的量浓度一般选在 0.05～0.5mol/L 之间。另一是组成缓冲溶液中共轭酸碱的浓度比值$\frac{c_{共轭碱}}{c_{共轭酸}}$（缓冲比），当缓冲溶液的共轭酸碱对总浓度一定，浓度比为$\frac{c_{共轭碱}}{c_{共轭酸}}=1$时，缓冲溶液的缓冲能力最大。浓度比$\frac{c_{共轭碱}}{c_{共轭酸}}$在 10～1/10 之间，具有较好的缓冲效果，若把它代入公式 $pH=pK_a+\lg\frac{[共轭碱]}{[共轭酸]}$则得到缓冲作用的有效 pH 范围，叫做缓冲范围。弱酸及其共轭碱体系的缓冲范围为 $pH=pK_a\pm1$，弱碱及其共轭酸体系缓冲范围为 $pH=pK_b\pm1$。

5. 缓冲溶液的配制与应用

在实际应用中，常需配制一定 pH 的缓冲溶液。具体操作步骤如下：

① 选择缓冲对。使其弱酸的 pK_a 与所要求的 pH 相等或相近，可保证有较大的缓冲能力。

② 如果 pK_a 与要求的 pH 不相等，可根据缓冲溶液 pH 的计算公式算出［共轭碱］和［共轭酸］的比值。当 $c_{共轭碱}=c_{共轭酸}$时，可以此算出 $V_{共轭碱}/V_{共轭酸}$的体积比。

③ 再根据缓冲范围调整酸与共轭碱的浓度，使获得适宜的缓冲能力和缓冲范围。一般浓度范围为 0.05～0.5mol/L 之间。

要配制精确 pH 的溶液，还需用 pH 计校准。为了应用方便，可查阅有关手册中的缓冲溶液配制表。

八、酸碱指示剂

1. 酸碱指示剂变色原理

滴定分析法的关键在于能否准确地指出化学反应到达化学计量点的时刻。酸碱滴定过程中，被滴定的溶液通常不发生任何外观的变化，为了确定反应的化学计量点，通常在被滴定的溶液中加入指示剂（indicator），根据指示剂的颜色变化来确定滴定终点。

酸碱指示剂一般都是结构较为复杂的有机弱酸或弱碱，其共轭酸碱对具有不同的结构，且颜色也不同。当溶液的 pH 改变时，共轭酸碱对相互转变，从而引起溶液颜色发生明显变化。

例如，甲基橙（MO）是一种常用的酸碱指示剂，它是有机弱酸，在水中存在如下平衡：

$$SO_3^- \text{—C}_6\text{H}_4\text{—N(H)—N=C}_6\text{H}_4\text{=}\overset{+}{N}(CH_3)_2 + H_2O \rightleftharpoons SO_3^- \text{—C}_6\text{H}_4\text{—N=N—C}_6\text{H}_4\text{—N}(CH_3)_2 + H_3O^+$$

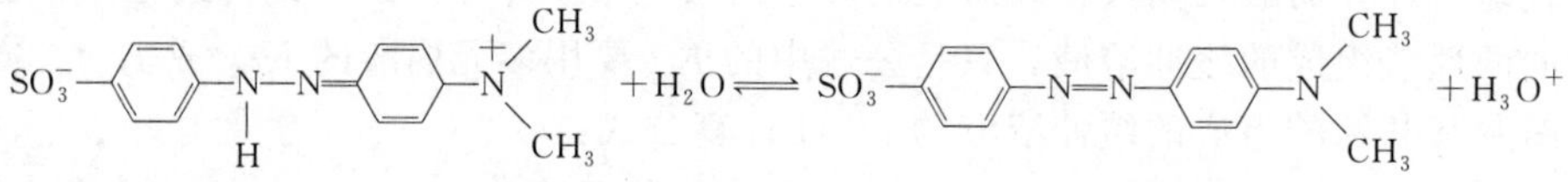

酸式（红色）　　　　碱式（黄色）

甲基橙碱式具有偶氮结构，呈黄色；酸式具有醌式结构，呈红色。

由上面平衡关系可以看出，增大溶液的 pH（$pH \geqslant 4.4$），平衡向左移动，甲基橙主要以碱式形式存在，溶液呈黄色；降低溶液 pH（$pH \leqslant 3.1$），平衡向右移动，甲基橙主要以酸式形式存在，溶液呈红色。

再例如，酚酞（PP）也是常用的酸碱指示剂，它也是一种有机弱酸，在水中存在如下平衡：

OH　OH　　　　O　O^-

C—OH^-　$\rightleftharpoons$　C　$+H_3O^+$

COO^-　　　　COO^-

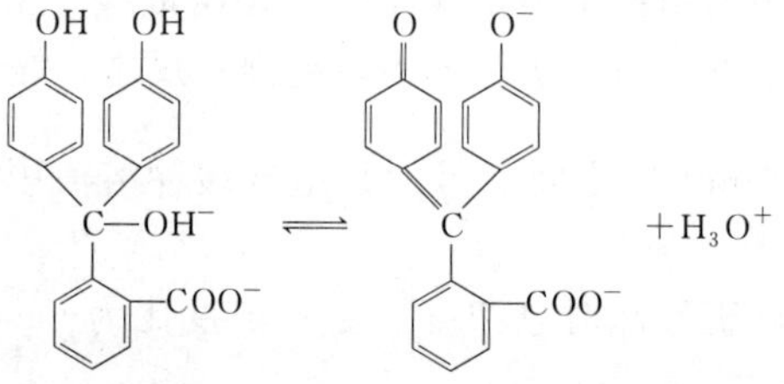

酸式（无色）　　碱式（红色）

酚酞的酸式是无色的，所以酚酞在 $pH<8.0$ 时，溶液不显色，当在溶液中加入碱时，平衡向右移动，当 $pH \geqslant 9.6$ 时，酚酞主要以碱式存在，溶液显红色。

综上所述，指示剂颜色的改变，是由于在不同 pH 的溶液中，指示剂的分子结构因为发生了变化而不同，所以显示出不同的颜色。但是，如果溶液的 pH 改变很小时，颜色的变化则不明显，因此必须是溶液的 pH 改变到一定的程度，才能看到指示剂颜色的变化，也就是说，指示剂的变色时，其 pH 具有一定范围，只有超过这个范围，才能明显观察到指示剂的颜色变化。这个能使指示剂颜色发生变化的 pH 变化范围就叫指示剂的变色范围。

2. 指示剂的变色范围

现以弱酸型指示剂酚酞（HIn 表示）为例来讨论指示剂的变色范围。

HIn 在溶液中的电离平衡为：

$$\underset{\text{酸式（无色）}}{HIn} + H_2O \rightleftharpoons H_3O^+ + \underset{\text{碱式（红色）}}{In^-}$$

平衡时：
$$K_{HIn}=\frac{[H^+][In^-]}{[HIn]}$$

此时溶液
$$pH=pK_{HIn}+\lg\frac{[In^-]}{[HIn]}$$

上式中，K_{HIn} 为指示剂的电离常数，$[In^-]$ 和 $[HIn]$ 分别为指示剂的碱式色和酸式色离子的浓度。溶液的颜色是由 $[In^-]/[HIn]$ 的值来决定的。在一定温度下，对某一指示剂，K_{HIn} 是常数，因此，$[In^-]/[HIn]$ 的值仅与 $[H^+]$ 有关，即溶液 $[In^-]/[HIn]$ 值改变，溶液的颜色也随之改变。但受人眼对颜色分辨能力的限制，通常只有当一种类型浓度超过另一种类型浓度的 10 倍时，人们才能观察到它“单独存在”的颜色，而在这范围以内，人们看到的只是它们的混合色。

表 2-3　溶液 $[In^{2-}]/[HIn^-]$ 值改变致溶液颜色变化表

$[In^-]/[HIn]$	≤1/10	1	≥10
溶液呈现的颜色 溶液的 pH	酸式色 $pH=pK_a-1$	混合色 $pH=pK_a$	碱式色 $pH=pK_a+1$

也就是说，当 $\frac{[In^-]}{[HIn]}\leqslant 0.1$ 时，只能看到酸式（HIn）颜色：当 $\frac{[In^-]}{[HIn]}\geqslant 10$ 时，只能看到碱式（In^-）颜色；当 $0.1\leqslant\frac{[In^-]}{[HIn]}\geqslant 10$ 时，指示剂呈混合色，人眼一般难以辨别，当 $\frac{[In^-]}{[HIn]}=1$ 时，两者浓度相等，此时 $pH=pK_{HIn}$，为指示剂变色的转折点，称为指示剂的理论变色点。因此指示剂变色范围为：$pH=pK_a\pm 1$。根据上述推算，指示剂的变色范围应有两个 pH 单位，这与实际测得的指示剂变色范围并不完全相同。这是因为人眼对各种颜色的敏感程度不同，以及指示剂的两种颜色之间互相掩盖所致。例如，甲基橙指示剂 $pK_{HIn}=3.4$，变色范围为 3.1～4.4。而当 pH＝3.1 时，甲基橙的酸式色占 66.7%碱式色仅占 33.3%。说明酸式色浓度只要大于碱式色浓度的 2 倍，就能观察到红色（酸式色）。产生这种差异的原因，是由于人眼对红色更为敏感造成的。

虽然指示剂变色范围的理论值与实测结果存在差别，但理论推算对粗略估计指示剂的变色范围，仍具有一定的指导意义。常用的酸碱指示剂见表 2-4 中。

表 2-4　常用酸碱指示剂

指示剂	变色范围 pH	颜色		pK_{HIn}	浓度	用量/(滴/10mL 试液)
		酸	碱			
百里酚蓝	1.2～2.8	红	黄	1.7	1g/L 乙醇溶液	1～2
甲基黄	2.9～4.0	红	黄	3.3	1g/L 的 90%乙醇溶液	1
甲基橙	3.1～4.4	红	黄	3.4	1g/L 的水溶液	1
溴酚蓝	3.0～4.6	黄	紫	4.1	0.4g/L 乙醇溶液或其钠盐水溶液	1
溴甲酚绿	4.0～5.6	黄	蓝	4.9	1g/L 乙醇溶液和 1g/L 水加 0.05mol/L NaOH 2.9mL	1～3
甲基红	4.2～6.2	红	黄	5.0	0.1%的 60%乙醇溶液或其钠盐水溶液	1
溴百里酚蓝	6.0～7.6	黄	蓝	7.3	1g/L 的 20%乙醇溶液或其钠盐水溶液	1
中性红	6.8～8.0	红	黄	7.4	1g/L 的 60%乙醇溶液	1

续表

指示剂	变色范围 pH	颜色		pK_{HIn}	浓度	用量/(滴/10mL 试液)
		酸	碱			
苯酚红	6.8～8.4	黄	红	8.0	1g/L 的 60%乙醇溶液或钠盐水溶液	1
酚酞	8.0～9.6	无	红	9.1	10g/L 乙醇溶液	1～3
百里酚酞	9.4～10.6	无	蓝	10.0	1g/L 乙醇溶液	1～2

为了增加滴定终点的灵敏性，指示剂的变色范围越窄越好。这样在滴定终点时，pH 稍有变化时，指示剂即可由一种颜色变到另一种颜色。

3. 混合指示剂

由于指示剂具有一定的变色范围，有的甚至宽达 2 个 pH 单位。酸碱滴定达到化学计量点前后，溶液的 pH 必须有较大变化，指示剂才从一种颜色突然变为另一种颜色，达到指示终点的目的。但是在某些弱酸弱碱滴定中达到化学计量点时 pH 突跃范围是比较小的。这就要求采用变色范围更窄、颜色变化明显的指示剂才能准确地确定终点。为此，在实际应用中常将两种指示剂混合起来使用，利用它们的颜色之间的互补作用，使变色范围更窄、更敏锐。如溴甲酚绿变色区间为 4.2（黄）～5.6（蓝），甲基红变色区间是 4.4（红）～62（黄），它们按一定比例配成后，酸色为酒红色（红稍带黄）、碱色为绿色（蓝色与黄色的混合色）。在 pH＝5.1 时，甲基红的橙红色和溴甲酚绿的蓝绿色互补而呈灰色，使变色点更敏锐（表 2-5）。

表 2-5　常用的酸碱混合指示剂

指示剂溶液的组成	变色点 pH	颜色		备注
		酸色	碱色	
一份 0.1%甲基黄酒精溶液 一份 0.1%亚甲基蓝酒精溶液	3.25	蓝紫	绿	pH 3.4 绿色 pH 3.2 蓝紫色
一份 0.1%甲基橙水溶液 一份 0.25%靛蓝二磺酸钠水溶液	4.1	紫	黄绿	—
三份 0.1%溴甲酚绿酒精溶液 一份 0.2%甲基红酒精溶液	5.1	酒红	绿	—
一份 0.1%溴甲酚绿钠盐水溶液 一份 0.1%绿酚红钠盐水溶液	6.1	黄绿	蓝紫	pH 5.4 蓝紫色 5.8 蓝色 6.0 蓝带紫 6.2 蓝紫色
一份 0.1%甲酚红钠盐水溶液 三份 0.1%百里酚蓝钠盐水溶液	8.3	黄	紫	pH 8.4 紫色
一份 0.1%百里酚蓝 50%酒精溶液 三份 0.1%酚酞 50%酒精溶液	9.0	黄	紫	从黄到绿再到紫色
两份 0.1%百里酚蓝酒精溶液 一份 0.1%茜素黄酒精溶液	10.2	黄	紫	—

还有一种混合指示剂，它是以某种惰性染料作为指示剂变色的背景，由于两种颜色的叠加而呈现较窄的变色区间或变色点。例如，由甲基橙和靛蓝二磺酸可组成这样的混合指示剂。靛蓝二磺酸是一种蓝色染料，在滴定过程中不变色，只是作为甲基橙的蓝色背景。混合

指示剂的碱色呈黄绿色（黄色与蓝色的混合色），酸色为紫色（红色与蓝色的混合色）在pH=4.1时，显浅灰色（蓝色与橙色为补色，溶液几乎无色）。这样就避免了变色过程中出现过渡颜色（橙色），从而使变色范围更窄且很敏锐。

有的混合指示剂是将几种指示剂混合制成的。如我们常见的pH试纸，就是将纸条浸泡于多种混合指示剂溶液中，晾干后制成的。用它可以粗略地测定溶液的pH。

4.影响指示剂变色范围的因素

（1）温度　指示剂变色范围和K_{HIn}有关，而K_{HIn}是随温度变化的常数，因而改变温度，指示剂变色范围也会随之改变。例如，甲基橙在18℃时的变色范围为3.1～4.4，而在100℃时则为2.3～3.7；酚酞在18℃时的变色范围为8.0～9.6，而在100℃时变为8.0～9.2。

（2）指示剂用量　由于指示剂本身是弱酸或弱碱，在滴定过程中会消耗一定量的滴定剂，因而指示剂的用量一定要适量，对于双色指示剂，如甲基橙等，从平衡关系可以看出：

$$HIn \rightleftharpoons H^+ + In^-$$

如果溶液中指示剂浓度小，则滴入少量标准碱溶液，即可使之完全变成In^-，颜色变化灵敏。反之，指示剂浓度大时，发生同样的颜色变化所需标准碱液的量较多，致使终点颜色变化不敏锐。

对于单色指示剂，指示剂用量偏少，终点变色敏锐。用量偏多时，溶液颜色的深度随指示剂浓度的增加而加深。例如50mL溶液中加入2～3滴0.1%的酚酞，当pH=9时即出现微红色，而同样条件下，加入10～15滴酚酞，则在pH=8时就出现微红色。

综上所述，在不影响变色灵敏度的条件下，指示剂的用量一般以少一点为佳。

（3）滴定程序　在实际滴定过程中，溶液由浅色变为深色时，肉眼的辨认比较敏感。例如，用碱滴定酸时，一般采用酚酞为指示剂，因为终点时，酚酞由无色变为红色，比较敏锐易于观察。当用酸滴定碱时，多采用甲基橙为指示剂，因为终点时，甲基橙由黄变橙红色，比较明显易于观察。

（4）溶剂　指示剂在不同溶剂中的pK_{HIn}是不同的，例如甲基橙在水溶液中的pK_{HIn}=3.4，在甲醇中为3.8。

九、酸碱滴定曲线和指示剂的选择

在酸碱滴定中，最重要的是待测物质能否被准确滴定，这就要求选择好使滴定终点与计量点尽量吻合的指示剂，滴定误差才可能最小。不同指示剂的变色范围不同，而指示剂的变色与溶液的pH有关，只有在计量点附近0.04mL酸或碱标准溶液引起的溶液pH变化范围内变色的指示剂，才能用来指示终点。为了表示滴定过程中溶液pH随滴定液体积而改变的变化规律，常以溶液的pH为纵坐标，所滴入滴定剂的物质的量或体积为横坐标作图，即可绘制滴定曲线（titration curve）。滴定曲线不仅在理论上解释滴定过程的pH变化规律，而且对指示剂的选择具有一定的指导意义。下面根据不同的酸碱滴定类型，分别讨论滴定过程中溶液pH的变化规律及指示剂的选择方法。

1.强碱与强酸的滴定

现以0.1000mol/L NaOH溶液滴定20.00mL 0.1000mol/L HCl溶液为例（如表2-6），讨论强酸强碱互相滴定时的滴定曲线和指示剂的选择。

表 2-6　用 0.1000mol/L NaOH 溶液滴定 20.00mL 0.1000mol/L HCl 溶液

滴入 V_{NaOH}/mL	中和百分数/%	剩余 V_{HCl}/mL	过量 V_{NaOH}/mL	pH
0.00	0.00	20.00	—	1.00
18.00	90.00	2.00	—	2.28
19.80	99.00	0.20	—	3.30
19.98	99.90	0.02	—	4.30
20.00	100.0	0.00	—	7.00
20.02	100.1	—	0.02	9.70
20.20	101.0	—	0.20	10.70
22.00	110.0	—	2.00	11.70
40.00	200.0	—	20.00	12.50

反应实质：　$H^+ + OH^- \longrightarrow H_2O$

为了计算整个滴定过程中 pH 的变化，可将整个滴定过程分为四个阶段进行。

① 滴定开始前：溶液的酸度取决于 HCl 的原始浓度。

$$[H^+]=c_{HCl}=0.1000\text{mol/L};\quad pH=1.00$$

② 滴定开始到化学计量点前：溶液的酸度取决于酸碱中和后，剩余盐酸的浓度。

设 HCl 的原始浓度为 c_{HCl}，体积为 V_{HCl}，加入的 NaOH 的浓度为 c_{NaOH}，体积为 V_{NaOH}

$$[H^+]=\frac{n_{剩余HCl}}{V_{溶液}}=\frac{c_{HCl}V_{HCl}-c_{NaOH}V_{NaOH}}{V_{溶液}}$$

当滴入 18.00mL NaOH 溶液时，溶液中

$$[H^+]=\frac{0.1000\times20.00-0.1000\times18.00}{20.00+18.00}=5.3\times10^{-3}(\text{mol/L})$$

$$pH=2.28$$

当滴入 19.80mL NaOH 溶液时，溶液中

$$pH=3.30$$

当滴入 19.98mL NaOH 溶液时，溶液中

$$pH=4.30$$

③ 化学计量点时　化学计量点时，NaOH 与 HCl 正好完全反应，溶液中存在 NaCl 和 H_2O，显中性。

④ 化学计量点后　溶液的酸度决定于过量 NaOH 浓度

$$[OH^-]=\frac{n_{剩余NaOH}}{V_{溶液}}=\frac{c_{NaOH}V_{NaOH}-c_{HCl}V_{HCl}}{V_{溶液}}$$

当滴入 NaOH 溶液 20.02mL 时，此时仅多滴入 0.02mL，相当于 0.1%的过量，

$$[OH^-]=\frac{0.1000\times20.02-0.1000\times20.00}{20.00+20.02}=5.0\times10^{-3}(mol/L)$$

$$pOH=4.30$$

$$pH=14.00-4.30=9.70$$

当滴入 NaOH 溶液 22.00mL 时，

$$pOH=2.32$$

$$pH=14.00-2.32=11.68$$

以加入的 NaOH 体积为横坐标，以溶液 pH 为纵坐标作图，就得到滴定曲线（图 2-1）。

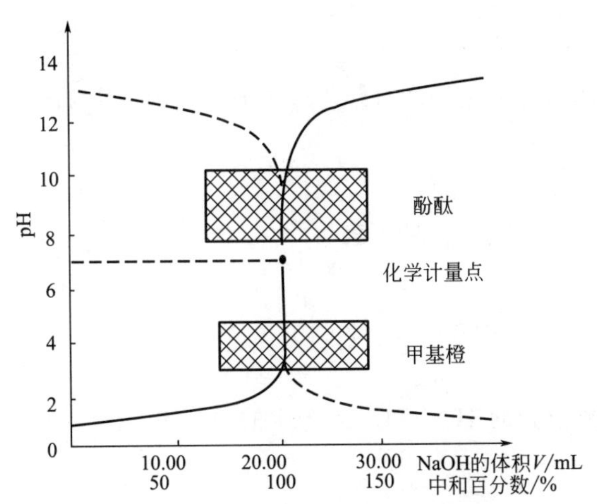

图 2-1　0.1000mol/L NaOH 溶液滴定 20.00mL 0.1000mol/L HCl 溶液的滴定曲线

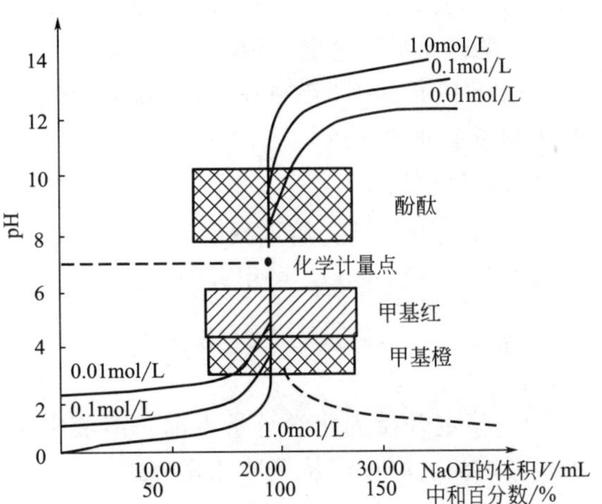

图 2-2　不同浓度 NaOH 溶液滴定不同浓度 HCl 溶液的滴定曲线

由表 2-6 和图 2-1 可见，从滴定开始到加入 19.80mLNaOH 溶液，其 pH 只改变了 2.3 个单位。以后再滴入 0.18mL（共 9.98mL）NaOH，其 pH 就改变了 1 个单位，变化速度显然加快了。继续滴入 0.02mL，约为半滴（共 20.00mL），正好是滴定的化学计量点，这时溶液的 pH 迅速增至 7.0。再滴加 0.02mLNaOH 溶液，pH 又极快地增到 9.7。显然，在化学计量点前后的变化速率为每滴 5.4 个 pH 单位，这是一个突跃过程。此后，过量的 NaOH 溶液引起的 pH 变化又越来越小，形成一个接近平台的线段，变化速率明显地减慢了。

滴定分析允许的相对误差应小于 0.1%。而 NaOH 的加入量从 19.98mL 到 20.02mL 所引起的滴定终点误差正好在此范围以内，溶液的 pH 却从 4.30 增加到 9.70，改变了 5.4 个单位，形成滴定曲线中的“突跃”部分，溶液由酸性变到碱性。这种在化学计量点附近加一滴标准溶液所引起 pH 的突变，称为滴定突跃。滴定突跃所在的 pH 范围称为滴定突跃范围。

在酸碱滴定中的指示剂不可能恰好在化学计量点时变色。为了减少滴定误差，指示剂的选择原则通常是：凡是变色范围全部或部分落在滴定突跃范围内的指示剂都可用来指示酸碱滴定的终点。对于 0.1000mol/L NaOH 溶液滴定 20.00mL 0.1000mol/L HCl 溶液，其突跃范围的 pH 为 4.3～9.70，所以酚酞、甲基红、甲基橙等都可作为该滴定的指示剂，但以甲基红和酚酞为最好。若以甲基橙为指示剂，必须滴定到甲基橙完全显碱式（黄色），才能保证滴定误差不超过 0.1%。

如果反过来改用 0.1000mol/L HCl 滴定 20.00mL 0.1000mol/L 的 NaOH 溶液，滴定曲线的形状相同，但开头位置相反，见图 2-2 中虚线部分。此时甲基红、酚酞、甲基橙均可作为该滴定的指示剂，但以甲基红作指示剂为最佳。

滴定突跃这一事实还说明当滴定接近化学计量点时，必须减慢滴定速度控制滴定量。以免超过终点，使滴定失败。

滴定突跃范围的大小还与酸碱溶液的浓度有关。通过计算，可以得到不同浓度的 NaOH 与 HCl 的滴定曲线，如图 2-2 所示，酸碱溶液浓度越大，滴定突跃范围也越大。但一般滴定时，标准溶液和待测溶液的浓度也要适当，否则会造成较大的滴定误差。通常要求标准溶液的浓度在 1～0.01mol/L 之间为宜。

2. 强碱（酸）滴定一元弱酸（弱碱）

以 0.1000mol/L NaOH 溶液滴定 20.00mL 0.1000mol/L HAc 溶液为例，来确定滴定曲线和指示剂的选择。

酸碱反应为：

$$HAc+OH^- \!=\!=\!= Ac^- + H_2O$$

① 滴定开始前：溶液酸度取决于 0.1000mol/L HAc 中的 $[H^+]$。

由于 $c/K_a \geqslant 500$，可用近似公式

$$[H^+]=\sqrt{K_a c}=\sqrt{1.76\times10^{-5}\times0.1000}=1.34\times10^{-3}$$

$$pH=2.87$$

② 滴定开始到化学计量点前：溶液中未被中和的 HAc 和反应产生的 Ac^- 组成缓冲体系，其溶液的酸度应从缓冲计算公式求出

$$pH=pK_a+\lg\frac{[Ac^-]}{[HAc]}$$

$$=pK_a+\lg\frac{c_{NaOH}V_{NaOH}}{c_{HAc}V_{HAc}-c_{NaOH}V_{NaOH}}$$

当滴入的 NaOH 为 18.00mL 时

$$pH=4.75+\lg\frac{18.00}{20.00-18.00}=5.7$$

同理计算滴入 NaOH 为 19.98mL 时，pH=7.74

③ 化学计量点时　NaOH 和 HAc 完全反应生成 NaAc 和水，按酸碱质子理论，NaAc 是一元弱碱。

$$Ac^- + H_2O \!=\!=\!= HAc+OH^-$$

$$K_b=\frac{K_w}{K_a^{HAc}}=5.68\times10^{-10}$$

$$\frac{c_{Ac^-}}{K_b}=\frac{0.05}{5.68\times10^{-10}}>500\text{，可用近似公式}$$

$$[OH^-]=\sqrt{K_b c_{Ac^-}}=\sqrt{5.68\times10^{-10}\times0.05}=5.3\times10^{-6}\ (mol/L)$$

$$pOH=5.28$$

$$pH=14-pOH=8.72$$

④ 化学计量点后　由于过量 NaOH 存在，抑制了 Ac^- 与 H_2O 的质子转移反应，此时溶液的 pH 取决于过量 NaOH 的浓度计算方法和强碱滴定强酸相同。溶液的 pH 取决于过量的 NaOH。

$$[OH^-]=\frac{n_{NaOH}-n_{HAc}}{V_{溶液}}=\frac{c_{NaOH}V_{NaOH}-c_{HAc}V_{HAc}}{V_{溶液}}$$

当滴入 NaOH 溶液 20.02mL 时，

$$[OH^-]=\frac{0.1000\times20.02-0.1000\times20.00}{20.00+20.02}=4.998\times10^{-5}\ (mol/L)$$

$$pOH=4.30$$

$$pH=14.00-4.30=9.70$$

pH 计算，结果列于表 2-7 中并以此绘制滴定曲线，如图 2-3 所示。

表 2-7 用 0.1000 mol/L NaOH 滴定 20.00mL 0.1000mol/L HAc

滴入 V_{NaOH}/mL	中和百分数/%	剩余 V_{HAc}/mL	过量 V_{NaOH}/mL	pH
0.00	0.00	20.00		2.87
18.00	90.00	2.00		5.70
19.80	99.00	0.20		6.73
19.98	99.90	0.02		7.74
20.00	100.0	0.00		8.72
20.02	100.1		0.02	9.70
20.20	101.0		0.20	10.70
22.00	110.0		2.00	11.70
40.00	200.0		20.00	12.50

比较 NaOH 滴定 HAc 和滴定 HCl 的滴定曲线可看出以下几点：

① 滴定开始前，HAc 的 pH 比 HCl 的 pH 大，这是由于 HAc 是弱电解质，不能完全电离，它的酸性没有 HCl 强。

② 滴定开始到化学计量点前 pH 的变化是：较快→很慢→很快地变化。这是由于滴定开始后，生成的 Ac^- 产生同离子效应抑制 HAc 的电离，$[H^+]$ 降低较快，pH 的增加也较快，随着滴定的进行，HAc 浓度不断降低，NaAc 不断生成，在一定范围内溶液形成 HAc-NaAc 缓冲体系，pH 增加缓慢，因而这一段的滴定曲线较平坦。在接近化学计量点时，剩余的 HAc 浓度已很低，溶液的缓冲作用显著减弱，若继续滴入 NaOH，溶液的 pH 发生突变，形成滴定突跃。

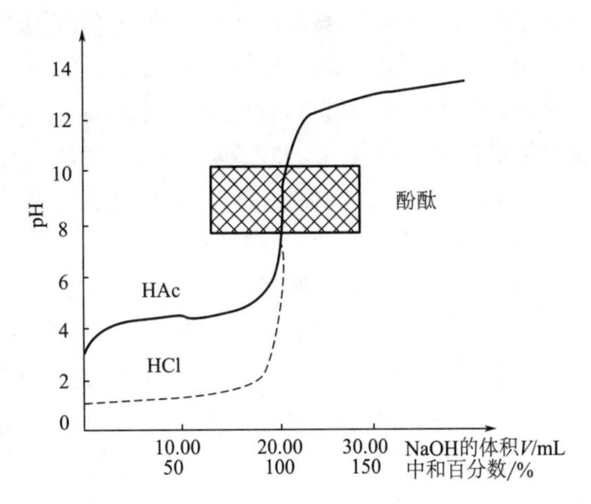

图 2-3 0.1000mol/L NaOH 溶液滴定 20.00mL 0.1000mol/L HAc 溶液的滴定曲线

③ 化学计量点时，由于滴定生成的产物是 NaAc，化学计量点在碱性区域，变色点溶液呈碱性。

④ 化学计量点以后两种滴定曲线情况一致。

⑤ NaOH 滴定 HAc 的突跃范围比滴定 HCl 的突跃范围要小得多，而且是在弱碱性区域内是 7.74～9.70，因而只能选择在碱性范围内变色指示剂如酚酞、百里酚蓝等。

在弱酸的滴定中，突跃范围的大小，除与溶液的浓度有关外，还与酸的强度有关。图 2-4 为 0.1000mol/L NaOH 滴定 20.00mL 0.1000mol/L 不同强度弱酸时的滴定曲线。

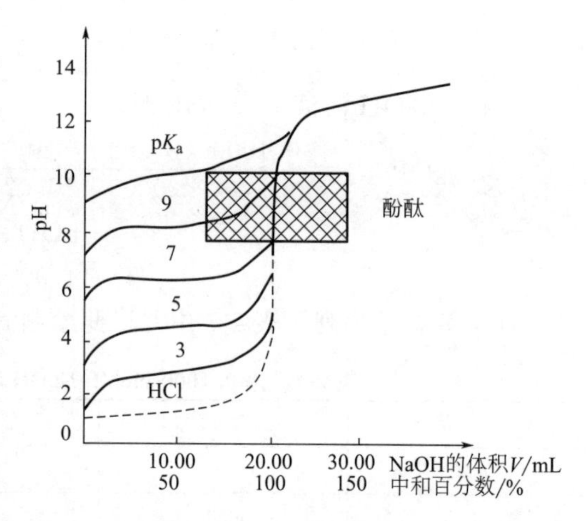

图 2-4 0.1000mol/L NaOH 滴定 20.00mL 不同强度 0.1000mol/L 一元弱酸溶液的滴定曲线

由图可知，当酸的 K_a 值一定时，浓度越大，滴定突跃越大；或浓度一定，K_a 越大时，滴定突跃越大。即 cK_a 积越大时，突跃范围越大。当浓度为 0.1mol/L，$K_a \leqslant 10^{-9}$ 时，已无明显突跃。实践证明，人眼借助指示剂准确判断终点，滴定的 pH 突跃必须在 0.3 单位以上。在这个条件下，分析结果的相对误差才小于±0.1%。因此，$cK_a \geqslant 10^{-8}$ 可作为判断弱酸能否被直接滴定的条件。

强酸滴定一元弱碱类型与强碱滴定一元弱酸类型很相似，不同的仅仅是溶液的 pH 是由大变小（pOH 由小到大），滴定曲线的形状正好相反。同时，由于滴定产物为强酸弱碱盐，在水中显弱酸性，故在化学计量点时溶液的 pH 落在偏酸区，滴定突跃在酸性范围内，故只能选择在酸性范围内变色的指示剂。与强碱和弱酸的滴定条件相似，只有当 $cK_b \geqslant 10^{-8}$ 时，才能对弱碱进行直接滴定。

由以上各类滴定曲线可知，用强碱（强酸）滴定强酸（强碱），其突跃范围较大，且在中性范围内，用强碱滴定弱酸时，在酸性范围内无突跃，用强酸滴定弱碱时，在碱性范围内无突跃。因此，用弱碱（或弱酸）滴定弱酸（或弱碱）时，无论在酸性区还是碱性区均不会出现突跃，不能由一般的酸碱指示剂来确定滴定终点。故在实际分析工作中，都用强碱或强酸作标准溶液，而不用弱酸或弱碱作滴定剂。

3. 多元酸（碱）和混合酸（碱）的滴定

多元酸（碱）大多为弱酸（碱），它们在水中的电离是分步进行的，因而与碱（酸）的中和也是分步进行的。例如，强碱滴定某二元弱酸时会有如下两步反应：

$$H_2B + OH^- \rightleftharpoons HB^- + H_2O \qquad K_{a1}$$

如果二元弱酸的 K_{a1} 与 K_{a2} 相差不大，在第一步反应尚未进行完全时，就开始了第二步反应。这样在滴定的第一个化学计量点附近就没有明显的 pH 突跃，终点难以确定；如果 K_{a1} 与 K_{a2} 相差较大，就能在第一步反应完全后，才开始了第二步反应。即可定量地进行第一步滴定。因此，在讨论多元酸（碱）的滴定时，首先问题是能否被分步；其次是如果能被分步滴定，如何选择合适的指示剂来确定滴定终点。

依据一般多元弱酸滴定分析允许误差（0.1%）可推知：

（1）酸（碱）的浓度和某一级电离常数之积满足 $cK_a \geqslant 10^{-8}$（$cK_b \geqslant 10^{-8}$），则有明显的突跃，这一级电离的 H^+（OH^-）可以被滴定。

（2）若相邻两个电离常数满足 $K_{a1}/K_{a2} \geqslant 10^4$（$K_{b1}/K_{b2} \geqslant 10^4$）时，则第一级电离的 H^+（OH^-）先被滴定，形成第一个突跃。第二级电离的 H^+（OH^-）能否被准确滴定，则决定于 $cK_{a2} \geqslant 10^{-8}$（$cK_{b2} \geqslant 10^{-8}$）是否满足。多元弱酸的第二步、第三步离解能否分步滴定也可依此条件推断。

(3) 当相邻两个电离常数不满足 $K_{a1}/K_{a2} \geqslant 10^4$ ($K_{b1}/K_{b2} \geqslant 10^4$) 时，滴定时的两个突跃将混在一起，只形成一个滴定突跃，测定的是总酸（碱）度。不能进行分步滴定。

多元弱酸（碱）的滴定曲线计算比较复杂，通常是用 pH 计记录滴定过程中 pH 的变化，可以直接测得其滴定曲线。在实际工作中，为了选择指示剂，通常只需要计算化学计量点时的 pH，然后选择在此 pH 附近变色的指示剂（即变色点接近化学计量点 pH）指示滴定终点。

例如，用 0.1000mol/L 的 NaOH 溶液滴定 0.1000mol/L H_3PO_4 溶液，H_3PO_4 中存在的平衡：

$$H_3PO_4 \rightleftharpoons H^+ + H_2PO_4^- \qquad K_{a1}=7.5\times10^{-3}$$

$$H_2PO_4^- \rightleftharpoons H^+ + HPO_4^{2-} \qquad K_{a2}=6.3\times10^{-8}$$

$$HPO_4^{2-} \rightleftharpoons H^+ + PO_4^{3-} \qquad K_{a3}=4.4\times10^{-13}$$

$(K_{a1}/K_{a2}) > 10^4$，　　第一、二步反应能分步滴定

$cK_{a1} \geqslant 10^{-8}$，　　第一步滴定有突跃

$cK_{a2} \geqslant 10^{-8}$，　　第二步滴定有突跃

$cK_{a3} \leqslant 10^{-8}$，　　第三步滴定无突跃

滴定反应：　第一步　$H_3PO_4 + NaOH = NaH_2PO_4 + H_2O$

　　　　　　第二步　$NaH_2PO_4 + NaOH = Na_2HPO_4 + H_2O$

第一计量点时：溶液的酸度取决于生成的 $H_2PO_4^-$

$$[H^+]=\sqrt{K_{a1}K_{a2}}$$

$$pH=\frac{1}{2}(pK_{a1}+pK_{a2})=\frac{1}{2}\times(2.12+7.21)=4.66$$

第一个化学计量点在酸性范围内，可选用甲基橙作指示剂。

第二计量点时：溶液的酸度取决于 HPO_4^{2-}，它的碱性极弱，水的电离就不能忽略，其 pH 可按下式计算

$$[H^+]=\left(\frac{K_{a2}\ (c_{HPO_4^{2-}}K_{a3}+K_w)}{c_{NPO_4^{2-}}}\right)^{\frac{1}{2}}$$

$$=\left(\frac{6.3\times10^{-8}\times\ (0.033\times4.4\times10^{-13}+1.0\times10^{-14})}{0.033}\right)^{\frac{1}{2}}=2.2\times10^{-10}\ (mol/L)$$

$$pH=9.66$$

第二个化学计量点在碱性范围内，可选用酚酞或百里酚酞作指示剂。

第三计量点时，由于 $cK_{a3} \leqslant 10^{-8}$，滴定突跃很小，无法确定滴定终点，故不能直接滴定。

要注意在其滴定过程中 H_2CO_3 分解缓慢，易形成 CO_2 的过饱和溶液，使滴定终点提前。因此一般在滴定近终点时，先加热煮沸除去 CO_2，冷却后再滴定至终点。

同样，可把分步电离常数相差很大的多元酸的滴定，可以看作是不同强度一元混合酸的滴定。

十、酸碱滴定法应用示例

凡能与酸、碱直接或间接发生定量化学反应的物质都可用酸碱滴定法进行测定。因此，

酸碱滴定法在生产和科研中应用很广泛。现按滴定方式的不同分为直接滴定法和间接滴定法分别介绍。

1.直接滴定法

（1）各种强酸、强碱都可以用标准碱溶液或标准酸溶液直接进行滴定。

（2）无机弱酸或弱碱及能溶于水的有机弱酸或弱碱，只要其浓度和离解常数的乘积满足 $cK_a \geqslant 10^{-8}$ 或 $cK_b \geqslant 10^{-8}$，都可以用标准碱溶液或标准酸溶液直接滴定。但进行滴定时应注意选择合适的酸碱指示剂。

（3）多元弱酸，如果其 $cK_{a1} \geqslant 10^{-8}$，$cK_{a2} \geqslant 10^{-8}$，同时 $K_{a1}/K_{a2} \geqslant 10^4$ 也满足，就可用标准碱溶液进行分步滴定；多元弱碱的 $cK_{b1} \geqslant 10^{-8}$，$cK_{b2} \geqslant 10^{-8}$，同时 $K_{b1}/K_{b2} \geqslant 10^4$ 也满足，则也可用标准酸溶液进行分步滴定。进行多元弱酸或多元弱碱滴定时也应注意指示剂的选择。

例如，药用的 NaOH 易吸收空气中的 CO_2，部分变成 Na_2CO_3，形成 NaOH 和 Na_2CO_3 混合碱，现介绍一种双指示剂法来分别测定混合碱中 NaOH 和 Na_2CO_3 的含量。

在 NaOH 溶液中先加入酚酞指示剂，用标准 HCl 溶液滴定到红色刚好褪去，这时全部 NaOH 被中和，而 Na_2CO_3 只被中和到 $NaHCO_3$，即被中和到一半，设共用去 HCl 的体积为 V_1；然后加入甲基橙指示剂，继续用 HCl 滴定到溶液由黄色变为橙色，此时 $NaHCO_3$ 继续被中和成 CO_2，设用去 HCl 体积为 V_2。

根据滴定体积的关系可以看出，消耗 Na_2CO_3 的体积为 $2V_2$，而消耗 NaOH 的体积为 V_1-V_2，NaOH 和 Na_2CO_3 百分含量的计算如下（m_S 为样品质量）：

$$w_{NaOH}=\frac{c_{HCl}(V_1-V_2)M_{NaOH}\times 10^{-3}}{m_S}\times 100\%$$

$$w_{Na_2CO_3}=\frac{c_{HCl}V_2M_{Na_2CO_3}\times 10^{-3}}{m_S}\times 100\%$$

2.返滴法

有些物质虽具有酸碱性，但易挥发或难溶于水，某些反应速率较慢需加热或直接滴定找不到指示剂都可用返滴定法。返滴法是指在被测物质的溶液中，先加入一种过量的准确浓度的试液，待反应完全后，再用另一种标准溶液回滴的方法。

［例 2-5］ 称取 2.500g 石灰石试样溶于 50.00mL 的 $c_{HCl}=1.000mol/L$ 溶液中，充分反应后，用 $c_{NaOH}=0.1000mol/L$ NaOH 标准溶液滴定反应剩余的 HCl，消耗 NaOH 溶液 30.00mL。计算试样中 $CaCO_3$ 的含量。

解：

$$CaCO_3 + 2HCl \xlongequal{} CaCl_2 + CO_2\uparrow + H_2O$$

$$(\text{剩余})\ HCl + NaOH \xlongequal{} NaCl + H_2O$$

含 $CaCO_3$ 的量：$\frac{1}{2}(c_{HCl}V_{HCl}-c_{NaOH}V_{NaOH})M_{CaCO_3}$

$$w_{CaCO_3}=\frac{\frac{1}{2}(c_{HCl}V_{HCl}-c_{NaOH}V_{NaOH})M_{CaCO_3}}{m_{试样}}\times 100\%$$

$$=\frac{(1.0000\times 50.00-0.1000\times 30.00)\times 10^{-3}\times 100.08}{2\times 2500}\times 100\%$$

$$=94.08\%$$

3.间接滴定法

有些物质虽是酸或碱，但因其 $cK_a<10^{-8}$ 或 $cK_b<10^{-8}$，不能用碱或酸标准溶液直接滴定，如 H_3BO_3、NH_4Cl 等；还有些物质虽然本身不是碱或酸（如 SiO_2、矿石和钢中的P)，但是经过某些化学处理后能产生一定量的酸或碱，都可用间接法进行滴定。

例如，土壤及肥料中常常需要测定氮的含量，有机化合物也要求测定其中氮的含量，所以氮的测定在工农业生产中有着重要的意义。通常是将试样经适当的化学处理后，可使各种含氮化合物中的氮转化为铵盐（NH_4^+），然后再进行铵的测定。由于 NH_4^+ 的酸性太弱（$K_a=5.6\times10^{-10}$），不能用标准碱溶液直接滴定。常用的测定方法有两种。

（1）蒸馏法　把铵盐试样放入蒸馏瓶中，加入过量的NaOH使 NH_4^+ 转化为 NH_3，然后加热蒸馏，蒸出的 NH_3 用过量的HCl标准溶液吸收，然后再以NaOH标准溶液返滴过量的HCl。

蒸馏反应　$NH_4^+ + OH^- = NH_3 + H_2O$

吸收反应　HCl（过量）$+ NH_3 = NH_4Cl$

滴定反应　HCl（剩余量）$+$ NaOH $=$ NaCl $+ H_2O$

虽然用NaOH溶液滴定过量HCl，生成的产物是NaCl和 H_2O，但溶液中还有用HCl吸收 NH_3 时生成的 NH_4^+，从上节可知化学计量点时溶液 pH＝5.28（假定 $c_{NH_4^+}=0.05mol/L$），可选用甲基红作指示剂。

（2）甲醛法　利用甲醛与铵盐反应生成 H^+ 和六亚甲基四胺（$K_a=7.1\times10^{-6}$）和 H_2O。

$$4NH_4^+ + 6HCHO = (CH_2)_6N_4H^+ + 3H^+ + 6H_2O$$

然后用标准碱溶液滴定。由于 $(CH_2)_6N_4H^+$ 是一种有机弱酸，在化学计量点时，溶液显微弱碱性，因此需用酚酞作指示剂。

任务一 NaOH标准溶液的配制及标定

知识链接

一、滴定液

（一）滴定液浓度的表示方法

《中华人民共和国药典》规定滴定液的浓度用物质的量浓度和滴定度两种浓度表示。物质的量浓度用符号 c_B 表示，单位用mol/L。用滴定度表示滴定液的浓度在药物分析中应用较广泛。滴定度是指每毫升滴定液相当于被测物质的质量，符号用 $T_{T/B}$ 表示，其中右下角标中的T表示滴定液的分子式，B表示被测物质的分子式。滴定度与被测物质质量的关系式为：

$$m_B = T_{T/B} V_T$$

式中，m_B 为被测物质B的质量，单位为g；V_T 为滴定液T的体积，单位为mL；$T_{T/B}$ 即为每毫升T滴定液相当于被测物质B的质量，其单位为g/mL。在分析工作中用滴定度表示滴定液的浓度既简便又直观。

［**例2-6**］ 已知 $T_{HCl/NaOH}=0.004000$g/mL，用该浓度的盐酸滴定液测定NaOH溶液的质量，滴定终点时消耗HCl滴定液为20.00mL，计算被测溶液中NaOH的质量。

解： $m_{NaOH} = T_{HCl/NaOH} V_{HCl}$

$= 0.004000 \times 20.00 = 0.08000$（g）

答： 被测溶液中NaOH的质量为0.08000g。

（二）滴定液的配制与标定方法

1.滴定液的配制

（1）直接配制法　能用于直接配制滴定液的物质一般为基准物质，基准物质必须符合下列条件：

① 物质的组成要与化学式完全符合，若含结晶水，其数目也应与化学式符合，如硼砂 $Na_2B_4O_7 \cdot 10H_2O$ 等。

② 物质的纯度要高，质量分数不低于0.999。

③ 物质的性质要稳定，应不分解、不潮解、不风化、不吸收空气中的二氧化碳和水、不被空气中的氧氧化等。

④ 物质的摩尔质量要尽可能大，以减小称量误差。直接配制法是准确称取一定量的基准物质，用适当的溶剂溶解后，定量转移至容量瓶中，稀释至刻线，根据基准物质的质量和溶液的体积，即可计算出滴定液的准确浓度。

（2）间接配制法　如果所配制的物质不符合基准物质的条件，那么只能采用间接配制法配制。

间接配制方法是先将物质配成所需浓度的近似浓度溶液，再用基准物质或另一种滴定液来确定该溶液的准确浓度。

思考题：下列物质可采用哪种方法配制滴定液，为什么？

①HCl　　②NaOH　　③EDTA

2.滴定液的标定

利用基准物质或已知准确浓度的溶液来确定另一种滴定液浓度的过程称为标定。常用的标定方法有下面两种。

（1）基准物质标定法

① 多次称量法：精密称取若干份同样的基准物质，分别溶于适量的水中，然后用待标定的溶液滴定，根据基准物质的质量和待标定溶液所消耗的体积，即可计算出该溶液的准确浓度，最后取平均值作为滴定液的浓度。

② 移液管法：精密称取一份基准物质置于小烧杯中，溶解后，定量转移到容量瓶中，稀释至刻度，摇匀。用移液管准确吸取3～4份该溶液转移置锥形瓶中，分别用待标定的滴定液滴定，根据基准物质溶液浓度和待标定溶液所消耗的体积，即可计算出该溶液的准确浓度，最后取其平均值。

（2）比较法标定　准确吸取一定体积的待标定溶液，用已知准确浓度的某滴定液滴定，或准确吸取一定体积的某滴定液，用待标定的溶液进行滴定，根据两种溶液消耗的体积及滴定液的浓度，可计算出待标定溶液的准确浓度。这种用滴定液来测定待测溶液准确浓度的操作过程称为比较法标定。此方法虽然不如基准物质标定法精确，但简便易行。

以上各类标定，一般要求平行测定3～5次，标定好的标准溶液要盖紧瓶盖，贴好标签，妥善保存，备用。

二、滴定分析的计算

在滴定分析中设B为被测物质，T为滴定液，其滴定反应可用下式表示：

$$bB + tT = cC + dD$$

（被测物）（滴定液）（生成物）

当滴定达到化学计量点时，t mol T物质恰好与b mol B物质完全反应，即被测物质（B）与滴定液（T）的摩尔比等于各物质的系数之比：

$$\frac{n_T}{n_B} = \frac{t}{b}$$

即：

$$n_B = \frac{b}{t} n_T$$

若被测物质溶液的体积为V_B，浓度为c_B，到达化学计量点时，用去滴定液浓度为c_T，体积为V_T，可得到：

$$c_B V_B = \frac{b}{t} c_T V_T$$

若被测物质为固体物质（质量为m_B），到达化学计量点时与滴定液浓度c_T和体积V_T之间的关系，由可得：

$$\frac{m_B}{M_B} = \frac{b}{t} c_T V_T$$

同理，若基准物质质量为m_T，到达化学计量点时与被测液浓度c_B和体积V_B之间的关系，则又可得：

$$\frac{m_T}{M_T} = \frac{t}{b} c_B V_B$$

任务实施

【目的】

1. 掌握NaOH标准溶液的配制及标定方法；
2. 会用指示剂判断终点；
3. 掌握称量和滴定操作。

【原理】

1. NaOH溶液的配制

NaOH具有强吸湿性，也容易吸收空气中的CO_2，常含有Na_2CO_3。因此，NaOH标准溶液只能用间接法配制。为了避免CO_2的影响，还需配制不含CO_3^{2-}的NaOH溶液。

配制不含CO_3^{2-}的NaOH溶液常用的方法是将NaOH制成饱和溶液（浓度为18mol/L）。

在这种溶液中 Na_2CO_3 几乎不溶解而沉淀下来。吸取上层清液，用无 CO_2 的蒸馏水稀释至所需要的浓度。

当少量 Na_2CO_3 存在对测定影响不大时，可称取比需要量稍多的固体 NaOH，用少量水迅速洗涤 2～3 次，以洗去表面的 Na_2CO_3，倾去洗涤水，配制成近似浓度的溶液，然后用基准物质进行标定，以获得准确浓度。

标定 NaOH 溶液的基准物质有邻苯二甲酸氢钾和草酸等。也可以用标准酸溶液标定。

2. 用邻苯二甲酸氢钾（$KHC_8H_4O_4$）标定

邻苯二甲酸氢钾易得纯品，在空气中不吸水，容易保存。它与 NaOH 反应时的摩尔比为 1∶1，其摩尔质量较大（204.22g/mol），可相对降低称量误差，因此是标定碱标准溶液较好的基准物质。标定反应如下：

$$C_6H_4(COOH)(COOK) + NaOH = C_6H_4(COONa)(COOK) + H_2O$$

化学计量点时生成的弱酸强碱盐水解，溶液为碱性，溶液的 pH≈9.1，可选用酚酞作指示剂。滴定到溶液由无色变为微红色，30s 不褪色即为终点。

邻苯二甲酸氢钾通常于 100～125℃时干燥 2h 备用。干燥温度超过此范围时，则脱水而变为邻苯二甲酸酐，引起误差，无法准备标定 NaOH 溶液浓度。

【仪器和药品】

1. 试剂

① 邻苯二甲酸氢钾（G. R. 级）（基准试剂）；

② 酚酞指示剂（10g/L 乙醇溶液）（pH=8.2～10.0）；

③ 固体 NaOH（A. R.）。

2. 仪器

① 250mL 锥形瓶（3 个）；

② 50mL 碱式滴定管（酸碱通用管）；

③ 电子天平；

④ 烧杯；

⑤ 容量瓶（500mL）。

【步骤】

1. 0.1mol/L NaOH 标准溶液的配制（500mL）

① 称量：称量固体 NaOH 2.2g 分析纯的固体 NaOH 放入小烧杯中。

② 溶解：用蒸馏水溶解 NaOH。

③ 转移：将溶解的 NaOH 溶液用玻璃棒引流转移到 500mL 的容量瓶中。

④ 定容：在容量瓶中加入蒸馏水并稀释到 500mL，瓶口用橡皮塞塞紧，摇匀，贴上标签，待测定。

2. 标定

① 准确称取邻苯二甲酸氢钾 0.5～0.6g，分别置于已编号的 250mL 锥形瓶中；

② 加 50mL 无 CO_2 蒸馏水溶解，加 2 滴酚酞；

③ 用 NaOH 标液滴定，终点由无色变淡红色；且 30s 不褪色即为终点；

④ 记录消耗的 NaOH 溶液的体积 V_{NaOH}，用同样的方法平行做四次试验，同时做一个空白试验。

【数据记录与处理】

1. 数据记录

基准试剂名称：　　　　　　　　　　　　室温：

项目＼次数		1	2	3	4
基准试剂质量 m/g					
标准溶液读数	终读数/mL				
	初读数/mL				
	净读数/mL				
滴定管校正值/mL					
温度校正值/mL					
标液实际用量 V_1/mL					
空白试验 V_0/mL					
c_{NaOH}/(mol/L)					
$\overline{c_{NaOH}}$/(mol/L)					
相对极差/%					
相对平均偏差/%					

2. 计算公式

$$c_{NaOH}=\frac{m\times 1000}{(V_1-V_0)\times 204.22}\ (\mathrm{mol/L})$$

式中　m——基准试剂质量，g；

V_1——标液实际用体积，mL；

V_0——空白试验中标液所用体积，mL；

【任务训练】

1. 为什么氢氧化钠溶液不能用直接配制法配制？

2. 容量瓶的使用需要注意哪些问题？

3. 用分析天平称量的方法有哪几种？固定称量法和减量法各有何优缺点？在什么情况下选用这两种方法？

任务二

食醋中醋酸含量的测定

任务实施

【目的】

1. 熟练掌握滴定管、容量瓶、移液管的使用方法和滴定操作技术；

2. 熟悉强碱滴定弱酸的反应原理及指示剂的选择；

3.掌握食醋总酸度测定的原理和方法。

【原理】

食醋的主要成分是HAc，此外还含有少量其他弱酸如乳酸等，以酚酞作指示剂，用NaOH标准溶液滴定，测得的是总酸度。其反应如下：

$HAc + NaOH = NaAc + H_2O$　　弱碱性（pH=8.72）

当用0.1mol/L的NaOH溶液滴定时，突跃范围约为pH=7.7～9.7。

凡是变色范围全部或部分落在滴定的突跃范围之内的指示剂，都可用来指示终点。

指示剂：酚酞　　终点：无色→微红色（30s内不褪色）

【仪器和药品】

1.试剂

① 0.1mol/LNaOH溶液（已标定）；

② 酚酞指示剂（10g/L乙醇溶液）；

③ 食用白醋样品。

2.仪器：

① 250mL锥形瓶；

② 50mL碱式滴定管（酸碱通用管）；

③ 电子天平；

④ 烧杯；

⑤ 量筒；

⑥ 容量瓶；

⑦ 移液管。

【步骤】

1.吸取30.00mL食醋试液于250mL容量瓶中，用无CO_2蒸馏水稀释，定容至刻度，摇匀，备用。

2.用移液管吸取25.00稀释液于250mL锥形瓶中，加25mL蒸馏水，加2滴酚酞指示剂。

3.用0.1mol/LNaOH标准溶液滴定至溶液刚好呈淡红色（30s内不褪色）。

4.记录V_{NaOH}，平行做三次试验。

【数据记录与处理】

1.数据记录

基准试剂名称：　　　　　　　　室温：

项目＼次数		1	2	3	4
V_s/mL					
标准溶液读数	终读数/mL				
	初读数/mL				
	净读数/mL				
滴定管校正值/mL					
温度校正值/mL					
标液实际用量V_1/mL					
空白试验V_0/mL					

续表

项目＼次数	1	2	3	4
ρ_{HAc}/(g/L)				
$\overline{\rho_{HAc}}$/(g/L)				
相对极差/%				
相对平均偏差/ %				

2.计算公式

$$\rho_{HAc}=\frac{c_{NaOH}V_{NaOH}M_{HAc}}{V_s\times\frac{25.00}{250.00}}\ (g/L)$$

式中　ρ_{HAc}——食醋的质量浓度，g/L；

c_{NaOH}——NaOH 浓度，mol/L；

V_{NaOH}——消耗 NaOH 标准溶液体积，mL；

M_{HAc}——食醋的摩尔质量，60.05g/mol；

V_s——食醋原试样的体积，mL。

【任务训练】

1.简述移液管的使用方法及使用过程中的注意事项。

2.滴定管在装入标准溶液前需用此溶液润洗内壁 2～3 次，为什么？用于滴定的锥形瓶或者烧杯是否需要干燥？是否需要用标准溶液润洗？为什么？

项目三

工业片碱分析

片碱是工业上用电解饱和 NaCl 溶液的方法来制取 NaOH，同时还生产的产品有 Cl_2 和 H_2，以它们为原料生产一系列化工产品，称为氯碱工业。氯碱工业是最基本的化学工业之一，它的产品除应用于化学工业本身外，还广泛应用于农业、石油化工、轻工、纺织、建材、电力、冶金、国防军工、食品加工等国民经济各部门，据有关部门测算，1 万吨氯碱产品所带动的一次性经济产值在 10 亿元以上。我国是世界氯碱生产大国，一直将主要氯碱产品产量及经济指标作为我国国民经济统计和考核的重要指标。随着国民经济的不断发展，氯碱企业将不断满足各行业对氯碱产品的需求，更有力地推动了相关产业的发展，促进国家现代化建设事业的发展。

工业上对片碱成分分析最常用的方法是酸碱滴定法。

任务一 HCl 标准溶液的配制及标定

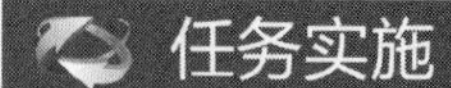

任务实施

【目的】

1.掌握盐酸标准溶液的配制和标定方法；

2.掌握称量、粗配溶液和滴定等操作方法；

3.正确判断甲基橙指示剂的滴定终点。

【原理】

由于浓盐酸容易挥发，不能用它们来直接配制具有准确浓度的标准溶液，因此，配制 HCl 标准溶液时，只能用间接法配制。常用于标定 HCl 溶液的基准物质是无水碳酸钠和硼砂。本实验采用无水碳酸钠作基准物质进行标定。

滴定反应式：

$$Na_2CO_3 + 2HCl \xlongequal{} 2NaCl + CO_2\uparrow + H_2O$$

化学计量点：pH≈3.9。

指示剂：甲基橙 3.1～4.4。

终点颜色：由黄色变为橙色。

盐酸溶液间接法配制步骤：

（1）粗配溶液（只能先配制成近似浓度的溶液）；

（2）基准物质标定粗配溶液或用另一已知准确浓度的标准溶液来标定粗配溶液。

【仪器和药品】

1. 试剂

无水碳酸钠，浓 HCl，甲基橙。

2. 仪器

① 250mL 锥形瓶；

② 50mL 碱式滴定管（酸碱通用管）；

③ 电子天平；

④ 试剂瓶；

⑤ 量筒；

⑥ 称量瓶。

【步骤】

1. 0.1mol/L HCl 溶液的配制

用洁净的量筒量取浓盐酸约 9mL，注入 1000mL 带玻璃塞的洁净试剂瓶中，用蒸馏水稀释至刻度，摇匀，备用。

2. 0.1mol/LHCl 溶液的标定

① 准确称取 0.15～0.17g（称准至 0.0001g）无水碳酸钠于锥形瓶中；

② 加水 50mL 溶解，再加 2 滴甲基橙指示剂；

③ 用盐酸溶液滴定，终点由黄色变橙色；

④ 记录 V_{HCl}，平行测定 4 次，同时做一个空白试验。

【数据记录与处理】

1. 数据记录

基准试剂名称：　　　　　　　　　　　室温：

项目＼次数		1	2	3	4
基准试剂质量 m/g					
标准溶液读数	终读数/mL				
	初读数/mL				
	净读数/mL				
滴定管校正值/mL					
温度校正值/mL					
标液实际用量 V_1/mL					
空白试验 V_0/mL					
c_{HCl}/(mol/L)					

续表

项目 \ 次数	1	2	3	4
$\overline{c_{HCl}}$/(mol/L)				
相对极差/%				
相对平均偏差/%				

2. 计算公式

$$c_{HCl}=\frac{m\times 1000}{(V_1-V_0)\times 52.994}(mol/L)$$

式中　m——基准试剂质量，g；

V_1——标液实际用体积，mL；

V_0——空白试验中标液所用体积，mL。

【任务训练】

1. 标定 0.1mol/L HCl 时，称取无水碳酸钠的质量为 0.15g 左右，此称量范围的依据是什么？

2. 实验所用基准物质未烘干，对标定结果有何影响？

3. 实验中所用的锥形瓶是否要烘干？为什么？

4. 溶解无水碳酸钠时加去离子水 50mL，此体积是否要很准确，为什么？

任务二　工业片碱主要组分含量的测定

任务实施

【目的】

1. 掌握盐酸标准溶液的配制和标定方法；

2. 掌握称量、粗配溶液和滴定等操作方法；

3. 正确判断甲基橙指示剂的滴定终点。

【原理】

混合碱是 Na_2CO_3 与 NaOH 或 Na_2CO_3 与 $NaHCO_3$ 的混合物。可采用双指示剂法进行分析，测定各组分的含量。

在混合碱的试液中加入酚酞指示剂用 HCl 标准溶液滴定至溶液呈微红色。此时试液中所含 NaOH 完全被中和。Na_2CO_3 也被滴定成 $NaHCO_3$。此时是第一个化学计量点，pH=8.31，反应方程式如下：

$NaOH+HCl = NaCl+H_2O$　　$Na_2CO_3+HCl = NaHCO_3+NaCl$

设滴定体积 V_1mL，再加入甲基橙指示剂，继续用 HCl 标准溶液滴定至溶液由黄色变为橙色即为终点，此时 $NaHCO_3$ 被中和成 H_2CO_3，此时是第二个化学计量点，pH=3.88，反应方程式如下：

$$NaHCO_3 + HCl \longrightarrow NaCl + CO_2 \uparrow + H_2O$$

设此时消耗 HCl 标准溶液的体积为 V_2 mL，根据 V_1 和 V_2 可以判断出混合碱的组成。

当 $V_1 > V_2$ 时，试液为 Na_2CO_3 与 NaOH 的混合物。

当 $V_1 < V_2$ 时，试液为 Na_2CO_3 与 $NaHCO_3$ 的混合物。

【仪器和药品】

1. 试剂

① 酚酞（1%酚酞的酒精溶液，溶解 1g 酚酞于 90mL 乙醇及 10mL 水中）；

② 甲基橙（0.1%甲基橙的水溶液，溶解 1g 甲基橙于 1000mL 热水中）；

③ Na_2CO_3 基准物质；

④ 混合碱；

⑤HCl（12mol/L）。

2. 仪器

① 250mL 锥形瓶；

② 50mL 碱式滴定管（酸碱通用管）；

③ 电子天平；

④ 试剂瓶；

⑤ 量筒；

⑥ 称量瓶。

【步骤】

（1）在分析天平上准确称取 1.5～2.0g 混合碱样于小烧杯中，加入少量新煮沸的冷蒸馏水使其溶解。

（2）定量转移至 250mL 的容量瓶中，加水稀释至刻度线，摇匀。

（3）用 25.00mL 移液管移取 25.00mL 溶液于锥形瓶中，加 2～3 滴酚酞，以 HCl 标准溶液滴定至红色几乎褪为无色，为第一终点，记下 HCl 标准溶液体积 V_1。再加入 2 滴甲基橙，继续用 HCl 标准溶液滴定，液体由黄色恰变橙色，为第二终点，记下 HCl 标准溶液体积 V_2。平行测定三次。根据 V_1、V_2 的大小判断混合物的组成，并计算各组分的含量，当 $V_1 > V_2$ 时，试液为 NaOH 和 Na_2CO_3 的混合物，NaOH 和 Na_2CO_3 的含量可由下式计算：

$$w_{NaOH} = \frac{c\ (V_1 - V_2)\ \frac{M_{NaOH}}{1000}}{m \times \frac{25.00}{250.00}} \times 100\%$$

$$w_{Na_2CO_3} = \frac{c \times 2V_2 \times \frac{1}{2}\frac{M_{Na_2CO_3}}{1000}}{m \times \frac{25.00}{250.00}} \times 100\%$$

当 $V_1 < V_2$ 时，试液为 Na_2CO_3 和 $NaHCO_3$ 的混合物，NaOH 和 Na_2CO_3 的含量可由下式计算：

$$w_{Na_2CO_3} = \frac{c \times 2V_1 \times \frac{1}{2}\frac{M_{Na_2CO_3}}{1000}}{m_s \times \frac{25.00}{250.00}} \times 100\%$$

$$w_{NaHCO_3}=\frac{c\ (V_2-V_1)\ \times\frac{M_{NaHCO_3}}{1000}\times 100\%}{m_s\times\frac{25.00}{250.00}}$$

【数据记录与处理】

基准试剂名称： 室温：

项目＼次数			1	2	3	4
基准试剂质量 m/g						
标准溶液读数	第一化学计量点	终读数/mL				
		初读数/mL				
		净读数/mL				
	第二化学计量点	终读数/mL				
		初读数/mL				
		净读数/mL				
滴定管校正值/mL						
温度校正值/mL						
标液实际用量	V_1/mL					
	V_2/mL					
$w_{Na_2CO_3}$/%						
$\overline{w_{Na_2CO_3}}$/%						
相对平均偏差/%						
w_{NaOH}/%						
$\overline{w_{NaOH}}$/%						
相对平均偏差/%						

【任务训练】

1.双指示剂法测定混合碱的原理和方法是什么？

2.有一碱液，可能为 Na_2CO_3、NaOH、$NaHCO_3$ 三种溶液中的一种活多种物质的混合溶液。用标准强酸溶液滴定至酚酞终点时，耗去酸 V_1。继以甲基橙为指示剂滴定至终点时又耗去酸 V_2，根据 V_1 和 V_2 的关系判断该碱液的组成。

关系	组成
$V_1>V_2$	
$V_1<V_2$	
$V_1=V_2$	
$V_1=0,V_2>0$	
$V_1>0,V_2=0$	

任务三
铵盐中氮含量的测定——甲醛法

【目的】

1. 进一步熟练掌握容量分析常用仪器的操作方法和酸碱指示剂的选择原理。

2. 掌握用 $KHC_8H_4O_4$ 标定 NaOH 标准溶液的过程及反应机理。

3. 了解把弱酸强化为可用酸碱滴定法直接滴定的强酸的方法。

4. 掌握用甲醛法测铵态氮的原理和方法。

【原理】

1. 铵盐中氮含量的测定

硫酸铵是常用的氮肥之一，是强酸弱碱的盐，可用酸碱滴定法测定其含氮量。但由于 NH_4^+ 的酸性太弱（$K_a=5.6\times10^{-10}$），不能直接用 NaOH 标准溶液准确滴定，生产和实验室中广泛采用甲醛法进行测定。

将甲醛与一定量的铵盐作用，生成相当量的酸（H^+）和质子化的六亚甲基四铵盐（$K_a=7.1\times10^{-6}$），反应如下：

$$4NH_4^+ + 6HCHO \longrightarrow (CH_2)_6N_4H^+ + 3H^+ + 6H_2O$$

生成的 H^+ 和质子化的六亚甲基四胺（$K_a=7.1\times10^{-6}$），均可被 NaOH 标准溶液准确滴定（弱酸 NH_4^+ 被强化）。

$$(CH_2)_6N_4H^+ + 3H^+ + 4NaOH \longrightarrow 4H_2O + (CH_2)_6N_4 + 4Na^+$$

4mol NH_4^+ 相当于 4mol 的 H^+ 相当于 4mol 的 OH^- 相当于 4mol 的 N。所以氮与 NaOH 的化学计量数比为 1。

化学计量点时溶液呈弱碱性（六亚甲基四胺为有机碱），可选用酚酞作指示剂。

终点：无色→微红色（30s 内不褪色）。

注意：① 若甲醛中含有游离酸（甲醛受空气氧化所致，应除去，否则产生正误差），应事先以酚酞为指示剂，用 NaOH 溶液中和至微红色（pH 约 8）。

② 若试样中含有游离酸（应除去，否则产生正误差），应事先以甲基红为指示剂，用 NaOH 溶液中和至黄色（pH 约 6）（能否用酚酞指示剂）。

2. NaOH 标准溶液的标定

用基准物质（邻苯二甲酸氢钾，草酸）准确标定出 NaOH 溶液的浓度。

本实验所用基准物为邻苯二甲酸氢钾

（1）邻苯二甲酸氢钾优点：易制得纯品，在空气中不吸水，易保存，摩尔质量大，与 NaOH 反应的计量比为 1∶1。$KHC_8H_4O_4$ 在 100～125℃下干燥 1～2h 后使用。化学计量点时，溶液呈弱碱性（pH 约 9.20），可选用酚酞作指示剂。

（2）草酸 $H_2C_2O_4\cdot2H_2O$　①在相对湿度为 5%～95%时稳定（能否放置在干燥器中保存）。②用不含 CO_2 的水配制草酸溶液，且暗处保存。

注意：光和 Mn^{2+} 能加快空气氧化草酸，草酸溶液本身也能自动分解。

滴定反应为：$H_2C_2O_4+2NaOH \xlongequal{} Na_2C_2O_4+2H_2O$

化学计量点时，溶液呈弱碱性（pH 约 8.4），可选用酚酞作指示剂。

【仪器和药品】

分析化学实验常用仪器、烘箱、称量瓶、电子天平、干燥器、台秤等；

NaOH、0.2%甲基红、酚酞、20%甲醛、酚酞指示剂（0.2%乙醇溶液）等、邻苯二甲酸氢钾（s）（A.R.，在 100～125℃下干燥 1h 后，置于干燥器中备用）。

【步骤】

1. 配制 0.1mol/L NaOH 溶液

略。

2. 0.1mol/LNaOH 溶液的标定

用差减法准确称取 0.4～0.6g 已烘干的邻苯二甲酸氢钾三份，分别敲入三个已编号的 250mL 锥形瓶中，加 40～50mL 水溶解（可稍加热以促进溶解）——1～2 滴酚酞——用 NaOH 溶液滴定——微红色（30s 内不褪色）——记录 V_{NaOH}，计算 c_{NaOH} 和标定结果的相对偏差。

3. 甲醛溶液的处理

取原装甲醛（40%）的上层清液 20mL 于烧杯中，用水稀释一倍，加入 2～3 滴 0.2% 的酚酞指示剂，用 0.1mol/L 的 NaOH 溶液中和至甲醛溶液呈微红色（要不要记录 V_{NaOH}）。

4. 试样中含氮量的测定

准确称取 2 g 的 $(NH_4)_2SO_4$ 肥料于小烧杯中，用适量蒸馏水溶解，定量地转移至 250mL 容量瓶中，用蒸馏水稀释至刻度，摇匀。

移液管移取试液 25.00mL 于 250mL 锥形瓶中，加 1 滴甲基红指示剂，用 0.1mol/L 的 NaOH 溶液中和至黄色。加入 10mL 已中和的（1∶1）甲醛溶液，再加入 1～2 滴酚酞指示剂摇匀，静置 1min 后（强化酸），用 0.1mol/L NaOH 标准溶液滴定至溶液呈微橙色，并持续半分钟不褪色，即为终点（终点为甲基红的黄色和酚酞红色的混合色）。记录滴定所消耗的 NaOH 标准溶液的读数，平行做 3 次。根据 NaOH 标准溶液的浓度和滴定消耗的体积，计算试样中氮的含量和测定结果的相对偏差。

【数据记录与处理】

1. 0.1 mol/L NaOH 溶液的标定

略。

2. 硫酸铵肥料中含氮量的测定数据记录如下表：

项目 \ 次数	1	2	3
m(试样)/g			
$(NH_4)_2SO_4$ 溶液总体积/mL			
滴定时移取 $V_{(NH_4)_2SO_4}$/mL			
c_{NaOH}/(mol/L)			
V_{NaOH}/mL			
$\overline{V}_{NaOH}$/mL			
相对偏差/%			
平均相对偏差/%			

【注意事项】

1. 强调甲醛中的游离酸和 $(NH_4)_2SO_4$ 试样中的游离酸的处理方法。

2. 强调试样中含氮量的测定中终点颜色的变化。

3. 强调对组成不太均匀的试样的称样要求。

【任务训练】

1. NH_4^+ 为 NH_3 的共轭酸，为什么不能直接用 NaOH 溶液滴定？

2. NH_4NO_3、NH_4Cl 或 NH_4HCO_3 中的含氮量能否用甲醛法测定？

3. 为什么中和甲醛中的游离酸用酚酞指示剂，而中和 $(NH_4)_2SO_4$ 试样中的游离酸用甲基红指示剂？

项目四

自来水及工业废水的测定

天然水中含有多种金属离子，其中以 Ca^{2+}、Mg^{2+} 含量较高（硬水）。过高的 Ca^{2+}、Mg^{2+}，会给工农业生产和日常生活带来很大危害。例如 Ca^{2+}、Mg^{2+} 在锅炉中形成锅垢；饮用水中 Mg^{2+} 浓度过高会引起胃肠功能紊乱等；工业上使用硬水会使锅炉、换热器结垢而影响热效应，甚至有可能引起锅炉爆炸。因此水硬度的测定有很大的实际意义。

水总硬度根据不同的标准可以进行不同的分类。不同国家的换算单位也是有不同的标准。水总硬度是指水中 Ca^{2+}、Mg^{2+} 的总量，它包括暂时硬度和永久硬度。水中 Ca^{2+}、Mg^{2+} 以酸式碳酸盐形式存在的部分，因其遇热即形成碳酸盐沉淀而被除去，称为暂时硬度；而以硫酸盐、硝酸盐和氯化物等形式存在的部分，因其性质比较稳定，不能够通过加热的方式除去，故称为永久硬度。水总硬度是否符合标准是自来水的一个重要参考数据。硬度的表示方法尚未统一，我国使用较多的表示方法有两种：一种是将所测得的钙、镁折算成 CaO 的质量，即每升水中含有 CaO 的质量（mg）表示，单位为 mg/L；另一种以度计：1 硬度单位表示 100 万份水中含 1 份 CaO（即每升水中含 10mgCaO），$1° = 10 \times 10^{-6}$CaO。这种硬度的表示方法称作德国度。

我国规定生活饮用水中 Ca^{2+} 质量浓度不超过 200mg/L，Mg^{2+} 的质量浓度不超过 150mg/L。测定水中的 Ca^{2+}、Mg^{2+} 含量应用最广泛的方法是配位滴定法。

配位滴定法是以生成配合物的反应为基础的滴定分析方法。配位滴定中最常用的配位剂是 EDTA。以 EDTA 为标准滴定溶液的配位滴定法称为 EDTA 配位滴定法。本章主要讨论的是 EDTA 配位滴定法。

知识链接

配位滴定法是以生成配位化合物的反应为基础的滴定分析方法。例如，用 $AgNO_3$ 溶液滴定 CN^-（又称氰量法）时，Ag^+ 与 CN^- 发生配位反应，生成配离子 $[Ag(CN)_2]^-$，其反应式如下：

$$Ag^+ + 2CN^- \rightleftharpoons [Ag(CN)_2]^-$$

当滴定到达化学计量点后，稍过量的 Ag^+ 与 $[Ag(CN)_2]^-$ 结合生成 $Ag[Ag(CN)_2]$ 白色沉淀，使溶液变浑浊，指示终点的到达。

能用于配位滴定的配位反应必须具备一定的条件：

① 配位反应必须完全，即生成的配合物的稳定常数（stability constant）足够大；

② 反应应按一定的反应式定量进行，即金属离子与配位剂的比例（即配位比）要恒定；

③ 反应速率快；

④ 有适当的方法检出终点。

配位反应具有极大的普遍性，但不是所有的配位反应及其生成的配合物均可满足上述条件。

一、无机配位剂与简单配合物

能与金属离子配位的无机配位剂很多，但多数的无机配位剂只有一个配位原子（通常称此类配位剂为单基配位体，如 F^-、Cl^-、CN^-、NH_3 等），与金属离子配位时分级配位，常形成 ML_n 型的简单配合物。例如，在 Cd^{2+} 与 CN^- 的配位反应中，分级生成了 $[Cd(CN)]^+$、$[Cd(CN)_2]$、$[Cd(CN)_3]^-$、$[Cd(CN)_4]^{2-}$ 等四种配位化合物。它们的稳定常数分别为：$10^{5.5}$、$10^{5.1}$、$10^{4.7}$、$10^{3.6}$。可见，各级配合物的稳定常数都不大，彼此相差也很小。因此，除个别反应（例如 Ag^+ 与 CN^-、Hg^{2+} 与 Cl^- 等反应）外，无机配位剂大多数不能用于配位滴定，它在分析化学中一般多用作掩蔽剂、辅助配位剂和显色剂。

有机配位剂则可与金属离子形成很稳定而且组成固定的配合物，克服了无机配位剂的缺点，因而在分析化学中的应用得到迅速的发展。目前在配位滴定中应用最多的是氨羧配位剂。

二、有机配位剂与螯合物

有机配位剂分子中常含有两个以上的配位原子（通常称含 2 个或 2 个以上配位原子的配位剂为多基配位体），如乙二胺（$\ddot{N}H_2CH_2CH_2\ddot{N}H_2$）和氨基乙酸（$\ddot{N}H_2CH_2C\ddot{O}OH$），与金属离子配位时形成低配位比的具有环状结构的螯合物，它比同种配位原子所形成的简单配合物稳定得多。

有机配位剂中由于含有多个配位原子，因而减少甚至消除了分级配位现象，特别是生成的螯合物的稳定性好，使这类配位反应有可能用于滴定。

在配位滴定中最常用的氨羧配位剂主要有以下几种：EDTA（乙二胺四乙酸）；CyDTA（或 DCTA，环己烷二胺基四乙酸）；EDTP（乙二胺四丙酸）；TTHA（三乙基四胺六乙酸）。氨羧配位剂中 EDTA 是目前应用最广泛的一种，用 EDTA 标准溶液可以滴定几十种金属离子。通常所谓的配位滴定法，主要是指 EDTA 滴定法。

三、乙二胺四乙酸

乙二胺四乙酸（通常用 H_4Y 表示）简称 EDTA，其结构式如下：

```
HOOCCH2                    CH2COOH
       \                  /
        N—CH2—CH2—N
       /                  \
HOOCCH2                    CH2COOH
```

乙二胺四乙酸为白色无水结晶粉末，室温时溶解度较小（22℃时溶解度为0.02g/100mL H_2O），难溶于酸和有机溶剂，易溶于碱或氨水中形成相应的盐。由于乙二胺四乙酸溶解度小，因而不适合用作滴定剂。

EDTA二钠盐（$Na_2H_2Y \cdot 2H_2O$，也简称为EDTA，分子量为372.26）为白色结晶粉末，室温下可吸附水分0.3%，80℃时可烘干除去。在100～140℃时将失去结晶水而成为无水的EDTA二钠盐（分子量为336.24）。EDTA二钠盐易溶于水（22℃时溶解度为11.1g/100mL H_2O，浓度约0.3mol/L，pH约4.4），因此通常使用EDTA二钠盐作滴定剂。

乙二胺四乙酸在水溶液中，具有双偶极离子结构

$$\begin{array}{ccc} HOOCH_2C & & CH_2COO^- \\ \quad\diagdown H & & H\diagup \\ & N—CH_2—CH_2—N & \\ \quad\diagup + & & +\diagdown \\ {}^-OOCH_2C & & CH_2COOH \end{array}$$

因此，当EDTA溶解于酸度很高的溶液中时，它的两个羧酸根可再接受两个H^+形成H_6Y^{2+}，这样，它就相当于一个六元酸，有六级离解常数，即

K_{a1}	K_{a2}	K_{a3}	K_{a4}	K_{a5}	K_{a6}
$10^{-0.9}$	$10^{-1.6}$	$10^{-2.0}$	$10^{-2.67}$	$10^{-6.16}$	$10^{-10.26}$

EDTA在水溶液中总是以H_6Y^{2+}、H_5Y^+、H_4Y、H_3Y^-、H_2Y^{2-}、HY^{3-}和Y^{4-}等七种型体存在。它们的分布系数δ与溶液pH的关系如图4-1所示。

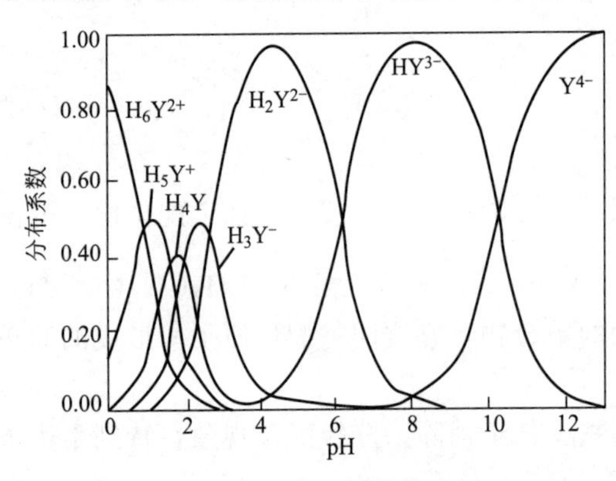

图4-1 EDTA各种型体的曲线分布

由分布曲线图中可以看出，在pH＜1的强酸溶液中，EDTA主要以型体H_6Y^{2+}存在；在pH为2.75～6.24时，主要以H_2Y^{2-}型体存在；仅在pH＞10.34时才主要以Y^{4-}型体存在。值得注意的是，在七种型体中只有Y^{4-}（为了方便，以下均用符号Y来表示Y^{4-}）能与金属离子直接配位。Y分布系数越大，即EDTA的配位能力越强。而Y分布系数的大小与溶液的pH密切相关，所以溶液的酸度便成为影响EDTA配合物稳定性及滴定终点敏锐性的一个很重要的因素。

四、乙二胺四乙酸的螯合物

螯合物是一类具有环状结构的配合物。螯合即指成环，只有当一个配位体至少含有两个可配位的原子时才能与中心原子形成环状结构，螯合物中所形成的环状结构常称为螯环。能与金属离子形成螯合物的试剂，称为螯合剂。EDTA就是一种常用的螯合剂。

EDTA分子中有六个配位原子，此六个配位原子恰能满足它们的配位数，在空间位置上均能与同一金属离子形成环状化合物，即螯合物的立方构型。如图4-2所示。

EDTA与金属离子的配合物有如下特点。

① EDTA具有广泛的配位性能，几乎能与所有金属离子形成配合物，因而配位滴定应

用很广泛，但如何提高滴定的选择性便成为配位滴定中的一个重要问题。

② EDTA 配合物的配位比简单，多数情况下都形成 1∶1 配合物。个别离子如 Mo（Ⅴ）与 EDTA 配合物［$(MoO_2)_2Y^{2-}$］的配位比为 2∶1。

③ EDTA 配合物的稳定性高，能与金属离子形成具有多个五元环结构的螯合物。

④ EDTA 配合物易溶于水，使配位反应较迅速。

⑤ 大多数金属-EDTA 配合物无色，这有利于指示剂确定终点。但 EDTA 与有色金属离子配位生成的螯合物颜色则加深。例如：

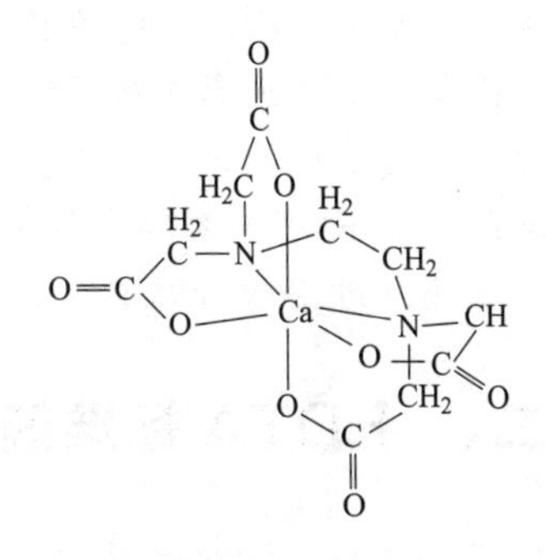

图 4-2 EDTA 与 Ca^{2+} 形成的螯合物

CuY^{2-}	NiY^{2-}	CoY^{2-}	MnY^{2-}	CrY^{-}	FeY^{-}
深蓝色	蓝色	紫红色	紫红色	深紫色	黄色

因此滴定这些离子时，要控制其浓度勿过大，否则，使用指示剂确定终点将发生困难。

任务一 EDTA 标准溶液的配制和标定

知识链接

乙二胺四乙酸难溶于水，实际工作中，通常用它的二钠盐（$Na_2H_2Y \cdot 2H_2O$）配制标准溶液。乙二胺四乙酸二钠盐（也简称 EDTA）是白色微晶粉末，易溶于水，经提纯后可作基准物质，直接配制标准溶液，但提纯方法较复杂。配制溶液时，蒸馏水的质量不高也会引入杂质，因此实验室中使用的标准溶液一般采用间接法配制。

一、 EDTA 标准溶液的配制

1. 配制方法

常用的 EDTA 标准溶液的浓度为 0.01～0.05mol/L。称取一定量（按所需浓度和体积计算）EDTA［$Na_2H_2Y \cdot 2H_2O$，$M(Na_2H_2Y \cdot 2H_2O)=372.2$g/mol］，用适量蒸馏水溶解（必要时可加热），溶解后稀释至所需体积，并充分混匀，转移至试剂瓶中待标定。

EDTA 二钠盐溶液的 pH 正常值为 4.8，市售的试剂如果不纯，pH 常低于 2，有时 $pH<4$。当室温较低时易析出难溶于水的乙二胺四乙酸，使溶液变混浊，并且溶液的浓度也发生变化。因此配制溶液时，可用 pH 试纸检查，若溶液 pH 较低，可加几滴 0.1mol/L NaOH 溶液，使溶液的 pH 在 5～6.5 之间直至变清为止。

2. 蒸馏水质量

在配位滴定中，使用的蒸馏水质量是否符合要求（符合 GB 6682—92 中分析实验室用水规格）十分重要。若配制溶液的蒸馏水中含有 Al^{3+}、Fe^{3+}、Cu^{2+} 等，会使指示剂封闭，影响终点观察。若蒸馏水中含有 Ca^{2+}、Mg^{2+}、Pb^{2+} 等，在滴定中会消耗一定量的 EDTA，对结果产生影响。因此在配位滴定中，所用蒸馏水一定要进行质量检查。为了保证水的质量常用二次蒸馏水或去离子水来配制溶液。

3. EDTA 溶液的储存

配制好的 EDTA 溶液应储存在聚乙烯塑料瓶或硬质玻璃瓶中。若储存在软质玻璃瓶中，EDTA 会不断地溶解玻璃中的 Ca^{2+} 、Mg^{2+} 等离子，形成配合物，使其浓度不断降低。

二、 EDTA 标准滴定溶液的标定

1. 标定 EDTA 常用的基准试剂

用于标定 EDTA 溶液的基准试剂很多，常用的基准试剂如表 4-1 所示。

表 4-1　标定 EDTA 常用的基准试剂

基准试剂	基准试剂处理	滴定条件		终点颜色变化
		pH	指示剂	
铜片	稀 HNO_3 溶解，除去氧化膜，用水或无水乙醇充分洗涤，在 105℃烘箱中，烘 3min，冷却后称量，以 1∶1 HNO_3 溶解，再以 H_2SO_4 蒸发除去 NO_2	4.3 $HAc-Ac^-$缓冲溶液	PAN	红色→黄色
铅	稀 HNO_3 溶解，除去氧化膜，用水或无水乙醇充分洗涤在 105℃烘箱中烘 3min，冷却后称量，以 1∶2 HNO_3 溶解，加热除去 NO_2	10 $NH_3-NH_4^+$缓冲溶液	铬黑 T	红色→蓝色
		5～6 六亚甲基四胺	二甲酚橙	红色→黄色
锌片	用 1∶5HCl 溶解，除去氧化膜，用水或无水乙醇充分洗涤，在 105℃烘箱中，烘 3min，冷却后称量，以 1∶1 HCl 溶解	10 $NH_3-NH_4^+$缓冲溶液	铬黑 T	红色→蓝色
		5～6 六亚甲基四胺	二甲酚橙	红色→黄色
$CaCO_3$	在 105℃烘箱中，烘 120min，冷却后称量，以 1∶1 HCl 溶解	12.5～12.9KOH ≥12.5	甲基百里酚蓝 钙指示剂	蓝色→灰色 酒红色→蓝色
MgO	在 1000℃灼烧后，以 1∶1 HCl 溶解	10 $NH_3-NH_4^+$缓冲溶液	铬黑 T K-B	红色→蓝色

表中所列的纯金属如：Bi、Cd、Cu、Zn、Mg、Ni、Pb 等，要求纯度在 99.99%以上。金属表面如有一层氧化膜，应先用酸洗去，再用水或乙醇洗涤，并在 105℃烘干数分钟后再称量。金属氧化物或其盐类如：Bi_2O_3、$CaCO_3$、MgO、$MgSO_4 \cdot 7H_2O$、ZnO、$ZnSO_4$ 等试剂，在使用前应预先处理。

实验室中常用金属锌或氧化锌为基准物，由于它们的摩尔质量不大，标定时通常采用“称大样”法，即先准确称取基准物，溶解后定量转移入一定体积的容量瓶中配制，然后再移取一定量溶液标定。

2. 标定的条件

为了使测定结果具有较高的准确度，标定的条件与测定的条件应尽可能相同。在可能的情况下，最好选用被测元素的纯金属或化合物为基准物质。这是因为不同的金属离子与 EDTA 反应完全的程度不同，允许的酸度不同，因而对结果的影响也不同。如 Al^{3+} 与 EDTA 的反应，在过量 EDTA 存在下，控制酸度并加热，配位率也只能达到 99%左右，因此要准确测定 Al^{3+} 含量，最好采用纯铝或含铝标样标定 EDTA 溶液，使误差抵消。又如，由实验

用水中引入的杂质（如 Ca^{2+}、Pb^{2+}）在不同条件下有不同影响。在碱性中滴定时两者均会与 EDTA 配位；在酸性溶液中则只有 Pb^{2+} 与 EDTA 配位；在强酸溶液中滴定，则两者均不与 EDTA 配位。因此，若在相同酸度下标定和测定，这种影响就可以被抵消。

3. 标定方法

在 pH＝4～12，Zn^{2+} 均能与 EDTA 定量配位，多采用的方法有：

（1）在 pH＝10 的 NH_3-NH_4Cl 缓冲溶液中以铬黑 T 为指示剂，直接标定。

（2）在 pH＝5 的六亚甲基四胺缓冲溶液中以二甲酚橙为指示剂，直接标定。

三、金属离子指示剂

配位滴定指示终点的方法很多，其中最重要的是使用金属离子指示剂（简称为金属指示剂）指示终点。酸碱指示剂是以指示溶液中 H^+ 浓度的变化确定终点，而金属指示剂则是以指示溶液中金属离子浓度的变化确定终点。

1. 金属指示剂的作用原理

金属指示剂是一种有机染料，也是一种配位剂，能与某些金属离子反应，生成与其本身颜色显著不同的配合物以指示终点。

在滴定前加入金属指示剂（用 In 表示金属指示剂的配位基团），则 In 与待测金属离子 M 有如下反应（省略电荷）：

$$\underset{\text{甲色}}{M+In} \rightleftharpoons \underset{\text{乙色}}{MIn}$$

这时溶液呈 MIn（乙色）的颜色。当滴入 EDTA 溶液后，Y 先与游离的 M 结合。至化学计量点附近，Y 夺取 MIn 中的 M，使指示剂 In 游离出来，溶液由乙色变为甲色，指示滴定终点的到达。

$$\underset{\text{乙色}}{MIn}+Y \rightleftharpoons MY+\underset{\text{甲色}}{In}$$

例如，铬黑 T 在 pH＝10 的水溶液中呈蓝色，与 Mg^{2+} 的配合物的颜色为酒红色。若在 pH＝10 时用 EDTA 滴定 Mg^{2+}，滴定开始前加入指示剂铬黑 T，则铬黑 T 与溶液中部分的 Mg^{2+} 反应，此时溶液呈 Mg^{2+}-铬黑 T 的红色。随着 EDTA 的加入，EDTA 逐渐与 Mg^{2+} 反应。在化学计量点附近，Mg^{2+} 的浓度降至很低，加入的 EDTA 进而夺取了 Mg^{2+}-铬黑 T 中的 Mg^{2+}，使铬黑 T 游离出来，此时溶液呈现出蓝色，指示滴定终点到达。

2. 金属指示剂应具备的条件

（1）金属指示剂与金属离子形成的配合物的颜色，应与金属指示剂本身的颜色有明显的不同，这样才能借助颜色的明显变化来判断终点的到达。

（2）金属指示剂与金属离子形成的配合物 MIn 要有适当的稳定性。如果 MIn 稳定性过高（K_{MIn} 太大），则在化学计量点附近，Y 不易与 MIn 中的 M 结合，终点推迟，甚至不变色，得不到终点。通常要求 $\frac{K_{MY}}{K_{MIn}} \geqslant 10^2$。如果稳定性过低，则未到达化学计量点时 MIn 就会分解，变色不敏锐，影响滴定的准确度。一般要求 $K_{MIn} \geqslant 10^4$。

（3）金属指示剂与金属离子之间的反应要迅速、变色可逆，这样才便于滴定。

（4）金属指示剂应易溶于水，不易变质，便于使用和保存。

3. 金属指示剂的理论变色点（pM_t）

如果金属指示剂与待测金属离子形成1∶1有色配合物，其配位反应为：

$$M + In \rightleftharpoons MIn$$

考虑指示剂的酸效应，则

$$K'_{MIn} = \frac{[MIn]}{[M][In']}$$

$$\lg K'_{MIn} = pM + \lg \frac{[MIn]}{[In']}$$

与酸碱指示剂类似，当 [MIn] = [In′] 时，溶液呈现 MIn 与 In 的混合色。此时 pM 即为金属指示剂的理论变色点 pM_t。

$$pM_t = \lg K'_{MIn} = \lg K_{MIn} - \lg \alpha_{In(H)}$$

金属指示剂是弱酸，存在酸效应。说明，指示剂与金属离子 M 形成配合物的条件稳定常数 K'_{MIn} 随 pH 变化而变化，它不可能像酸碱指示剂那样有一个确定的变色点。因此，在选择指示剂时应考虑体系的酸度，使变色点 pM_t 尽量靠近滴定的化学计量点 pM_{sp}。实际工作中，大多采用实验的方法来选择合适的指示剂，即先试验其终点颜色变化的敏锐程度，然后检查滴定结果是否准确，这样就可以确定指示剂是否符合要求。

4. 常用金属指示剂

（1）铬黑 T（EBT）　铬黑 T 在溶液中有如下平衡：

$$\underset{\text{紫红色}}{H_2In^-} \rightleftharpoons \underset{\text{蓝色}}{HIn^{2-}} + \underset{\text{橙色}}{In^{3-}}$$

因此在 $pH < 6.3$ 时，EBT 在水溶液中呈紫红色；$pH > 11.6$ 时 EBT 呈橙色，而 EBT 与二价离子形成的配合物颜色为红色或紫红色，所以只有在 pH 为 7～11 范围内使用，指示剂才有明显的颜色，实验表明最适宜的酸度是 pH 为 9～10.5。

铬黑 T 固体相当稳定，但其水溶液仅能保存几天，这是由于聚合反应的缘故。聚合后的铬黑 T 不能再与金属离子显色。$pH < 6.5$ 的溶液中聚合更为严重，加入三乙醇胺可以防止聚合。

铬黑 T 是在弱碱性溶液中滴定 Mg^{2+}、Zn^{2+}、Pb^{2+} 等离子的常用指示剂。

（2）二甲酚橙（XO）　二甲酚橙为多元酸。在 pH 为 0～6.0 之间，二甲酚橙呈黄色，它与金属离子形成的配合物为红色，是酸性溶液中许多离子配位滴定所使用的极好指示剂。常用于锆、铪、钍、钪、铟、钇、铋、铅、锌、镉、汞的直接滴定法中。

铝、镍、钴、铜、镓等离子会封闭二甲酚橙，可采用返滴定法。即在 pH 5.0～5.5（六亚甲基四胺缓冲溶液）时，加入过量 EDTA 标准溶液，再用锌或铅标准溶液返滴定。Fe^{3+} 在 pH 为 2～3 时，以硝酸铋返滴定法测定之。

（3）PAN　PAN 与 Cu^{2+} 的显色反应非常灵敏，但很多其他金属离子如 Ni^{2+}、Co^{2+}、Zn^{2+}、Pb^{2+}、Bi^{3+}、Ca^{2+} 等与 PAN 反应慢或显色灵敏度低。所以有时利用 Cu-PAN 作间接指示剂来测定这些金属离子。Cu-PAN 指示剂是 CuY^{2-} 和少量 PAN 的混合液。将此液加到含有被测金属离子 M 的试液中时，发生如下置换反应：

$$CuY + \underset{\text{黄色}}{PAN} + M \rightleftharpoons MY + \underset{\text{紫红色}}{Cu\text{-}PAN}$$

此时溶液呈现紫红色。当加入的 EDTA 定量与 M 反应后，在化学计量点附近 EDTA 将夺取 Cu-PAN 中的 Cu^{2+}，从而使 PAN 游离出来：

$$\underset{\text{紫红色}}{Cu\text{-}PAN} + Y \rightleftharpoons CuY + \underset{\text{黄色}}{PAN}$$

溶液由紫红色变为黄色，指示终点到达。因滴定前加入的CuY与最后生成的CuY是相等的，故加入的CuY并不影响测定结果。

在几种离子的连续滴定中，若分别使用几种指示剂，往往发生颜色干扰。由于Cu-PAN可在很宽的pH范围（pH为1.9～12.2）内使用，因而可以在同一溶液中连续指示终点。

类似Cu-PAN这样的间接指示剂，还有Mg-EBT等。

（4）其他指示剂　除前面所介绍的指示剂外，还有磺基水杨酸、钙指示剂（NN）等常用指示剂。磺基水杨酸（无色）在pH=2时，与Fe^{3+}形成紫红色配合物，因此可用作滴定Fe^{3+}的指示剂。钙指示剂（蓝色）在pH=12.5时，与Ca^{2+}形成紫红色配合物，因此可用作滴定钙的指示剂。

常用金属指示剂的使用pH条件、可直接滴定的金属离子和颜色变化及配制方法列于表4-2中。

表4-2　常用的金属指示剂

指示剂	离解常数	滴定元素	颜色变化	配制方法	对指示剂封闭离子
酸性铬蓝K	$pK_{a1}=6.7$ $pK_{a2}=10.2$ $pK_{a3}=14.6$	Mg(pH10) Ca(pH12)	红色～蓝色	0.1%乙醇溶液	
钙指示剂	$pK_{a2}=3.8$ $pK_{a3}=9.4$ $pK_{a4}=13\sim14$	Ca(pH12～13)	酒红色～蓝色	与NaCl按1∶100的质量比混合	Co^{2+}、Ni^{2+}、Cu^{2+}、Fe^{3+}、Al^{3+}、Ti^{4+}
铬黑T	$pK_{a1}=3.9$ $pK_{a2}=6.4$ $pK=11.5$	Ca(pH10，加EDTA-Mg) Mg(pH10) Pb(pH10，加入酒石酸钾) Zn(pH6.8～10)	红色～蓝色 红色～蓝色 红色～蓝色 红色～蓝色	与NaCl按1∶100的质量比混合	Co^{2+}、Ni^{2+}、Cu^{2+}、Fe^{3+} Al^{3+}、Ti(Ⅳ)
紫脲酸胺	$pK_{a1}=1.6$ $pK_{a2}=8.7$ $pK_{a3}=10.3$ $pK_{a4}=13.5$ $pK_{a5}=14$	Ca(pH>10，φ=25%乙醇) Cu(pH7～8) Ni(pH8.5～11.5)	红色～紫色 黄～紫色 黄～紫红色	与NaCl按1∶100的质量比混合	
o-PAN	$pK_{a1}=2.9$ $pK_{a2}=11.2$	Cu(pH6) Zn(pH5～7)	红色～黄色 粉红色～黄色	1g/L乙醇溶液	
磺基水杨酸	$pK_{a1}=2.6$ $pK_{a2}=11.7$	Fe(Ⅲ) (pH1.5～3)	红紫～黄色	10～20g/L水溶液	

5.使用金属指示剂中存在的问题

（1）指示剂的封闭现象　有的指示剂与某些金属离子生成很稳定的配合物（MIn），其稳定性超过了相应的金属离子与EDTA的配合物（MY），即$\lg K_{MIn}>\lg K_{MY}$。例如，EBT与Al^{3+}、Fe^{3+}、Cu^{2+}、Ni^{2+}、Co^{2+}等生成的配合物非常稳定，若用EDTA滴定这些离子，过量较多的EDTA也无法将EBT从MIn中置换出来。因此滴定这些离子不用EBT作指示剂。如滴定Mg^{2+}时有少量Al^{3+}、Fe^{3+}杂质存在，到化学计量点仍不能变色，这种现象称为指示剂的封闭现象。解决的办法是加入掩蔽剂，使干扰离子生成更稳定的配合物，从而不再与指示剂作用。Al^{3+}、Fe^{3+}对铬黑 T 的封闭可加三乙醇胺予以消除；Cu^{2+}、Co^{2+}、Ni^{2+}可用 KCN 掩蔽；Fe^{3+}也可先用抗坏血酸还原为Fe^{2+}，再加 KCN 掩蔽。若干扰离子的量太大，则需预先分离除去。

（2）指示剂的僵化现象　有些指示剂或金属指示剂配合物在水中的溶解度太小，使得滴定剂与金属指示剂配合物（MIn）交换缓慢，终点拖长，这种现象称为指示剂僵化。解决的办法是加入有机溶剂或加热，以增大其溶解度。例如用 PAN 作指示剂时，经常加入酒精或在加热下滴定。

（3）指示剂的氧化变质现象　金属指示剂大多为含双键的有色化合物，易被日光、氧化剂、空气所分解，在水溶液中多不稳定，日久会变质。若配成固体混合物则较稳定，保存时间较长。例如铬黑 T 和钙指示剂，常用固体 NaCl 或 KCl 作稀释剂来配制。

任务实施

【目的】

1. 掌握 EDTA 标准溶液的配制和标定方法。
2. 理解配位滴定法的原理，了解配位滴定法的特点。
3. 熟悉钙指示剂的使用及其终点颜色的变化。

【原理】

1. EDTA

乙二胺四乙酸 H_4Y（本身是四元酸），由于在水中的溶解度很小，通常把它制成二钠盐（$Na_2H_2Y \cdot 2H_2O$），也称为 EDTA 或 EDTA 二钠盐。EDTA 相当于六元酸，在水中有六级离解平衡。与金属离子形成螯合物时，配合比皆为 1∶1。

EDTA 因常吸附 0.3%的水分且其中含有少量杂质而不能直接配制标准溶液，通常采用标定法制备 EDTA 标准溶液。

标定 EDTA 的基准物质有纯的金属：如 Cu、Zn、Ni、Pb，以及它们的氧化物。某些盐类：如 $CaCO_3$、$ZnSO_4 \cdot 7H_2O$、$MgSO_4 \cdot 7H_2O$。

通常选用其中与被测组分相同的物质作基准物，这样与滴定条件较为一致。

2. 金属离子指示剂

在配合滴定时，与金属离子生成有色配合物来指示滴定过程中金属离子浓度的变化。

$$\underset{颜色甲}{M+In} \rightleftharpoons \underset{颜色乙}{MIn}$$

滴入 EDTA 后，金属离子逐步被配合，当达到反应化学计量点时，已与指示剂配合的金属离子被 EDTA 夺出，释放出指示剂的颜色：

$$\underset{颜色乙}{MIn}+Y \rightleftharpoons MY+\underset{颜色甲}{In}$$

指示剂变化的 pM_{ep} 应尽量与化学计量点的 pM_{sp} 一致。金属离子指示剂一般为有机弱酸，存在着酸效应，要求显色灵敏、迅速、稳定。

【仪器和药品】

仪器：电子天平；50mL 酸式滴定管（50mL 酸碱通用滴定管）；250mL 容量瓶；25mL

移液管；250mL 锥形瓶、烧杯、量筒、表面皿等。

主要试剂：EDTA（A. R.）；ZnO（基准试剂）；HCl（1＋1）（20％）；氨水（10％）；$NH_3 \cdot H_2O\text{-}NH_4Cl$ 缓冲溶液（pH＝10）；铬黑 T（5g/L）。

【步骤】

1. 0. 01mol/LEDTA 标准溶液的配制

称取 4g EDTA，加 1000mL 水，加热溶解，冷却，摇匀（四组配制一份备用，标定后备用）。

2. EDTA 标准溶液的标定

① 准确称取 0. 20～0. 24g（准确到 0. 0001g）ZnO，加少量水润湿，用（1＋1）HCl（20％ HCl）约 3mL 溶解后，移入 250mL 容量瓶，定容至刻度，摇匀备用。

② 用移液管吸取 25. 00mL 于锥形瓶中，加 70mL 蒸馏水，滴加 10％氨水中和至 pH＝7～8，再加 10mL $NH_3 \cdot H_2O\text{-}NH_4Cl$ 缓冲溶液（pH＝10）和 5 滴铬黑 T（5g/L），用配好的 EDTA 溶液滴定。

③ 滴定终点由紫红色变为纯蓝色，平行测定 4 个试样，同时做一个空白试验，然后根据公式计算标准溶液的准确浓度。

④ 计算公式

$$c_{\mathrm{EDTA}}=\frac{m\times\frac{25.00}{250.00}\times10^{3}}{(V_1-V_0)\times81.38}\ (\mathrm{mol/L})$$

式中　m——ZnO 质量，g；

V_1——滴定消耗 EDTA 标液体积，mL；

V_0——空白试验消耗 EDTA 标液体积，mL；

81. 38——ZnO 摩尔质量，g/mol。

【数据记录与处理】

基准试剂名称：　　　　　　　　室温：

项目＼次数		1	2	3	4
基准试剂质量 m/g					
标准溶液读数	终读数/mL				
	初读数/mL				
	净读数/mL				
滴定管校正值/mL					
温度校正值/mL					
标液实际用量 V_1/mL					
空白试验 V_0/mL					
c_{EDTA}/(mol/L)					
$\overline{c_{\mathrm{EDTA}}}$/(mol/L)					
相对极差/%					
相对平均偏差/%					

【注意事项】

1. 配位滴定反应进行较慢，因此滴定速度不宜太快，尤其临近终点时，更应缓慢滴定，并充分摇动。

2. 滴定应在 30～40℃进行，若室温太低，应将溶液略加热。

3. 加入缓冲溶液后必须立即滴定，并在 5min 内完成（GB 6909—2008）。

4. 本实验用水要求较高，为二次水。

【任务训练】

1. 为什么通常使用乙二胺四乙酸二钠盐配制 EDTA 标准溶液，而不用乙二胺四乙酸？

2. 以 HCl 溶液溶解 $CaCO_3$ 基准物时，操作中应注意些什么？

3. 以 $CaCO_3$ 为基准物标定 EDTA 溶液时，加入镁溶液的目的是什么？

任务二 自来水总硬度的测定

知识链接

在配位滴定中采用不同的滴定方法，可以扩大配位滴定的应用范围。配位滴定法中常用的滴定方法有以下几种：

一、直接滴定法及应用

直接滴定法是配位滴定中的基本方法。这种方法是将试样处理成溶液后，调节至所需的酸度，再用 EDTA 直接滴定被测离子。在多数情况下，直接法引入的误差较小，操作简便、快速。只要金属离子与 EDTA 的配位反应能满足直接滴定的要求，应尽可能地采用直接滴定法。但有以下任何一种情况，都不宜直接滴定：

① 待测离子与 EDTA 不形成或形成的配合物不稳定。

② 待测离子与 EDTA 的配位反应很慢，例如 Al^{3+}、Cr^{3+}、Zr^{4+} 等的配合物虽稳定，但在常温下反应进行得很慢。

③ 没有适当的指示剂，或金属离子对指示剂有严重的封闭或僵化现象。

④ 在滴定条件下，待测金属离子水解或生成沉淀，滴定过程中沉淀不易溶解，也不能用加入辅助配位剂的方法防止这种现象的发生。

实际上大多数金属离子都可采用直接滴定法。例如，测定钙、镁可有多种方法，但以直接配位滴定法最为简便。钙、镁联合测定的方法是：先在 pH=10 的氨性溶液中，以铬黑 T 为指示剂，用 EDTA 滴定。由于 CaY 比 MgY 稳定，故先滴定的是 Ca^{2+}。但它们与铬黑 T 配位化合物的稳定性则相反（$\lg K_{CaIn}=5.4$、$\lg K_{MgIn}=7.0$），因此当溶液由紫红色变为蓝色时，表示 Mg^{2+} 已定量滴定。而此时 Ca^{2+} 早已定量反应，故由此测得的是 Ca^{2+}、Mg^{2+} 总量。另取同量试液，加入 NaOH 调节溶液酸度至 pH>12。此时镁以 $Mg(OH)_2$ 沉淀形式被掩蔽，选用钙指示剂为指示剂，用 EDTA 滴定 Ca^{2+}。由前后两次测定之差即得到镁含量。

表4-3列出部分金属离子常用的EDTA直接滴定法示例。

表4-3　EDTA直接滴定法示例

金属离子	pH	指示剂	其他主要滴定条件	终点颜色变化
Bi^{3+}	1	二甲酚橙	介质	紫红色→黄色
Ca^{2+}	12～13	钙指示剂		酒红色→蓝色
Cd^{2+}、Fe^{2+}、Pb^{2+}、Zn^{2+}	5～6	二甲酚橙	六亚甲基四胺	红紫色→黄色
Co^{2+}	5～6	二甲酚橙	六亚甲基四胺，加热至80℃	红紫色→黄色
Cd^{2+}、Mg^{2+}、Zn^{2+}	9～10	铬黑T	氨性缓冲液	红色→蓝色
Cu^{2+}	2.5～10	PAN	加热或加乙醇	红色→黄绿色
Fe^{3+}	1.5～2.5	磺基水杨酸	加热	红紫色→黄色
Mn^{2+}	9～10	铬黑T	氨性缓冲溶液，抗坏血酸或$NH_2OH·HCl$或酒石酸	红色→蓝色
Ni^{2+}	9～10	紫脲酸铵	加热至50～60℃	黄绿色→紫红色
Pb^{2+}	9～10	铬黑T	氨性缓冲溶液，加酒石酸，并加热至于40～70℃	红蓝色
Th^{2+}	1.7～3.5	二甲酚橙	介质	紫红色→黄色

二、返滴定法及应用

返滴定法是在适当的酸度下，在试液中加入定量且过量的EDTA标准溶液，加热（或不加热）使待测离子与EDTA配位完全，然后调节溶液的pH，加入指示剂，以适当的金属离子标准溶液作为返滴定剂，滴定过量的EDTA。

返滴定法适用于如下一些情况：

① 被测离子与EDTA反应缓慢；

② 被测离子在滴定的pH下会发生水解，又找不到合适的辅助配位剂；

③ 被测离子对指示剂有封闭作用，又找不到合适的指示剂。

例如，Al^{3+}与EDTA配位反应速率缓慢，而且对二甲酚橙指示剂有封闭作用；酸度不高时，Al^{3+}还易发生一系列水解反应，形成多种多核羟基配合物。因此Al^{3+}不能直接滴定。用返滴定法测定Al^{3+}时，先在试液中加入一定量并过量的EDTA标准溶液，调节pH=3.5，煮沸以加速Al^{3+}与EDTA的反应（此时溶液的酸度较高，又有过量EDTA存在，Al^{3+}不会形成羟基配合物）。冷却后，调节pH至5～6，以保证Al^{3+}与EDTA定量配位，然后以二甲酚橙为指示剂（此时 Al^{3+} 已形成 AlY，不再封闭指示剂），用 Zn^{2+} 标准溶液滴定过量的 EDTA。

返滴定法中用作返滴定剂的金属离子 N 与 EDTA 的配合物 NY 应有足够的稳定性，以保证测定的准确度，但 NY 又不能比待测离子 M 与 EDTA 的配合物 MY 更稳定，否则将发生下式反应（略去电荷），使测定结果偏低。

$$N+MY \rightleftharpoons NY+M$$

上例中 ZnY^{2-} 虽比 AlY^{3-} 稍稳定（$\lg K_{ZnY}=16.5$，$\lg K_{AlY}=16.1$），但因 Al^{3+} 与 EDTA 配位缓慢，一旦形成，离解也慢。因此，在滴定条件下 Zn^{2+} 不会把 AlY 中的 Al^{3+} 置换出来。但是，如果返滴定时温度较高，AlY 活性增大，就有可能发生置换反应，使终点难于确定。表 4-4 列出了常用作返滴定剂的部分金属离子及其滴定条件。

表 4-4　常用作返滴定剂的金属离子和滴定条件

待测金属离子	pH	返滴定剂	指示剂	终点颜色变化
Al^{3+}，Ni^{2+}	5～6	Zn^{2+}	二甲酚橙	黄色→紫红色
Al^{3+}	5～6	Cu^{2+}	PAN	黄色→蓝紫色（或紫红色）
Fe^{2+}	9	Zn^{2+}	铬黑 T	蓝色→红色
Hg^{2+}	10	Mg^{2}，Zn^{2+}	铬黑 T	蓝色→红色
Sn^{4+}	2	Th^{4+}	二甲酚橙	黄色→红色

三、置换滴定法及应用

配位滴定中用到的置换滴定有下列两类。

1. 置换出金属离子

例如，Ag^{+} 与 EDTA 配合物不够稳定（$\lg K_{AgY}=7.3$）不能用 EDTA 直接滴定。若在 Ag^{+} 试液中加入过量的 $Ni(CN)_4^{2-}$，则会发生如下置换反应：

$$2Ag^{+}+Ni(CN)_4^{2-} \longrightarrow 2Ag(CN)_2^{-}+Ni^{2+}$$

此反应的平衡常数 $\lg K_{AgY}=10.9$，反应进行较完全。在 pH=10 的氨性溶液中，以紫脲酸铵为指示剂，用 EDTA 滴定置换出 Ni^{2+}，即可求得 Ag^{+} 含量。

要测定银币试样中的 Ag 与 Cu，通常做法是：先将试样溶于硝酸后，加入氨调溶液的 pH=8，以紫脲酸铵为指示剂，用 EDTA 滴定 Cu^{2+}，再用置换滴定法测 Ag^{+}。

紫脲酸铵是配位滴定 Ca^{2+}、Ni^{2+}、Co^{2+} 和 Cu^{2+} 的一个经典指示剂，强氨性溶液滴定 Ni^{2+} 时，溶液由配合物的紫色变为指示剂的黄色，变色敏锐。由于 Cu^{2+} 与指示剂的稳定性差，只能在弱氨性溶液中滴定。

2. 置换出 EDTA

用返滴定法测定可能含有 Cu、Pb、Zn、Fe 等杂质离子的某复杂试样中的 Al^{3+} 时，实际测得的是这些离子的合量。为了得到准确的 Al^{3+} 量，在返滴定至终点后，加入 NH_4F，F^{-} 与溶液中的 AlY^{-} 反应，生成更为稳定的 AlF_6^{3-}，置换出与 Al^{3+} 相当量的 EDTA。

$$AlY^{-}+6F^{-}+2H^{2+} = AlF_6^{3-}+H_2Y^{2-}$$

置换出的EDTA，再用Zn^{2+}标准溶液滴定，由此可得Al^{3+}的准确含量。

锡的测定也常用此法。如测定锡-铅焊料中锡、铅含量，试样溶解后加入一定量并过量的EDTA，煮沸，冷却后用六亚甲基四胺调节溶液pH至5～6，以二甲酚橙作指示剂，用Pb^{2+}标准溶液滴定Sn^{4+}和Pb^{2+}的总量。然后再加入过量的NH_4F，置换出SnY中的EDTA，再用Pb^{2+}标准溶液滴定，即可求得Sn^{4+}的含量。

置换滴定法不仅能扩大配位滴定法的应用范围，还可以提高配位滴定法的选择性。

四、间接滴定法及应用

有些离子和EDTA生成的配合物不稳定，如Na^+，K^+等；有些离子和EDTA不配位，如SO_4^{2-}，PO_4^{3-}，CN^-，Cl^-等阴离子。这些离子可采用间接滴定法测定。表4-5列出常用的部分离子的间接滴定法以供参考。

表4-5　常用的间接滴定法

待测离子	主要步骤
K^+	沉淀为$K_2Na[Co(NO_2)_6]\cdot 6H_2O$经过滤、洗涤、溶解后测出其中的$Co^{3+}$
Na^+	沉淀为$NaZn(UO_2)_3Ac_9\cdot 9H_2O$
PO_4^{3-}	沉淀为$MgNH_4PO_4\cdot 6H_2O$,沉淀经过滤、洗涤、溶解,测定其中Mg^{2+}或测定滤液中过量的Mg^{2+}
S^{2-}	沉淀为CuS,测定滤液中过量的Cu^{2+}
SO_4^{2-}	沉淀为$BaSO_4$,测定滤液中过量的Ba^{2+},用Mg-Y铬黑T作指示剂
CN^-	加一定量并过量的Ni^{2+},使形成$Ni(CN)_4{}^{2-}$,测定过量的Ni^{2+}
Cl^-、Br^-、I^-	沉淀为卤化银,过滤,滤液中过量的Ag^+与$Ni(CN)_4{}^{2-}$置换，测定置换出的Ni^{2+}

任务实施

【目的】

1. 掌握配位滴定测定水的硬度的原理和方法；
2. 掌握铬黑T指示剂的使用条件；
3. 掌握总硬度的计算方法。

【原理】

一般含有Ca^{2+}、Mg^{2+}盐类的水叫硬水，有暂时硬度和永久硬度之分。暂时硬度指水中含有钙、镁的酸式碳酸盐，永久硬度指水中含有钙、镁的硫酸盐、氯化物、硝酸盐。通常将暂时硬度和永久硬度的总和称为“总硬度”。

$$Ca(HCO_3)_2 \xlongequal{} CaCO_3\downarrow + H_2O + CO_2\uparrow$$

$$Mg(HCO_3)_2 \xlongequal{} MgCO_3\downarrow + H_2O + CO_2\uparrow$$

$$\text{而}\ MgCO_3 + H_2O \xlongequal{} Mg(OH)_2\downarrow + CO_2\uparrow$$

在pH=10的条件下，用EDTA溶液滴定Ca^{2+}和Mg^{2+}，作为指示剂的铬黑T与Ca^{2+}、Mg^{2+}形成紫红色溶液。滴定中，游离的Ca^{2+}、Mg^{2+}首先与EDTA反应，到达终点时，溶液的颜色由紫红色变为亮蓝色。其反应如下：

滴定前：

$$Mg^{2+} + In \longrightarrow MgIn$$

$$Ca^{2+} + In \longrightarrow CaIn$$

蓝色　　　　酒红色

滴定时：

$$Mg^{2+} + Y \longrightarrow MgY$$

$$Ca^{2+} + Y \longrightarrow CaY$$

终点时：

$$MgIn + Y \longrightarrow MgY + In$$

$$CaIn + Y \longrightarrow CaY + In$$

酒红色　　　　　蓝色

水的硬度的表示方法有多种，随各国的习惯有所不同。

① 以度表示：$1° = 10 \times 10^{-6}$CaO，相当于10万份水中含1份CaO。

② 以水中CaO的浓度（$\times 10^{-6}$）计，即相当于每升水中含有多少毫克CaO。

本实验用上面第二种方法表示水的总硬度，即：

$$水总硬度 = \frac{c_{EDTA} V_{EDTA} \times \frac{M_{CaO} \times 1000}{1000}}{水样（mL）} \times 1000\ (mg/L)$$

【仪器和药品】

1. 仪器

50mL酸式滴定管（50mL酸碱通用滴定管）；250mL锥形瓶；烧杯；容量瓶；移液管（50mL）等。

2. 主要试剂

0.01mol/L EDTA标准溶液；$NH_3 \cdot H_2O\text{-}NH_4Cl$［缓冲溶液（pH约10）］；铬黑T（EBT）指示剂（5g/L）。

【步骤】

（1）吸取50.00mL水样置于250mL锥形瓶中，加4mL缓冲溶液（pH＝10），再加5滴EBT，立即用EDTA标液滴定。

（2）开始滴定时速度宜稍快，接近终点时易稍慢，并充分摇振，滴至紫红色变为亮蓝色即为滴定终点，记录消耗的EDTA体积。

（3）整个滴定过程应在5min内完成，平行三个样，一个空白。

（4）计算公式

$$\rho_{CaCO_3} = \frac{c_{EDTA}(V_1 - V_0) M_{CaCO_3}}{V_s} \times 1000\ (mg/L)$$

$$总硬度（°）= \frac{c_{EDTA}(V_1 - V_0) M_{CaO}}{V_s \times 10} \times 1000$$

式中　c_{EDTA}——EDTA浓度，mol/L；

V_1——滴定消耗EDTA体积，mL；

V_0——空白消耗EDTA体积，mL；

V_s——水样的体积，mL。

【数据记录与处理】

试样名称：　　　　　　　　　　　　　　　室温：

项目＼次数		1	2	3
样液体积 V_s /mL				
标准溶液读数	终读数/mL			
	初读数/mL			
	净读数/mL			
滴定管校正值 /mL				
温度校正值/mL				
标液实际用量 V_1/mL				
空白试验 V_0/mL				
ρ_{CaCO_3}/(g/L)				
$\bar{\rho}_{CaCO_3}$/(g/L)				
总硬度/(°)				
总硬度平均值/(°)				
相对平均偏差/%				

【注意事项】

1. 配位滴定反应进行较慢，因此滴定速度不宜太快，尤其临近终点时，更应缓慢滴定，并充分摇动。

2. 滴定应在 30～40℃进行，若室温太低，应将溶液略加热。

3. 加入缓冲溶液后必须立即滴定，并在 5min 内完成（GB 6909—2008）。

4. 本实验用水要求较高，为二次水。

【任务训练】

1. 用 EDTA 滴定 Ca^{2+}、Mg^{2+} 时，为什么要加氨性缓冲溶液？

2. 用铬黑 T 指示剂时，为什么要控制 pH 约 10？

3. 写出测定 Ca^{2+} 终点前后的各反应式，说明指示剂颜色变化的原因。

任务三

铅、铋混合液中 Pb^{2+} 、 Bi^{3+} 的连续滴定

任务实施

【目的】

1. 熟悉用 EDTA 标准滴定溶液进行连续滴定的原理和方法；

2. 了解调节酸度提高 EDTA 选择性的方法；

3. 熟悉提高平行测定的精密度；

4.学会钙指示剂的应用条件和重点颜色判断。

【原理】

EDTA是一种很好的氨羧配位剂，能和许多种金属离子生成很稳定的配合物，广泛用来滴定金属离子。EDTA难溶于水，实验用的是它的二钠盐。

Pb^{2+}、Bi^{3+}均能与EDTA形成稳定的1∶1配合物，lg$K$值分别为27.94和18.04。由于两者的lg$K$相差很大，故可利用酸效应，控制不同的酸度，用EDTA连续滴定Pb^{2+}和Bi^{3+}。

在Pb^{2+}和Bi^{3+}混合溶液中，首先调节溶液的pH=1，以二甲酚橙（XO）作指示剂，Bi^{3+}与指示剂形成紫红色配合物，而Pb^{2+}在该条件下不与二甲酚橙显色，用EDTA标准溶液滴定Bi^{3+}，当溶液由紫红色突变为亮黄色时，即为滴定Bi^{3+}的终点。

在滴定Bi^{3+}后的溶液中，加入六亚甲基四胺溶液，调节溶液pH=5～6。此时，Pb^{2+}与二甲酚橙生成紫红色配合物，溶液又呈现紫红色，然后用EDTA标准溶液继续滴定，当溶液由紫红色突变为亮黄色，即为滴定Pb^{2+}的终点，从而可分别计算Pb^{2+}、Bi^{3+}的含量。

【仪器和药品】

1.仪器

50mL酸式滴定管（50mL酸碱通用滴定管）；250mL锥形瓶；烧杯；容量瓶；移液管等。

2.主要试剂

0.02mol/L EDTA标准溶液；二甲酚橙指示剂（2g/L）；六亚甲基四胺溶液（200g/L）；HCl溶液（1∶1）；Pb^{2+}和Bi^{3+}混合试液（含Pb^{2+}、Bi^{3+}各约为0.01mol/L）。

【步骤】

1.EDTA溶液的标定

准确称取在120℃烘干的碳酸钙0.5～0.55g一份，置于250mL的烧杯中，用少量蒸馏水润湿，盖上表面皿，缓慢加1∶1HCl 10mL，加热溶解定量地转入250mL容量瓶中，定容后摇匀。吸取25mL，注入锥形瓶中，加20mL NH_3-NH_4Cl缓冲溶液，铬黑T指示剂2～3滴，用欲标定的EDTA溶液滴定到由紫红色变为纯蓝色即为终点，计算EDTA溶液的准确浓度。

2.混合液中铋含量的测定

用移液管准确移取25.00mL Pb^{2+}、Bi^{3+}混合试液3份，分别注入250mL锥形瓶中，用HCl溶液调节pH=1.0，加2滴二甲酚橙指示剂，用EDTA标准溶液滴定至溶液由紫红色突变为亮黄色，即为终点，记下滴定时消耗EDTA标准溶液的体积V_1（mL），计算混合溶液中Bi^{3+}的含量（g/L）。

3.混合液中铅含量的测定

在滴定Bi^{3+}后的溶液中，加入20%六亚甲基四胺溶液至溶液呈现稳定的紫红色后，再过量5mL，此时溶液的pH=5～6。再用EDTA标准溶液滴定至溶液由紫红色突变为亮黄色，即为滴定Pb^{2+}的终点，记下滴定时消耗EDTA标准溶液的体积V_2（mL），计算混合溶液中Pb^{2+}的含量（g/L）。

4.计算公式

$$c_{Bi^{3+}}=\frac{c_{EDTA}(V_1-V_0)}{V_s}\ (\text{mol/L})$$

$$c_{Pb^{2+}}=\frac{c_{EDTA}(V_2-V_1)}{V_s}\ (\text{mol/L})$$

式中　c_{EDTA}——EDTA浓度，mol/L；

V_1——测定铋含量时消耗EDTA体积，mL；

V_2——测定铅含量时消耗EDTA体积，mL；

V_0——空白消耗EDTA体积，mL；

V_s——混合试液的体积，mL。

【数据记录与处理】

试样名称：　　　　　　　　　　　　　　室温：

项目＼次数			1	2	3
样液体积 V_s/ mL			25.00		
标准溶液的浓度 c_{EDTA}/(mol/L)					
标准溶液读数	测定铋含量	终读数/mL			
		初读数/mL			
		净读数/mL			
	测定铅含量	终读数/mL			
		初读数/mL			
		净读数/mL			
滴定管校正值/mL					
温度校正值/mL					
空白试验 V_0/mL					
标液实际用量	V_1/mL				
	V_2/mL				
$c_{Bi^{3+}}$/(mol/L)					
$\overline{c_{Bi^{3+}}}$/(mol/L)					
相对平均偏差/%					
$c_{Pb^{2+}}$/(mol/L)					
$\overline{c_{Pb^{2+}}}$/(mol/L)					
相对平均偏差/%					

【注意事项】

1.溶解时切勿煮沸，溶解完全后即停止加热，以防HCl蒸干，造成迸溅，且加水溶解时由于酸度过低导致Bi^{3+}水解。

2.所加六亚甲基四胺是否够量，就在第一次滴定时用pH试纸检验（pH约5），以便调整后继续滴定。

【任务训练】

1.按本实验操作，滴定Bi^{3+}的起始酸度是否超过滴定Bi^{3+}的最高酸度？滴定至Bi^{3+}的终点时，溶液中酸度为多少？此时在加入10mL、200g/L六亚四基四胺后，溶液pH约为多少？

2.能否取等量混合试液两份，一份控制pH约1.0滴定Bi^{3+}，另一份控制pH为5～6滴定Bi^{3+}、Pb^{2+}总量？为什么？

3.滴定Pb^{2+}时要调节溶液pH为5～6，为什么加入六亚四基四胺而不加入醋酸钠？

项目五

工业用水DO的测定

空气中的分子态氧溶解在水中称为溶解氧（DO）。当水体受到还原性物质污染时，溶解氧即下降，而有藻类繁殖时，溶解氧呈过饱和，因此，水体中溶解氧的变化情况，在一定程度上反映了水体受污染的程度。水中溶解氧的含量与大气压、水温、藻类的含量、光照强度及含盐量等因素有关。大气压降低、水温升高、含盐量增加，都会导致溶解氧含量降低。当水中溶解氧低于 3～4mg/L 时，许多鱼类呼吸困难；当溶解氧在 2mg/L 以下时，水体就会发臭。一般规定水体中的溶解氧至少在 4mg/L 以上。

知识链接

氧化还原滴定法是以氧化还原反应为基础的滴定分析方法。即以溶液中氧化剂与还原剂之间电子转移为基础的一种滴定分析方法。它的应用广泛，能直接或间接测定很多无机物和有机物。氧化还原反应的特点是反应机理比较复杂，往往分步完成。氧化还原反应中除主反应外，还经常伴有各种副反应，而且反应速率一般较慢。

常见的氧化还原法分为：高锰酸钾法；重铬酸钾法；碘量法；溴酸盐法和钒酸盐法等。

测定水中溶解氧的方法有碘量法、比色法、膜电极法和电化学探头法等。本项目中介绍碘量法测定方法。

任务一 硫代硫酸钠标准溶液的配制和标定

知识链接

1. 碘量法方法概述

碘量法是基于 I_2 的氧化性及其 I^- 的还原性进行测定的氧化还原法 I_2 在水中易挥发且溶解度很小，通常将其溶解于 KI 溶液中形成 I_3^-。

$$I_3^- + 2e^- \!=\!=\!= 3I^-$$

为了简化并强调其化学计量关系我们仍用

$$I_2+2e^-=2I^- \qquad \varphi^\ominus (I_3/I^-)=0.545V$$

可见 I_2 是较弱的氧化剂，I^- 是中等强度的还原剂。

直接碘量法（碘滴定法）测定：$S_2O_3^{2-}$，SO_3^{2-}，As（Ⅲ），Sn（Ⅱ）。

间接碘量法（滴定碘法）测定：MnO_4^-，$Cr_2O_7^{2-}$，H_2O_2，Cu^{2+}，Fe^{3+}。

【方法优点】

① 既可以测定还原性物质，也可以测定氧化性物质。

② I_3^-/I 电对可逆性好，副反应少。

③ 弱酸性、中性或碱性介质中均可滴定。

④ 淀粉指示剂灵敏度高。

【方法缺点】

① I_2 易挥发。

② I^- 易被空气氧化。

【克服几点】

① 加入过量 KI 生成 I_3^-。

② 温度不宜过高。

③ 析出 I_2 的反应最好在带塞的碘量瓶中进行。

④ 反应完全时立即滴定。

2. 碘与硫代硫酸钠的反应

$$I_2+2S_2O_3^{2-}=2I^-+S_4O_6^{2-}$$

中性弱酸性溶液中进行，　$I_2:S_2O_3^{2-}=1:2$

强酸条件下：

$$S_2O_3^{2-}+2H^+=H_2SO_3+S\downarrow$$

$$I_2+H_2SO_3+H_2O=SO_4^{2-}+2I^-+4H^+$$

$$I_2:S_2O_3^{2-}=1:1$$

若 $S_2O_3^{2-}$ 滴定 I_2，酸度可允许 3～4mol/L，生成 $S_4O_6^{2-}$ 速率较快 I_2 滴定 $S_2O_3^{2-}$，则不能在此酸性溶液中进行。

强碱性条件下：$3I_2+6OH^-=5I^-+IO_3^-+3H_2O$　（歧化反应）

$$4I_2+S_2O_3^{2-}+10OH^-=2SO_4^{2-}+8I^-+5H_2O$$

$$I_2:S_2O_3{}^{2-}=4:1$$

$S_2O_3^{2-}$ 滴定 I_2：pH<9。

I_2 滴定 $S_2O_3^{2-}$：pH<11。

任务实施

【目的】

1. 掌握 $Na_2S_2O_3$ 溶液的配制方法和保存条件；

2. 学习碘量法标定 $Na_2S_2O_3$ 溶液的方法；

3. 了解淀粉指示剂的作用原理和正确判断终点的方法。

【原理】

以氧化还原反应为基础的化学滴定分析方法，称为氧化还原滴定法。此法适用于测定氧化剂、还原剂以及能与氧化剂或还原剂定量反应的物质。氧化还原滴定法通常根据滴定剂（氧化剂）分类和命名。如高锰酸钾法、重铬酸钾法、碘量法，溴酸盐法和铈量法等。

1. $Na_2S_2O_3$ 标准溶液的配制

硫代硫酸钠含有5个结晶水（$Na_2S_2O_3 \cdot 5H_2O$）容易风化潮解，且易受空气和微生物的作用而分解。并含有少量杂质。因此不能直接称量配制成标准溶液，而且配好的 $Na_2S_2O_3$ 溶液不稳定，容易与空气中的氧气、水中的 CO_2 作用以及微生物作用分解，导致浓度的变化。因此需用新煮沸后冷却的蒸馏水配制，并加入少量 Na_2CO_3，使溶液呈微碱性并抑制细菌生长。配好的 $Na_2S_2O_3$ 溶液应贮于棕色瓶中，放置暗处，经7～14天后再标定。

2. $Na_2S_2O_3$ 标准溶液的标定

$Na_2S_2O_3$ 溶液常用 $K_2Cr_2O_7$ 基准试剂标定。在酸性溶液中它与KI作用析出等计量 I_2，然后用溶液滴定析出碘，其反应如下：

$$Cr_2O_7^{2-} + 6I^- + 14H^+ = 2Cr^{3+} + 3I_2 + 7H_2O$$

$$I_2 + 2S_2O_3^{2-} = 2I^- + S_4O_6^{2-}$$

定量关系：$K_2Cr_2O_7 = 3I_2 = 6Na_2S_2O_3$

基准物：$K_2Cr_2O_7$；

其他试剂：KI、H_2SO_4 等；

指示剂：新鲜淀粉，接近终点时加入；

滴定条件：弱酸及中性，摇匀幅度小。

根据 $K_2Cr_2O_7$ 质量及 $Na_2S_2O_3$ 溶液用量即可算出 $Na_2S_2O_3$ 溶液的准确浓度。

【仪器和药品】

1. 仪器

滴定管、碘量瓶、分析天平。

2. 药品

$Na_2S_2O_3 \cdot 5H_2O$、Na_2CO_3、$K_2Cr_2O_7$ 基准试剂、20% H_2SO_4、KI、10g/L 淀粉溶液。

【步骤】

1. 0.1 mol/L $Na_2S_2O_3$ 标准溶液的配制

称取26g $Na_2S_2O_3$ 于1000mL新煮沸经冷却的蒸馏水，待完全溶解后，加入约0.2g Na_2CO_3，摇匀，保存于棕色瓶中。在暗处放置7～14天后标定。加入少量 Na_2CO_3 使溶液呈弱碱性（抑制细菌生长）。

2. 0.1mol/L $Na_2S_2O_3$ 标准溶液的标定

① 用天平称取0.14～0.15g重铬酸钾基准物，精确至0.0001g，置于碘量瓶中。

② 加25mL水溶解，加2.2g碘化钾固体及20mL浓度为20%的硫酸溶液（1+5），立即盖上塞子。

③ 水封碘量瓶，摇匀，于暗处放置10min后取出，用水冲洗瓶塞、瓶口、瓶颈及内壁，加150mL水（最好水温15～20℃）。

④ 立即用待标硫代硫酸钠标准滴定溶液滴定，近终点时（溶液呈浅黄色），加2mL（10g/L）淀粉指示剂，继续滴定至溶液由蓝色变为亮绿色即为终点。

⑤ 平行测定四组，同时做空白试验。

3.计算公式

硫代硫酸酸钠标准滴定溶液浓度（$c_{Na_2S_2O_3}$）数值以（mol/L）表示，按下式计算：

$$c_{Na_2S_2O_3}=\frac{m\times10^3}{(V_1-V_0)\ M\left(\frac{1}{6}K_2Cr_2O_7\right)}$$

式中　$c_{Na_2S_2O_3}$——硫代硫酸钠标准滴定溶液浓度的准确数值，mol/L；

V_1——测定试样消耗硫代硫酸钠标准滴定溶液体积的准确数值，mL；

V_0——空白试验消耗硫代硫酸钠标准滴定溶液体积的准确数值，mL；

m——试样 $K_2Cr_2O_7$ 质量的准确数值，g；

$M(\frac{1}{6}K_2Cr_2O_7)$——基本单元为$\frac{1}{6}K_2Cr_2O_7$ 的重铬酸钾的摩尔质量，49.031g/mol。

【数据记录与处理】

$Na_2S_2O_3$ 溶液的标定

编号 项目	1	2	3
倾出前(称量瓶＋$K_2Cr_2O_7$)质量/g			
倾出后(称量瓶＋ $K_2Cr_2O_7$)质量/g			
$K_2Cr_2O_7$ 质量/g			
$Na_2S_2O_3$ 溶液终读数/mL			
$Na_2S_2O_3$ 溶液初读数/mL			
消耗 $Na_2S_2O_3$ 溶液体积/mL			
$Na_2S_2O_3$ 溶液的浓度/(mol/L)			
$Na_2S_2O_3$ 的平均浓度/(mol/L)			
相对平均偏差/%			

【注意事项】

1.用新煮沸并冷却的蒸馏水配制 $Na_2S_2O_3$。

2.淀粉指示剂不宜加入太早。否则 I_2 与淀粉提前结合成蓝色物质，这部分 I_2 不易与 $Na_2S_2O_3$ 反应，导致滴定分析误差。

3.$Cr_2O_7^{2-}+6I^-+14H^+ = 2Cr^{3+}+3I_2+7H_2O$　反应进行要加入过量的 KI 和 H_2SO_4，摇匀后再暗处放置 5min。加入过量的 KI 和 H_2SO_4，不仅为了加快反应速率，也为了防止 I_2 的挥发，此时生成 I^{3-} 配离子，由于 I^- 在酸性溶液中易被空气中的氧氧化，I_2 易被日光照射分解，故需要置于暗处避免见光。

4.$I_2+2S_2O_3^{2-} = 2I^-+S_4O_6^{2-}$　用硫代硫酸钠标准溶液滴定前要加入大量水稀释。由于第一步反应要求在强酸性溶液中进行，而 $Na_2S_2O_3$ 与 I_2 的反应必须在弱酸性或中性溶液中进行，因此需要加入水稀释以降低酸度，防止 $Na_2S_2O_3$ 分解。此外由于 $Cr_2O_7{}^{2-}$ 还原产物是 Cr^{3+} 显墨绿色，妨碍终点的观察，稀释后使溶液中 Cr^{3+} 浓度降低，墨绿色变浅，使终点易于观察。

5.滴定至终点后，经过 5min 以上，溶液又出现蓝色，这是由于空气氧化 I^- 所引起的，不影响分析结果；但如果到终点后溶液又迅速变蓝，表示 $Cr_2O_7{}^{2-}$ 与 I^- 的反应不完全，也可能是由于放置时间不够或溶液稀释过早，遇此情况应另取一份重新标定。

【任务训练】

1. 为提高准确度，滴定中应注意哪些问题？

2. 在配制 $Na_2S_2O_3$ 标准溶液时，为什么将溶液煮沸 10min？为什么常加入少量 Na_2CO_3？为什么放置两周后标定？

3. 为防止碘挥发，本实验中采取哪些措施？

任务二 工业用水中 DO 的测定

知识链接

1. 测定方法

(1) 在没有干扰的情况下，此方法适用于各种溶解氧浓度大于 0.2mg/L 和小于氧的饱和浓度两倍（约 20mg/L）的水样；一般清洁的水可用碘量法；

(2) 受污染的地表水和工业废水必须用修正的碘量法；

(3) 当溶解氧浓度较高时采用溶解氧仪直接测定。

本次任务使用碘量法进行测定。

2. 计算公式

$$溶解氧（mgO_2/L）=\frac{c_1V_1\times 8\times 1000}{V_2}$$

式中 c_1——硫代硫酸钠溶液的物质的量浓度，mol/L；

V_1——消耗的硫代硫酸钠溶液的体积，mL；

V_2——水样的体积，mL，V_2=100mL。

任务实施

【目的】

1. 掌握间接碘量法测定工业用水中 DO 的方法及原理。

2. 掌握氧化还原滴定的条件。

【原理】

基于溶解氧的氧化性，二价氢氧化锰在碱性溶液中，被水中溶解氧氧化成四价锰，并生成氢氧化物沉淀，但在酸性溶液中生成四价锰化合物又能将 KI 氧化而析出碘单质。析出碘的摩尔数与水中溶解氧存在一定的比例，因此用硫代硫酸钠的标准溶液滴定，根据硫代硫酸钠的用量，计算出水中溶解氧的含量。

【仪器和药品】

1. 仪器

溶解氧瓶（250mL）、锥形瓶（250mL）、酸式滴定管（25mL）、移液管（50mL）、洗耳球、1000mL 容量瓶、100mL 容量瓶、棕色容量瓶、电子天平。

2. 药品

硫酸锰、碘化钾、氢氧化钠、浓硫酸、淀粉、重铬酸钾、硫代硫酸钠。

【试剂的配制】

1. 硫酸锰溶液

称取48g分析纯硫酸锰（$MnSO_4 \cdot H_2O$）溶于蒸馏水，过滤后用水稀释至100mL于透明玻璃瓶中保存。此溶液加至酸化过的碘化钾溶液中，遇淀粉不得产生蓝色。

2. 碱性碘化钾溶液

称取50g分析纯氢氧化钠溶解于30～40mL蒸馏水中；另称取15g碘化钾溶于20mL蒸馏水中；待氢氧化钠溶液冷却后，将上述两溶液合并，混匀，加蒸馏水稀释至100mL。如有沉淀（如氢氧化钠溶液表面吸收二氧化碳生成碳酸钠），则放置过夜后，倾出上层清液，贮于棕色瓶中，用橡皮塞塞紧，避光保存。此溶液酸化后，遇淀粉应不呈蓝色。

3. 1+ 5硫酸溶液

略。

4. 1%（质量体积浓度）淀粉溶液

称取1g可溶性淀粉，用少量水调成糊状，再用刚煮沸的水稀释至100mL。现用现配，或者冷却后加入0.1g水杨酸或0.4g氯化锌防腐。

5. 0.0250mol/L（$1/6K_2Cr_2O_7$）重铬酸钾标准溶液

称取于105～110℃烘干2h并冷却的分析纯重铬酸钾1.2258g，溶于水，移入1000mL容量瓶中，用水稀释至标线，摇匀。

6. 硫代硫酸钠标准溶液

称取6.2g分析纯硫代硫酸钠（$Na_2S_2O_3 \cdot 5H_2O$）溶于水中，移入1000mL容量瓶中，用水稀释至标线，摇匀。贮于棕色瓶中，使用前用0.0250mol/L重铬酸钾标准溶液标定。

7. 硫代硫酸钠溶液

称取3.2g$Na_2S_2O_3 \cdot 5H_2O$→溶于煮沸放冷的水中→加入0.2g碳酸钠→用水稀释至1000mL。贮于棕色瓶中，使用前用0.0250mol/L重铬酸钾标准溶液标定。

【步骤】

1. 采集水样

先用水样冲洗溶解氧瓶后，沿瓶壁直接注入水样或用虹吸法将细管插入溶解氧瓶底部，注入水样至溢流出瓶容积的1/3～1/2。要注意不使水样曝气或有气泡残存在溶解氧瓶中。

2. 溶解氧的固定

用吸管（移液管）插入溶解氧瓶的液面下，加入1mL $MnSO_4$ 溶液、2mL碱性KI溶液，盖好瓶塞，颠倒混合数次，静置。待棕色沉淀物降至瓶内一半时，再颠倒混合一次，待沉淀物下降到瓶底。一般在取样现场固定。

3. 析出I_2

轻轻打开瓶塞，立即用吸管（移液管）插入液面下（约0.5cm）加入2.0mL H_2SO_4。小心盖好瓶塞，颠倒混合摇匀至沉淀物全部溶解为止，放置暗处5min。

4. 滴定

移取100.0mL上述溶液于250mL锥形瓶中，用$Na_2S_2O_3$溶液滴定至溶液呈淡黄色，加入1mL淀粉溶液，继续滴定至蓝色刚好褪去为止，记录$Na_2S_2O_3$溶液用量。按上述方法平行测定两次。

【数据记录与处理】

试样名称：　　　　　　　　　　　　　　　　室温：

项目＼次数		1	2	3
取样量 V_2/mL				
标准溶液读数	终读数/mL			
	初读数/mL			
	净读数/mL			
滴定管校正值/mL		/	/	/
温度校正值/mL		/	/	/
标液实际用量 V_1/mL				
$DO(O_2)$/(mg/L)				
$\overline{DO}(O_2)$/(mg/L)				
相对平均偏差/%				

【任务训练】

1.如果水样中含有氧化性物质（如游离氯大于0.1mg/L时），应对水样做怎样的处理？

2.如果水样呈强酸性或强碱性，需不需要先调节pH值？

3.水样采集后，应加入硫酸锰和碱性碘化钾溶液以固定溶解氧，当水样含有藻类、悬浮物、氧化还原性物质，必须进行预处理。预处理怎么操作？

项目六

工业双氧水的测定

过氧化氢化学式为 H_2O_2，俗称双氧水。外观为无色透明液体，是一种强氧化剂，其水溶液适用于医用伤口消毒及环境消毒和食品消毒。在一般情况下会分解成水和氧气，但分解速率极其慢，加快其反应速率的办法是加入催化剂——二氧化锰或用短波射线照射。

过氧化氢对有机物有很强的氧化作用，一般作为氧化剂使用。双氧水的用途分医用、军用和工业用三种，日常消毒的是医用双氧水，医用双氧水可杀灭肠道致病菌、化脓性球菌，致病酵母菌，一般用于物体表面消毒。双氧水具有氧化作用，但医用双氧水浓度等于或低于3%，擦拭到创伤面，会有灼烧感、表面被氧化成白色并冒气泡，用清水清洗一下就可以了，过 3～5min 就恢复原来的肤色。

知识链接

化学工业用作生产过硼酸钠、过碳酸钠、过氧乙酸、亚氯酸钠、过氧化硫脲等的原料，酒石酸、维生素等的氧化剂。医药工业用作杀菌剂、消毒剂，以及生产福美双杀虫剂和 401 抗菌剂的氧化剂。印染工业用作棉织物的漂白剂，还原染色后的发色剂。用于生产金属盐类或其他化合物时除去铁及其他重金属。也用于电镀液，可除去无机杂质，提高镀件质量。还用于羊毛、生丝、纸浆、脂肪等的漂白。高浓度的过氧化氢可用作火箭动力燃料。

工业的生产中常用高锰酸钾法来测定双氧水的含量。

高锰酸钾法（$KMnO_4$）是一种强的氧化剂，其氧化能力和还原的产物与溶液的酸度有关：

强酸性：Mn^{2+}

$$MnO_4^- + 8H^+ + 5e^- \longrightarrow Mn^{2+} + 4H_2O \quad \varphi^\ominus = 1.491V$$

弱酸性，中性，弱碱性　MnO_2

$$MnO_4^- + 2H_2O + 3e^- \longrightarrow MnO_2 + 4OH^- \quad \varphi^\ominus = 0.58V$$

强碱性　MnO_4^{2-}

$$MnO_4^- + e^- \longrightarrow MnO_4^{2-} \quad \varphi^\ominus = 0.564V$$

滴定一般在强酸性溶液中进行，一般使用 H_2SO_4。

【优点】

① 氧化能力强，可直接间接测定多种无机物和有机物。

② MnO_4^- 本身有色，产物颜色改变，一般无需加指示剂。

【缺点】

① 标准溶液不太稳定（暗处静置数天）；

② 容易发生副反应（反应历程较复杂）；

③ 选择性差（因为氧化能力过强）。

然而，只要用标准溶液配制，保存得当，滴定时严格控制条件，上述缺点可以克服。

任务一 高锰酸钾标准溶液的配制和标定

知识链接

$KMnO_4$ 配制与标定（标准溶液）：$KMnO_4$ 固体中由于有少量杂质，并且易分解，故不能直接配制标准溶液。需要先过量一点配制煮沸冷却于棕色瓶中，暗处放置一周，过滤后用 $H_2C_2O_4 \cdot 2H_2O$ 或 $Na_2C_2O_4$ 等基准物质标定。

$$2MnO_4^- + 5C_2O_4^{2-} + 16H^+ = 2Mn^{2+} + 10CO_2 + 8H_2O$$

温度：75～85℃，过高 $H_2C_2O_4$ 分解。

酸度：0.5～1mol/L，酸度不够，MnO_2 降低，酸度过高 $H_2C_2O_4$ 分解。

滴定过度：第一滴褪色，生成 Mn^{2+} 自身催化剂再适当加快，不能太快，否则 MnO_4^- 自动分解。

终点：半分钟不褪色，自身显色剂 $KMnO_4$ 紫红色。

任务实施

【目的】

1. 掌握配制标准溶液的方法。

2. 掌握用 $Na_2C_2O_4$ 作基准物标定 $KMnO_4$ 溶液浓度的原理及滴定条件。

【原理】

市售的 $KMnO_4$ 常含有少量杂质，如硫酸盐、氯化物及硝酸盐等，因此不能用精确称量的 $KMnO_4$ 来直接配制准确浓度的溶液，$KMnO_4$ 氧化能力强，还易和水中的有机物、空气中的尘埃及氨等还原性物质作用，$KMnO_4$ 能自行分解，见光分解更快。

$$4KMnO_4 + 2H_2O = 4MnO_2\downarrow + 4KOH + 3O_2\uparrow$$

由此可见，$KMnO_4$ 溶液的浓度易改变，配好的 $KMnO_4$ 溶液应进行标定。用草酸钠 $Na_2C_2O_4$ 作基准物来标定。

$$2MnO_4^- + 5C_2O_4^{2-} + 16H^+ = 2Mn^{2+} + 10CO_2\uparrow + 8H_2O$$

【仪器和药品】

$KMnO_4$，$Na_2C_2O_4$，3mol/L 的 H_2SO_4；

天平、玻璃塞试剂瓶、棕色试剂瓶、酸式滴定管。

【步骤】

1. $KMnO_4$ 溶液的配制

用台称称取 $KMnO_4$ 1.6g 置于烧杯中，加蒸馏水 50～100mL 用玻璃棒搅拌，溶解后稀释至 500mL。将配好的 $KMnO_4$ 溶液加热并保持微沸 1h，冷却，转入玻璃塞试剂瓶，放置 2～3 天，使溶液中的还原性杂质被完全氧化。过滤，滤去沉淀，将过滤的 $KMnO_4$ 溶液储存于棕色试剂瓶中，放入暗处，以待标定。

2. $KMnO_4$ 溶液的标定

准确称取 0.13～0.16g $Na_2C_2O_4$ 三份，分别置于 250mL 锥形瓶中加 100mL 水及 10mL 3mol/L 的 H_2SO_4，待 $Na_2C_2O_4$ 溶解后，加热至 70～85℃，用欲标定的 $KMnO_4$ 溶液在搅拌下缓慢滴定，滴定至溶液呈微红色，30s 不褪色，即为终点。在整个滴定过程中，溶液温度不低于 60℃。

计算出

$$c_{KMnO_4}=\frac{2n_{Na_2C_2O_4}}{5V_{KMnO_4}}$$

【数据记录与处理】

基准试剂名称：　　　　　　　　室温：

项目 \ 次数		1	2	3	4
基准试剂质量 m/g					
标准溶液读数	终读数/mL				
	初读数/mL				
	净读数/mL				
滴定管校正值/mL					
温度校正值/mL					
标液实际用量 V_1/mL					
空白试验 V_0/mL					
$KMnO_4$ 溶液浓度/(mol/L)					
$KMnO_4$ 浓度平均值/(mol/L)					
相对极差/%					
相对平均偏差/%					

【注意事项】

1. 标定 $KMnO_4$ 溶液时，温度控制不低于 60℃（75～80℃），不可沸腾；否则，$Na_2C_2O_4$ 分解。

2. $KMnO_4$ 应装在酸式滴定管中。

3. 滴定开始应缓慢进行。

4. $KMnO_4$ 滴定的终点不大稳定，是由于空气中含有还原性气体及尘埃等杂质，落入溶液能使 $KMnO_4$ 慢慢分解，而使粉红色消失。故经过 30s 不褪色，即可认为达到终点。

【任务训练】

1. 滴定过程中的温度如何控制？

2. 为什么 $KMnO_4$ 溶液配制完成后需要放置一段时间才能过滤杂质？

任务二 工业双氧水含量的测定

知识链接

(1) 双氧水测定做滴定时，滴定在酸性溶液中进行，反应时锰的氧化数由+7变到+2。开始时反应速率慢，滴入的 $KMnO_4$ 溶液褪色缓慢，待 Mn^{2+} 生成后，由于 Mn^{2+} 的催化作用加快了反应速率。

(2) 氧化还原滴定中的指示剂　在氧化还原滴定中，可以用电位法确定终点，但更经常地还是用指示剂来指示终点。应用于氧化还原滴定中的指示剂有如下三类：

① 自身指示剂　利用标准溶液或被滴定物质本身的颜色变化指示终点。

如 $KMnO_4 \longrightarrow Mn^{2+}$ 灵敏度较低。

② 显色指示剂（特殊指示剂）　有些物质（本身并不具有氧化还原性）能与滴定剂或被测产物产生特殊颜色。如碘量法中淀粉指示剂（变蓝）。

③ 氧化还原指示剂（本身是氧化剂或还原剂，其氧化态和还原态具有不同颜色）

$$\mathrm{In(Ox)} + ne^- \Longrightarrow \mathrm{In(Red)}$$

$$\varphi_{\mathrm{In}} = \varphi^{\ominus\prime}_{\mathrm{In}} + \frac{0.059}{n}\lg\frac{c_{\mathrm{In(Ox)}}}{c_{\mathrm{In(Red)}}}$$

变色范围 $\varphi^{\ominus\prime}_{\mathrm{In}} \pm \frac{0.059}{n}$。

任务实施

【目的】

1. 理解 $KMnO_4$ 法测定双氧水中 H_2O_2 含量的原理。

2. 掌握应用 $KMnO_4$ 法测定双氧水中 H_2O_2 含量的方法。

【原理】

在酸性溶液中，过氧化氢和 $KMnO_4$ 发生氧化还原反应。

$$5H_2O_2 + 2MnO_4^- + 6H^+ \Longrightarrow 2Mn^{2+} + 5O_2\uparrow + 8H_2O$$

上述反应需要有 Mn^{2+} 作催化剂，滴定开始时，MnO_4^- 的颜色消失很慢，待有 Mn^{2+} 生成后，反应就可以顺利进行，当出现微红色就达到终点。

$$c_{KMnO_4} = \frac{\dfrac{2m}{M_{Na_2C_2O_4}}}{5V_{KMnO_4}}$$

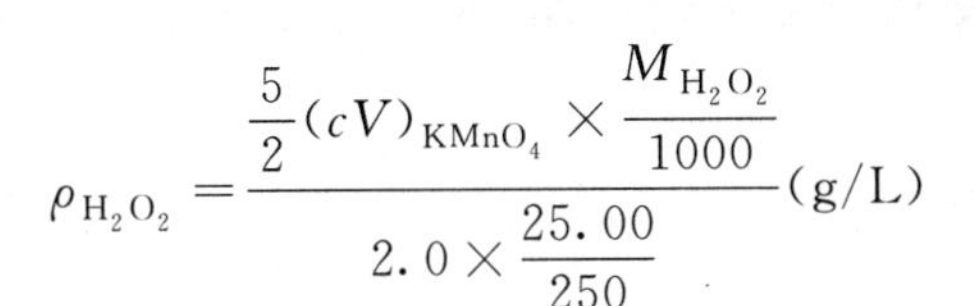

$$\rho_{H_2O_2}=\frac{\frac{5}{2}(cV)_{KMnO_4}\times\frac{M_{H_2O_2}}{1000}}{2.0\times\frac{25.00}{250}}(g/L)$$

【仪器和药品】

$KMnO_4$，$Na_2C_2O_4$，3mol/L 的 H_2SO_4，H_2O_2 溶液；

天平、玻璃塞试剂瓶、棕色试剂瓶、酸式滴定管、容量瓶。

【步骤】

1. $KMnO_4$ 溶液的配制

用台秤称取 $KMnO_4$ 1.6g 置于烧杯中，加蒸馏水 50～100mL 用玻璃棒搅拌，溶解后稀释至 500mL。将配好的 $KMnO_4$ 溶液加热并保持微沸 1h，冷却，转入玻璃塞试剂瓶，放置 2～3 天，使溶液中的还原性杂质被完全氧化。过滤，滤去沉淀，将过滤的 $KMnO_4$ 溶液储存于棕色试剂瓶中，放入暗处，以待标定。

2. $KMnO_4$ 溶液的标定

准确称取 0.13～0.16g $Na_2C_2O_4$ 三份，分别置于 250mL 锥形瓶中加 100mL 水及 10mL 3mol/L H_2SO_4，待 $Na_2C_2O_4$ 溶解后，加热至 70～85℃，用欲标定的 $KMnO_4$ 溶液在搅拌下缓慢滴定，滴定至溶液呈微红色，30s 不褪色，即为终点。在整个滴定过程中，溶液温度不低于 60℃。

$$计算出\ c_{KMnO_4}=\frac{2n_{Na_2C_2O_4}}{5V_{KMnO_4}}$$

3. H_2O_2 含量的测定

用吸量管移取 2.00mL 原装 H_2O_2 溶液，注入 250mL 容量瓶中，定容，摇匀，再移取稀释后的 H_2O_2 溶液 25.00mL 注入锥形瓶中，加 60mL 水、15mL 3mol/L 的 H_2SO_4，用标准 $KMnO_4$ 溶液滴定溶液呈微红色，1min 不褪色的即为终点。计算其含量。

【数据记录与处理】

试样名称：　　　　　　　　室温：　　　　　　　　$KMnO_4$ 标准溶液浓度：

项目＼次数		1	2	3
样液体积 V_s/mL				
标准溶液读数	终读数/mL			
	初读数/mL			
	净读数/mL			
滴定管校正值/mL				
温度校正值/mL				
标液实际用量 V_1/mL				
空白试验 V_0/mL				
H_2O_2 含量/(g/L)				
H_2O_2 含量平均值/(g/L)				
相对极差/%				
相对平均偏差/%				

【任务训练】

本次试验中指示剂是什么？在本次试验中使用滴定管时，应怎样读取 $KMnO_4$ 溶液体积？

项目七

氯碱厂粗盐水的测定

任务一

硝酸银标准滴定溶液的配制与标定

一、概述

沉淀滴定法（precipitation titrimetry）是以沉淀反应为基础的一种滴定分析方法。虽然沉淀反应很多，但是能用于滴定分析的沉淀反应必须符合下列几个条件：

① 沉淀反应必须迅速，并按一定的化学计量关系进行。

② 生成的沉淀应具有恒定的组成，而且溶解度必须很小。

③ 有确定化学计量点的简单方法。

④ 沉淀的吸附现象不影响滴定终点的确定。

由于上述条件的限制，能用于沉淀滴定法的反应并不多，目前有实用价值的主要是形成难溶性银盐的反应，例如：

$$Ag^{+}+Cl^{-} = AgCl\downarrow \text{（白色）}$$

$$Ag^{+}+SCN = AgSCN\downarrow \text{（白色）}$$

这种利用生成难溶银盐反应进行沉淀滴定的方法称为银量法（argentimetry）。用银量法主要用于测定 Cl^{-}、Br^{-}、I^{-}、Ag^{+}、CN^{-}、SCN^{-} 等离子及含卤素的有机化合物。除银量法外，沉淀滴定法中还有利用其他沉淀反应的方法，例如，$K_4[Fe(CN)_6]$与 Zn^{2+}、四苯硼酸钠与 K^{+} 形成沉淀的反应都可用于沉淀滴定法。

$$2K_4[Fe(CN)_6]+3Zn^{2+} = K_2Zn_3[Fe(CN)_6]_2\downarrow+6K^{+}$$

$$NaB(C_6H_5)_4+K^{+} = KB(C_6H_5)_4\downarrow+Na^{+}$$

本章主要讨论银量法。根据滴定方式的不同，银量法可分为直接法和间接法。直接法是用 $AgNO_3$ 标准溶液直接滴定待测组分的方法。间接法是先于待测试液中加入一定量的 $AgNO_3$ 标准溶液，再用 NH_4SCN 标准溶液来滴定剩余的 $AgNO_3$ 溶液的方法。

二、沉淀滴定曲线

银量法滴定过程中 Ag^+ 和 X^- 浓度的变化可用下式计算：

$$c_{r,e}(Ag^+)\ c_{r,e}(X^-) = K_{sp}^{\ominus}(AgX)$$

用 pAg 和 pX 分别表示 Ag^+ 和 X^- 浓度值的负对数，由上式得

$$pAg + pX = pK_{sp}^{\ominus}(AgX)$$

化学计量点前，可根据溶液中剩余的 X^- 浓度计算 pX 或 pAg。

化学计量点时，X^-、Ag^+ 两者浓度相等，即

$$pAg = pX = 1/2p\left[K_{sp}^{\ominus}(AgX)\right]$$

化学计量点后，由过量的 Ag^+ 浓度求得 pAg 或 pX。

按以上方法计算，用 0.1000mol/L $AgNO_3$ 分别滴定 20.00mL 0.1000 mol/L NaCl 和 20.00mL 0.1000mol/L NaBr 的数据见表 7-1，滴定曲线见图 7-1。

表 7-1　0.1000mol/L $AgNO_3$ 分别滴定 20.00 mL 同浓度的 NaCl 和 NaBr

滴入 $AgNO_3$ 溶液体积/mL	pCl	pAg	pBr	pAg
0.00	1.00	—	1.00	—
5.00	2.28	7.46	2.28	10.0
19.80	3.30	5.44	3.30	9.00
19.98	4.30	5.44	4.30	8.00
20.00	4.87	4.87	5.15	5.15
20.02	5.44	4.30	8.00	4.30
20.20	5.44	3.30	9.00	3.30 ⎫
22.00	7.42	2.32	10.0	2.30 ⎬ 突跃范围
40.00	8.44	1.30	11.0	1.30 ⎭

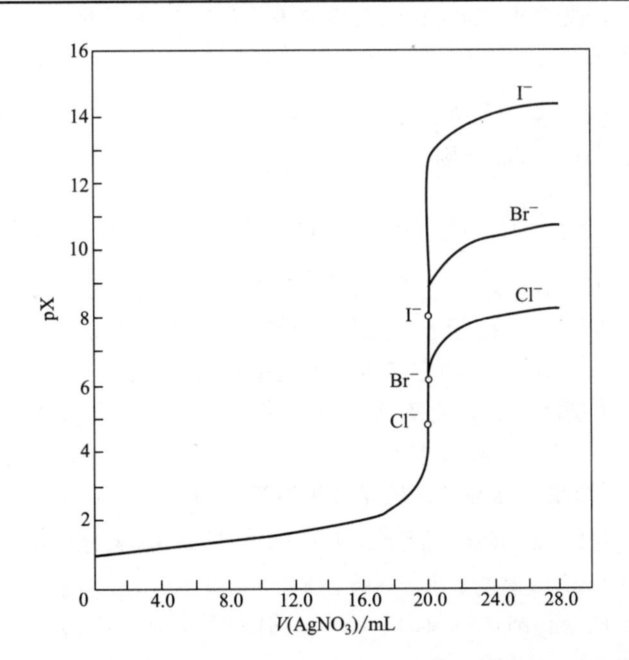

图 7-1　$AgNO_3$ 分别滴定 20.00mL 0.1000mol/L NaCl、NaBr、NaI 的滴定曲线

由以上可见，沉淀滴定突跃范围的大小与滴定剂、被滴定物质的浓度及沉淀的溶解度有关。浓度越小，突跃范围越小；沉淀的溶解度越小，突跃范围越大。例如用 0.1000mol/L $AgNO_3$ 分别滴定 0.1000mol/L NaCl、NaBr、NaI 的滴定曲线，因为 AgCl、AgBr、AgI 的溶解度依次减小，故滴定突跃范围依次增大。

三、银量法滴定终点的确定

根据确定滴定终点所采用的指示剂不同，银量法分为莫尔法（Mohr method）、佛尔哈德法（Volhard method）和法扬司法（Fajans method）。

（一）莫尔法-铬酸钾作指示剂法

莫尔法是以 K_2CrO_4 为指示剂，在中性或弱碱性介质中用 $AgNO_3$ 标准溶液测定卤素混合物含量的方法。

1.指示剂的作用原理

以测定 Cl^- 为例，K_2CrO_4 作指示剂，用 $AgNO_3$ 标准溶液滴定，其反应为：

$$Ag^+ + Cl^- \xlongequal{} AgCl\downarrow \quad \text{白色}$$

$$2Ag^+ + CrO_4^{2-} \xlongequal{} Ag_2CrO_4\downarrow \quad \text{砖红色}$$

这个方法的依据是多级沉淀原理，由于 AgCl 的溶解度比 Ag_2CrO_4 的溶解度小，因此在用 $AgNO_3$ 标准溶液滴定时，AgCl 先析出沉淀，当滴定剂 Ag^+ 与 Cl^- 达到化学计量点时，微过量的 Ag^+ 与 CrO_4^{2-} 反应析出砖红色的 Ag_2CrO_4 沉淀，指示滴定终点的到达。

2.滴定条件

（1）指示剂作用量　用 $AgNO_3$ 标准溶液滴定 Cl^-、指示剂 K_2CrO_4 的用量对于终点指示有较大的影响，CrO_4^{2-} 浓度过高或过低，Ag_2CrO_4 沉淀的析出就会过早或过迟，就会产生一定的终点误差。因此要求 Ag_2CrO_4 沉淀应该恰好在滴定反应的化学计量点时出现。化学计量点时 $[Ag^+]$ 为：

$$[Ag^+] = [Cl^-] = \sqrt{K_{sp,AgCl}} = \sqrt{3.2\times10^{-10}}\ mol/L = 1.8\times10^{-5}\ mol/L$$

若此时恰有 Ag_2CrO_4 沉淀，则

$$[CrO_4^{2-}] = \frac{K_{sp,Ag_2CrO_4}}{[Ag^+]^2} = 5.0\times10^{-12}/(1.8\times10^{-5})^2\ mol/L = 1.5\times10^{-2}\ mol/L$$

在滴定时，由于 K_2CrO_4 显黄色，当其浓度较高时颜色较深，不易判断砖红色的出现。为了能观察到明显的终点，指示剂的浓度以略低一些为好。实验证明，滴定溶液中 $c(K_2CrO_4)$ 为 5×10^{-3}mol/L 是确定滴定终点的适宜浓度。

显然，K_2CrO_4 浓度降低后，要使 Ag_2CrO_4 析出沉淀，必须多加些 $AgNO_3$ 标准溶液，这时滴定剂就过量了，终点将在化学计量点后出现，但由于产生的终点误差一般都小于 0.1%，不会影响分析结果的准确度。但是如果溶液较稀，如用 0.01000mol/L $AgNO_3$ 标准溶液滴定 0.01000mol/L Cl^- 溶液，滴定误差可达 0.6%，影响分析结果的准确度，应做指示剂空白试验进行校正。

（2）滴定时的酸度　在酸性溶液中，CrO_4^{2-} 有如下反应：

$$2CrO_4^{2-} + 2H^+ \rightleftharpoons 2HCrO_4^- \rightleftharpoons Cr_2O_7^{2-} + H_2O$$

因而降低了 CrO_4^{2-} 的浓度，使 Ag_2CrO_4 沉淀出现过迟，甚至不会沉淀。

在强碱性溶液中，会有棕黑色 $Ag_2O\downarrow$ 沉淀析出：

$$2Ag^+ + 2OH^- \rightleftharpoons Ag_2O\downarrow + H_2O$$

因此，莫尔法只能在中性或弱碱性（pH=6.5～10.5）溶液中进行。若溶液酸性太强，可用 $Na_2B_4O_7 \cdot 10H_2O$ 或 $NaHCO_3$ 中和；若溶液碱性太强，可用稀 HNO_3 溶液中和；而在有 NH_4^+ 存在时，滴定的 pH 范围应控制在 6.5～7.2 之间。

3. 应用范围

莫尔法主要用于测定 Cl^-、Br^- 和 Ag^+，如氯化物、溴化物纯度测定以及天然水中氯含量的测定。当试样中 Cl^- 和 Br^- 共存时，测得的结果是它们的总量。若测定 Ag^+，应采用返滴定法，即向 Ag^+ 的试液中加入过量的 NaCl 标准溶液，然后再用 $AgNO_3$ 标准溶液滴定剩余的 Cl^-（若直接滴定，先生成的 Ag_2CrO_4 转化为 AgCl 的速率缓慢，滴定终点难以确定）。莫尔法不宜测定 I^- 和 SCN^-，因为滴定生成的 AgI 和 AgSCN 沉淀表面会强烈吸附 I^- 和 SCN^-，使滴定终点过早出现，造成较大的滴定误差。

莫尔法的选择性较差，凡能与 CrO_4^{2-} 或 Ag^+ 生成沉淀的阳、阴离子均干扰滴定。前者如 Ba^{2+}、Pb^{2+}、Hg^{2+} 等；后者如 SO_3^{2-}、PO_4^{3-}、AsO_4^{3-}、S^{2-}、$C_2O_4^{2-}$ 等。

（二）佛尔哈德法-铁铵矾作指示剂

佛尔哈德法是在酸性介质中，以铁铵矾 [$NH_4Fe(SO_4)_2 \cdot 12H_2O$] 作指示剂来确定滴定终点的一种银量法。根据滴定方式的不同，佛尔哈德法分为直接滴定法和返滴定法两种。

1. 直接滴定法测定 Ag^+

在含有 Ag^+ 的 HNO_3 介质中，以铁铵矾作指示剂，用 NH_4SCN 标准溶液直接滴定，当滴定到化学计量点时，微过量的 SCN^- 与 Fe^{3+} 结合生成红色的 $[FeSCN]^{2+}$ 即为滴定终点。其反应是

$$Ag^+ + SCN^- = AgSCN\downarrow \text{（白色）} \qquad K_{sp,AgSCN} = 2.0\times10^{-12}$$

$$Fe^{3+} + SCN^- = [FeSCN]^{2+} \text{（红色）} \qquad K = 200$$

由于指示剂中的 Fe^{3+} 在中性或碱性溶液中将形成 $Fe(OH)^{2+}$、$Fe(OH)_2^+$ 等深色配合物，碱度再大，还会产生 $Fe(OH)_3$ 沉淀，因此滴定应在酸性（0.3～1 mol/L）溶液中进行。

用 NH_4SCN 溶液滴定 Ag^+ 溶液时，生成的 AgSCN 沉淀能吸附溶液中的 Ag^+，使 Ag^+ 浓度降低，以致红色的出现略早于化学计量点。因此在滴定过程中需剧烈摇动，使被吸附的 Ag^+ 释放出来。

此法的优点在于可用来直接测定 Ag^+，并可在酸性溶液中进行滴定。

2. 返滴定法测定卤素离子

佛尔哈德法测定卤素离子（如 Cl^-、Br^-、I^- 和 SCN）时应采用返滴定法。即在酸性（HNO_3 介质）待测溶液中，先加入已知过量的 $AgNO_3$ 标准溶液，再用铁铵矾作指示剂，用 NH_4SCN 标准溶液回滴剩余的 Ag^+（HNO_3 介质）。反应如下：

$$\underset{\text{过量}}{Ag^+} + Cl^- = AgCl\downarrow \text{（白色）}$$

$$Ag^{+} + \underset{\text{剩余量}}{SCN^{-}} = AgSCN\downarrow \text{（白色）}$$

终点指示反应： $Fe^{3+} + SCN^{-} = [FeSCN]^{2+}$ （红色）

用佛尔哈德法测定 Cl^{-}，滴定到临近终点时，经摇动后形成的红色会褪去，这是因为 AgSCN 的溶解度小于 AgCl 的溶解度，加入的 NH_4SCN 将与 AgCl 发生沉淀转化反应

$$AgCl + SCN^{-} = AgSCN\downarrow + Cl^{-}$$

沉淀的转化速率较慢，滴加 NH_4SCN 形成的红色随着溶液的摇动而消失。这种转化作用将继续进行到 Cl^{-} 与 SCN^{-} 浓度之间建立一定的平衡关系，才会出现持久的红色，无疑滴定已多消耗了 NH_4SCN 标准滴定溶液。为了避免上述现象的发生，通常采用以下措施：

（1）试液中加入一定过量的 $AgNO_3$ 标准溶液之后，将溶液煮沸，使 AgCl 沉淀凝聚，以减少 AgCl 沉淀对 Ag^{+} 的吸附。滤去沉淀，并用稀 HNO_3 充分洗涤沉淀，然后用 NH_4SCN 标准滴定溶液回滴滤液中的过量 Ag^{+}。

（2）在滴入 NH_4SCN 标准溶液之前，加入有机溶剂硝基苯或邻苯二甲酸二丁酯或1，2-二氯乙烷。用力摇动后，有机溶剂将 AgCl 沉淀包住，使 AgCl 沉淀与外部溶液隔离，阻止 AgCl 沉淀与 NH_4SCN 发生转化反应。此法方便，但硝基苯有毒。

（3）提高 Fe^{3+} 的浓度以减小终点时 SCN^{-} 的浓度，从而减小上述误差［实验证明，一般溶液中 $c(Fe^{3+}) = 0.2mol/L$ 时，终点误差将小于 0.1%］。

佛尔哈德法在测定 Br^{-}、I^{-} 和 SCN^{-} 时，滴定终点十分明显，不会发生沉淀转化，因此不必采取上述措施。但是在测定碘化物时，必须加入过量 $AgNO_3$ 溶液之后再加入铁铵矾指示剂，以免 I^{-} 对 Fe^{3+} 的还原作用而造成误差。强氧化剂和氮的氧化物以及铜盐、汞盐都与 SCN^{-} 作用，因而干扰测定，必须预先除去。

（三）法扬司法-吸附指示剂法

法扬司法是以吸附指示剂（adsorption indicator）确定滴定终点的一种银量法。

1. 吸附指示剂的作用原理

吸附指示剂是一类有机染料，它的阴离子在溶液中易被带正电荷的胶状沉淀吸附，吸附后结构改变，从而引起颜色的变化，指示滴定终点的到达。

现以 $AgNO_3$ 标准溶液滴定 Cl^{-} 为例，说明指示剂荧光黄的作用原理。

荧光黄是一种有机弱酸，用 HFI 表示，在水溶液中可离解为荧光黄阴离子 FI^{-}，呈黄绿色：

$$HFI \rightleftharpoons FI^{-} + H^{+}$$

在化学计量点前，生成的 AgCl 沉淀在过量的 Cl^{-} 溶液中，AgCl 沉淀吸附 Cl^{-} 而带负电荷，形成的 $(AgCl)\cdot Cl^{-}$ 不吸附指示剂阴离子 FI^{-}，溶液呈黄绿色。达化学计量点时，微过量的 $AgNO_3$ 可使 AgCl 沉淀吸附 Ag^{+} 形成 $(AgCl)\cdot Ag^{+}$ 而带正电荷，此带正电荷的 $(AgCl)\cdot Ag^{+}$ 吸附荧光黄阴离子 FI^{-}，结构发生变化呈现粉红色，使整个溶液由黄绿色变成粉红色，指示终点的到达。

$$(AgCl)\cdot Ag^{+} + \underset{\text{黄绿色}}{FI^{-}} \xrightarrow{\text{吸附}} \underset{\text{粉红色}}{(AgCl)\cdot Ag\cdot FI}$$

2. 使用吸附指示剂的注意事项

为了使终点变色敏锐，应用吸附指示剂时需要注意以下几点。

（1）保持沉淀呈胶体状态　由于吸附指示剂的颜色变化发生在沉淀微粒表面上，因此，

应尽可能使卤化银沉淀呈胶体状态，具有较大的表面积。为此，在滴定前应将溶液稀释，并加糊精或淀粉等高分子化合物作为保护剂，以防止卤化银沉淀凝聚。

（2）控制溶液酸度　常用的吸附指示剂大多是有机弱酸，而起指示剂作用的是它们的阴离子。酸度大时，H^+与指示剂阴离子结合成不被吸附的指示剂分子，无法指示终点。酸度的大小与指示剂的离解常数有关，离解常数大，酸度可以大些。例如荧光黄其pK_a约7，适用于pH=7～10的条件下进行滴定，若pH<7荧光黄主要以HFI形式存在，不被吸附。

（3）避免强光照射　卤化银沉淀对光敏感，易分解析出银使沉淀变为灰黑色，影响滴定终点的观察，因此在滴定过程中应避免强光照射。

（4）吸附指示剂的选择　沉淀胶体微粒对指示剂离子的吸附能力，应略小于对待测离子的吸附能力，否则指示剂将在化学计量点前变色。但不能太小，否则终点出现过迟。卤化银对卤化物和几种吸附指示剂的吸附能力的次序如下：

$$I^- > SCN^- > Br^- > \text{曙红} > Cl^- > \text{荧光黄}$$

因此，滴定Cl^-不能选曙红，而应选荧光黄。表7-2中列出了几种常用的吸附指示剂及其应用。

表7-2　常用吸附指示剂

指示剂	被测离子	滴定剂	滴定条件	终点颜色变化
荧光黄	Cl^-、Br^-、I^-	$AgNO_3$	pH 7～10	黄绿色→粉红色
二氯荧光黄	Cl^-、Br^-、I^-	$AgNO_3$	pH 4～10	黄绿色→红色
曙红	Br^-、SCN^-、I^-	$AgNO_3$	pH 2～10	橙黄色→红紫色
溴酚蓝	生物碱盐类	$AgNO_3$	弱酸性	黄绿色→灰紫色

3. 应用范围

法扬司法可用于测定Cl^-、Br^-、I^-和SCN^-及生物碱盐类（如盐酸麻黄碱）等。测定Cl^-常用荧光黄或二氯荧光黄作指示剂，而测定Br^-、I^-和SCN^-常用曙红作指示剂。此法终点明显，方法简便，但反应条件要求较严，应注意溶液的酸度、浓度及胶体的保护等。

任务实施

【目的】

1. 掌握$AgNO_3$溶液的配制和标定方法。
2. 掌握用K_2CrO_4作指示剂判断滴定终点。

【原理】

$AgNO_3$标准滴定溶液可用基准物$AgNO_3$直接配制。但对于一般市售$AgNO_3$，常因含有Ag、Ag_2O、有机物和铵盐等杂质，故需用基准物标定。

标定$AgNO_3$溶液的基准物质多用NaCl，K_2CrO_4作指示剂。反应式为：

$$NaCl + AgNO_3 = AgCl\downarrow\ (\text{白色}) + NaNO_3$$

$$K_2CrO_4 + 2AgNO_3 = Ag_2CrO_4\downarrow\ (\text{砖红色}) + 2KNO_3$$

当反应达化学计量点，Cl^-定量沉淀为AgCl后，利用微过量的Ag^+与CrO_4^{2-}生成砖红色Ag_2CrO_4沉淀，指示滴定终点。因此注意以下两点：

1. K_2CrO_4 溶液浓度至关重要，一般以 5×10^{-3} mol/L 为宜。

2. 滴定反应必须在中性或弱碱性溶液中进行，最适宜的酸度为 pH＝6.5～10.5。

【仪器和药品】

1. 试剂

固体试剂 $AgNO_3$（分析纯）、固体试剂 NaCl（基准物质，在 500℃ 灼烧至恒重）、K_2CrO_4 指示液（50g/L，即 5%）。配制：称取 K_2CrO_4 溶于少量水中，滴加 $AgNO_3$ 溶液至红色不褪，混匀。放置过夜后过滤，将滤液稀释至 100mL。

2. 仪器

一般实验室仪器。

【步骤】

1. 配制 0.1mol/L $AgNO_3$ 溶液

称取 17.5g $AgNO_3$ 溶于 1000mL 不含 Cl^- 的蒸馏水中，储存于带玻璃塞的棕色试剂瓶中，摇匀，置于暗处，待标定。

2. 标定 $AgNO_3$ 溶液

准确称取基准试剂 NaCl 0.21g 左右（0.0001g），放于锥形瓶中，加 70mL 不含 Cl^- 的蒸馏水溶解，加 2mL 50g/L K_2CrO_4 指示液，在充分摇动下，用配好的 $AgNO_3$ 溶液滴定至白色沉淀中刚出现砖红色沉淀即为终点。记录消耗 $AgNO_3$ 标准滴定溶液的体积 V_1，平行测定 4 次。同时做一个空白试验。

空白试验：取 70mL 蒸馏水，加 2mL 50g/L K_2CrO_4 指示液，并加入与测定生成的 AgCl 当量的 $CaCO_3$ 粉末，用配好的 $AgNO_3$ 溶液滴定至与测定终点相同的砖红色沉淀，记录消耗 $AgNO_3$ 标液的体积 V_0。

3. 计算公式

$$c(AgNO_3)=\frac{m}{(V_1-V_0)M_{NaCl}}\ (mol/L)$$

式中　m——NaCl 质量，g；

V_1——滴定消耗 $AgNO_3$ 标液体积，mL；

V_0——空白试验消耗 $AgNO_3$ 标液体积，mL；

M_{NaCl}——NaCl 的摩尔质量，58.442g/mol。

【数据记录与处理】

基准试剂名称：　　　　　　　　　　室温：

项目＼次数		1	2	3	4
基准试剂质量 m/g					
标准溶液读数	终读数/mL				
	初读数/mL				
	净读数/mL				
滴定管校正值/mL					
温度校正值/mL					
标液实际用量 V_1/mL					
空白试验 V_0/mL					

续表

项目＼次数	1	2	3	4
c_{AgNO_3}/(mol/L)				
$\bar{c}_{AgNO_3}$/(mol/L)				
相对极差/%				
相对平均偏差/%				

【注意事项】

1. $AgNO_3$ 试剂及其溶液具有腐蚀性，破坏皮肤组织，注意切勿接触皮肤及衣服。

2. 配制 $AgNO_3$ 标准溶液的蒸馏水应无 Cl^-，否则配成的 $AgNO_3$ 溶液会出现白色浑浊，不能使用。

3. 实验完毕后，盛装 $AgNO_3$ 溶液的滴定管应先用蒸馏水洗涤 2～3 次后，再用自来水洗净，以免 AgCl 沉淀残留于滴定管内壁。

【任务训练】

1. 用 $AgNO_3$ 滴定 NaCl 时，在滴定过程中，为什么要充分摇动溶液？否则，会对测定结果有什么影响？

2. K_2CrO_4 指示剂的浓度为什么要控制？浓度过大或过小对测定有什么影响？

3. 为什么溶液的 pH 值需控制在 6.5～10.5？

任务二

氯碱厂粗盐水 NaCl 含量的测定

任务实施

【目的】

1. 学习银量法测定氯的原理和方法。

2. 了解莫尔法的实验条件和应用范围。

3. 掌握沉淀滴定的基本操作。

4. 准确判断 K_2CrO_4 作指示剂的滴定终点。

【原理】

沉淀滴定法是以沉淀反应为基础的滴定分析方法。本次实验采用莫尔法测定氯化物中氯的含量，在近中性溶液中，以 K_2CrO_4 为指示剂，利用 $AgNO_3$ 标准溶液直接滴定试液中的 Cl^-。其反应如下：

$$Ag+Cl^- \longrightarrow AgCl\downarrow \text{（白色）}$$

$$2Ag^+ + CrO_4^{2-} \longrightarrow Ag_2CrO_4\downarrow \text{（砖红色）}$$

根据分步沉淀原理，由于 AgCl 沉淀的溶解度（1.3×10^{-5}mol/L）小于 Ag_2CrO_4 沉淀的溶解度（7.9×10^{-5}mol/L），所以在滴定过程中，首先生成 AgCl 沉淀，随着 $AgNO_3$ 标

准溶液继续加入，AgCl 沉淀不断产生，溶液中的 Cl^- 浓度越来越小，Ag^+ 浓度越来越大。直至 $[Ag^+]^2[CrO_4^{2-}]>K_{sp}(Ag_2CrO_4)$ 时，便出现砖红色 Ag_2CrO_4 沉淀，它与白色的 AgCl 沉淀一起，使溶液略呈淡红色即为终点。

【仪器和药品】

1. 仪器

酸式滴定管、锥形瓶、表面皿、烧杯（100mL）、容量瓶（250mL）、移液管（25mL）。

2. 药品

硝酸银（s）、K_2CrO_4 溶液（50g/L）、水样、食盐水。

【步骤】

1. 自来水中氯离子含量的测定

准确吸取水样 25mL 于 250mL 锥形瓶中，加入 K_2CrO_4 溶液 2mL，在充分摇动下，以 0.1mol/L 的硝酸银标准溶液滴定至溶液微呈砖红色，即为终点，记下消耗的硝酸银标准溶液的体积。平行测定三次。

2. 电解食盐车间入槽盐水中 NaCl 含量的测定（中控分析项目）

① 准确吸取凉至室温的粗盐水滤液 15mL 于 250mL 容量瓶中，加水稀释至刻度，摇匀；

② 吸取制备液 10mL 于 250mL 锥形瓶中，加 40mL 水及 1mL K_2CrO_4 溶液（50mol/L）；

③ 在不断摇动下，用硝酸银标准溶液滴定至溶液微呈砖红色，即为终点。

3. 计算公式

（1）水中氯离子含量的测定

$$\rho(Cl)=\frac{c_{AgNO_3}V_{AgNO_3}M_{Cl}}{V_{水样}}\times1000$$

式中 $\rho(Cl)$——水中氯的质量浓度，mg/L；

c_{AgNO_3}——$AgNO_3$ 标准滴定溶液的浓度，mol/L；

V_{AgNO_3}——滴定时消耗 $AgNO_3$ 标准滴定溶液的体积，mL；

M_{Cl}——Cl 的摩尔质量，g/mol；

$V_{水样}$——水试样的体积，mL。

（2）电解食盐车间入槽盐水中 NaCl 含量的测定

$$\rho(NaCl)=\frac{c_{AgNO_3}V_{AgNO_3}\times58.44}{15.00\times\frac{10.00}{250.00}}\ (g/L)$$

注：电解食盐车间入槽盐水要求 NaCl 含量 $\rho(NaCl)=315\sim320g/L$，预热至约 70℃，然后送到电解槽中进行电解。

【数据记录与处理】

1. 自来水中氯离子含量的测定

试样名称：　　　　　　　　　　　　室温：

项目＼次数		1	2	3
c_{AgNO_3}/(mol/L)				
标准溶液读数	终读数/mL			
	初读数/mL			
	净读数/mL			

续表

项目 \ 次数	1	2	3
滴定管校正值/mL	/	/	/
温度校正值/mL	/	/	/
标液实际用量 V_1/mL			
ρ(Cl)/(g/L)			
$\bar{\rho}$(Cl)/(g/L)			
相对平均偏差/%			

2. 饱和盐水中氯化钠含量的测定

试样名称：　　　　　　　　　　　室温：

项目 \ 次数		1	2	3
c_{AgNO_3}/(mol/L)				
标准溶液读数	终读数/mL			
	初读数/mL			
	净读数/mL			
滴定管校正值/mL		/	/	/
温度校正值/mL		/	/	/
标液实际用量 V_1/mL				
ρ(NaCl)/(g/L)				
$\bar{\rho}$(NaCl)/(g/L)				
相对平均偏差/%				

【注意事项】

1. $AgNO_3$ 极易污染地面、桌面，在使用过程中一定要严格按照操作规范程序进行，切记。

2. 先产生的 AgCl 沉淀易吸附溶液中的 Cl^-，使终点提早。因此，滴定时必须剧烈摇动。

3. 加入 1mL 5% K_2CrO_4 指示剂量一定要尽量准确，精确（可用吸量管）。因为终点出现早晚与溶液中 CrO_4^{2-} 的浓度大小有关。若 CrO_4^{2-} 的浓度过大，则终点提早出现，使分析结果偏低，若 CrO_4^{2-} 的浓度过小，则终点推迟，使结果偏高。

【任务训练】

1. 水样如为酸性或碱性，对测定有无影响？应如何处理？

2. 做空白实验的目的是什么？列出计算公式。

项目八

分光光度法测定工业盐酸中的铁含量

工业生产的盐酸中铁离子的含量通常被作为盐酸质量检测中的重要检测项目，工业盐酸中铁离子的含量多少可以用分光光度计法测定。

知识链接

分光光度法（spectrophotometry）是利用被测物质对光辐射具有选择性吸收的特性而建立的定性或定量分析方法。该方法灵敏度高、准确性好。被测物质的最低检测浓度可达 10^{-5}～10^{-6} mol/L，其测量相对误差一般为2%～5%，若使用精度好的仪器，其测量相对误差可降到1%～2%，故很适合于微量或痕量组分的测定。此外，该方法还具有操作简便快速、仪器价格不贵等优点，是目前医药、卫生、环保、化工等行业常用的分析方法之一。本节内容着重介绍紫外-可见分光光度法的基本原理及其实际应用。

一、基本原理

（一）物质的分子吸收光谱

对于物质的分子来说，分子内部运动所涉及的能量变化十分复杂。分子内部的每一个电子能级一般都存在几个振动能级；同样，每一个振动能级又存在几个转动能级。如图8-1所示，V_0，V_1，V_2……是电子的振动能级，J_0，J_1，J_2……是电子的转动能级。

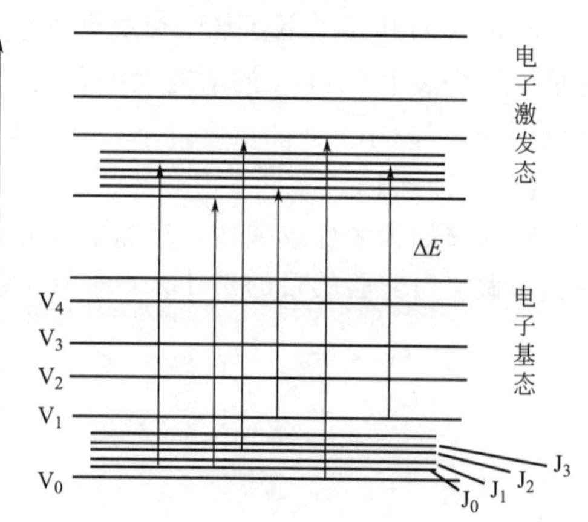

图8-1　分子能级跃迁示意图

当一个分子吸收外来光的辐射后，由基态转变为激发态，它的能量变化 ΔE，包括分子外层价电子跃迁所需的能量 ΔE_e，分子中原子或原子团的振动变迁的能量 ΔE_V 以及整个分子绕轴运动的转动变化的能量 ΔE_R，即

$$\Delta E = \Delta E_e + \Delta E_V + \Delta E_R$$

$$=(E_e+E_V+E_R)_2-(E_e+E_V+E_R)_1$$

由于分子，原子或离子的能级是量子化的、不连续的，只有辐射光的能量 $h\upsilon$ 与被测物质粒子的基态和激发态的能量之差 ΔE 相等，才能被吸收。不同物质的基态和激发态的能量差不同，选择吸收光子的能量也不同，也就是吸收光的波长不同，因此，物质对光的吸收是选择性的。由于分子内部的能级较多，因而物质对光的吸收是在一定波长范围内的光，呈带状吸收。

当一束一定波长的平行光通过均匀的溶液时，吸光物质吸收了光能，光的强度将减弱。为了衡量吸光物质对光吸收程度，常用透光率或吸光度来表示。透光率（transmittance，T）是指透过光强度 I_t 和入射光强度 I_0 之比（见图 8-2），其数学表达式为：

$$T=\frac{I_t}{I_0} \text{ 或 } T=\frac{I_t}{I_0}\times 100\%$$

吸光度（absorbance，A）是指透光率的负对数值，其数学表达式为：

$$A=-\lg T=\lg\frac{I_0}{I_t}$$

T 越大，溶液对光能的吸收越少，A 越小；反之，T 越小，溶液对光能的吸收越多，A 越大。

如将不同波长的光按波长由短到长的顺序依次通过某一固定浓度的溶液，测量在每一波长处溶液对光的吸光度（A），然后以波长为横坐标，吸光度为纵坐标作图，可得一曲线，此曲线称为吸收曲线或吸收光谱。如图 8-3 所示。在吸收光谱上，一般都有一些特征参数，曲线上比左右相邻都高之处称为吸收峰，峰顶所对应的波长称为最大吸收波长（λ_{max}）；而曲线比左右相邻都低之处称为峰谷，谷的最低点所对应的波长称为最小吸收波长（λ_{min}）；介于两者之间形状像肩的小曲折处叫肩峰，其对应的波长以 λ_{sh} 表示。这些参数都是物质分子对光选择性吸收的反映，也是定性、定量分析的重要依据。

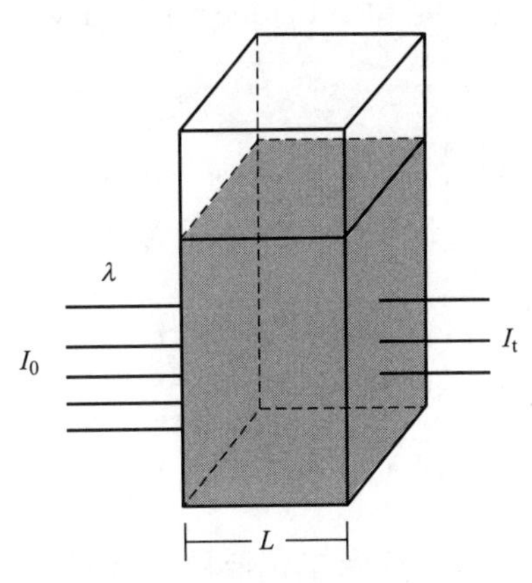

图 8-2　光通过吸光物质示意图

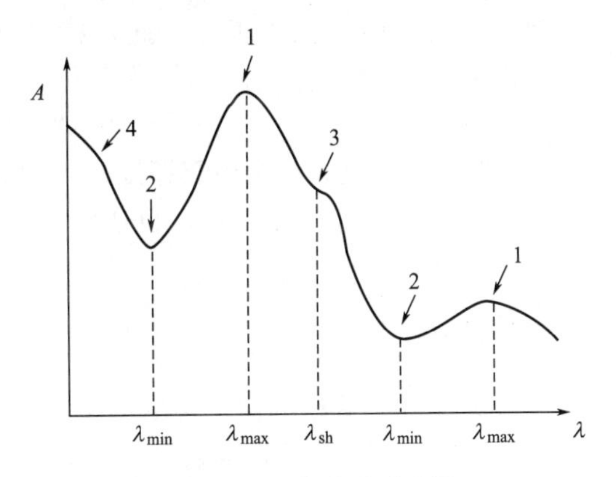

图 8-3　吸收光谱示意图

1—吸收峰；2—谷；3—肩峰；4—末端吸收

通常，根据所使用的辐射光源波长范围的不同，将物质的吸收光谱分为几类：波长范围在 10～360nm 为紫外光谱；360～760nm 为可见光吸收光谱；760～3×10^5nm 为红外光谱。三种光谱的应用各有不同。

（二）溶液的颜色

单一波长的光称为单色光。由不同波长的光组合而成的光称为复合光，如白光、白炽光等都是复合光。白光可由赤、橙、黄、绿、青、蓝、紫等颜色的光按一定强度比例混合而成，也可由两种适当颜色的单色光按一定强度比例混合得到白光，因此，这两种单色光称为互补光。图8-4中，处于同一直线上的两种单色光互为补色光。例如，蓝光和黄光互补，绿色与紫色互补。

当一束白光通过某溶液时，由于溶液选择性地吸收了可见光范围内某波段的光，另一些波长的光则透过且决定了溶液的颜色。透过的光刺激人眼而感觉溶液颜色的存在。溶液的颜色光与吸收光是互补光。例如，$CuSO_4$ 溶液选择性地吸收白光中的黄色光而呈蓝色；$KMnO_4$ 溶液吸收白光中的绿色光呈紫色。溶液呈无色则是溶液对白光中各种颜色光都无吸收；若全部吸收则呈黑色。

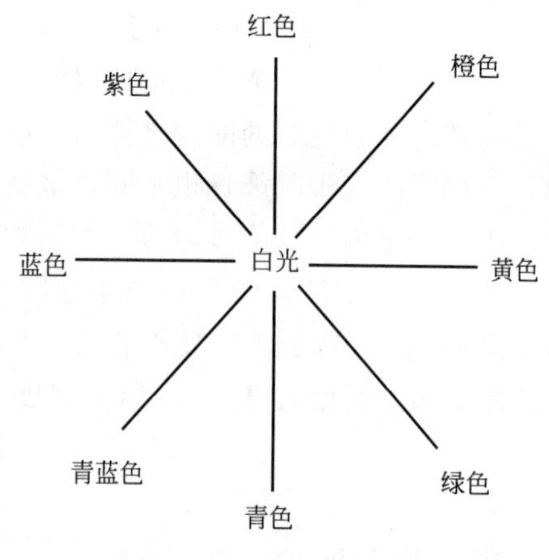

图 8-4　互补色光示意图

二、吸光定律

（一）朗伯-比尔定律

1729 年波格（P. Bouguer）发现了光的吸收程度与吸光物质厚度有关；1760 年朗伯（J. H. Iambert）发现在吸光物质溶液浓度一定时，光的吸收程度与液层厚度成正比，此关系称为朗伯定律；1852 年，比尔（A. Beer）发现在吸光物质溶液液层厚度一定时，光的吸收程度与溶液浓度成正比，此关系称为比尔定律。综合两定律就得出了光的吸收基本定律：当一束平行单色光通过单一均匀的、非散射的吸光物质溶液时，溶液的吸光度与溶液浓度和液层厚度乘积成正比。此定律又称为朗伯-比尔定律（Lambert-Beer law），其数学表达式为：

$$A = kLc$$

式中，A 为吸光度；L 为液层厚度；c 为吸光物质浓度；k 为比例系数，其量纲取决于 L、c 的量纲。该定律常用于溶液，也适用于均匀的非散射的固体或气体，是各类吸光度法定量分析的基础。

（二）吸光系数

朗伯-比尔定律公式中的比例常数 k 的大小与吸光物质性质、入射光波长、温度等因素有关，常称为吸光系数或吸收系数（absorptivity）。

吸光系数的物理意义是在一定条件下，吸光物质在单位浓度及单位液层厚度时的吸光度，是吸光物质的特性常数之一。其值越大，表示吸光物质对某波长的光吸收能力越强，测定时灵敏度越高。吸光系数也是物质定性、定量分析的依据。吸光系数常有两种表达方式：摩尔吸光系数和百分吸光系数。

1. 摩尔吸光系数

当吸光物质溶液的液层厚度 L 以 cm 为单位，浓度 c 是以 mol/L 为单位时，吸光系数 k 称为摩尔吸光系数（molar absorptivity），常用 ε 表示，其单位是 L/（mol · cm）。上式变为：

$$A = \varepsilon Lc$$

2. 百分吸光系数

当吸光物质溶液的液层厚度 L 以 cm 为单位，溶液浓度以 g/100mL 为单位时，吸光系

数 k 称为百分吸光系数（specific absorptivity），常用 $E_{1cm}^{1\%}$ 表示，其单位是 100mL/（g·cm）。上式变为：

$$A=E_{1cm}^{1\%}Lc$$

ε 和 $E_{1cm}^{1\%}$ 的换算关系为：

$$\varepsilon=\frac{M}{10}\times E_{1cm}^{1\%}$$

式中，M 为吸光物质的摩尔质量。

通常 ε 或 $E_{1cm}^{1\%}$ 不能直接测得。需用已知准确浓度的稀溶液测得的吸光度换算得到，并且在计算的过程中常省略单位。

［例 8-1］ 已知某化合物（$M=323.15$）的水溶液在 578nm 处有吸收峰。用该化合物纯品配制 2.00×10^{-2}mg/mL 的溶液，装入 1cm 厚的吸收池中，在 578nm 处测得透光率为 24.3%。求此化合物的摩尔吸光系数 ε 和百分吸光系数 $E_{1cm}^{1\%}$ 的值。

解： 已知 $L=1$cm，$c=2.00\times10^{-2}$mg/mL$=2\times10^{-3}$g/100mL

根据朗伯-比尔定律得：

$$A=-\lg T=E_{1cm}^{1\%}Lc\Rightarrow E_{1cm}^{1\%}=\frac{-\lg T}{Lc}=\frac{-\lg 24.3\%}{1\times2\times10^{-3}}=307$$

$$\varepsilon=\frac{M}{10}\times E_{1cm}^{1\%}=\frac{323.15}{10}\times307\approx9920$$

通常将 $\varepsilon\geqslant10^4$ 称为强吸收，$\varepsilon<10^2$ 称为弱吸收，介于两者之间称为中强吸收。

三、吸光度的加和性

若溶液中同时存在多种吸光物质且共存的吸光物质彼此之间不发生作用时，在一定条件下测得的吸光度是各个共存吸光物质的吸光度之和，而且，各共存吸光物质的吸光度则都由各自的浓度和吸光系数决定，这就是吸光度的加和性。例如，设溶液中同时存在有 a、b、c 等吸光物质，则各物质在同一波长下，吸光度具有加和性，即

$$A_{总}=-\lg T_{总}=A_a+A_b+A_c+\cdots=L(\varepsilon_a c_a+\varepsilon_b c_b+\varepsilon_c c_c+\cdots)$$

由于吸光度具有加和性，因此共存组分的吸收将干扰待测组分的测定，但也为消除此种干扰和测定混合组分提供了理论基础。例如，利用参比溶液（reference solution，一般为不含待测组分的试剂溶液）来扣除共存干扰物质的吸收，进行试样溶液中待测物质吸光度的准确测量；利用双波长法或导数光谱法定量或定性分析含有多个组分的混合试样。

任务一
高锰酸钾溶液吸收曲线的绘制

知识链接

紫外-可见分光光度法是利用被测物质的分子对紫外光或可见光的选择性吸收来进行定性或定量分析的方法。在实际工作中，此方法需借助各类分光光度计来完成。

测量物质对不同波长或特定波长的紫外或可见光辐射吸收强度的仪器称为紫外-可见分光光度计（ultraviolet-visible spectrophotometer）。目前，紫外-可见分光光度计的型号种类较多，性能差别也较大，但其基本原理相似，其基本结构如图 8-5 所示。

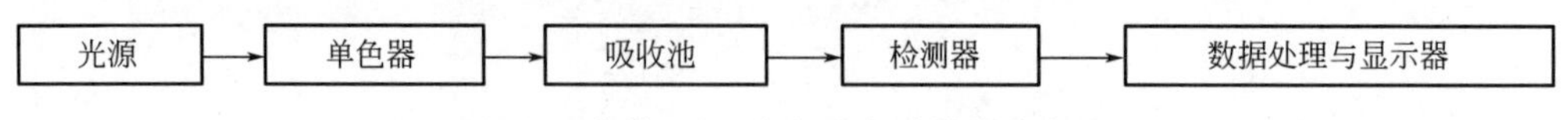

图 8-5　紫外-可见分光光度计结构示意图

1. 主要部件

（1）光源（light source）　紫外区和可见区通常分别用氢灯和钨灯两种光源。

（2）单色器（monochromator）　单色器的作用是将来自光源的连续光谱按波长顺序色散，从中分离出一定宽度的谱带。单色器有进口狭缝、准直镜、色散元件和出口狭缝组成。在单色器的作用中，最重要的是色散元件。常用的色散元件有光栅和棱镜。

（3）吸收池（absorption cell）　是用于盛放被测试样的器皿。用光学玻璃制成的吸收池，只能用于可见光区。用熔融石英（氧化硅）制的吸收池，适用于紫外光区。

（4）检测器（detector）　常用光电效应检测器，如光电管、光电倍增管及光二极管阵列检测器。

（5）信号处理与显示器　将光电管输出的电信号经放大后显示，显示的方式一般有透光率与吸光度，有的还可转换为浓度、吸收系数等。

2. 工作原理

紫外-可见分光光度计依据光路系统不同可分为单光束、双光束、双波长等几种分光光度计。

（1）单光束分光光度计　用钨灯或氢灯作光源，经过单色器、狭缝等发射出一束强度足够、稳定、具有连续光谱的纯单色光，空白溶液 100% 透光率的调节和样品溶液透光率的测定，是在同一位置用同一束单色光先后进行。例如 721、722、751、752 型等紫外分光光度都是单光束仪器（见图 8-6）。其光路示意图如图 8-7 所示。

图 8-6　722 型可见分光光度计

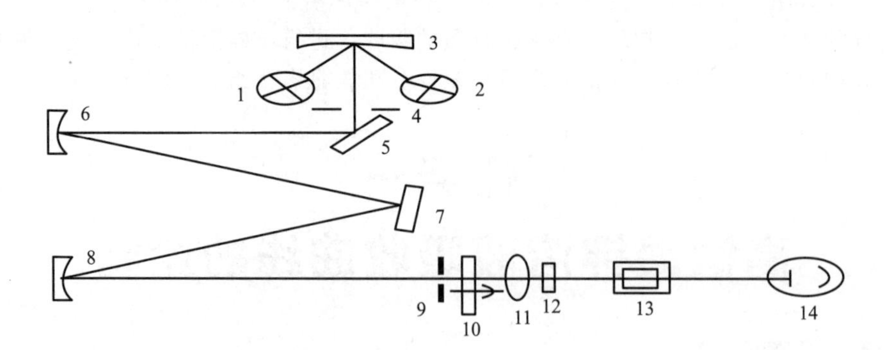

图 8-7　单光束分光光度计光路示意图

1—溴钨灯；2—氘灯；3—凹面镜；4—入射狭缝；5—平面镜；6，8—准直镜；7—光栅；9—出射狭缝；10—调制器；11—聚光镜；12—滤色片；13—样品室；14—光电倍增管

（2）双光束分光光度计　由光源（钨灯或氢灯）发出的复合光，经单色器色散为单色光，用一个旋转扇面镜（又称斩光器）分成两束交替断续的单色光束，分别通过样品溶液和空白溶液后，再用一同步扇面镜将两束光交替地投射于光电倍增管，使光电管产生一个交变脉冲信号，经过比较放大后，由显示器显示出透光率、吸光度、浓度或进行波长扫描，记录吸收光谱。例如 UV-2450、TU-1901、UV-2100 型等紫外分光光度计都是双光束仪器（见图 8-8）。其光路示意图如图 8-9 所示。

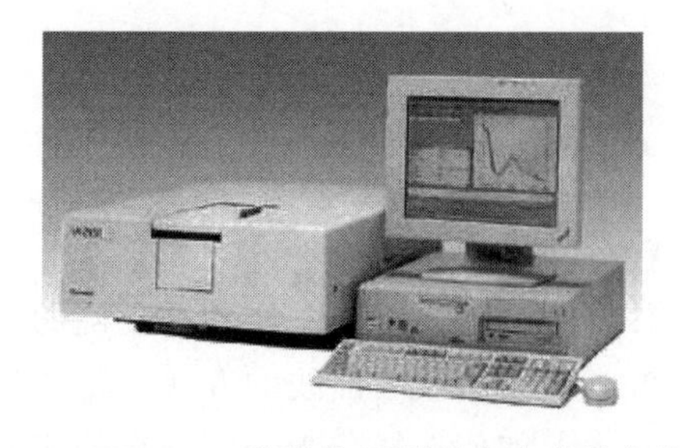

图 8-8　UV-2450 型紫外-可见分光光度计实物图

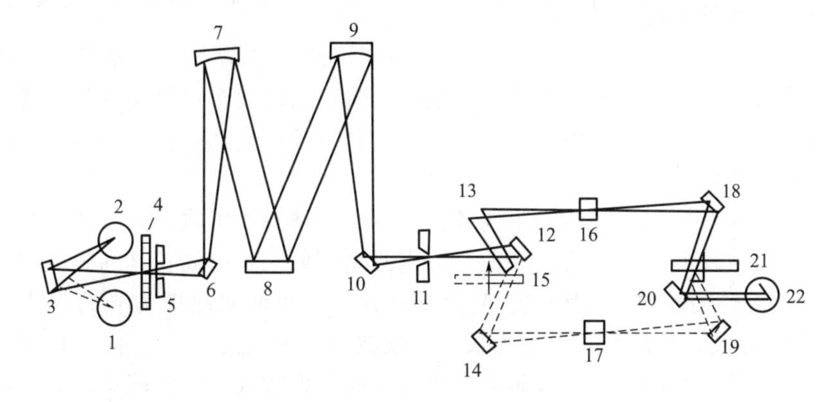

图 8-9　双光束分光光度计光路示意图

1—钨灯；2—氘灯；3，12～14，18，19—凹面镜；4—滤色片；5—入射狭缝；
6，10，20—平面镜；7，9—准直镜；8—光栅；11—出射狭缝；
15，21—扇面镜；16—参比池；17—样品池；22—光电倍增管

（3）双波长分光光度计　具有两个并列单色器的仪器，例如 Lambda650/S50/9S0 系列、Cary6000 型、岛津 UV-2550 型等紫外分光光度计都是双波长仪器。其光路示意图如图 8-10 所示。两个单色器分别产生两束不同波长的单色光，经斩光器控制，交替地通过同一个样品溶液，得到样品对两种单色光的吸光度（或透光率）之差。可利用吸光度差值与浓度的正比关系测定含量；或固定两束单色光的波长差（$\Delta\lambda$）扫描，得到一阶导数光谱。

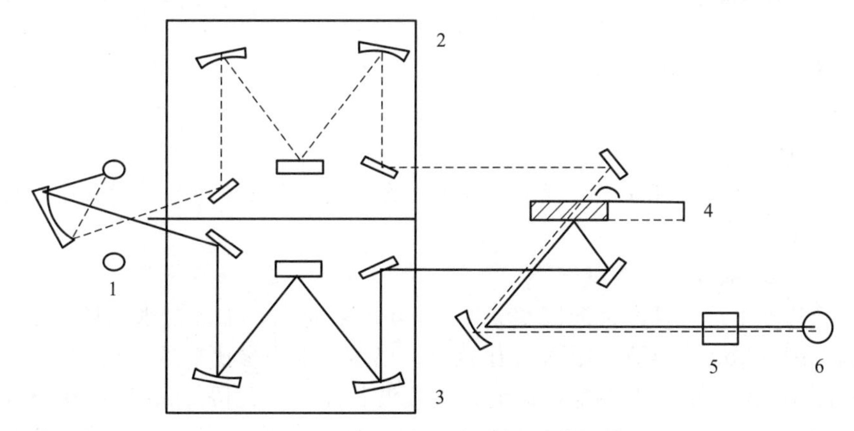

图 8-10　双波长分光光度计光路示意图

1—光源；2，3—两个单色器；4—斩光器；5—样品吸收池；6—光电倍增管

任务实施

【目的】

1. 了解分光光度计的结构和正确的使用方法。

2. 学会绘制吸收曲线的方法，正确选择测定波长。

3. 学习如何选择分光光度分析的实验条件。

【原理】

物质呈现的颜色与光有着密切关系，在日常生活中溶液之所以呈现不同的颜色，是由于该溶液对光具有选择性吸收的缘故。

当一束白光（混合光）通过某溶液时，如果该溶液对可见光区各种波长的光都没有吸收，即入射光全部通过溶液，则该溶液呈无色透明状；当溶液对可见光区各种波长的光全部吸收时，则该溶液呈黑色；如某溶液对可见光区某种波长的光选择性地吸收，则该溶液呈现被吸收光的互补色光的颜色。

通常用光吸收曲线来描述物质对不同波长范围光的选择性吸收。其方法是将不同波长的光依次通过某一定浓度和厚度的有色溶液，分别测出它们对各种波长光的吸收程度（用吸光度 A 表示），以波长为横坐标，吸光度 A 为纵坐标，画出的曲线即为光的吸收曲线（吸收光谱）。光吸收程度最大处的波长，称为最大吸收波长，用 λ_{max} 表示。同一物质的不同浓度溶液，其最大吸收波长相同，但浓度越大，光的吸收程度越大，吸收峰就越高。溶液对光的吸收规律——光的吸收定律（朗伯-比尔定律），为吸光光度法提供了理论依据

$$A=\varepsilon Lc$$

【仪器和药品】

1. 试剂

高锰酸钾固体。

2. 仪器

① 分光光度计；

② 移液管；

③ 电子天平；

④ 烧杯；

⑤ 容量瓶（50mL，1000mL）。

【步骤】

1. $KMnO_4$ 溶液的配制

称取 0.1250g 高锰酸钾固体，置于烧杯中溶解，定容至 1000mL 容量瓶中，混匀，该溶液浓度约为 0.1250mg/mL。

2. $KMnO_4$ 溶液吸收曲线的制作

用吸量管移取上述高锰酸钾溶液 20mL 于 50mL 容量瓶，加蒸馏水稀释至标线，摇匀。

将配制好的 $KMnO_4$ 溶液，用 1cm 比色皿，以蒸馏水为参比溶液，在 440～580nm 波长范围内，每隔 10nm 测一次吸光度，在最大吸收波长附近，每隔 5nm 测一次吸光度。在坐标纸上，以波长 λ 为横坐标，吸光度 A 为纵坐标，绘制 A 和 λ 关系的吸收曲线。从吸收曲线上选择最大吸收波长 λ_{max}，并观察不同浓度 $KMnO_4$ 溶液的 λ_{max} 和吸收曲线的变化规律。

【数据记录与处理】

高锰酸钾标准曲线的绘制：

λ/nm	440	450	460	470	480	490	500	510	520	525	530	540	550
A													
λ/nm	560	570	580	600	620	640	660	680	700				
A													

【任务训练】

如何选择高锰酸钾的最大吸收波长？

任务二

高锰酸钾溶液标准曲线的绘制

知识链接

1. 标准曲线法

标准曲线法是紫外-可见分光光度法中常用的方法。具体的操作方法是：取标准品配成具有一定浓度梯度的一系列已知浓度的标准溶液，在检测波长处（通常是 λ_{max}），用同一吸收池分别测定其吸光度，以吸光度为纵坐标，标准溶液浓度为横坐标作图，得一通过坐标原点的直线——标准曲线，然后将被测溶液置于吸收池中，在相同条件下，测定其吸光度，根据吸光度在标准曲线上查得其对应的溶液浓度，再转换成样品中被测物质的含量。

在测定溶液吸光度时，为了消除溶剂或其他物质对入射光的吸收，以及光在溶液中的散射和吸收池界面对光的反射等与被测物吸收无关的因素的影响，必须采用空白溶液（又称参比溶液）作对照，进行校正，减小测量误差。采用此法时，应注意使标准溶液与被测溶液在相同条件下，且被测溶液的浓度在标准曲线的线性范围内，最好在其中间进行测量，该方法对于经常性批量测定十分方便。

2. 标准对照法

又称比较法。在相同条件下，先配制一个与被测溶液浓度相近的标准溶液，在选定波长处先测定其吸光度 A_S，再测出被测溶液的吸光度 A_x。根据比尔定律有

$$A_x = \varepsilon_x L_x c_x$$

$$A_S = \varepsilon_S L_S c_S$$

因是同种物质，同台仪器，相同厚度吸收池及同一波长处测定，故 $\varepsilon_x = \varepsilon_S$，$L_x = L_S$，所以

$$\frac{c_x}{c_S} = \frac{A_x}{A_S}$$

$$c_x = \frac{A_x}{A_S} c_S$$

[例 8-2] 维生素 B_{12} 注射液的含量测定：精密吸取 B_{12} 注射液 2.5mL，加水稀释至 10.0mL，另配制 B_{12} 标准液，精密称取维生素 B_{12} 标准品 25mg，加水溶解并稀释至 1000mL，摇匀。在 361nm 处用 1cm 吸收池分别测得标准溶液的 A_S 值为 0.518，样品溶液的 A_x 值为 0.508，求维生素 B_{12} 注射液的浓度。

解：设维生素注射液的浓度为 c_x，考虑称量和稀释情况得：

$$c_x \times \frac{2.5}{10} = \frac{25}{1000} \times \frac{0.508}{0.518}$$

$$c_x = 0.0981\ \text{mg/mL} = 98.1\text{ug/mL}$$

此方法适用于有标准品的已知物质的含量测定。

3. 吸光系数法

吸光系数是物质的特性常数。只要测定条件（溶液浓度、单色光纯度等）不致引起对比尔定律的偏离，即可根据测得的吸光度及手册或文献中查到的吸光系数 ε 或 $E_{1cm}^{1\%}$ ，求出溶液的浓度或被测成分的含量。

[例 8-3] 一粉红色 $[CO(H_2O)_6]^{2+}$ 溶液，在 1cm 吸收池中，于波长 530nm 处测得 $A=0.20$。已知该显色反应的 ε=10L/（mol·cm），试求此配合物溶液的浓度？

解：根据朗伯-比尔定律可知：

$$c = \frac{A}{\varepsilon L} = \frac{0.2}{10 \times 1} = 2.0 \times 10^{-2}(\text{mol/L})$$

此配合物溶液的浓度为 2.0×10^{-2}mol/L。

4. 差示分光光度法

在分光光度法测量中，当在吸光度很高或很低的范围内进行定量分析时，相对误差比较大。差示分光光度法是用比试样溶液稍小或稍大的溶液作参比溶液，来测量试样溶液的吸光度 A，根据朗伯-比尔定律，此时的 A 实际上是试样溶液的吸光度和参比溶液的吸光度 A_S 的差值，即

$$A = A_x - A_S = \varepsilon L(c_x - c_S) = \Delta c \varepsilon L$$

此法的灵敏度较一般分光光度法高，且解决了浓度较大溶液测量结果偏离朗伯-比尔定律的现象。

[例 8-4] 用含有 10.00μg/L Fe^{2+} 的邻二氮菲合铁溶液作参比溶液，吸收池厚度为 2cm，邻二氮菲合铁的吸光系数 $\varepsilon = 1.1\times10^6$L/（mol·cm），今测得用邻二氮菲显色后的 Fe^{2+} 试样的吸光度为 0.198，试求试样溶液中 Fe^{2+} 的浓度？

解：已知　$\varepsilon = 1.1\times10^6$L/（mol·cm），$A=0.198$

$$\Delta c = \frac{A}{\varepsilon L} = \frac{0.198}{1.1\times10^6\times2} = 9.0\times10^{-8}\ (\text{mol/L})$$

$$\Delta c = 9.0\times10^{-8}\text{mol/L}\times55.6\text{g/mol} = 5.00\times10^{-6}\text{g/L}$$

所以试样中 Fe^{2+} 的浓度为：$c_S + \Delta c$ = 10.00μg/L+ 5.00 μg/L=15.00μg/L

以上方法适合于单组分的测量，多组分的测量较复杂，将在以后的仪器分析课程中将继续学习。

任务实施

【目的】

1. 了解分光光度计的结构和正确的使用方法；

2. 学会绘制标准线的方法；

3. 会利用吸收曲线测定样品中组分的含量。

【原理】

紫外-可见光谱是用紫外-可见光测量获得的物质电子光谱，它研究由于物质价电子在电子能级间的跃迁，产生的紫外-可见光区的分子吸收光谱。当不同波长的单色光通过被分析的物质时，测得不同波长下的吸光度或透光率，以其为纵坐标，波长 λ 为横坐标作图，可获得物质的吸收光谱曲线。一般紫外光区为波长范围为 190～400nm，可见光区的波长范围为 400～800nm。

根据朗伯-比尔定律：

$$A=\lg I_0/I=KLc$$

式中，A 为吸光度；I_0 为透过光的强度；I 为入射光的强度；K 为物质对光的吸光系数（通常只和物质性质有关）；L 为吸收池的长度；c 为待测物的浓度。

如果固定吸收池的长度，已知物质的吸光度和其浓度成线性关系，这是紫外可见光谱法进行定量分析的依据。

采用外标法定量时，首先配制一系列已知准确浓度的高锰酸钾溶液，分别测量它们的吸光度，以高锰酸钾溶液的浓度为横坐标，以各浓度对应的吸光度值为纵坐标作图，即得到高锰酸钾在该实验条件下的工作曲线。取未知浓度高锰酸钾样品在同样的实验条件测量吸光度，就可以在工作曲线中找到它对应的浓度。

【仪器和药品】

1. 试剂

高锰酸钾固体。

2. 仪器

① 分光光度计；

② 移液管；

③ 电子天平；

④ 烧杯；

⑤ 容量瓶（50mL，1000mL）。

【步骤】

1. $KMnO_4$ 溶液的配制

称取 1.6g 高锰酸钾固体（准确至±0.0001g），置于烧杯中溶解，定容至 1000mL 容量瓶中（含高锰酸钾 1.6mg/mL），混匀。

2. $KMnO_4$ 溶液吸收曲线的制作

用吸量管移取上述高锰酸钾溶液 0mL、1.00mL、1.50mL、2.00mL、2.50mL、3.00mL、3.50mL、4.00mL，分别放入 100mL 容量瓶中，加水稀释至刻度，充分摇匀。

以空白溶液为参比溶液，在 525nm 波长测定 A_{525} 值，以高锰酸钾溶液浓度为横坐标，A_{545} 值为纵坐标，绘制标准曲线。

3. 样品测试

配制待测高锰酸钾溶液 1mL，加入蒸馏水 3mL，摇匀，测定 A_{525}，从标准曲线中查出高锰酸钾溶液浓度。

【数据记录与处理】

1. 绘制标准曲线

标准溶液	含 $KMnO_4$ 1.6mg/mL								
体积/mL	0.00	1.00	1.50	2.00	2.50	3.00	3.50	4.00	4.50
质量浓度 C/(μg/mL)									
吸光度 A									

2. 样品测试

样品	1	2	3
吸光度 A			
质量浓度 C/(μg/mL)			
平均值/(μg/mL)			
相对平均偏差/%			
样品浓度			

【任务训练】

1. 高锰酸钾的吸收曲线和标准曲线有何区别？

2. 为什么在测定高锰酸钾浓度时的吸收波长要在525nm？

任务三
邻二氮菲分光光度法测定微量铁

知识链接

紫外-可见分光光度法只能用来测定有紫外吸收或有颜色的溶液，对于溶液无色又无紫外吸收的试样溶液，通常加入一种适当的试剂，把待测组分转化为有色物质，在选定波长下（通常是 λ_{max}），由测定有色物质的吸光度间接求得被测成分的含量。这种加入某种试剂使被测组分变成有色物质或颜色加深或改变的反应称为显色反应。所加入的试剂称为显色剂，常用的显色剂分为无机显色剂和有机显色剂。在可见分光光度法中，检测灵敏度的高低取决于显色反应，因此，显色剂的选择和显色反应的条件的确定显得尤为重要。

一、显色剂的选择

显色剂的选择通常应具备以下几个条件。

（1）灵敏度高　即被测组分在浓度很低时也能与显色剂形成明显的有色物质，而且形成的有色物质的吸光系数 ε 应较大。摩尔吸光系数越大，显色反应的灵敏度越高。一般说来，$\varepsilon \geqslant 10^4$ L/（mol·cm）时，可认为该显色反应的灵敏度高。

（2）化学计量关系明确　反应生成的有色物质和被测物之间应有明确的化学计量关系即

定量关系，以使反应产物的吸光度能准确地反映被测物的浓度或含量。

（3）选择性好　在一定条件下，显色剂应尽可能只与被测物反应而和溶液中共存的其他物质不显色，或者与被测物所显颜色和与共存物所显的颜色有显著差别，以减免其他共存物的干扰。

（4）显色反应产物稳定　至少应在测定过程中吸光度基本不变，确保测得的结果准确。

（5）显色剂在测定波长处无明显吸收　一般要求生成的有色物质和显色剂颜色有明显差别，两者的 $\Delta\lambda_{max}=60nm$，以提高测定的结果准确性。

二、显色反应的条件

一般来说，显色反应是可逆的。能够满足上述五个条件的显色剂极少，但可通过控制显色反应的条件，如显色剂的用量、显色时间、溶液的酸度、温度等条件，使显色反应符合测定的要求。

1. 显色剂的用量

显色反应一般可用下式表示：

$$\underset{\text{待测组分}}{M} + \underset{\text{显色剂}}{R} \rightleftharpoons \underset{\text{有色物质}}{MR}$$

为了使显色反应进行得较完全，常加入适当过量的显色剂。显色剂的合适用量通过实验确定。实验方法是在固定被测组成浓度和其他条件下，改变显色剂的用量，分别测定吸光度，绘制 A 和显色剂浓度 C_R 的关系曲线，如图 8-11 所示。

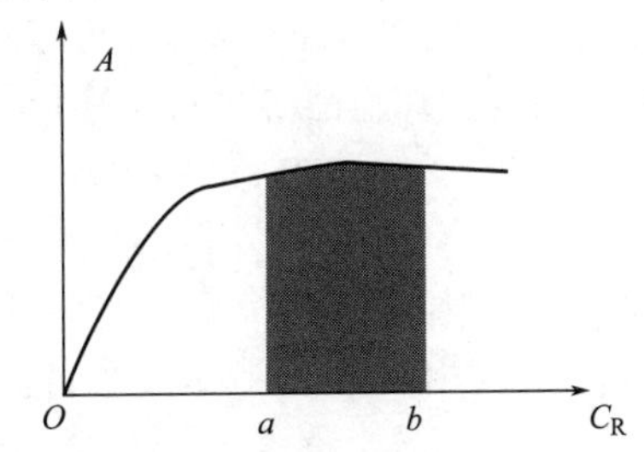

图 8-11　吸光度和显色剂的浓度关系曲线

一般情况下，当显色剂的用量增大到一定值后，吸光度不再增加或增加幅度很小，出现图中所示 ab 平坦区域。故可在 ab 区间选择显色剂的用量。

2. 溶液的酸度

溶液的酸度对显色反应的影响是多方面的。许多有色物质的颜色随溶液的 pH 变化而改变。显色剂又大多数为弱酸或弱碱，酸度将影响其解离，从而影响显色反应的完全程度。例如，Fe^{3+} 和磺基水杨酸（$C_7H_6O_6S$）在不同酸度条件下，可形成不同颜色的离子，在 pH＝1.8～2.5 时，生成红褐色 $Fe(C_7H_4O_6S)^+$；在 pH＝4～8 时，生成褐色 $Fe(C_7H_4O_6S)_2^-$；pH＝8～11.5 时，生成黄色的 $Fe(C_7H_4O_6S)_3^{3-}$。

显色反应的适宜酸度可通过 pH 条件试验来确定。实验方法类似显色剂用量确定实验，即固定被测组分和显色剂浓度及其他条件后，改变溶液的 pH 值，显色，测定吸光度 A，绘制 A-pH 关系曲线，选择曲线平坦部分相应的 pH 值作为测定的最佳 pH 范围。一般可用缓冲溶液来维持 pH 值稳定。

3. 显色时间

显色反应速率各不相同，有快有慢；生成的有色物质稳定时间有长有短，因此，适当的显色时间和有色物质稳定的时间也应通过试验来确定。其做法是配制一份显色溶液，从加入显色剂起计算时间，每间隔一段时间测定一次吸光度，绘制 A-t 曲线，选择曲线平坦部分相应的时间作为显色反应的最佳时间。

4. 温度及其他因素

温度对不同的显色反应的影响各不相同。最佳的显色反应温度也应通过实验来选择，其选择方法类似显色反应时间的选择。另外，影响显色反应的其他因素也应考虑。如易受空气氧化的产物应密闭放置，见光易分解的物质应避光，干扰离子应消除干扰等。

总之，显色反应的条件应综合考虑以上各方面的因素，选择最佳的显色条件，使之有利于测定结果准确可靠。

任务实施

【目的】

1. 学习确定实验条件的方法，掌握邻二氮菲分光光度法测定微量铁的方法原理；

2. 掌握分光光度计的使用方法，并了解此仪器的主要构造。

【原理】

邻二氮菲（phen）也称邻菲罗啉，是测定微量铁时常用的一种显色剂。在 pH=2～9 的溶液中，phen 与 Fe^{2+} 生成稳定的橘红色配合物，其 $\lg K=21.3$，该配合物的稳定常数 $\lg\beta_3=21.3$(20℃)，摩尔吸光系数 $\varepsilon_{508}=1.1\times10^4$ L/(mol·cm)，在浓度低于 5μg/mL 时服从朗伯-比尔定律（$A=\varepsilon bc$），可以用来测定铁的含量。若在溶液中存在形式为 Fe^{3+}，可用盐酸羟胺或抗坏血酸等进行预还原，本实验中选择以盐酸羟胺作还原剂，其反应式如下：

$$2Fe^{3+}+2NH_2OH \xlongequal{} 2Fe^{2+}+N_2\uparrow+2H_2O+2H^+$$

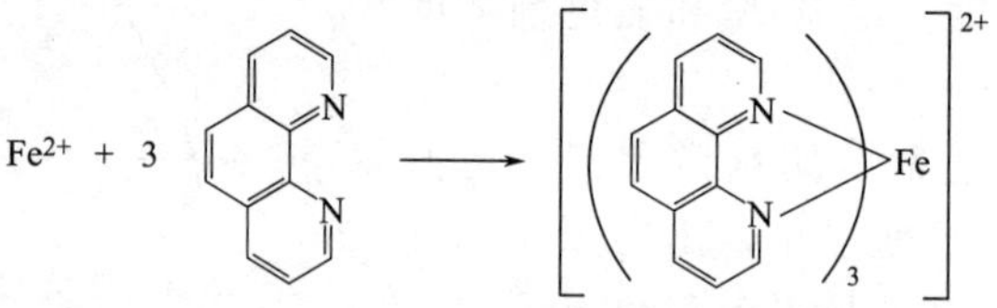

测定时控制溶液的酸度为 pH≈5 较为适宜，用邻二氮菲可测定试样中铁的总量。Fe^{2+} 与邻二氮菲反应的选择性高，但若溶液中存在大量的 Cu^{2+}、Co^{2+}、Ni^{2+}、Cd^{2+}、Hg^{2+}、Mn^{2+}、Zn^{2+} 等离子时会有一定的干扰，此时可用 EDTA 掩蔽或预先分离除去。

【仪器和药品】

1. 试剂

① 铁标准储备溶液 100μg/mL：500mL（实际用 100mL）。准确称取 0.4317g 铁盐 $NH_4Fe(SO_4)_2\cdot12H_2O$ 置于烧杯中，加入 6mol/L HCl 20mL 和少量水，然后加水稀释至刻度，摇匀。

② 铁标准使用液 10μg/mL：用移液管移取上述铁标准储备液 10.00mL，置于 100mL 容量瓶中，加入 6mol/L HCl 2.0mL 和少量水，然后加水稀释至刻度，摇匀。

③ HCl 6mol/L：100mL（实际用 30mL）。

④ 盐酸羟胺 10%（新鲜配制）：100mL（实际 80mL）。

⑤ 邻二氮菲溶液 0.1%（新鲜配制）：200mL（实际 160mL）。

⑥ HAc-NaAc 缓冲溶液（pH=5）500mL（实际 400mL）：称取 136g NaAc，加水使之溶解，再加入 120mL 冰醋酸，加水稀释至 500mL。

⑦ 水样配制（0.4μg/mL）：取 2mL 100μg/mL 铁标准储备溶液加水稀释至 500mL。

2. 仪器

① 721 型分光光度计。

② 50mL 容量瓶 8 个（4 人/组），100mL 1 个，500mL 1 个。

③ 移液管：2mL 1 支，10mL 1 支。

④ 刻度吸管：10mL、5mL、1mL 各 1 支。

【步骤】

1. 绘制吸收曲线

用吸量管吸取铁标准溶液（10μg/mL）0.0、2.0mL、4.0mL 分别放入 50mL 容量瓶中，加入 1mL 10%盐酸羟胺溶液、2.0mL 0.1%邻二氮菲溶液和 5mL HAc-NaAc 缓冲溶液，加水稀释至刻度，充分摇匀，放置 5min，用 3cm 比色皿，以试剂溶液为参比液，于 721 型分光光度计中，在 440～560nm 波长范围内分别测定其吸光度 A 值。当临近最大吸收波长附近时应间隔波长 5～10nm 测 A 值，其他各处可间隔波长 20～40nm 测定。然后以波长为横坐标，所测 A 值为纵坐标，绘制吸收曲线，并找出最大吸收峰的波长。

2. 标准曲线的绘制

用吸量管分别移取铁标准溶液（10μg/mL）0.0、1.0mL、2.0mL、4.0mL、6.0mL、8.0mL、10.0mL 依次放入 7 个 50mL 容量瓶中，分别加入 10%盐酸羟胺溶液 1mL，稍摇动，再加入 0.1%邻二氮菲溶液 2.0mL 及 5mL HAc-NaAc 缓冲溶液，加水稀释至刻度，充分摇匀，放置 5min，用 3cm 比色皿，以不加铁标准溶液的试液为参比液，选择最大测定波长为测定波长，依次测 A 值。以铁的质量浓度为横坐标，A 值为纵坐标，绘制标准曲线。

3. 未知溶液中铁含量的测定

取 3 支洁净的比色管，分别加入 5mL 未知 Fe 样品，按配制标准系列的操作顺序加入各种试剂，使其显色，加水稀释至刻度，摇匀，10min 后，同样以空白样为参比溶液，以 1cm 的比色皿在 λ_{max} 处测未知溶液的吸光度，从标准曲线上求出未知溶液中铁的含量（μg/mL）。

【数据记录与处理】

1. 绘制吸收曲线

λ-A 曲线绘制

λ/nm	440	460	480	490	500	505	508	510	512	515	520	540	560	570	580
A															

2. 绘制标准曲线

标准曲线绘制 C-A

标准溶液	含铁 10μg/mL					
体积/mL	0.00	2.00	4.00	6.00	8.00	10.00
质量浓度 C/(μg/mL)						
吸光度 A						

3. 求出未知样的浓度

样品测试（查曲线）

样品	1	2	3
吸光度 A			
质量浓度 C/(μg/mL)			

续表

样品	1	2	3
平均值/(μg/mL)			
相对平均偏差/%			

【任务训练】

1. 邻二氮菲分光光度法测定微量铁时为什么要加入盐酸羟胺溶液？

2. 吸收曲线与标准曲线有何区别？在实际应用中有何意义？

任务四

邻二氮菲吸光光度法测定铁的条件试验

知识链接

1. 分光光度法的误差

定量分析时，通常液层厚度是相同的，根据比尔定律，浓度与吸光度之间的关系应是一条通过直角坐标原点的直线；但实际上，往往会发生偏差而不呈线性关系，产生较大的测量误差。导致偏离线性的主要有化学因素、光学因素、仪器和操作方法四个方面因素。

(1) 化学因素　比尔定律只有在描述稀溶液对单色光的吸收时才是成功的。在溶液浓度大于 0.01mol/L 时将引起偏差。一方面由于在浓度较大时，溶液中的吸光粒子距离减小，以致每个粒子都可影响邻近粒子的电荷分布，导致对给定波长的吸收能力改变，从而使吸光度与浓度不呈计算时给定的线性关系。另一方面，在浓度较大时，溶液对光的折射率会发生改变，导致浓度和吸光度关系偏离比尔定律。

另外，吸光物质因浓度或其他因素改变而有解离、缔合或溶剂化等现象，致使偏离比尔定律。例如，重铬酸钾的水溶液有以下平衡：

$$Cr_2O_7^{2-}+H_2O \longrightarrow 2H^{+}+2CrO_4^{2-}$$

若溶液严格地稀释两倍，$Cr_2O_7^{2-}$ 浓度不是减少两倍，而是受稀释平衡向右移动的影响，离子浓度的减少明显地多于两倍，导致结果偏离比尔定律，产生误差。因此测定时宜在浓度小于 0.01mol/L 溶液中进行。

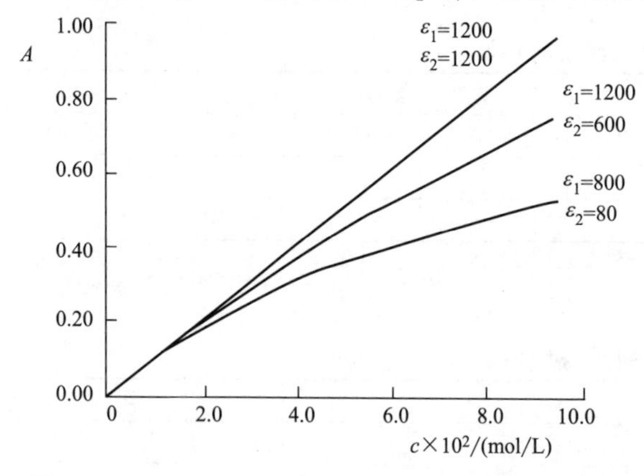

图 8-12　两种不同吸光系数的混合光对比尔定律偏离

(2) 光学因素　比尔定律仅适用于单色光，而实际上经过分光光度计的单色器得到的光是一个狭小波长范围的复色光。由于物质对不同波长的光的吸收能力不同，便可引起溶液吸光度和浓度之间不呈线性关系，吸光系数差值越大偏离越多。如图 8-12 所示。

因此，在实际测量过程，应尽可能使用谱带比较窄的入射光，并尽可能选择较平坦的吸收峰的峰值波长作为测量波长，不仅吸光系数变化不大对吸光定律的偏离较小且能保证较高的灵敏度。当然，谱带宽度太小，入射光能量太低，导致信噪比过低，测量误差也会过大。

其他的光学因素如光的反射、散射、非平行光等也都会产生偏离比尔定律的现象。

（3）仪器误差　由于仪器不够精密，如光电管的灵敏性差，光电流量不准，光源不稳定及读数不准，吸收池厚度不完全相同及质地不均匀等都会引起误差。

（4）操作方面误差　由于使用仪器不够熟练或操作不当；样品液与标准液的处理没有按相同条件和步骤进行，如显色剂用量、放置时间、反应温度、溶液的配制等不同引起误差，这也是主观误差。为尽可能减少这类误差，应严格按实验操作步骤细心操作。

2. 测量条件的选择

为了使测得的结果准确灵敏，必须选择最佳的测量条件，通常从以下几个方面考虑。

（1）测定波长的选择　入射光波长对分析的灵敏度、准确度和选择性有很大的影响，溶液中无干扰物存在时，通常选择吸收光谱中 λ_{max} 的波长光为入射光（如图 8-13 所示），因在该波长处溶液的吸光系数最大，测定灵敏度最高。另外，在此波长处的一个较小范围内，吸光系数变化较小，其造成的偏差可忽略不计，在吸收光谱陡峭部分的吸光系数变化较大，其造成的偏差较大。

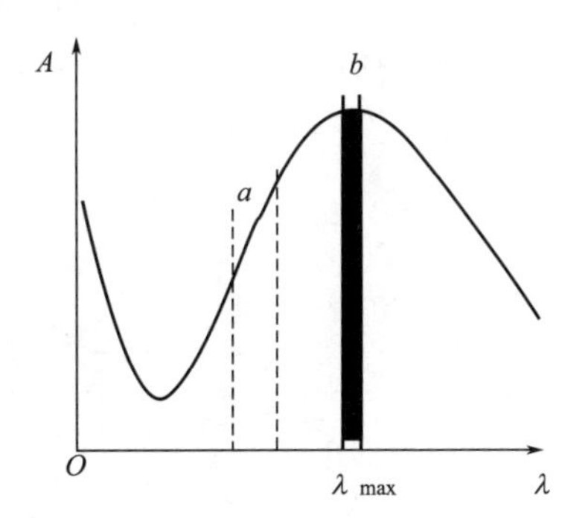

图 8-13　测量波长的选择

（2）溶液浓度的选择　实验结果表明溶液透光率很大或很小时，所产生的浓度相对误差都较大，只有在透光率处于中间段（20%～70%）时，所产生的浓度相对误差较小。在实际工作中常通过调节溶液浓度或选择液层厚度适宜的吸收池，将溶液的透光率控制在 20%～70%，即吸光度在 0.2～0.7 之间。

（3）空白（参比）溶液的选择　在测量试样溶液的吸光度时，为了消除溶剂或其他物质对入射光的吸收、反射或散射等与被测物质吸收无关的因素的影响，必须采用空白溶液（参比溶液）校正分光光度计的吸光度零点（即透光率 100%）。空白溶液常用分为溶剂空白、试剂空白、试样空白和掩蔽空白四种。

① 溶剂空白。当制备试样溶液的其他试剂和显色剂在测定条件下无吸收且试样溶液中其他共存组分也不干扰测定时，可用纯溶剂（或蒸馏水）作空白溶液，又称为溶剂空白。溶剂空白只能消除溶剂和吸收池等因素的影响。

② 试剂空白。试样中共存组分在测定条件下无吸收或吸收很小，而显色剂或其他试剂在测定条件下有吸收时，按显色反应相同的条件加入各种试剂和溶剂（不加试样溶液）后所得的溶液，称为试剂空白。此可消除溶剂及各种试剂组分的吸收干扰。

③ 试样空白。当试样中共存组分在测定条件下有吸收，而显色剂在测定条件下无吸收且不与试样中共存组分显色，则可按与试样显色反应相同的条件处理试样，只是不加入显色剂，所得的溶液称为试样空白。此可消除试样中共存组分和溶剂的吸收干扰。

④ 掩蔽空白。如显色剂和试样被测组分在测定条件下均有吸收，则将一份试样溶液中加入适当掩蔽剂（不吸收入射光）将待测组分掩蔽起来，在相同的条件下与试样溶液平行处理，所得溶液称为掩蔽空白。此不但可以消除各种溶剂、试剂及共存组分的干扰，而且可消除其相互作用产物的干扰。

综上所述，要提高分光光度法测量灵敏度和准确度，必须充分考虑各种影响测定结果的因素，通过不断的实验，找出最佳的测定条件。

任务实施

【目的】

1. 掌握分光光度法的条件试验及测定方案的拟定方法。

2. 了解分光光度计的构造、性能及使用方法。

【原理】

邻二氮菲（phen）也称邻菲罗啉，是测定微量铁时常用的一种显色剂。在 pH＝2～9 的溶液中，phen 与 Fe^{2+} 生成稳定的橘红色配合物，在浓度低于 5μg/mL 时服从朗伯-比尔定律（$A=\varepsilon bc$），可以用来测定铁的含量。若在溶液中存在形式为 Fe^{3+}，可用盐酸羟胺或抗坏血酸等进行预还原，本实验中选择以盐酸羟胺作还原剂，其反应式如下：

$$2Fe^{3+}+2NH_2OH = 2Fe^{2+}+N_2\uparrow+2H_2O+2H^+$$

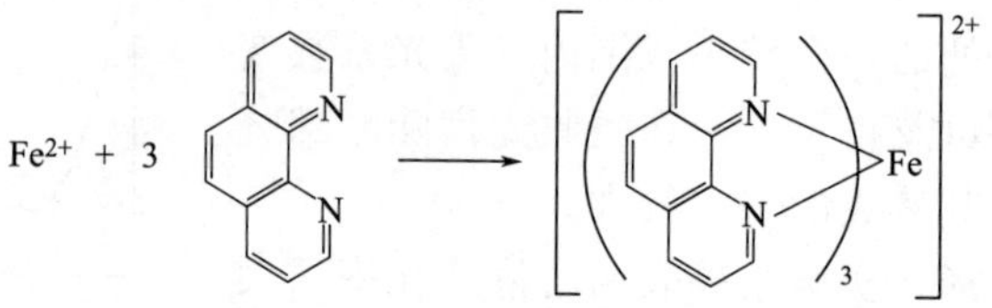

用邻二氮菲测定时，有很多元素干扰测定，必须预先进行掩蔽或分离，如钴、镍、铜、铬与试剂形成有色配合物；钨、钼、铜、汞与试剂生成沉淀，还有些金属离子如锡、铅、铋则在邻二氮菲铁配合物形成的 pH 范围内发生水解；因此当这些离子共存时，应注意消除它们的干扰作用。

在吸光光度法中为了使测定有较高的灵敏度和准确度，需要对显色条件和测量条件合理选择，如测定波长、参比溶液、吸光度范围、溶液酸度、显色剂用量、显色时间、温度、溶剂以及共存离子干扰及其消除，均需通过实验来确定。

【仪器和药品】

1. 试剂

（1）醋酸钠：1mol/L。

（2）氢氧化钠：0.4mol/L。

（3）盐酸：2mol/L。

（4）盐酸羟胺：10%（临时配制）。

（5）邻二氮菲（0.02%）：称取 0.1g 邻二氮菲溶解在 100mL 1＋1 乙醇溶液中，取 0.1%溶液稀释 5 倍。

（6）铁标准溶液

① 10^{-4}mol/L 铁标准溶液：准确称取 0.1961g $(NH_4)_2Fe(SO_4)_2\cdot 6H_2O$ 于烧杯中，用 2mol/L 的盐酸 15mL 溶解，移至 500mL 容量瓶中，以水稀释至刻度，摇匀；再准确稀释 10 倍成为 10^{-4}mol/L 标准溶液。

②10μg/mL 铁标准溶液：准确称取 0.3511g $(NH_4)_2Fe(SO_4)_2\cdot 6H_2O$ 于烧杯中，用

2mol/L 的盐酸 15mL 溶解，移入 500mL 容量瓶中，以水稀释至刻度，摇匀。再准确稀释 10 倍成为含铁 10μg/mL 标准溶液。

如以硫酸铁铵 $NH_4Fe(SO_4)_2 \cdot 12H_2O$ 配制铁标准溶液，则需标定。

2. 仪器

（1）721 型分光光度计。

（2）50mL 容量瓶 10 个/组。

（3）250mL 容量瓶。

（4）10mL 吸量管。

（5）长颈吸管 2 支。

（6）5mL 量筒，500mL，100mL 烧杯，移液管等。

【步骤】

1. 实验方法

用吸量管准确吸取 10^{-4}mol/L 铁标准溶液 10mL，置于 50mL 容量瓶中。加入 10%盐酸羟胺溶液 1mL，摇匀后加入 1mol/L 醋酸钠溶液 5mL 和 0.1%邻二氮菲溶液 3mL，以水稀释至刻度，摇匀。在分光光度计上，用 1cm 比色皿，以水为参比溶液，在 510nm 处测定吸光度。

2. 测定条件的选择

（1）邻二氮菲与铁的配合物的稳定性　用上面溶液继续进行测定，在最大吸收波长 510nm 处，从加入显色剂后立即测定一次吸光度，经 15min、30min、45min、60min 后，各测一次吸光度。以时间（t）为横坐标，吸光度（A）为纵坐标，绘制 A-t 曲线，从曲线上判断配合物稳定的情况。

（2）显色剂浓度的影响　取 25mL 比色管 7 个，用吸量管准确吸取 10^{-4}mol/L 铁标准溶液 5mL 于各比色管中，加入 10%盐酸羟胺溶液 3mL 摇匀，再加入 1mol/L 醋酸钠 5mL，然后分别加入 0.1%邻二氯菲溶液 0.3mL、0.6mL、1.0mL、1.5mL、2.0mL、3.0mL 和 4.0mL，以水稀释至刻度，摇匀。在分光光度计上，用适宜波长（510nm），1cm 比色皿，以水为参比测定不同用量显色剂溶液的吸光度。然后以邻二氮菲试剂加入体积（mL）为横坐标，吸光度为纵坐标、绘制 A-V 曲线，由曲线上确定显色剂最佳加入量。

（3）溶液酸度对配合物的影响　准确吸取 10^{-4}mol/L 铁标准溶液 10mL，置于 100mL 容量瓶中，加入 2mol/L 盐酸 5mL 和 10%盐酸羟胺溶液 10mL，摇匀，经 2min 后，再加入 0.1%邻二氮菲溶液 30mL，以水稀释至刻度，摇匀后备用。

取 25mL 比色管 7 个，用吸量管分别准确吸取上述溶液 10mL 于各比色管中，然后在各个比色管中，依次用吸量管准确吸取加入 0.4mol/L 的氢氧化钠溶液 1.0mL，2.0mL，3.0mL，4.0mL，6.0mL. 8.0mL 及 10.0mL，以水稀释至刻度，摇匀，使各溶液的 pH 从 ≤2 开始逐步增加至 12 以上，测定各溶液的 pH 值。先用 pH 1～14 广泛试纸确定其粗略 pH 值，然后进一步用精密 pH 试纸确定其较准确的 pH 值（最好采用 pH 计测量溶液的 pH 值，误差较小）。同时在分光光度计上，用适当的波长（510nm），1cm 比色皿，以水为参比测定各溶液的吸光度。最后以 pH 值为横坐标，吸光度为纵坐标，绘制 A-pH 曲线，由曲线上确定最适宜的 pH 范围。

【数据记录与处理】

1. 数据记录

分光光度计型号____________比色皿厚__________光源电压____________

（1）邻二氮菲与铁的配合物的稳定性

放置时间/min	0	15	30	45	60
吸光度 *A*					

（2）显色剂浓度的影响

容量瓶号	1	2	3	4	5	6	7
显色剂量/mL	0.3	0.6	1.0	1.5	2.0	3.0	4.0
吸光度 *A*							

（3）酸度的影响

容量瓶号	1	2	3	4	5	6	7
NaOH 加入量/mL	0.0	2.0	3.0	4.0	6.0	8.0	10.0
pH							
吸光度 *A*							

2. 绘制以下曲线

（1）*A*-*t* 曲线。

（2）吸光度与显色剂用量曲线。

（3）*A*-pH 曲线。

3. 根据上面条件实验的结果，拟出邻二氮菲分光光度法测定铁的测定条件并讨论之。

【任务训练】

1. Fe^{3+}溶液在显色前加盐酸羟胺的目的是什么？为测定一般铁盐的总铁量，是否需要加盐酸羟胺？

2. 在本实验的各项测定中，哪些试剂的加入量的体积要比较准确，而哪些试剂则可不必，为什么？

3. 根据自己的实验结果数据，计算在最适宜波长下邻二氯菲与铁配合物的摩尔吸光系数。

项目九

紫外分光光度法测定有机物

任务一

紫外分光光度法进行定性分析和定量分析

【目的】

1. 了解紫外可见分光光度计 UV-1800PC-DS 型的性能、结构及其使用方法。

2. 掌握紫外可见分光光度法定性分析的基本原理和实验方法。

3. 掌握紫外可见分光光度法定量分析的基本原理和实验方法。

【原理】

1. 定性分析

一般采取对比法，即将样品化合物的吸收光谱特征与标准化合物的吸收光谱进行对照比较，也可利用文献所下载的化合物标准谱图进行核对。如果吸收光谱完全相同，则两者可能是同一种化合物，但还需其他光谱法进一步证实。如果两张吸收光谱有明显差别，则可以肯定不是同一化合物。

2. 定量分析

单组分的测定和多组分的测定。

3. 单组分的测定

标准曲线法和对照法。

(1) 标准曲线法：配制一系列不同含量的待测组分的标准溶液，以不含待测组分的空白溶液为参比，测定标准溶液的吸光度，并绘制 A-C 曲线（工作曲线），如符合朗伯-比尔定律，将得到一条过原点的直线。然后在相同条件下测定试样溶液的吸光度，由测得的吸光度在曲线上查得试样溶液中待测组分的浓度，最后计算得到试样中待测组分的含量。

(2) 对照法（比较法）：在相同条件下，在线性范围内配制样品溶液和标准溶液，在选定波长处，分别测量吸光度，根据朗伯-比尔定律推导得：$\frac{A_{样}}{A_{标}}=\frac{C_{样}}{C_{标}}$。

【仪器和药品】

1. 仪器

紫外分光光度计、石英比色皿（1cm）2 个、容量瓶（100ml）1 个、比色管（50mL）8

个、吸量管（5mL、10mL）各 1 支、移液管（5mL、10mL）各 2 支。

2.试剂

① 标准溶液（1mg/mL）：水杨酸、苯甲酸、邻二氮菲分别配成 1mg/mL 的标准溶液，作为储备液。

水杨酸：准备称取 0.25g 水杨酸溶于乙醇中，定量移至 250mL 容量瓶中，定容，备用。

苯甲酸：准确称取 0.25g 苯甲酸溶于水中，定量转移至 250mL 容量瓶中，定容，备用。

邻二氮菲：准确称取 0.25g 邻二氮菲溶于水中，定量转移至 250mL 容量瓶中，定容，备用。

② 未知液：浓度为 40～60μg/mL（其必为绘出的三种物质之一）。

【步骤】

将未知样液稀释成为约 10μg/mL 的试液，以蒸馏水为参比，于波长 210～350nm 范围内测定吸光度，做吸收曲线，根据所得到的吸收曲线对照标准谱图，确定被测物质名称，并依据吸收曲线确定测定波长。

注：波长间隔在 210～350nm 范围内每隔 5nm 测定一个数值，在 $\lambda_{max}\pm 5$nm 范围内每隔 1nm 测定一个数值。

附三种标准物质溶液的吸收曲线参考图。

【数据记录与处理】

1.未知物的定性分析

① 未知样液 1

λ/nm	210	215	220	223	224	225	226	227	228	229	230
A											
λ/nm	231	232	235	240	245	250	255	260	265	270	275
A											
λ/nm	280	285	290	295	300	305	310	315	320	325	330
A											
λ/nm	335	340	345	350							
A											

② 未知样液 2

λ/nm	210	215	220	223	224	225	226	227	228	229	230
A											
λ/nm	231	232	235	240	245	250	255	260	265	270	275
A											
λ/nm	280	285	290	295	300	305	310	315	320	325	330
A											
λ/nm	335	340	345	350							
A											

2.未知物定量分析-苯甲酸含量的测定

① 绘制标准曲线。取五个洁净比色管，分别准确吸取 1μg/mL 的苯甲酸标准储备液

5.00mL，在100mL容量瓶中定容（此溶液的浓度为50.0μg/mL），再分别准确移取2.0mL、4.0mL、6.0mL、8.0mL、10.0mL上述溶液，在50mL容量瓶中定容（浓度分别为2.00μg/mL、4.00μg/mL、6.00μg/mL、8.00μg/mL、10.00μg/mL）。领取三个洁净的比色管分别准确移取5.00mL苯甲酸未知液，在50mL容量瓶中定容，于λ_{max}处分别测定上述溶液的吸光度，由标准曲线上查得未知液的浓度，根据未知液的稀释倍数，可求出样品溶液的浓度。

标准曲线绘制 *C-A*

标准溶液	含苯甲酸					
体积/mL	0.00	2.00	4.00	6.00	8.00	10.00
质量浓度 *C*/(μg/mL)						
吸光度 *A*						

② 测定苯甲酸的含量

样品测试（查曲线）

样品	1	2	3
吸光度 *A*			
质量浓度 *C*/(μg/mL)			
平均值/(μg/mL)			
相对平均偏差/%			

任务二
紫外分光光度法测定维生素C含量

【目的】

掌握紫外分光光度计的使用方法，掌握紫外分光光度法定量的原理，紫外吸收光谱曲线的绘制和测量波长的选择以及标准曲线的绘制。

【原理】

紫外分光光度法进行定量分析是有快速，灵敏度高及分析混合物中各组分有时不需要事前分离，不需要显色剂，因而不受显色剂温度及显色时间等因素的影响，操作简便等优点。目前广泛用于微量或痕量分析中。但有一个局限性，就是待测试样必须在紫外区有吸收并且在测试浓度范围服从比尔定律才行。

利用紫外光度法测定试样中单组分含量时，通常先测定物质的吸收光谱，然后选择最大吸收峰的波长进行测定。其原理与一般比色分析相同。

维生素C对于人体骨骼及牙齿的构成极为重要，能阻止及治疗坏血症，又能刺激食欲，促进生长，增强对传染病的抵抗能力，是人体必需的营养之一。维生素C又名丙种维生素及抗坏血酸，其结构式为：

CH_2OH
HOCH O O
HO OH

维生素 C 易溶于水，不溶于有机溶剂。橘类、番茄、马铃薯、绿叶蔬菜等含有丰富的维生素 C。

【仪器和药品】

1. 试剂

维生素 C 储备液 100mg/L（临用前进行配制）：准确称取一定量的抗坏血酸，溶于无水乙醇中，并用无水乙醇定容于 1000mL。

2. 仪器

（1）25mL 容量瓶 8 只，100mL 刻度移液管 2 支。

（2）5mL 刻度移液管 2 支，1mL 刻度移液管 2 支。

（3）50mL 烧杯 1 只，玻棒、洗球、吸球。

（4）UVmini-1240 型分光光度计、石英比色皿 2 只。

【步骤】

1. 配制 5mg/L、 10mg/L、 15mg/L、 20mg/L 和 25mg/L 维生素 C 标准溶液

取 25mL 容量瓶 5 只，分别吸取一定量的 100mg/L 维生素 C 标准溶液储备液，用蒸馏水稀释至刻度并计算出各溶液的浓度。

2. 绘制维生素 C 吸收曲线

取标准系列溶液浓度为 15mg/L 的样品，以无水乙醇为参比，在 200～320nm 波长范围扫描，得维生素 C 吸收曲线，并确定 λ_{max}。

3. 绘制标准曲线

将 2～6 号溶液按浓度从小至大排列，分别在上述吸收曲线的最适波长 λ_{max} 下分析（以试样的溶剂为参比），得到浓度与吸光度的对应值，作浓度与吸光度对应的标准曲线图。

4. 未知液的测定

将维生素 C 待测液在同样条件下检测，根据测得的吸光度在标准曲线图上查出其浓度，求出维生素 C 的含量。

【数据记录及处理】

1. 绘制维生素 C 吸收曲线

λ/nm	200	210	220	230	235	240	241	242	243	244	245
A											
λ/nm	246	247	248	249	250	260	270	280	290	300	310
A											

2. 绘制维生素 C 的标准曲线

浓度/(mg/L)	5	10	15	20	25
吸光度					

3. 计算未知液的含量

根据测得的吸光度在标准曲线图上查出其浓度，求出维生素C的含量。

【任务训练】

1. 紫外分光光度法进行定量分析与可见光分光光度法进行定量分析比较有何优点？

2. 分光光度计的组成由哪几部分组成？

项目十

原子吸收光谱分析化工原料及产品

知识链接

原子吸收光谱包括原子发射光谱、原子吸收光谱和原子荧光光谱。原子发射光谱是价电子受到激发跃迁到激发态，再由高能态回到各较低的能态或基态时，以辐射形式放出其激发能而产生的光谱。原子吸收光谱是基态原子吸收共振辐射跃迁到激发态而产生的吸收光谱。原子荧光是原子吸收辐射之后提高到激发态，再回到基态或邻近基态的另一能态，将吸收的能量以辐射形式沿各个方向放出而产生的发射光谱。

三种原子光谱分析方法各有所长，各有最适宜的应用范围。一般说来，对于分析线波长位于＜300nm 的元素，原子荧光有更低的检出限；对于分析线波长位于 300～400nm 的元素，三种原子光谱法具有相似的检出限；对于分析线波长位于＞400nm 的元素，原子发射光谱检出限较低。原子光谱是元素的固有特征，因此三种原子光谱分析方法都有良好的选择性。一般来说，原子吸收光谱和原子荧光测定的精密度优于原子发射光谱。从应用范围看，原子发射和原子荧光适用分析的元素范围更广，且具有多元素同时分析的能力。电感耦合等离子原子发射光谱和原子荧光标准曲线的动态范围可达 4～5 个数量级，而原子吸收通常小于 2 个数量级。原子吸收的用样量小，石墨炉原子吸收光谱测定，液体的进样量为 10～30μL，固体进样量为毫克级。原子吸收和原子荧光的仪器设备相对比较简单，操作简便。从试剂应用领域看，三种原子光谱分析方法都已得到广泛应用，并且随着三种原子光谱分析方法和技术的不断完善与发展，应用领域将进一步扩大，分析的精密度和准确度将进一步提高。

一、原子吸收光谱分析的基本原理

原子吸收分光光度法，又称原子吸收光谱发，是基于从光源发出的被测元素特征辐射通过元素的原子蒸气时被其基态原子吸收，由辐射的减弱程度测定元素含量的一种现代仪器分析方法。按照热力学理论，在热平衡状态下，基态原子和激发态原子的分布符合波兹曼公式：

$$\frac{N_i}{N_0}=\frac{g_i}{g_0}\exp\left[-E_i/(kT)\right]$$

式中，N_i 和 N_0 分别表示激发态和基态的原子数；k 是波兹曼常数；g_i 和 g_0 分别是激发态和基态的统计权重；E_i 是激发能；T 是热力学温度。

（一）原子吸收光谱的产生

任何元素的原子都是由原子核和核外电子所组成。原子由原子核和电子组成，原子核是原子的中心体，荷正电，电子荷负电，总的负电荷与原子核的正电荷数相等。电子沿核外的圆形或椭圆形轨道围绕原子核运动，同时又有自旋运动。电子的运动状态由波函数 φ 描述。求解描述电子运动状态的薛定谔方程，可以得到表征原子内电子运动状态的量子数 n、l、m，其分别称为主量子数、角量子数和磁量子数。

原子核外的电子按其能量的高低分层分布而形成不同的能级，因此，一个原子核可以具有多种能级状态。能量最低的能级状态称为基态能级（E_0），其余能级称为激发态能级，而能级最低的激发态则称为第一激发态。一般情况下，原子处于基态，核外电子在各自能量最低的轨道上运动。如果将一定外界能量如光能提供给该基态原子，当外界光能量 E 恰好等于该基态原子中基态和某一较高能级之间的能级差 ΔE 时，该原子将吸收这一特征波长的光，外层电子由基态跃迁到相应的激发态而产生原子吸收光谱。

如图 10-1 所示的钠原子有高于基态 2.2eV 和 3.6eV 的两个激发（eV 为“电子伏特”，表征能量高低）。图 10-1 中，当处于基态的钠原子受到 2.2eV 和 3.6eV 能量的激发就会从基态跃迁到较高的Ⅰ和Ⅱ能级，而跃迁所要的能量就来自于光。2.2eV 和 3.6eV 的能量分别相当于波长 589.0nm 和 330.3nm 的光线的能量，而其他波长的光不被吸收。

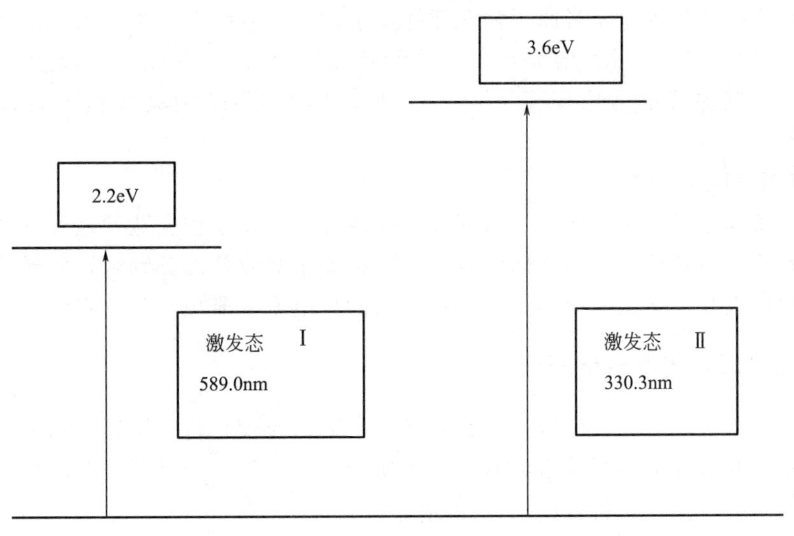

图 10-1　钠原子能级图

电子跃迁到较高能级以后处于激发态，但激发态电子是不稳定的，大约经过 10^{-8}s 以后，激发态电子将返回基态或其他较低能级，并将电子跃迁时所吸收的能量以光的形式释放出去，这个过程称原子发射光谱。可见原子吸收光谱过程吸收辐射能量，而原子发射光谱过程则释放辐射能量。核外电子从基态跃迁至第一激发态所吸收的谱线称为共振吸收线，简称共振线。电子从第一激发态返回基态时所发射的谱线称为第一共振发射线。优于基态与第一激发态之间的能级差最小，电子跃迁概率最大，故共振吸收线最易产生。对多数元素来讲，它是所有吸收线中最灵敏的，在原子吸收光谱分析中通常以共振线为吸收线。

（二） 原子吸收谱线轮廓及变宽

理论和实验表明，无论是原子发射线还是原子吸收谱线，并非是一条严格的集合线，都具有一定形状，即谱线强度按频率有一分布值，而且强度随频率的变化是急剧的。通常是以 K-V 曲线表示，即吸收系数 K 为纵坐标，以频率 V 为横坐标的曲线图，原子吸收光谱曲线反映了原子对不同频率的光具有选择性吸收的性质。极大值相对应频率称中心频率，相应的吸收数称中心吸收系数或峰值吸收系数。K-V 曲线又称原子吸收光谱轮廓或吸收线轮廓。吸收线轮廓的宽度也叫光谱带宽，以半宽度 ΔV 的大小表示。

原子吸收光谱的变宽的原因有两个方面：一是由原子性所决定如自然宽度；另一方面是由于外界因素影响引起的，如多普勒变宽、劳伦茨变宽等。

1. 自然变宽

在无外界影响的情况下，吸收线本身的宽度。自然宽度的大小与激发态的原子平均寿命有关，激发态原子平均寿命越长，吸收线自然变宽越窄，对于多数元素的共振线来讲，自然宽度为 $10^{-6} \sim 10^{-5}$nm。

2. 多普勒变宽

也叫热变宽，这是由于原子在空间做无规则热运动所引起的一种吸收线变宽现象，多普勒变宽随温度升高而加剧，并随元素种类而异，在一般火焰温度下，多普勒变宽可以使谱线增宽 10^{-3}nm，是原子吸收谱线变宽的主要原因。

3. 劳伦茨变宽

待测元素的原子与其他元素原子相互碰撞而引起的吸收线变宽称为劳伦茨变宽。劳伦茨变宽随原子区内原子蒸气压力增大和温度增高而增大。在 101.325kPa 以及一般火焰温度下，大多数元素共振线的劳伦茨变宽与多普勒变宽的增宽范围具有相同的数量级，一般为 10^{-3}nm。

4. 场致变宽和自吸变宽

在外界电场或磁场作用下，也能引起原子能级分裂而使谱线变宽，这种变宽称为场致变宽。另外，光源辐射共振线，由于周围较冷的同种原子吸收掉部分辐射，使光强减弱。这种现象叫谱线的自吸收，在实际应用中应选择合适的灯电流来避免自吸变宽效应。

（三）原子吸收光谱分析原理

原子吸收光谱分析的波长区域在近紫外区。其分析原理是将光源辐射出的待测元素的特征光谱通过样品的蒸气中待测元素的基态原子所吸收，由发射光谱被减弱的程度，进而求得样品中待测元素的含量，它符合朗伯-比尔定律

$$A = -\lg I/I_0 = -\lg T = KcL$$

式中，I 为透射光强度，I_0 为发射光强度，T 为透射比，L 为光通过原子化器光程。由于 L 是不变值，所以

$$A = Kc$$

该式是原子吸收分析测量的理论依据。K 值是一个与元素浓度无关的常数，实际上是标准曲线的斜率。只要通过测定标准系列溶液的吸光度，绘制工作曲线，根据同时测得的样品溶液的吸光度，在标准曲线上即可查得样品溶液的浓度。所以说原子吸收光谱法是相对分析法。

（四）原子吸收光谱分析的特点

原子吸收光谱分析具有许多分析方法无可比拟的优点。

1.选择性好

由于原子吸收线比原子发射线少得多，因此，谱线重叠的概率小，光谱干扰比发射光谱小得多。加之采用单元素制成的空芯阴极灯作锐线光源，光源辐射的光谱较纯，对样品溶液中被测元素的共振线波长处不易产生背景发射干扰。

2.灵敏度高

采用火焰原子化方式，大多元素的灵敏度可达 10^{-6} 级，少数元素可达 10^{-9} 级，若用高温石墨炉原子化，其绝对灵敏度可达 10^{-10}～10^{-14}g，因此，原子吸收光谱法极适用于痕量金属分析。

3.精密度高

火焰原子吸收法精密度高，在日常的微量分析中，精密度为 0%～3%，石墨炉原子吸收法比火焰法的精密度低一些，采用自动进样器技术，一般可以控制在 5%之内。

4.分析范围广

可分析周期表中绝大多数的金属元素、类金属元素，也可间接测定有机物；就样品的状态而言，既可测定液态样品，也可测定气态样品。

5.分析速度快

小火焰法进样量一般为 3～6mL/min，微量进样为 10～15μL。石墨炉法的进样量为 10^{-30}μL。

二、原子吸收光谱仪结构

原子吸收光谱仪由光源、原子化器、光学系统、检测系统和数据工作站组成。光源提供待测元素的特征辐射光谱；原子化器将样品中的待测元素转化为自由原子；光学系统将待测元素的共振线分出；检测系统将光信号转换成电信号进而读出吸光度；数据工作站通过应用软件对光谱仪各系统进行控制并处理数据结果。图 10-2 为原子吸收光谱仪的结构示意图。

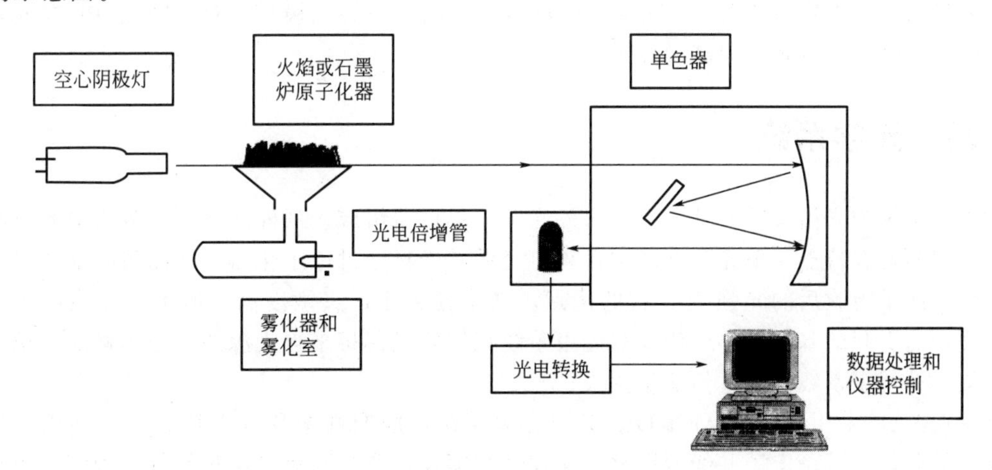

图 10-2　原子吸收光谱仪结构示意图

三、空心阴极灯光源

原子吸收光谱仪对辐射光源的基本要求是：

① 辐射谱线宽度要窄，一般要求谱线宽度要明显小于吸收线宽度，这样，有利于提高分析的灵敏度和改善校正曲线的线性关系。

② 辐射强度大、背景小，并且在光谱通带内无其他干扰谱线，这样可以提高信噪比，改善仪器的检出限。

③ 辐射强度稳定，以保证测定具有足够的精度。

④ 结构牢固，操作方便，经久耐用。空心阴极灯能够满足上述要求，它是由一个被测元素纯金属或简单合金制成的圆柱形空心阴极和一个用钨或其他高熔点金属制成的阴极组成。灯内抽成真空，然后充入氖气，在放电过程中起传递电流、溅射阴极和传递能量作用。空芯阴极灯腔的对面是能够透射所需要的辐射的光学窗口，如图 10-3 所示。

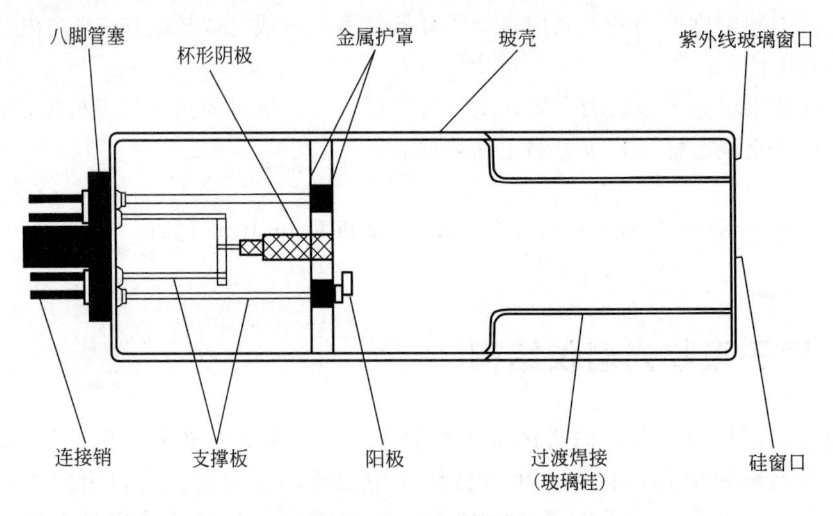

图 10-3　空心阴极灯

SOLAAR 原子吸收采用 200Hz 电调制的空心阴极灯电源，占空比为 1∶3，能发射稳定的高能量谱线，平均电流为 3～5mA，可直接使用国产空心阴极灯。对于 As、Pb 等元素无需无极放电灯，也可获得很高的灵敏度。

四、光学系统

光学系统为光谱仪的心脏，一般由外光路与单色器组成。从外光路可以分为单光束与双光束，它们各有特点。单光束系统中，来自光源的光只穿过原子化器，样品吸收前测量光强 I_o，然后测量吸收后的光强 I_t。它的优点，能量损失小，灵敏度高，但不能克服由于光源的不稳定而引起的基线漂移。传统双光束系统采用斩光器将来自光源的光分为样品光束与参比光束，补偿了基线漂移，但能量损失。

SOLAAR 采用专利 STOCKDALE 双光束系统，周期性地移开参比光束，完成从信号到噪声的测量，既稳定了基线的漂移，又保证高能量，获得与单光束相同的灵敏度。单色器由入射狭缝、准直装置、光栅、凹面反射镜及出射狭缝组成。焦距、色散率、杂散光及闪耀特性是衡量单色器性能的主要指标。平面光栅的色散率主要由刻线决定；光的能量与焦距的平方成反比，因此在满足分辨率要求的前提下，要求较小的焦距；闪耀特性是指闪耀波长与聚光本领，它与杂散光表征了光学系统的灵敏度与线性能力。

五、原子化系统

原子化系统直接影响分析灵敏度和结果的重现性。原子化器主要分为火焰与石墨两种。火焰原子化系统一般包括：雾化器、雾化室、燃烧器与气体控制系统。如图 10-4 所示。

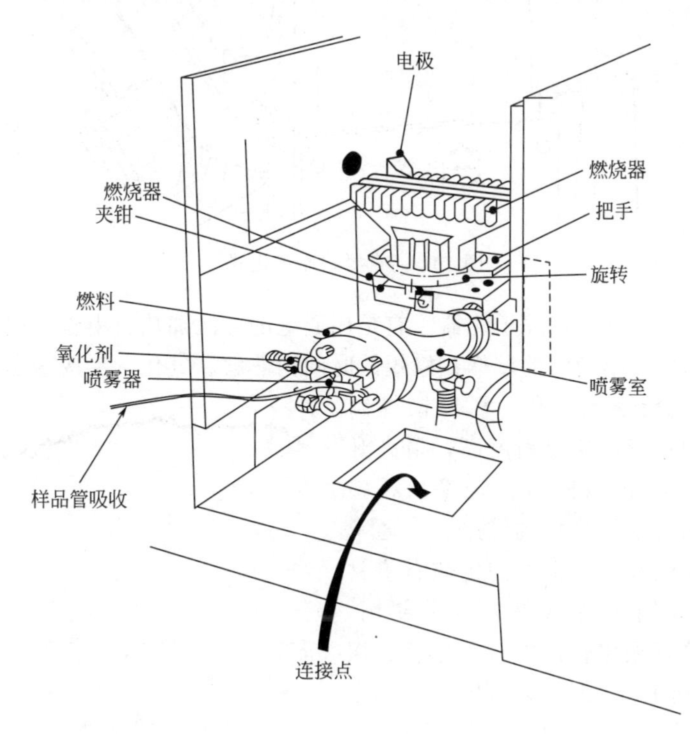

图 10-4 SOLAAR 火焰原子化器

SOLAAR 采用惰性全聚四氟乙烯组成的雾化室、撞击球、扰流器。撞击球使雾滴细化提高灵敏度；扰流器可降低火焰噪声提高稳定性。采用 Pt/Ir 毛细管和 PTFE 喷嘴组成的高效雾化器，可耐酸碱，耐氢氟酸，无论是有机或是无机都能得到最高的灵敏度和稳定性。独特的雾室锥度和后排水设计将记忆效应降至最低。防“回火”薄膜和水封传感确保人体和设备的安全。

SOLAAR 采用渗铌翅片式通用式燃烧器，适用所有元素的分析，能迅速达到热平衡，低气耗耐腐蚀，在高温中抗氧化、低结碳，适用于高盐溶液的直接喷吸。完全拆卸式可做里外彻底清洗确保最佳状态。固定在燃烧器上的高频点火不受燃烧器高度和乙炔流量的影响。带有刻度的 90°旋转角度可扩大测量的动态线性范围和良好的可重复性。

气体控制系统一般有手动与自动控制，传统自动气体控制采用步进马达驱动顶针阀控制。SOLAAR 采用两进制数字代码控制数个电磁阀“开启”和“关闭”进行气体流量控制，能自动完成空气/乙炔、笑气/乙炔的安全点火、熄火和切换，结构可靠，故障率极低，计算机对所有助燃气、燃气流量实施全自动的监控，一经人工设定或自动优选，便能始终如一保持二者的最佳恒定比值和良好的重复性。石墨炉原子化器一般由石墨炉电源、石墨炉炉体及石墨管组成。炉体又包括石墨锥、冷却座石英窗和电极架，如图 10-5 所示。

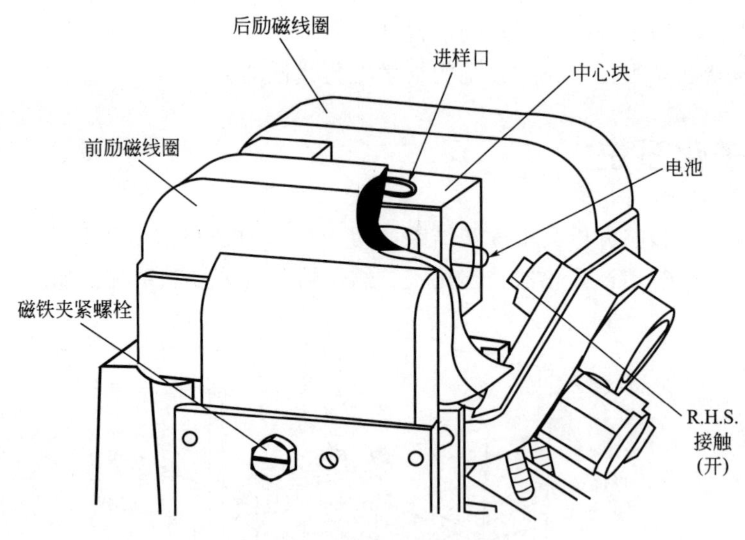

图 10-5　石墨炉原子化器

石墨炉原子化器又称电热原子化器。它是用通电的办法加热石墨管，使石墨管内腔产生很高的温度，从而使石墨管内的试样在极短的时间内热解、气化，形成基态原子蒸气。

SOLAAR 采用精密光纤与电压反馈控制的纵向加热石墨炉系统，控温精度高，最高升温 3000℃，2000℃/s 的瞬间升温速率。石墨管的质量直接影响石墨炉分析的结果。它通常是由高纯度、高强度和高致密度的优质石墨材料制成。SOLAAR 有五种石墨管可供使用，分别是普通管、热解涂层管、平台石墨管、探针用石墨管及专利 ELC 长寿命石墨管，其中 ELC 管在 2800℃的高温下可使用 2000 次以上。如图 10-6 所示。

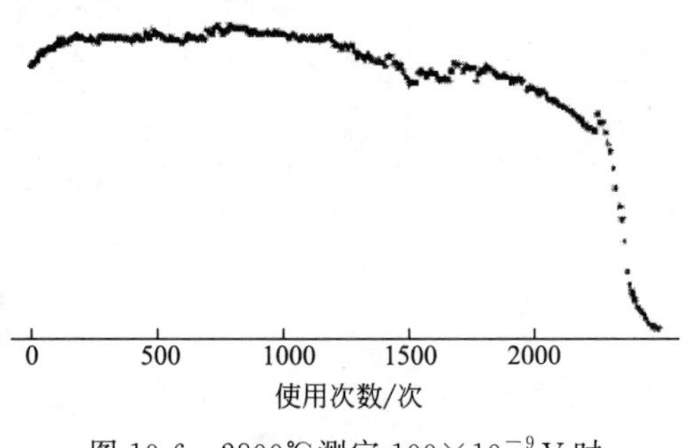

图 10-6　2800℃测定 100×10^{-9} V 时 ELC 的使用次数

六、检测系统与数据处理系统

光电倍增管是原子吸收光谱仪的主要检测器，要求在 180～900nm 测定波长内具有较高的灵敏度，并且暗电流小。目前通过计算机软件控制的原子吸收仪具有很强的数据处理能力。

七、样品的制备方法

原子吸收样品大致可分为无机固体样品、有机固体样品以及液体样品三大类。采集样品应注意以下几点：

① 采集的样品要具有代表性；

② 被测样品不能被污染；

③ 放置样品的容器要经过酸处理，洗涤干净；

④ 样品应保存在干燥、不被阳光直射的地方。

1. 无机固体试样的处理方法

（1）酸溶法　常用的溶剂有 HCl、HNO_3、H_2SO_4、H_3PO_4、$HClO_4$、HF 以及它们的混合酸如 HCl+HNO_3、HCl+HF 等。为了提高溶解效率，还可以在溶解过程中加入某些氧化剂如 H_2O_2、盐类如铵盐或有机溶剂如酒石酸等，在原子吸收光谱中，HNO_3 和 HCl 的干扰比较小，因此，处理样品时通常使用 HNO_3 和 HCl 来溶解样品。

（2）熔融法　当有些试样不易用酸溶解时，可以采用熔融法来处理。常用的熔剂有 NaOH、$LiBO_2$、Na_2O_2、$K_2S_2O_7$ 等。熔融法分解试样能力较强，速率也比酸溶法快，但由于溶液中盐浓度含量较高，因此，在稀释倍数较小时会造成雾化器或燃烧器的堵塞，稀释倍数过大时又会降低检出能力，同时熔融过程中腐蚀的坩埚材料和熔剂中的杂质也易造成干扰，影响测定结果。实际操作中，通常将酸溶解法与熔融法结合使用，可将试样先进行酸溶解处理，再加少量熔剂熔融后加酸溶解。

2. 有机物固体试样的处理方法

有机固体试样包括各种食品、植物、化工产品等。其分解方法一般分为湿法消化、干法灰化和等离子氧低温灰化三种。

（1）干法灰化　干法灰化是将有机物试样经过高温分解后，使被测元素呈可溶状态的处理方法。该方法可消除有机物质对待测元素的影响，无需消耗大量试剂，因而减少了试剂污染，但同时也存在着缺点，在灰化过程中容易造成待测元素的挥发、粘留在容器的器壁上以及滞留在酸不溶性残渣上。因此，对含有 Hg、As、Se 等元素的试样，不能采用干法灰化，只能采用湿法消化分解。Zn、Cr、Fe、Pb、Cd、P 等元素也有一定程度的挥发，特别是有卤素存在时损失更大。有些元素如 Si、Al、Ca、Be、Nb 等在灰化温度高于 500℃时，可以在灰化过程中生成酸不溶形混合物，有些金属在 500℃以上还会与容器反应，引起吸附效应。

（2）湿法消化　湿法消化是用浓无机酸或再加氧化剂，在消化过程中保持在氧化状态的条件下消化处理试样。常用的消化剂有 HNO_3、HNO_3+HCl、HNO_3+H_2SO_4、HNO_3+HCl+H_2O_2 等，$HClO_4$ 是一种强氧化剂，但在加热时，容易分解甚至发生爆炸，因此，一般不单独使用 $HClO_4$ 来消化有机物，但它与其他消化剂混合使用如 HNO_3+HCl+$HClO_4$ 是一种非常有效的消化剂。湿法消化法试样挥发损失比干法灰化要小一些，但对于 Hg、Se、Fe 等易挥发金属元素仍有较大损失。

（3）等离子氧低温灰化法　等离子氧低温灰化法是用高频电源将低压氧激发，使含原子态氧的等离子气体接触有机试样，并在低温下缓慢氧化除去有机物，使有机试样中所含微量金属元素不被挥发损失。

3. 液体试样的稀释处理

地表水、地下水、工业废水、生活废水、海水、盐湖水以及突然浸出液等无机物液体试样，对于待测元素含量较高的在稀释后均可直接测定，对于待测元素含量低于检出限的试样，可以通过富集后再测定。

有机物液体试样包括果汁、酒类、油类、血液样品等。对于其中水溶性有机液体如血等可用稀酸或分析用水稀释后直接测定，油类样品可采用有机溶剂稀释后测定。

4. 微波消解法

传统的消解方法存在试剂消耗量大、易造成挥发性元素的损失、污染样品等缺点，微波消解是在密封容器里加压进行，避免了挥发性元素的损失，减少了试剂消耗量，不污染环境，消解速率比传统加热消解快 4～100 倍，且重复性好。

八、分析数据处理

1.检出限

检出限是指能产生一个确实在试样中存在的待测组分的分析信号所需要的该组分的最小含量或最小浓度。检出限意味着仪器所能检出的最低（极限）浓度。元素的检出限定义为吸收信号相当于3倍噪声电平所对应的元素浓度。根据不同的仪器其检出限也不同，本实验所采用的SOLAAR989型原子吸收光谱仪火焰法铜的检出限为0.0045mg/L，石墨炉镉的检出限为0.2pg。

将仪器各参数调至最佳工作状态，用空白溶液调零，分别对三种铜标准溶液进行三次重复测量，取三次测定的平均值，按线性回归法求出工作曲线斜率，即为仪器铜的灵敏度（S）

$$S=\mathrm{d}A/\mathrm{d}c[\mathrm{A}/(\mu\mathrm{g/mL})]$$

再将空白溶液进行11次吸光度测量，并求出其标准偏差（S_{A}），按下式计算仪器铜的检出限：

$$D=3S_{\mathrm{A}}/S(\mu\mathrm{g/mL})$$

将仪器各参数调至最佳工作状态，分别对空白和三种镉标准溶液进行三次重复测量，取三次测定的平均值，按线性回归法求出工作曲线斜率，即为仪器镉的灵敏度（S）

$$S=\mathrm{d}A/\mathrm{d}Q=\mathrm{d}A/\mathrm{d}(c_{\mathrm{x}}V)(\mathrm{A/pg})$$

再将空白溶液进行11次吸光度测量，并求出其标准偏差（S_{A}），按下式计算仪器镉的检出限：

$$D=3S_{\mathrm{A}}/S(\mathrm{pg})$$

2.灵敏度

灵敏度为吸光度随浓度的变化率$\mathrm{d}A/\mathrm{d}c$，亦即校准曲线的斜率。火焰原子吸收的灵敏度，用特征浓度来表示。其定义为能产生1%吸收（吸光度0.0044）时所对应的元素浓度，可用下式计算：

$$S=\frac{c\times 0.044}{A}$$

式中　c——测试溶液的浓度；

A——测试溶液的吸光度。

石墨炉的灵敏度以特征质量来表示，即能够产生1%吸收的分析元素的绝对量，计算公式如下：

$$cM=\frac{0.044}{S}$$

式中，S为灵敏度。

灵敏度直接与检测器的灵敏度、仪器的放大倍数有着密切的依赖关系，因此不同仪器的灵敏度也是不同的，对于SOLAAR989型原子吸收光谱仪，火焰法5×10^{-6}Cu标准的吸光度大于1.0A，特征浓度0.04×10^{-6}。石墨炉镉的特征质量为0.6pg。

3.精密度

精密度是指多次重复测定同一量时各测定值之间彼此相符合的程度。它表征测定过程中随机误差的大小，常用标准偏差s或相对标准偏差RSD来表示。精密度与被测定的量值大小和浓度有关。

SOLLA989 型原子吸收光谱仪器在最佳工作状态下，对 3.0ng/mL 镉标准溶液（介质为硝酸），进行七次重复测量，求出其相对标准偏差 RSD<3%。

4. 准确度

准确度是指在一定实验条件下多次测定的平均值与真值相符合的程度。准确度表征系统误差的大小，用误差或相对误差表示。常用准确度的评定方法通过加入被测元素的纯物质进行回收实验来确定准确度。

任务一　火焰原子吸收光谱法测定水中铅

根据原子化的手段不同，现有原子吸收最常用的有火焰法（FAAS）、石墨炉法（GFAAS）和氢化物发法（HGAAS）三大类。

知识链接

一、原子吸收分析方法——火焰法简介

火焰原子化法具有分析速度快、精密度高、干扰少、操作简单等优点。火焰原子化法的火焰种类有很多，目前广泛使用的是乙炔-空气火焰，可以分析 30 多种元素，其次是乙炔-氧化亚氮（俗称笑气）火焰，可使测定元素增加到 70 多种。

二、火焰特性及基本过程

对火焰的基本要求是温度高、稳定性好与安全。

样品溶液被喷雾雾化进入火焰，大体经历以下几个过程，如图 10-7 所示。

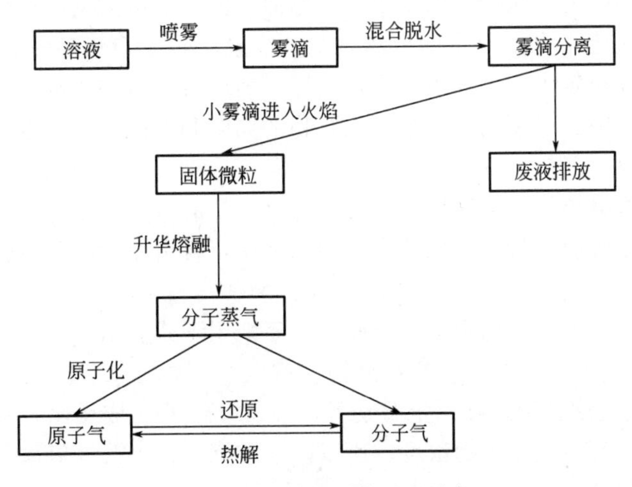

图 10-7　火焰原子化过程示意

(1) 雾化；

(2) 脱水干燥；

(3) 熔融蒸发；

(4) 热解和还原；

(5) 激发、电离和化合。

三、原子化过程中的化学反应

1. 离解反应

火焰中存在的金属化合物，通常以双原子分子或三原子分子存在，多原子或有机金属化合物通常在火焰中是不稳定的，在雾珠脱剂过程中即被分解成简单分子化合物，在火焰中，当火焰温度达到化合物的离解能时，大多数双原子或三原子分子也不稳定，它们反生离解，形成自由原子。

$$MX \xlongequal{} M+X$$

此时，火焰中自由原子浓度取决于该金属化合物在火焰中的离解度 α。

$$\alpha=[M]/([M]+[MX])$$

式中，[M] 表示火焰中已离解成金属原子的浓度；[MX] 表示还未离解的分子浓度。

在稳定的火焰温度下，金属原子与 MX 分子间达到平衡，根据质量作用定律，可得：

$$\alpha=1/(1+[X]/K_d)$$

式中，[X] 是火焰中非金属原子的浓度，K_d 是离解平衡常数。由此可见，K_d 越大，[X] 越小，则离解度 α 越大，火焰中存在的自由金属原子浓度就越高。若 $[X]<K_d$ 则 $\alpha \approx 1$，即被测元素几乎全部离解为基态原子；若 $[X]>K_d$，则 $\alpha \approx 0$，化合物几乎不离解，一般情况 α 介于这两种极限情况之间，即 $0<\alpha<1$。

对于给定 [X] 和火焰温度，K_d 的值主要取决于化合物 MX 的离解能，一般情况下；当离解能小于 3.5eV MX，火焰中不稳定，易发生离解，而离解能大于 3.5eV 时，在火焰中较稳定，难以离解。

2. 电离反应

在高温火焰中，部分自由金属原子获得能量而发生电离 $M \longrightarrow M^{t}+e^{-}$ 电离程度随被分析元素浓度的增加而降低，从而导致曲线向上弯曲。原子的电离反应与分子的离解反应相类似。火焰温度不仅决定了自由原子的电离常数，而且决定了自由原子在高温介质中的电离度，同时火焰温度还决定了化合物离解成自由原子的离解常数和离解度。因此，在评价火焰中自由原子生成程度时，必须同时考察该化合物的离解和自由原子的电离。

3. 化合反应

在火焰反应中，被离解的金属原子还可以与火焰中的氧发生化合反应，生成难离解的氧化物，这是火焰原子吸收分析中遇到的主要困难之一，自由原子的化合：

$$M+O \xlongequal{} MO$$

在热力学平衡条件下，火焰中的自由原子浓度则用下式表示

$$[M]=K^{*}([MO]/[O])$$

K^{*} 是氧化物的离解常数，在一定温度下，[M] 与 [O] 成反比关系，由于燃气与助燃气之比直接决定了火焰中氧原子的浓度，所以，改变燃气比可改变氧原子的浓度，进而改变金属氧化物的生成程度。

在富燃火焰中，氧的浓度低，有利于自由金属原子的生成，对于某些氧化物离解能大的元素，利用富燃焰可以避免这些元素在火焰中重新合成难解离的氧化物，从而提高分析灵敏度。

4. 还原反应

在富燃空气-乙炔火焰中，由于燃烧不完全，火焰介质中仍存在相当多的原子碳、固体碳微粒、CH、CO以及其他的化学物质，此外还有一些与大气作用产生的含氮化合物，这些燃烧反应产生的副产物具有强烈的还原性，能够使火焰中的氧化物还原成金属原子。

$$MO+C \longrightarrow M+CO$$

$$MO+NH \longrightarrow M+N+OH$$

由于富燃火焰的强还原性，使生成的自由金属原子受到强烈还原气氛的保护，使自由金属原子的寿命延长。由此可见，富燃火焰的强还原性，对于测定那些易形成难熔氧化物的元素是极为有利的。

四、火焰原子吸收法最佳条件选择

1. 吸收线选择

为获得较高的灵敏度、稳定性和宽的线性范围及无干扰测定，必须选择合适的吸收线。选择谱线的一般原则：

（1）灵敏度　一般选择最灵敏的共振吸收线，测定高含量元素时，可选用次灵敏线。可参考SOLAAR软件中的COOKBOOK。

（2）谱线干扰　当分析线附近有其他非吸收线存在时，将使灵敏度降低和工作曲线弯曲，应当尽量避免干扰。例如，Ni 230.0nm附近有Ni 231.98nm、Ni 232.14nm、Ni 231.6nm非吸收线干扰。

（3）线性范围　不同分析线有不同的线性范围，例如Ni 305.1nm优于Ni 230.0nm。

2. 电流的选择

选择合适的空心阴极灯电流，可得到较高的灵敏度与稳定性。从灵敏度考虑，灯电流宜用小，因为谱线变宽及自吸效应小，发射线窄，灵敏度增高。但灯电流太小，灯放电不稳定。从稳定性考虑，灯电流要大，谱线强度高，负高压低，读数稳定，特别对于常量与高含量元素分析，灯电流宜大些。

从维护灯和使用寿命角度考虑，对于高熔点、低溅射的金属，如铁、钴、镍、铬等元素，灯电流允许用得大；对于低熔点、高溅射的金属，如锌、铅等元素，灯电流要用小；对于低熔点、低溅射的金属，如锡，若需增加光强度，允许灯电流稍大些。

3. 光谱通带的选择

光谱通带的宽窄直接影响测定的灵敏度与标准曲线的线性范围。

$$光谱通带=线色散率的倒数\times缝宽$$

在保证只有分析线通过出口狭缝的前提下，尽可能选择较宽的通带。对于碱金属、碱土金属，可用较宽的通带，而对于如铁族、稀有元素和连续背景较强的情况下，要用小的通带。

SOLAAR M系列增加了0.1nm的通带，对于分析Ni、Fe等元素，其斜率及线性范围随着光谱通带的变窄而改善。如图10-8所示。

4. 燃气-助燃气比的选择

不同的燃气-助燃气比，火焰温度和氧化还原性质也不同。根据火焰温度和气氛，可分

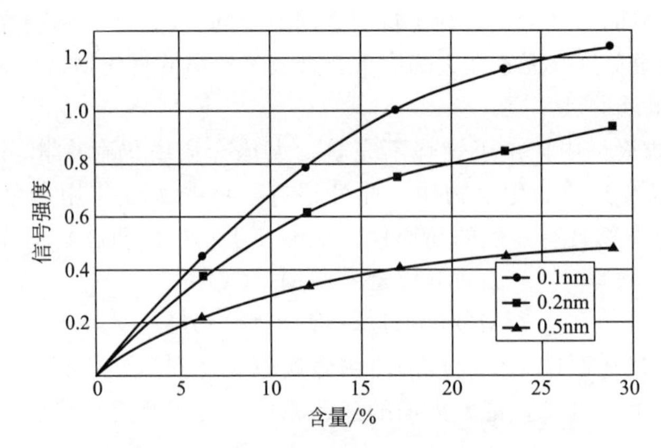

图 10-8　通带宽度对镍灵敏度及线性范围的影响

为贫燃火焰、化学计量火焰、发亮火焰和富燃火焰四种类型。

燃助比（乙炔/空气）在 1∶6 以上，火焰处于贫燃状态，燃烧充分，温度较高。除了碱金属可以用贫燃火焰外，一些高熔点和惰性金属，如 Ag、Au、Pd、Pt、Rb、Cu 等也可以用，但燃烧不稳定，测定的重现性较差。

燃助比为 1∶4 时，火焰稳定，层次清晰分明，称化学计量火焰，适合于大多数元素的测定。

燃助比小于 1∶4 时，火焰呈发亮状态，层次开始模糊，为发亮性火焰。此时温度较低，燃烧不充分，但具有还原性，测定 Mg 时就用此火焰。

燃助比小于 1∶3 为富燃火焰，这种火焰有强还原性，即火焰中含有大量的 CH、C、CO、CN、NH 等成分，适合于 Al、Ba、Cr 等元素的测定。

铬、铁、钙等元素对燃助比反应敏感，因此在拟定分析条件时，要特别注意燃气和助燃气的流量和压力。

5. 观测高度的选择

观测高度可大致分三个部位。光束通过氧化焰区，这一高度大约是离燃烧器缝口 6～12mm 处。此处火焰稳定、干扰较少，对紫外线吸收较弱，但灵敏度稍低。吸收线在紫外区的元素，适于这种高度。

光束通过氧化焰和还原焰，这一高度大约是离燃烧器缝口 4～6nm 处。此高度火焰稳定性比前一种差、温度稍低、干扰较多，但灵敏度高。适于铍、铅、硒、锡、铬等元素分析。

光束通过还原焰，这一高度大约是离燃烧器缝口 4nm 以下。此高度火焰稳定性最差、干扰多，对紫外线吸收最强，但吸收灵敏度较高。适于长波段元素的分析。

五、原子吸收光谱分析中的干扰及消除

虽然原子吸收分析中的干扰比较少，并且容易克服，但在许多情况下是不容忽视的。为了得到正确的分析结果，了解干扰的来源和消除是非常重要的。

1. 物理干扰及其消除方法

物理干扰是指试样在转移、蒸发和原子化过程中，由于试样任何物理性质的变化而引起的原子吸收信号强度变化的效应。物理干扰属非选择性干扰。

在火焰原子吸收中，试样溶液的性质发生任何变化，都直接或间接地影响原子阶级效

率。如试样的黏度发生变化时，则影响吸喷速率进而影响雾量和雾化效率。毛细管的内径和长度以及空气的流量同样影响吸喷速率。试样的表面张力和黏度的变化，将影响雾滴的细度、脱溶剂效率和蒸发效率，最终影响到原子化效率。当试样中存在大量的基体元素时，它们在火焰中蒸发解离时，不仅要消耗大量的热量，而且在蒸发过程中，有可能包裹待测元素，延缓待测元素的蒸发，影响原子化效率。物理干扰一般都是负干扰，最终影响火焰分析体积中原子的密度。

为消除物理干扰，保证分析的准确度，一般采用以下方法：

① 配制与待测试液基体相一致的标准溶液，这是最常用的方法。

② 当配制与待测试液基体相一致的标准溶液有困难时，需采用标准加入法。

③ 当被测元素在试液中浓度较高时，可以用稀释溶液的方法来降低或消除物理干扰。

2. 光谱干扰及其消除方法

原子吸收光谱分析中的光谱干扰较原子发射光谱要少得多。理想的原子吸收，应该是在所选用的光谱通带内仅有光源的一条共振发射线和波长与之对应的一条吸收线。当光谱通带内多于一条吸收线或光谱通带内存在光源发射非吸收线时，灵敏度降低且工作曲线线性范围变窄。当被测试液中含有吸收线相重叠的两种元素时，无论测哪一种都将产生干扰。

消除的方法是采用小狭缝或改用其他吸收谱线。

3. 吸收线重叠干扰

火焰中有两种以上原子的吸收线与光源发射的分析线相重叠时产生邻近线干扰，这种干扰使结果偏高。消除的办法一是选用被测元素的其他分析线，二是预先分离干扰元素，三是利用塞曼效应背景校正技术。

4. 电离干扰及消除方法

电离电位较低的碱金属和碱土金属的元素在火焰中电离而使参与原子吸收的基态原子数减少，导致吸光度下降，而且使工作曲线随浓度的增加向纵轴弯曲。

元素在火焰中的电离度与火焰温度和该元素的电离电位有密切的关系。火焰温度越高，元素的电离电位越低，则电离度越大。因此电离干扰要发生于此。另外，电离度随金属元素总浓度的增加而减小，故工作曲线向纵轴弯曲。提高火焰中离子的浓度、降低电离度是消除电离干扰的最基本途径。

最常用的方法是加入消电离剂。一般消电离剂的电离位越低越好。有时加入的消电离剂的电离电位比待测元素的电离电位还高，如铯（Cs）。利用富燃火焰也可抑制电离干扰，由燃烧不充分的碳粒电离，使火焰中离子浓度增加。此外，标准加入法也可在一定程度上消除某些电离干扰。

5. 化学干扰

其是指试样溶液转化为自由基态原子的过程中，待测元素和其他组分之间化学作用而引起的干扰效应。它主要影响待测元素化合物的熔融、蒸发和解离过程。这种效应可以是正效应，增强原子吸收信号，也可以是负效应，降低原子吸收信号。化学干扰是一种选择性干扰，它不仅取决于待测元素与共存元素的性质，还和火焰类型、火焰温度、火焰状态、观察部位等因素有关。

主要采用的有以下几种消除办法：

（1）利用高温火焰　改用 N_2O-乙炔火焰，许多在空气-乙炔火焰中出现的干扰在 N_2O-乙炔火焰中可以部分或完全的消除。

（2）利用火焰气氛　对于易形成难熔、难挥发氧化物的元素，如硅、钛、铝、铍等，如果使用还原性气氛很强的火焰，则有利于这些元素的原子化。

（3）加入释放剂　待测元素和干扰元素在火焰中形成稳定的化合物时，加入另一种物质使之与干扰元素反应，生成更挥发的化合物，从而使待测元素从干扰元素的化合物中释放出来，加入的这种物质叫释放剂。常用的释放剂有氯化镧和氯化锶等。

（4）加入保护剂　加入一种试剂使待测元素不与干扰元素生成难挥发的化合物，可保护待测元素不受干扰，这种试剂叫保护剂。如 EDTA 作保护剂可抑制磷酸根对钙的干扰，8-羟基喹啉作保护剂可抑制铝对镁的干扰。

（5）加入缓冲剂　于试样和标准溶液中加入一种过量的干扰元素，使干扰影响不再变化，进而抑制或消除干扰元素对测定结果的影响，这种干扰物质称为缓冲剂。例如，用 N_2O-乙炔火焰测定铊时，铝抑制铊的吸收。当铝浓度大于 200μg/mL 时，干扰趋于稳定，可消除铝对铊的干扰。缓冲剂的加入量，必须大于吸收值不再变化的干扰元素的最低限量。应用这种方法往往明显地降低灵敏度。

任务实施

【目的】

本实验课程的目的是使学生基本掌握原子吸收光谱仪的基本操作技术，了解测定水中铅含量的前处理方法及分析方法。

【仪器和药品】

1.仪器

（1）原子吸收光谱仪　UNICAM 989。

（2）中空阴极灯管（铅）。

2.试剂

（1）高纯水。

（2）铅储备金属离子溶液：购买。

（3）铅标准金属离子溶液：自行配制。

【步骤】

1.配制标准溶液

分别取标准铅储备液（100mg/L）0.0mL、0.05mL、0.1mL、0.5mL、1.0mL、1.5mL 于 10mL 容量瓶中，用高纯水稀释至刻度，配制成标准曲线浓度为 0.0mg/L、0.5mg/L、1mg/L、5mg/L、10mg/L、15mg/L。

2.选择实验条件

分析波长：283.3nm。

光谱通带宽带：0.5nm。

灯电流：4mA。

燃烧器高度：5.0mm。

乙炔气流量：1.1L/min。

原子化方法：空气-乙炔火焰法。

背景校正：氘灯。

3.样品处理

将水样加入几滴 0.5mol HNO_3 移至 10mL 容量瓶中，以高纯水定容。同时制备空白液。

【数据分析】

由仪器参数及上述系列标准溶液进行测量得到 A 与 c 的线性方程，由吸光度值得出浓度值。

【注意事项】

1. 乙炔为易燃、易爆气体，必须严格按照操作步骤进行。在点燃乙炔火焰之前，应先开空气，后开乙炔；结束或暂停实验时，应先关乙炔，后关空气。必须切记以保障安全。

2. 乙炔钢瓶为左旋开启，开瓶时，出口处不准有人，要慢开启，不能过猛，否则冲击气流会使温度过高，易引起燃烧或爆炸。开瓶时，阀门不要充分打开，旋开不应超过1.5转。

【任务训练】

1. 原子吸收光谱分析中主要产生哪有干扰？分别采用什么方法消除干扰？

2. 火焰原子吸收光谱法与石墨炉原子吸收光谱法原理上有什么区别？各有什么优缺点？

任务二 石墨炉原子吸收光谱法测定土壤中铬的含量

知识链接

石墨炉原子化法简介

一、石墨炉原子化法的特点

与火焰原子化不同，石墨炉高温原子化采用直接进样和程序升温方式，原子化曲线是一条具有峰值的曲线。它的主要优点：

① 升温速度快，最高温度可达3000℃，适用于高温及稀土元素的分析。

② 绝对灵敏度高，石墨炉原子化效率高，原子的平均停留时间通常比火焰中相应的时间长约 10^3 倍，一般元素的绝对灵敏度可达 $10^{-9}\sim10^{-12}$g。

③ 可分析的元素比较多。

④ 所用的样品少，对分析某些取样困难、价格昂贵、标本难得的样品非常有利。

但石墨炉原子化法存在分析速度慢，分析成本高，背景吸收、光辐射和基体干扰比较大的缺点。

二、石墨炉原子吸收分析最佳条件选择

石墨炉分析有关灯电流、光谱通带及吸收线的选择原则和方法与火焰法相同。所不同的是光路的调整要比燃烧器高度的调节难度大，石墨炉自动进样器的调整及在石墨管中的深度，对分析的灵敏度与精密度影响很大。另外选择合适的干燥、灰化、原子化温度及时间和惰性气体流量，对石墨炉分析至关重要。

1. 干燥温度和时间选择

干燥阶段是一个低温加热的过程，其目的是蒸发样品的溶剂或含水组分。一般干燥温度稍高于溶剂的沸点，如水溶液选择在100～125℃，MIBK选择在120℃。干燥温度的选择要避免样液的暴沸与飞溅，适当延长斜坡升温的时间或分两步进行。对于黏度大、含盐高的样品，可加入适量的乙醇或MIBK稀释剂，以改善干燥过程。

2. 灰化温度与时间的选择

灰化的目的是要降低基体及背景吸收的干扰，并保证待测元素没有损失。灰化温度与时间的选择应考虑两个方面，一方面使用足够高的灰化温度和足够长的时间以有利于灰化完全和降低背景吸收；另一方面使用尽可能低的灰化温度和尽可能短的灰化时间以保证待测元素不损失。在实际应用中，可绘制灰化温度曲线来确定最佳灰化温度。加入合适的基体改进剂，更有效地克服复杂基体的背景吸收干扰。

3. 原子化温度和时间的选择

原子化温度是由元素及其化合物的性质决定的。通常借助绘制原子化温度曲线来选择最佳原子化温度。原子化时间选择原则必须使吸收信号能在原子化阶段回到基线。

4. 惰性气体流量的选择

石墨炉常用氩气作为保护气体，且内外分别单独供气方式，干燥、灰化和除残阶段通气，在原子化阶段，石墨管内停气。

SOLAAR有20段线性与非线性升温程序，并且具有灰化与原子化温度自动优化功能，如图10-9所示。

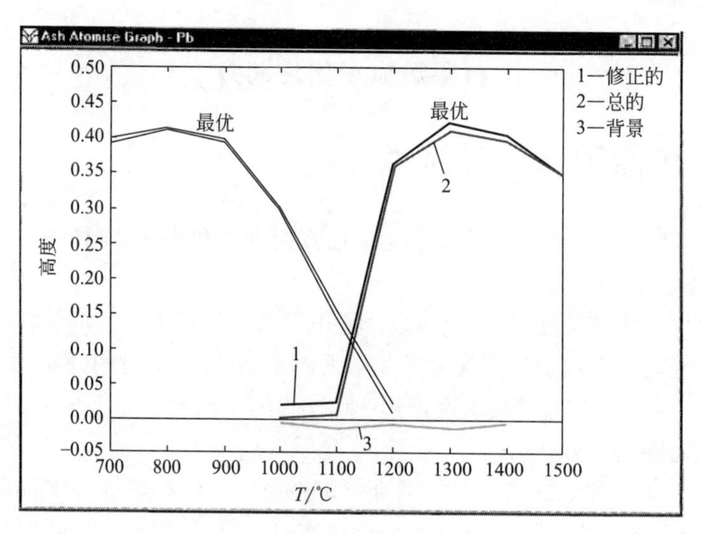

图10-9　灰化与原子化温度自动优化曲线

三、石墨炉基体改进技术

所谓基体改进技术，就是往石墨炉中或试液中加入一种化学物质，使基体形成易挥发化合物在原子化前驱除，从而避免待测元素的损失；或降低待测元素的挥发性以防止灰化过程中的损失。

基体改进剂已广泛应用于石墨炉原子吸收测定生物和环境样品的痕量金属元素及其化学

形态，目前约有无机试剂、有机试剂和活性气体三大种类50余种。

基体改进主要通过以下七个途径来降低基体干扰：

（1）使基体形成易挥发的化合物来降低背景吸收　氯化物的背景吸收，可借助硝酸铵来消除，原因在于石墨炉内发生如下化学反应

$$NH_4NO_3 + NaCl \longrightarrow NH_4Cl + NaNO_3$$

NaCl的熔点近800℃，加入基体改进剂NH_4NO_3反应后，产生的NH_4Cl、$NaNO_3$及过剩的NH_4NO_3在400℃都挥发了，在原子化阶段减少了NaCl的背景吸收。

生物样品中铅、铜、金和天然水中铅、锰和锌等元素测定中，硝酸铵同样可获得很好的效果；硝酸可降低碱金属氯化物对铅的干扰；磷酸和硫酸这些高沸点酸，可消除氯化铜等金属氯化物对铅和镍等元素的干扰。

（2）使基体形成难解离的化合物，避免分析元素形成易挥发难解离的一卤化物，降低灰化损失和气相干扰。

如0.1% NaCl介质中铊的测定，加入$LiNO_3$基体改进剂，使其生成解离能大的LiCl，对铊起了释放作用。

（3）分析元素形成较易解离的化合物，避免形成热稳定碳化物，降低凝相干扰　石墨管碳是主要元素，因此对于易生成稳定碳化物的元素，原子吸收峰低而宽。石墨炉测定水中微量硅时加入CaO，使其在灰化过程中生成CaSi，降低了原子化温度。钙可以用来提高Ba、Be、Si、Sn的灵敏度。

（4）使分析元素形成热稳定的化合物，降低分析元素的挥发性，防止灰化损失　镉是易挥发的元素，硫酸铵对牛肝中的镉测定有稳定作用，使其灰化温度提高到650℃。镍可稳定多种易挥发的元素，特别是测定As、Se，如$Ni(NO_3)_2$可把硒的允许灰化温度从300℃提高到1200℃，其原因是生成了稳定的硒化物。

（5）形成热稳定的合金降低分析元素的挥发性，防止灰化损失　加入某种熔点较高的金属元素，与易挥发的待测金属元素在石墨炉内生成热稳定的合金，提高了灰化温度。贵金属如铂、钯、金对As、Sb、Bi、Pb、Se和Te有很好的改进效果。

（6）形成强还原性环境改善原子化过程　许多金属氧化物在石墨炉中生成金属原子是基于碳还原反应的机理。

$$MO(s) + C(s) \longrightarrow M(g) + CO(g)$$

结果导致原子浓度的迅速增加。

抗坏血酸、EDTA、硫脲、柠檬酸和草酸可降低Pb、Zn、Cd、Bi及Cu的原子化温度。

（7）改善基体的物理特性防止分析元素被基体包藏，降低凝相干扰和气相干扰　如过氧化钠作为基体改进剂，使海水中铜在石墨管中生成黑色的氧化铜，而不易进入氯化物的结晶中。海水在干燥后留下清晰可见的晶体，加入抗坏血酸和草酸等有机试剂，可起到助熔作用，使液滴的表面张力下降，不再观测到盐类残渣。

四、石墨管的种类及应用

石墨管的质量将直接影响石墨炉分析的灵敏度与稳定性，目前石墨管有许多种，但主要有普通石墨管、热解涂层石墨管及L'vov平台石墨管。

普通石墨管比较适合于原子化温度低、易形成挥发性氧化物的元素测定，比如Li、Na、K、Rb、Cs、Ag、Au、Be、Mg、Zn、Cd、Hg、Al、Ga、In、Ti、Si、Ge、Sn、Pb、

AS、Sb、Bi、Se、Te等，普通石墨管的灵敏度较好，特别是Ge、Si、Sn、Al、Ga这些元素，在普通石墨管较强的还原气氛中，不易生成挥发性氧化物，因此灵敏度比热解涂层石墨管高，但要注意稳定碳化物的形成。

对Cu、Ca、Sr、Ba、Ti、V、Cr、Mo、Mn、Co、Ni、Pt、Rh、Pd、Ir、Pt等元素，热解涂层管灵敏度较普通高，但也需加入基体改进剂，在热解涂层石墨管中创造强还原气氛，以降低基体的干扰。

对B、Zr、Os、U、Sc、Y、La、Ce、Pr、Nd、Sm、Eu、Gd、Tb、Dy、Ho、Tm、Yb、Lu等元素，使用热解涂层石墨管可提高灵敏度10～26倍，而用普通石墨管这些元素易生成稳定的碳化物，记忆效应大。

L'vov平台石墨管是在普通或热解涂层石墨管中衬入一块热解石墨小平台。一方面平台可以防止试液在干燥时渗入石墨管，另一方面更重要的是，它并非像石墨管壁是靠热传导加热的，而是靠石墨管的热辐射加热，这样扩展了原子化等温区，提高分析灵敏度和稳定性。

SOLAAR具有五种不同的石墨管，分别是普通管、热解涂层管、ELC长寿命管、平台管和石墨炉探针管。其中ELC石墨管，在2800℃可使用2000多次，配合基体改进剂可获得更好的效果。

五、背景校正技术

与火焰法相比，石墨炉原子化器中的自由原子浓度高，停留时间长，同时基体成分的浓度也高，因此石墨炉法的基体干扰和背景吸收较火焰法要严重得多，背景校正技术对石墨炉法更为重要。

背景吸收信号一般是来自于样品组分在原子化过程中产生的分子吸收和石墨管中的微粒对特征辐射光的散射。

目前原子吸收所采用的背景校正方法主要有氘灯背景校正、塞曼效应背景校正和自吸收背景校正。

1. 氘灯背景校正

氘灯背景校正是火焰法和石墨炉法用得最普遍的一种。众所周知，分子吸收是宽带（带光谱）吸收，而原子吸收是窄带（线光谱）吸收，因此当被测元素的发射线进入石墨炉原子化器时，石墨管中的基态分子和被测元素的基态原子都将对它进行吸收。这样，通过石墨炉原子化器以后输出的是原子吸收和分子吸收（即背景吸收）的总和。当氘灯信号进入石墨炉原子化器后，宽带的背景吸收要比窄带的原子吸收大许多倍，原子吸收可忽略不计，所以可认为输出的只有背景吸收，最后两种输出结果差减，就得到了扣除背景吸收以后的分析结果。如图10-10所示。

2. 塞曼效应背景校正

塞曼效应背景校正是利用空心阴极灯的发射线或样品中被测元素的吸收线在强磁场的作用下发生塞曼裂变来进行背景校正，前者为直接塞曼效应，而后者为反向塞曼效应，实际应用最多。反向塞曼又有直流与交流之分。

其中交流塞曼效应扣背景，电流在磁场内部调制，促使磁场交替地开和关。当磁场关闭时，没有塞曼效应，原子吸收线不分裂，测量的是原子吸收信号加背景吸收信号。当磁场开启时，高能量强磁场使原子吸收线裂变为π和σ^+、σ^-组分，平行于磁场的π组分在中心波长λ_0处的原子吸收被偏振器挡住，在垂直于磁场的σ^+和σ^-组分（$\lambda_0 \pm \Delta\lambda$处）不产生或产

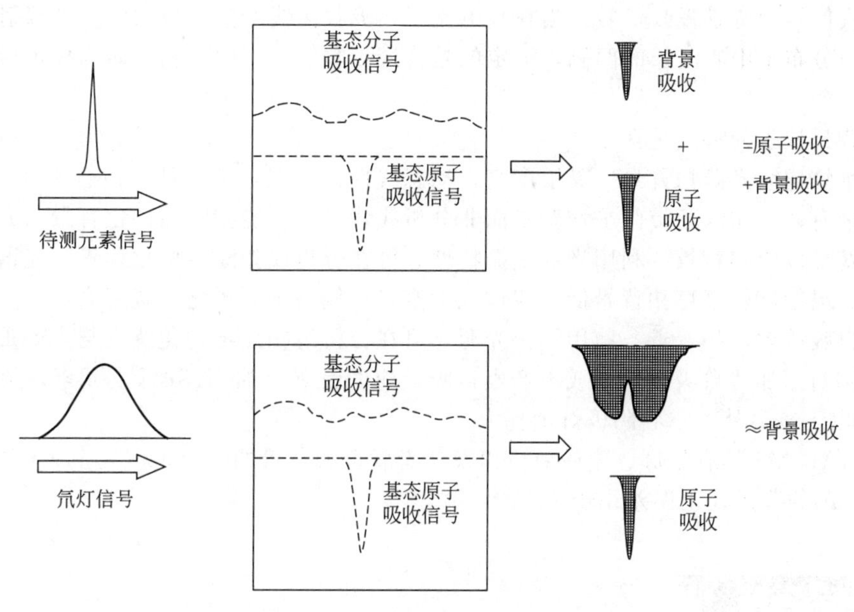

图 10-10　氘灯背景校正系统的工作原理

生微弱的原子吸收，而背景吸收不管磁场开与关，始终不分裂，在中心波长 λ_0 处仍产生背景吸收。二者相减即得到校正后的原子吸收信号。如图 10-11 所示。

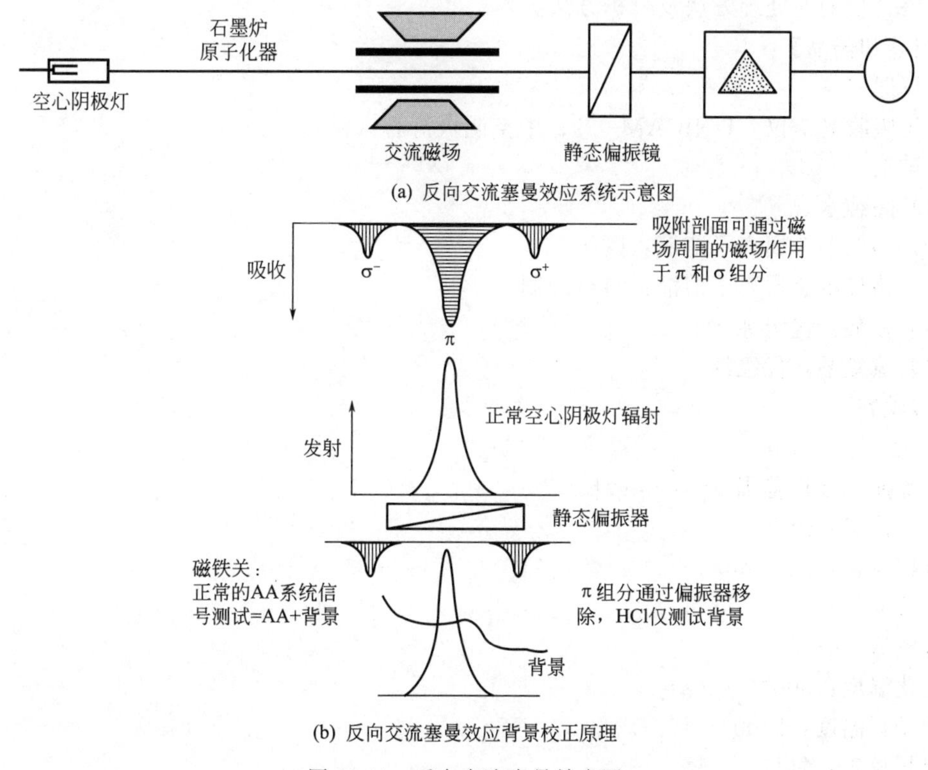

图 10-11　反向交流塞曼效应图

3. 自吸收效应背景校正

普通空心阴极灯以两个电源脉冲，交替通过两个不同强度的电流。在低电流下，测定的是原子吸收信号和背景吸收信号。当在高电流下，吸收谱线产生自吸效应，其辐射能量由于自吸变宽而分布于中心波长的两侧，测定的是背景吸收信号。两者相减即为校正后的原子吸收信号。

三种背景校正的特点是：

（1）氘灯连续光源扣背景　灵敏度高，动态线性范围宽，消耗低，适合于90%的应用。仅对紫外区有效，扣除通带内平均背景而非分析线背景，不能扣除结构化背景与光谱重叠。

（2）塞曼效应扣背景　利用光的偏振特性，可在分析线扣除结构化背景与光谱重叠，全波段有效。灵敏度较氘灯扣背景低，线性范围窄，仅使用于原子化，费用高。

（3）自吸收效应扣背景　使用同一光源，可在分析线扣除结构化背景与光谱重叠。灵敏度低，特别对于那些自吸效应弱或不产生自吸效应的元素，如Ba和稀土元素，灵敏度降低高达90%以上。另外，空心阴极灯消耗大。

SOLAAR M6具有氘灯、塞曼效应以及二者联合扣背景的特点，可校正3A的背景，并确保对于2A的背景校正误差小于2%。

任务实施

【目的】

本实验课程的目的是使学生基本掌握石墨炉原子吸收光谱法的基本操作技术，了解测定土壤中铬含量的前处理方法及分析方法。

【仪器和药品】

1. 仪器

原子吸收光谱仪　UNICAM 989；中空阴极灯管（铬）。

2. 试剂

（1）高纯水。

（2）铬储备金属离子溶液：购买。

（3）铬标准金属离子溶液：自行配制。

（4）盐酸：优级纯。

（5）氢氟酸：优级纯。

【步骤】

1. 配制标准溶液

标准曲线线性范围0～5.0μg/L。

2. 选择实验条件

分析波长：228.8nm。

光普通带宽带：0.5nm。

灯电流：6mA。

灰化温度：500℃（10s）。

原子化温度：2100℃（5s）。

背景校正：氘灯。

进样量：20μL。

3. 样品前处理

（1）湿法处理　称取0.5g土壤样品磨细至100目过筛后置于铂坩埚内，加入20mL

H_2SO_4-H_2O_2，慢慢加热消煮，并蒸发至近干。如果仍有土粒消化不完全可再补加 10mL HF-HCl（1+1）混合酸继续加热消煮至冒白烟并蒸发至近干。残渣用 10mL 6mol/L 盐酸溶液溶解，用无离子水定容至 50mL，摇匀，过滤作为待测溶液。同时制备样品空白。

（2）灰化法处理　称取 1～5g 土壤样品于 30～50mL 瓷坩埚内，先在电热炉上加热干燥至不冒烟时，移至马弗炉内与（600±10)℃灰化至灰分变白或灰白无炭粒为止，一般需 4～8h，冷却后用 10mL 硝酸溶液溶解残渣，用去离子水定容至 50mL，摇匀，过滤后作为待测溶液。同时制备样品空白。

【数据分析】

由仪器参数及上述系列标准溶液进行测量得到 A 与 c 的线性方程，由吸光度值得出浓度值。

【注意事项】

1. 石墨炉是用于分析 10^{-9} 级浓度的样品，因此，不能盲目进样，浓度太高会造成石墨管被污染，可能多次高温清烧也烧不干净，造成石墨管报废。一般的测量过程要先检查水的干净程度，纯水的吸光度一般要在 0.00X 以内为好，建议起码要在 0.01X 以内，然后加酸做成空白，再进样，检查酸的纯度，同样，吸光度不能太大，建议要控制在 0.0X 以内，否则会影响灵敏度及线性。空白没问题后再配制标准系列，同样，要注意标准样的吸光度，最高浓度标准样吸光度建议要在 0.8 以下为好，否则可能线性不良或造成石墨管污染，造成测量误差大。石墨炉法测量，对大气环境及样品瓶、样品杯、容量瓶等的接触样品的容器的干净程度要求很高，大气环境要干净无灰尘，否则很可能测不到准确值。

2. 一般的样品可用几百次以上，如样品中有强氧化剂或含氧酸可能影响石墨管寿命，一般来说，同一样品重现性明显变差，排除其他原因仍不能改善，或已被严重污染不能烧干净的时候，要考虑换石墨管。

【任务训练】

1. 原子吸收光谱法中应选用什么光源？为什么？

2. 火焰原子吸收光谱法与石墨炉原子吸收光谱法原理上有什么区别？各有什么优缺点？

项目十一

气相色谱法测定有机化工产品的含量

色谱分析法是现代分离分析的一个重要方法。近 30 年来，色谱学各分支，如气相色谱、液相色谱、薄层色谱和凝胶色谱等都得到了快速的发展，并广泛地应用于石油化工、有机合成、生理生化、医药卫生、食品工业乃至空间探索等众多领域。

知识链接

一、色谱分析法简介

色谱分析法，又称色谱法（chromatography）或层析法等，是一种利用混合物中各组分在两相间的不同分配原理进行分离分析的方法。色谱法具有取样量少、灵敏度高、分离效能高、分离效果好、用途广泛等特点，目前已广泛应用于化学研究、医药卫生、环境保护、工农业生产等各个领域。

色谱分析法是俄国植物学家米哈伊尔·茨维特（M. Tsweet）在 1906 年发现并命名的方法。他将植物叶子的色素通过装填有吸附剂的柱子，各种色素以不同的速率流动后形成不同的色带而被分开，由此得名为“色谱法”。后来无色物质也可利用此法分离。

1944 年出现纸色谱法以后，色谱分析法不断发展，相继出现薄层色谱法、亲和色谱法、凝胶色谱法、气相色谱法、高效液相色谱法等，并发展出一个独立的三级学科——色谱学。

色谱分析法的特点是存在两相。一个是固定不动的相称为固定相，固定相是色谱分析法的一个基质，通常装在玻璃或不锈钢管内，它可以是固体物质（如吸附剂、凝胶、离子交换剂等），也可以是液体物质（如固定在硅胶或纤维素上的溶液），这些基质能与待分离的组分进行可逆的吸附、溶解和交换等作用。另一个是携带试样混合物流过固定相的流体（气体或液体），称为流动相。

色谱分析法中，将装有固定相的柱子称为色谱柱。色谱分析法利用混合物中各组分物理或物理化学性质的差异（如吸附力、分子形状及大小、分子亲和力、分配系数等），使各组分在固定相和流动相中的分布程度不同，从而使各组分以不同的速率移动而达到分离的目的。

二、色谱分析法分类

色谱分析法通常有如下几种分类方法。

1. 按两相所处的状态分类

（1）气相色谱法（GC）　气相色谱法是用气体作为流动相的色谱法。根据固定相所处的不同状态又分为两类：一是固定相是液体时，称为气-液色谱法；二是用固体吸附剂作固定相时，称为气-固色谱法。在实际工作中，气-液色谱最为常用。

（2）液相色谱法（LC）　液相色谱法是用液体作为流动相的色谱法。根据固定相的不同，液相色谱分为液-固色谱、液-液色谱和键合相色谱。当固定相是固体时，则称为液-固色谱法。当固定相是液体时，称为液-液色谱法。键合相色谱法是由液-液色谱法发展起来的，是将固定相结合在载体颗粒上所进行的分离分析方法，从而克服了分配色谱中由于固定相是液体，在流动中有微量溶解及流动相通过色谱柱时的机械冲击，使固定相不断损失，色谱柱的性质逐渐改变等缺点。

（3）超临界流体色谱法（SFC）　超临界流体色谱法是以超临界流体作为流动相的一种色谱方法。所谓超临界流体，是指既不是气体也不是液体的一些物质，它们的物理性质介于气体和液体之间。

2. 按分离原理分类

（1）吸附色谱法　利用吸附剂（固定相）表面对不同组分吸附性能的差别而使之分离的色谱法称为吸附色谱法。适于分离不同种类的化合物，如醇类与芳香烃的分离。

（2）分配色谱法　利用不同组分在固定液（固定相）和流动相中溶解度不同而达到分离的方法称为分配色谱法。

（3）离子交换色谱法　利用不同组分在离子交换树脂（固定相）上交换能力的不同而达到分离的方法，称为离子交换色谱法。它不仅广泛地应用于无机离子的分离，而且广泛地应用于有机和生物物质，如氨基酸、核酸、蛋白质等的分离。

（4）凝胶色谱法（或分子排阻色谱法）　利用大小不同的分子在多孔固定相中渗透程度的不同而达到分离的方法，称为凝胶色谱法或分子排阻色谱法。此法被广泛应用于大分子分离，即用来分析大分子物质分子量的分布。

（5）亲和色谱法　利用不同组分与固定相的专属性亲和力进行分离的技术称为亲和色谱法，常用于蛋白质的分离。

3. 按分离方法不同分类

（1）柱色谱法　柱色谱法是最原始的色谱方法。它是将固定相装在金属或玻璃柱中或是将固定相附着在毛细管内壁上做成色谱柱，试样从柱头至柱尾沿一个方向移动而进行分离的色谱法。柱色谱法被广泛应用于混合物的分离，包括对有机合成产物、天然提取物以及生物大分子的分离。

（2）平面色谱法　平面色谱法主要在纸或薄层板等平面上进行分离分析，按操作方式分为薄层色谱法、纸色谱法和薄层电泳法等。

① 薄层色谱法（TLC）：薄层色谱法是将适当粒度的固定相均匀涂布在平板（玻璃板或铝箔或塑料）上形成薄层，把试样点在薄层上，用单一溶剂或混合溶剂进行分配，各组分在薄层的不同位置以斑点形式显现，根据薄层上斑点位置及大小进行定性和定量分析。薄层色谱法因成本低廉、操作简单、微量、快速，常被用于对试样的粗测、对有机合成反应进程的检测等。

② 纸色谱法：纸色谱法是利用滤纸作固定液的载体，把试样点在滤纸上，然后用与纸色谱法类似的方法操作以达到分离分析目的。

（3）气相色谱法（GC）　以气体为流动相的柱色谱分离分析技术称气相色谱法。在一定固定相和一定操作条件下，每种组分都有各自确定的保留值或确定的色谱数据，通过测定这些色谱数据而进行定性定量分析。气相色谱法的机械化程度高，广泛应用于小分子量复杂试样的分析。

（4）高效液相色谱法（HPLC） 高效液相色谱法是利用气相色谱法的技术，采用高效固定相、高压输液系统和高灵敏检测器进行分离分析的现代分离分析技术，有人称为“高压液相色谱”、“高速液相色谱”、“高分离度液相色谱”、“近代柱色谱”等。

气相色谱法（GC）用气体作为流动相的色谱法，是一种多组分混合物的分离、分析方法，它主要利用物质的物理化学性质对混合物进行分离，并对混合物的各个组分进行定性、定量分析。由于该分析方法有分离效能高、分析速度快、取样用量少等特点，已广泛地应用于石油化工、生物化学、医药卫生、环境保护、食品工业等领域。

三、气相色谱分析的基本原理

1. 气-固色谱分析

固定相是一种具有多孔及较大表面积的吸附剂颗粒。试样由载气携带进入柱子时，立即被吸附剂所吸附。载气不断流过吸附剂时，吸附着的被测组分又被洗脱下来。这种洗脱下来的现象称为脱附。脱附的组分随着载气继续前进时，又可被前面的吸附剂所吸附。随着载气的流动，被测组分在吸附剂表面进行反复的物理吸附、脱附过程。由于被测物质中各个组分的性质不同，它们在吸附剂上的吸附能力就不一样，较难被吸附的组分就容易被脱附，较快地移向前面。容易被吸附的组分就不易被脱附，向前移动得慢些。经过一定时间，即通过一定量的载气后，试样中的各个组分就彼此分离而先后流出色谱柱。

2. 气-液色谱分析

固定相是在化学惰性的固体微粒（此固体是用来支持固定液的，称为担体）表面，涂上一层高沸点有机化合物的液膜。这种高沸点有机化合物称为固定液。在气-液色谱柱内，被测物质中各组分的分离是基于各组分在固定液中溶解度的不同。当载气携带被测物质进入色谱柱，和固定液接触时，气相中的被测组分就溶解到固定液中去。载气连续进入色谱柱，溶解在固定液中的被测组分会从固定液中挥发到气相中去。随着载气的流动，挥发到气相中的被测组分分子又会溶解在前面的固定液中。这样反复多次溶解、挥发、再溶解、再挥发。由于各组分在固定液中溶解能力不同。溶解度大的组分就较难挥发，停留在柱中的时间长些，往前移动得就慢些。而溶解度小的组分，往前移动得快些，停留在柱中的时间就短些。经过一定时间后，各组分就彼此分离。

四、气相色谱仪器组成与结构

气相色谱仪是一种多组分样品的分离分析工具，它采用气体为流动相。样品被送入进样器后有载气携带进入色谱柱，由于样品中各组分在色谱柱中的流动相（气相）和固定相（液相或固相）之间分配或吸附系数的差异，各组分在两相间做反复多次分配，进而得到分离，有检测器根据各组分的物理化学特性进行检测，最后由色谱工作站记录各组分的检测结果。主要构成包括载气系统、进样系统、分离系统（色谱柱）、检测系统及数据处理系统。其简化的工作流程见图 11-1。载气由高压钢瓶或氮气发生器供给，经减压阀、流量表控制计量后，以稳定的压力、恒定的流速，连续流过汽化室、色谱柱、检测器，最后放空。样品进样后在汽化室高温汽化，被载气带入色谱柱进行分离，被分离后的样品组分再被载气带入检测器进行检测，最后检测信号由工作站采集并记录。

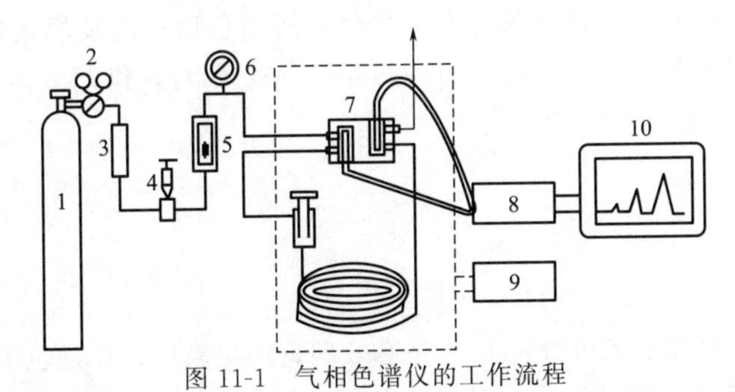

图 11-1　气相色谱仪的工作流程

1—载气钢瓶；2—减压阀；3—净化干燥管；4—针形阀；5—流量计；6—压力表；
7—热导检测器；8—放大器；9—温度控制器；10—记录仪

五、实验技术

1. 样品制备

一般来说，气相色谱法可直接进样分析气体和易于挥发的有机化合物。对于不易挥发的或热不稳定的物质，可通过化学衍生的方法转化成易挥发和热稳定性好的衍生物进行分析；对于一些没有挥发性的物质采用热裂解的方法对样品进行处理，然后分析裂解后的产物；对于气体、液体和固体基质中的微量气相色谱分析物，采用萃取、顶空、吹扫捕集、固相微萃取、微波辅助萃取、超声波辅助萃取和超临界流体萃取等样品前处理技术进行预处理，然后进行分析。

2. 色谱柱填充、老化及评价

（1）色谱柱的装填　按照图 11-2 装好装置，在柱的一端与带有一漏斗 1 的橡胶管相连，夹上螺旋夹 2，另一端用少量玻璃纤维塞入柱头，并用一橡皮管与抽滤瓶 4 相连，抽滤瓶与真空泵 5 相连，开动真空泵，向漏斗中加入已制备好的固定相。轻轻敲动色谱柱，使固定相均匀地填满柱中。装填好后，将其取下，两端塞入玻璃纤维并将色谱柱两头密封好，标记好柱的填充方向。

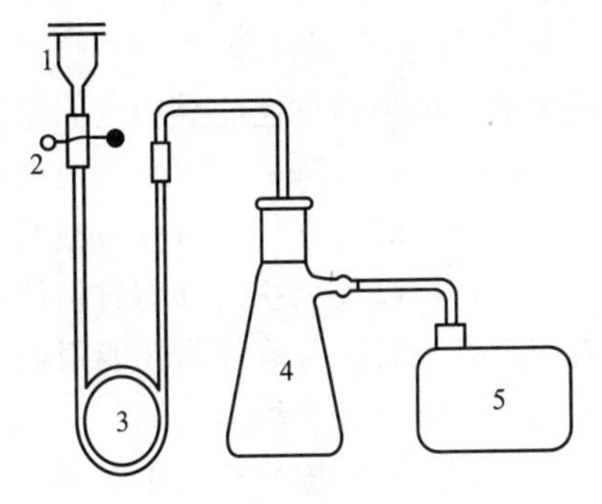

图 11-2　泵抽装柱装置图

1—漏斗；2—螺旋夹；3—色谱柱管；
4—抽滤瓶；5—真空泵

填充时应填充得均匀、紧密，以免留有任何间隙和死空间；填充时不要敲打过猛，以避免造成机械粉碎，降低柱效。

（2）色谱柱的老化　填充好的色谱柱需要经老化后才能使用。通过老化彻底除去固定相中残留的溶剂及其他易挥发杂质，并促进固定液均匀地、牢固地分布在担体表面。

老化的方法：把色谱柱的进口端接入气相色谱仪进样口，但出口不要接入检测器，以避免检测器被污染。装好后，通入载气，流速为 5～20mL/min，老化时的温度应比分析样品时的柱温度高出 20～30℃，升温速率要平缓，也可以采用程序升温，但是老化温度绝对不能高于所用固定液的最高使用温度。在上述条件下老化 6～8h，然后接入检测器，观察基线，基线平直说明老化处理完毕，可用于样品测定。

（3）色谱柱的评价　色谱柱效能的评价指标主要有有效理论塔板数（$n_{有效}$）或有效理论塔板高度（H），通常是有效理论塔板数越多或有效理论塔板高度越小，色谱柱效能越高。它们除与固定相的性质和色谱操作条件有关之外，还与色谱柱的装填效果密切相关。因此，对新装填的色谱柱必须进行性能评价，主要的评价参数是$n_{有效}$和$H_{有效}$，分别由下式计算。

$$n_{有效}=5.54(\frac{t'_R}{y_{1/2}})^2$$

$$H_{有效}=\frac{L}{n_{有效}}$$

$$t'_R=t_R-t_M$$

式中，$n_{有效}$是有效理论塔板数；$H_{有效}$是有效理论塔板高度；L是色谱柱长；t'_R是组分校正保留时间；t_R是组分保留时间；t_M是空气保留时间；$y_{1/2}$是半峰宽。

由于各组分在固定相和流动相中的分配系数不同，因而对同一色谱柱来说，不同组分的柱效也不相同，所以应该指明是何种物质的分离效能。

3. 气相色谱分离条件的选择

色谱分离条件的选择就是寻求实现组分分离的满意条件。已知混合物分离的效果同时取决于组分间分配系数的差异和柱效能的高低。前者由组分及固定相的性质决定，当试样一定时，主要取决于固定相的选择；后者由分离操作条件决定。因此，固定相和分离操作条件的选择，是实现组分分离的重要因素。

（1）固定相及其选择

① 气-固色谱固定相：气-固色谱一般用表面具有一定活性的吸附剂作固定相。常用的吸附剂有非极性的活性炭、中等极性的氧化铝、强极性的硅胶和分子筛等。由于吸附剂种类不多，不同批制备的吸附剂性能往往不易重现，进样量稍大时色谱峰便不对称以及高温下有催化活性等原因，致使气-固色谱的应用受到很大的局限。

② 气-液色谱固定相：气-液色谱固定相由担体表面涂固定液构成，真正起分离作用的是固定液。由于担体性能会影响固定液涂渍的均匀性，进而影响色谱柱的分离能力。

a. 担体：担体是一种化学惰性的多孔性固体颗粒。其作用是提供一个大的惰性表面，使固定液以膜的状态均匀地分布在其表面上。因为担体表面结构和性质对试样组分的分离有显著影响，所以气相色谱分离对担体有以下要求：较大表面积，孔径分布均匀；化学惰性好，表面没有吸附性，或吸附性能很弱，与被分离组分不起化学反应；热稳定性好，有一定的机械强度；颗粒大小均匀。

b. 固定液：固定液基本上都是高沸点的有机物，且必须要符合气相色谱要求：挥发性小，热稳定性高；化学稳定性好，不与待测物质发生不可逆的化学反应；对试样各组分有适当的溶解能力，否则，组分易被载气带走，起不到分配作用；选择性高，即对试样中性质（沸点、极性或结构）最相近似的两种组分有尽可能高的分离能力。

c. 固定液用量：固定液用量应以能均匀覆盖担体表面而形成薄膜为宜。液膜薄，传质快，有利于柱效能的提高和分析时间的缩短。各种担体表面积大小不同，固定液配比也不同，一般在5%～25%之间，低的固定液配比，柱效能高，分析速度快，但允许的进样量低。

（2）分离操作条件的选择　固定相选定后，分离条件的选择依据是在较短时间内实现试样中难分离的相邻组分的定量分离。

① 载气及其流速的选择：色谱柱选定以后，针对某一特定物质在不同流速下测得的塔

板高度 H 对流速作图，得 $H\text{-}u$ 曲线，如图 11-3 所示，在曲线的最低点 $H_{最小}$，柱效能最高。与该点对应的流速为最佳流速。在实际工作中，为了缩短分析时间，流速往往稍高于最佳流速。

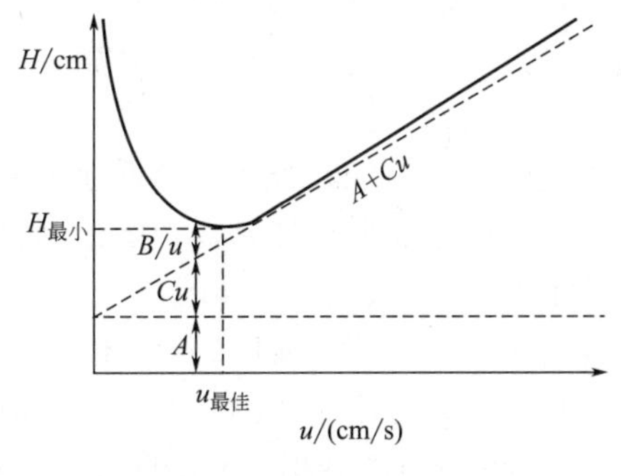

图 11-3　$H\text{-}u$ 曲线

② 柱温的选择：柱温是一个非常重要的操作变量，在柱温不能高于固定液最高使用温度的前提下，一方面提高柱温，可以提高传质速率，提高柱效。另一方面，柱温高了，会使组分的分配系数 K 值变小，保留时间 t_R 减小，分离度 R 变小。因此，为使组分分离得好，柱温的选择应使难分离的两相邻组分达到预想的分离效果，以峰形正常而又不太延长分析时间为前提，选择较低些为好。一般所用的柱温接近被分析试样的平均沸点或更低。

③ 进样：进样速度必须很快，否则，会使色谱峰扩张，甚至变形。进样量应保持在使峰面积或峰高与进样量成正比的范围内。检测器性能不同，允许的进样量也不同，液体试样一般在 0.1～1 之间，气体试样在 0.1～10mL 之间。

④ 柱长及柱内径：增加柱长可提高柱效能，分离度 R 随 L 增加而增加，但分析时间则会延长，因此在满足一定分离度的条件下，应尽可能选用短的柱子。柱内径小，柱效能高。

⑤ 汽化温度的选择：应以试样能迅速汽化且不分解为准。适当提高汽化温度对分离及定量有利。一般选择汽化温度比柱温高 20～70℃。

⑥ 燃气和助燃气的比例：燃气和助燃气的比例会影响组分的分离，一般两者的比例为 (1∶8)～(1∶15)。

(3) 气相色谱检测器的选择　检测器种类很多，尤以氢火焰离子化检测器和热导池检测器应用最多。

① 氢火焰离子化检测器（FID）。FID 对大多数有机物有很高的灵敏度，因其结构简单、灵敏度高、响应快、稳定性好，是应用广泛的较理想的检测器。FID 对电离势低于 H_2 的有机物产生响应，而对无机物、久性气体和水基本上无响应，所以 FID 适合痕量有机物的分析，不适于分析惰性气体、空气、水、CO、CO_2、CS_2、NO、SO_2 及 H_2S 等。比热导检测器的灵敏度高出近 3 个数量级，检测下限达 10^{-12}g/g。

FID 一般用氮气作载气，载气流速的优化主要考虑分离效能。对一定的色谱柱和试样，要找到一个最佳的载气流速，使色谱柱的分离效果最好。氢气流速的选择主要考虑检测的灵敏度，流速过低，不仅火焰温度低，组分分子离子化数目少，检测器的灵敏度低，而且容易熄火。氢气流速过大，基线不稳，一般情况下氢气流速为 30mL/min 左右。N_2 与 H_2 流速有一个最佳比值，在此最佳比值下，检测器灵敏度高、稳定性好。N_2/H_2 最佳比值只能由实验确定，一般在 1∶(1～1.5) 之间。空气流速较低时，离子化信号随空气流速的增加而增大，达一定值后对离子化信号几乎没有影响，一般为 1∶10 左右。

②热导检测器（TCD）。TCD 是基于不同组分与载气有不同的热导率的原理而工作的热传导检测器，是最早被使用且广泛使用的一种检测器。它具有结构简单、性能稳定、灵敏度适宜、应用范围广（可检测有机物及无机物）、不破坏样品等优点，多用于常量到 10μg/mL 以上组分的测定。在分析测试中，热导检测器不仅用于分析有机污染物，而且用于分析一些用其他检测器无法检测的无机气体，如 H_2、O_2、N_2、CO、CO_2 等。TCD 用峰高定量，适于工厂控制分析，如石油裂解气色谱分析。

影响 TCD 的操作条件有桥路电流、池体温度、载气等。桥路电流增加，使热丝温度增高，热丝和池壁的温差增大，有利于气体的热传导，灵敏度就高，所以增加桥路电流可以迅速提高灵敏度；但是电流也不可过高，否则将引起基线不稳，甚至烧坏热丝。桥路电流一定时，热丝温度一定，若适当降低池体温度，则热丝和池壁的温差增大，从而可提高灵敏度。但池体温度不能低于柱温，否则待测组分会在检测器内冷凝。当样品中含有水分时，温度不能低于 100℃。载气与试样的热导率相差越大，灵敏度就越高，一般物质蒸气的热导率较小，所以应选择热导率大的 H_2（或 He）作载气。此外，载气热导率大，允许的桥路电流可适当提高，从而又可提高热导池的灵敏度。如果选用 N_2 作载气，则由于载气与试样热导率的差别小，灵敏度较低，在流速增大或温度提高时易出现不正常的色谱峰，如倒峰、W 峰等。

③ 电子捕获检测器（ECD）。ECD 也是一种离子化检测器，它是一个有选择性的高灵敏度的检测器，它只对具有电负性的物质，如含卤素、硫、磷、氮的物质有信号，物质的电负性越强，也就是电子吸收系数越大，检测器的灵敏度越高，而对电中性（无电负性）的物质，如烷烃等则无信号。它主要用于分析测定卤化物、含磷（硫）化合物以及过氧化物、硝基化合物、金属有机物、金属螯合物、甾族化合物、多环芳烃和共轭羟基化合物等电负性物质，是目前分析痕量电负性有机物最有效的检测器。电子捕获检测器已广泛应用于农药残留量、大气及水质污染分析，以及生物化学、医学、药物学和环境监测等领域中。它的缺点是线性范围窄，只有 10^3 左右，且响应易受操作条件的影响，重现性较差。

④ 氮磷检测器（NPD）。NPD 是在 FID 的喷嘴和收集极之间放置一个含有硅酸铷的玻璃珠。这样含氮磷化合物受热分解在铷珠的作用下会产生多量电子，使信号值比没有铷珠时大大增加，因而提高了检测器的灵敏度。这种检测器多用于微量氮磷化合物的分析中，被广泛用于环保、医药、临床、生物化学，食品等领域。NPD 的灵敏度和基流还决定于空气和载气的流量，一般来讲它们的流量增加，灵敏度要降低。载气的种类也对灵敏度有一定的影响，用氮作载气要比氦作载气可提高灵敏度 10%。其原因是用氦时使碱金属盐过冷，造成样品分解不完全。极间电压与 FID 一样，在 300V 左右时才能有效地收集正负电荷，与 FID 不同的是 NPD 的收集极必须是负极，其位置必须进行优化调整。碱金属盐的种类对检测器的可靠性和灵敏度有影响，一般来讲对可靠性的优劣次序是 K＞Rb＞Cs，对 N 的灵敏度为 Rb＞K＞Cs。

⑤ 火焰光度检测器（FPD）。FPD 是对含硫、磷的有机化合物具有高度选择性和高灵敏度的检测器，因此也叫硫磷检测器。它是根据含硫、含磷化合物在富氢-空气火焰中燃烧时，将发射出不同波长的特征辐射的原理设计而成。火焰光度检测器通常用来检测含硫、磷的化合物及有机金属化合物、含卤素的化合物。因此普遍用于分析空气污染、水污染、杀虫剂及煤的氢化产物。其主要优点是可选择特殊元素的特征波长来检测单一元素的辐射。

六、常用仪器的操作规程与日常维护

1. 天美 GC7890 气相色谱仪操作规程

（1）开机准备　根据实验要求选择合适的色谱柱，正确连接气路。打开钢瓶总阀开关（总阀一定要开至最大），调节载气稳压阀至 0.4～0.5MPa。查气路密闭情况。

（2）开机

① 开启主机电源开关，等待仪器自检；

② 调节流量控制器设定气体流量至实验要求；

③ 设定检测器温度、汽化室温度、柱箱温度，按“输入”键，升温；

④ 打开氢气和空气钢瓶或者发生器，调节气体流量至实验要求（一般氢气流量调节旋钮在4.2～4.5圈，空气在5圈左右），观察仪器右测压力表，氢气压力0.1MPa左右，空气压力0.15MPa左右。如果比这小很多，表明外流路有泄漏或是发生器输出压力不够；当检测器温度大于100℃时，按点火键点火，并检查点火是否成功，点火成功后，待基线走稳，即可进样。

（3）样品分析　取样分析，记录色谱峰的保留时间和峰面积，重复3次，3次数据要平行。

（4）关机　实验完成后，关闭氢气与空气发生器。待柱温降至50℃以下，关闭主机和载气气源。关闭气源时应先关闭钢瓶总阀，待压力指针回零后再关闭稳压阀。填写仪器使用记录。

（5）注意事项

① 气体钢瓶总压力表不得低于1MPa，气瓶压力小于1MPa时需更换气瓶；

② 必须严格检漏；

③ 严禁无载气气压时打开电源；

④ 离开实验室前请确认气源已经完全关闭。

2.福立GC9790气相色谱仪操作规程

（1）依次将氮气发生器、空气发生器、氢气发生器打开。10min后打开气相主机，开启电脑。

（2）调节稳压阀，总压设置为0.3MPa，柱前压设置为0.1MPa。

（3）分别设置进样器、检测器、柱箱的温度。进样器和检测器的温度应比待测组分的最高沸点高20℃，柱箱温度比待测组分最低沸点低30℃。

（4）升到设置温度后，打开在线工作站，显示基线，并且调整基线的纵坐标在0附近。

（5）将氢气的压强调为0.15MPa，氧气的压强调为0.05MPa，开始点火，点火成功后将压强恢复至0.05MPa。

（6）进样分析，记录色谱峰的保留时间和峰面积，每个样品重复3次，3次数据要平行。

（7）完成后停止采集，在离线工作站进行数据处理。

（8）关机。关闭氢气发生器，保留空气和氮气，将进样和检测温度调至50℃，柱箱温度设置成室温，直至温度下降到设定温度，关闭所有的气体发生器，关闭仪器。填写仪器使用记录。

（9）放气。将位于最外边的造气系统中的气体排放干净。

3.岛津GC2014A气相色谱仪操作规程

（1）依次将氮气发生器、空气发生器、氢气发生器打开。

（2）将氮气压力调节为0.5MPa；氢气压力调节为50kPa，空气压力调节为50kPa。

（3）过10min后分别将气相主机打开，开启电脑，运行GC solution工作站，点击“实时分析”，按“确定”键进入实时分析窗口。

（4）根据待分析的样品，调用或新建分析方法，点击“参数下载”，将数据发送至GC。点击“开启系统”。

（5）仪器稳定后，点火。待基线平稳后，运行“零点调节”，再运行“斜率测试”。

（6）待系统准备就绪后，点击“单次分析”，再点击样品记录，输入样品信息和保存位置。

（7）进样前点击“开始”，然后进样，同时按 GC 上的“开始”键，进行数据采集。采集完毕，按“停止”结束本次分析。

（8）关机。点击“系统关闭”，待柱箱温度低于 50℃后，依次退出程序、关闭计算机、关闭 GC、关闭载气。填写仪器使用记录。

4. Agilent-7890A 气相色谱仪操作规程

（1）打开氮气瓶总开关，调节氮气输出压力 0.4～0.6MPa；打开氢气钢瓶，调节输出压至 0.2MPa；打开氧气钢瓶，调节输出压至 0.2MPa。

（2）打开 7890A 色谱仪开关，GC 进入自检，自检通过后主机屏幕显示“power on successul”，进入 Windows 系统后，双击电脑桌面的“Instrument Online”图标，使仪器和工作站联接。

（3）根据需要编辑（Edit Entire Method）或调用方法。方法编辑完成，单击“Method”→“Save Method As”，输入新建方法名称，单击“OK”完成方法储存。

（4）样品方法信息编辑及样品运行

① 单个样品运行：从“Run Control”菜单中选择“Sample Info”选项，输入操作者名称，在“Data File”→“Subdirectory”（子目录）输入保存文件夹名称，并选择“Manual”或者“Prefix/Counter”，并输入相应信息；在“Sample Parameters”中输入样品瓶位置、样品名称等信息。完成后单击“OK”。待工作站提示“Ready”，且仪器基线平衡稳定后，从“Run Control”菜单中选择“Run Method”选项，开始做样采集数据。

② 多个样品序列运行：从“Sequence”菜单中选择“Sequence Parameters”，选项，输入操作者名称，在“Data File”→“Subdirectory”（子目录）输入保存文件夹名称，并选择“Auto”或者“Prefix/Counter”，并输入相应信息。完成后单击“OK”。从“Sequence”菜单中选择“Sequence Table”选项，编写序列表，包括“Location”（样品瓶位置），“Sample Name”（样品名称），“Method Name”（方法名称），“Inj/Location”（进样针数）。完成后单击“OK”。待工作站提示“Ready”，且仪器基线平衡稳定后，从“Run Control”菜单中选择“Run Sequence”选项，开始做样采集数据。

（5）关机。测定完毕后，将检测器熄火，关闭空气、氢气，待柱箱温度降至 50℃以下，依次退出工作站、关闭计算机、关闭主机、关闭载气，切断电源。填写仪器使用记录。

5. 全自动氢气发生器的使用

（1）打开仪器的水桶盖，加入去离子水，在上下限水位线之间，拧紧上盖。

（2）接通电源，打开电源开关，电源开关红灯亮，产气灯绿灯亮。输出流量液晶显示屏显示数为 200、300、600，压力表指针由 0MPa 上升到 0.4MPa 仪器可正常使用。

（3）仪器自带干燥管一套。使用过程中注意观察干燥 3/5 管中的硅胶是否变色，如变色部分超过整部分的一半时应及时更换变色硅胶。更换时应在无压力情况下进行，打开干燥管顶部上盖，取出内管把变色部分倒掉，加入新的变色硅胶或再生后的硅胶；或者把整个干燥硅胶取出干燥。然后把内管放入干燥管中确定放好，拧紧上盖，确保不漏气。

（4）仪器使用一段时间后，储水桶内的纯水会变少，变浑浊时应及时加入或更换纯水。建议：3～6 个月水桶内的水全部放掉，清洗水桶后加入新水。仪器运输时将水桶内的水放掉，放水方法：将仪器背后的放水硅胶管拉出，拿掉尼龙堵即可。

6. 进样器的使用、进样操作及清洗

气相色谱法中常用进样器手动进样，气体试样一般使用 0.25mL、1mL、2mL、5mL 等规格的医用进样器。液体试样则使用 1mL、10mL、50mL 等规格的微量进样器。

（1）微量进样器　微量进样器是由玻璃和不锈钢材料制成，其结构如图 11-4 所示，容量精度高，误差小于±5%，气密性达到 0.2MPa。其中图 11-4(a) 是有死角的固定针尖式进样器，10～100mL 容量的进样器采用这一结构。它的针头有寄存容量，吸取溶液时，容量会比标定值增加 1.5 左右。图 11-4(b) 是无死角的进样器，与针尖连接的针尖螺母可旋下，紧靠针尖部位有硅橡胶垫圈，以保证进样器的气密性。进样器芯子是使用直径为 0.1～0.15mm 的不锈钢丝，直接通到针尖，不会出现寄存容量，0.5～1mL 的微量进样器采用这一结构。

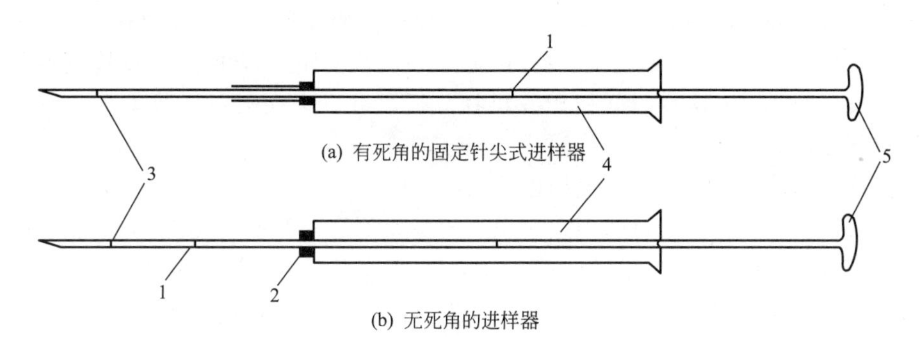

图 11-4　微量进样器结构

1—不锈钢丝芯子；2—硅橡胶垫圈；3—针头；4—玻璃管；5—顶盖

（2）微量进样器进样的操作要点　用进样器取定量样品，由针刺通过进样器的硅橡胶垫圈，注入样品。此方法进样的优点是使用灵活；缺点是重复性差，相对误差为 2%～5%；硅橡胶密封垫圈在几十次进样后，容易漏气，需及时更换。

用进样器取液体试样，先用少量试样洗涤 5 次以上，之后可将针头插入试样反复抽排几次，再慢慢抽入试样，并多于需要量。如内有气泡，则将针头朝上，使气泡上升排除，再将过量的试样排出，用无棉的纤维纸吸去针头外所沾试样。注意勿使针头内的试样流失。

取气体试样也应先洗涤进样器。取样时，应将进样器插入有一定压力的试样气体容器中，使进样器芯子慢慢自动顶出，直至所需体积，以保证取样正确。

取好样后应立即进样。进样时，进样器应与进样口垂直，针头刺穿硅胶垫圈，插到底，紧接着迅速注入试样，完成后立即拔出进样器，整个动作应进行得稳当、连贯、迅速。针尖在进样器中的位置、插入速度、停留时间和拔出速度等都会影响进样的重复性。

微量进样器进样手势如图 11-5 所示。一只手应扶针头，帮助进针，以防弯曲。试验时，如用医用进样器进气体，应防止进样器芯子位移，可以用拿进样器的右手食指卡在芯子与外管的交界处，以固定它们的相对位置，从而保证进样量的正确。

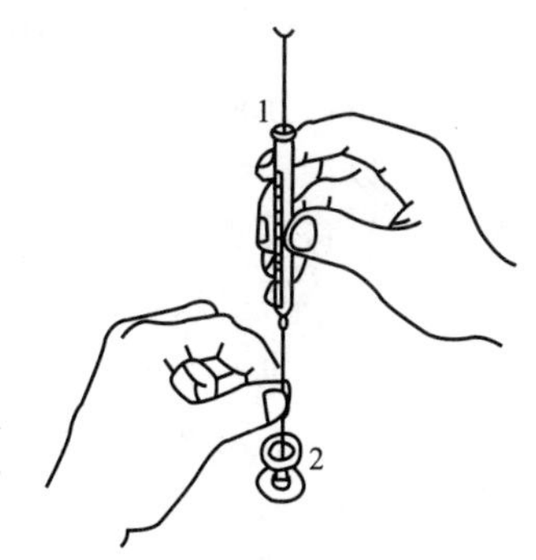

图 11-5　微量进样器进样手势

1—微量进样器；2—进样口

（3）微量进样器使用注意事项

① 微量进样器是易碎器械，使用时应多加小心。不用时要洗净放入盒内，不要随便玩弄、来回空抽，特别是不要在将要干燥的情况下来回拉动，否则，会严重磨损，损坏其气密性，降低其准确度。

② 进样器在使用前后都须用丙酮等溶剂清洗。当试样中高沸点物质沾污进样器时，一般可用 5%氢氧化钠水溶液、蒸馏水、丙酮和氯仿依次清洗，最后用泵抽干。不宜用强碱溶液洗涤。

③ 对于有死角的进样器，如果针尖堵塞，应用直径为0.1mm的细钢丝穿通，不能用火烧的办法，防止针尖损坏。

④ 若不慎将进样器芯子全部拉出，应根据其结构小心装配。

7. 气相色谱仪的日常维护

气相色谱仪经常用于有机物的定量分析，仪器在运行一段时间后，由于静电原因，仪器内部容易吸附较多的灰尘；电路板及电路板插口除吸附有积尘外，还经常和某些有机蒸气吸附在一起；因为部分有机物的凝固点较低，在进样口位置经常发现凝固的有机物，分流管线在使用一段时间后，内径变细，甚至被有机物堵塞；在使用过程中，TCD检测器很有可能被有机物污染；FID检测器长时间用于有机物分析，有机物在喷嘴或收集极位置沉积或喷嘴、收集极部分积炭经常发生。

(1) 仪器内部的吹扫、清洁　气相色谱仪停机后，打开仪器的侧面和后面面板，用仪表空气或氮气对仪表内部灰尘进行吹扫，对积尘较多或不容易吹扫的地方用软毛刷配合处理。吹扫完成后，对仪器内部存在有机物污染的地方用水或有机溶剂进行擦洗，对水溶性有机物可以先用水进行擦拭，对不能彻底清洁的地方可以再用有机溶剂进行处理，对非水溶性或可能与水发生化学反应的有机物用不与之发生反应的有机溶剂进行清洁，如甲苯、丙酮、四氯化碳等。注意，在擦拭仪器过程中不能对仪器表面或其他部件造成腐蚀或二次污染。

(2) 电路板的维护和清洁　气相色谱仪准备检修前，切断仪器电源，首先用仪表空气或氮气对电路板和电路板插槽进行吹扫，吹扫时用软毛刷配合对电路板和插槽中灰尘较多的部分进行仔细清理。操作过程中尽量戴手套操作，防止静电或手上的汗渍等对电路板上的部分元件造成影响。吹扫工作完成后，应仔细观察电路板的使用情况，看印刷电路板或电子元件是否有明显被腐蚀现象。对电路板上沾染有机物的电子元件和印刷电路用脱脂棉蘸取酒精小心擦拭，电路板接口和插槽部分也要进行擦拭。

(3) 进样口的清洗　在检修时，对气相色谱仪进样口的玻璃衬管、分流平板、进样口的分流管线、EPC等部件分别进行清洗是十分必要的。

玻璃衬管和分流平板的清洗：从仪器中小心取出玻璃衬管，用镊子或其他小工具小心移去衬管内的玻璃毛和其他杂质，移取过程不要划伤衬管表面。

如果条件允许，可将初步清理过的玻璃衬管在有机溶剂中用超声波进行清洗，烘干后使用。也可以用丙酮、甲苯等有机溶剂直接清洗，清洗完成后经过干燥即可使用。

分流平板最为理想的清洗方法是在溶剂中超声处理，烘干后使用。也可以选择合适的有机溶剂清洗：从进样口取出分流平板后，首先采用甲苯等惰性溶剂清洗，再用甲醇等醇类溶剂进行清洗，烘干后使用。

分流管线的清洗：气相色谱仪用于有机物和高分子化合物的分析时，许多有机物的凝固点较低，样品从汽化室经过分流管线放空的过程中，部分有机物在分流管线凝固。

气相色谱仪经过长时间的使用后，分流管线的内径逐渐变小，甚至完全被堵塞。分流管线被堵塞后，仪器进样口显示压力异常，峰形变差，分析结果异常。在检修过程中，无论事先能否判断分流管线有无堵塞现象，都需要对分流管线进行清洗。分流管线的清洗一般选择丙酮、甲苯等有机溶剂，对堵塞严重的分流管线有时用单纯清洗的方法很难清洗干净，需要采取一些其他辅助的机械方法来完成。可以选取粗细合适的钢丝对分流管线进行简单的疏通，然后再用丙酮、甲苯等有机溶剂进行清洗。由于事先不容易对分流部分的情况做出准确判断，对手动分流的气相色谱仪来说，在检修过程中对分流管线进行清洗是十分必要的。

对于EPC控制分流的气相色谱仪，由于长时间使用，有可能使一些细小的进样垫屑进入 EPC 与气体管线接口处，随时可能对 EPC 部分造成堵塞或造成进样口压力变化。所以每次检修过程尽量对仪器 EPC 部分进行检查，并用甲苯、丙酮等有机溶剂进行清洗，然后烘干处理。

由于进样等原因，进样口的外部随时可能会形成部分有机物凝结，可用脱脂棉蘸取丙酮、甲苯等有机物对进样口进行初步的擦拭，然后对擦不掉的有机物先用机械方法去除，注意在去除凝固有机物的过程中一定要小心操作，不要对仪器部件造成损伤。将凝固的有机物去除后，然后用有机溶剂对仪器部件进行仔细擦拭。

（4）TCD 和 FID 检测器的清洗　TCD 检测器在使用过程中可能会被柱流出的沉积物或样品中夹带的其他物质所污染。TCD 检测器一旦被污染，仪器的基线出现抖动、噪声增加。有必要对检测器进行清洗。

Agilent 的 TCD 检测器可以采用热清洗的方法，具体方法如下：关闭检测器，把柱子从检测器接头上拆下，把柱箱内检测器的接头用死堵堵死，将参考气的流量设置到 20～30mL/min，设置检测器温度为 400℃，热清洗 4～8h，降温后即可使用。

国产或日产 TCD 检测器污染可用以下方法。仪器停机后，将 TCD 的气路进口拆下，用 50mL 进样器依次将丙酮或甲苯（可根据样品的化学性质选用不同的溶剂）、无水乙醇、蒸馏水从进气口反复注入 5～10 次，用洗耳球从进气口处缓慢吹气，吹出杂质和残余液体，然后重新安装好进气接头，开机后将柱温升到 200℃，检测器温度升到 250℃，通入比分析操作气流大 1～2 倍的载气，直到基线稳定为止。

对于严重污染，可将出气口用死堵堵死，从进气口注满丙酮或甲苯（可根据样品的化学性质选用不同的溶剂），保持 8h 左右，排出废液，然后按上述方法处理。

FID 检测器的清洗：FID 检测器在使用中稳定性好，对使用要求相对较低，使用普遍，但在长时间使用过程中，容易出现检测器喷嘴和收集极积炭等问题，或有机物在喷嘴或收集极处沉积等情况。对 FID 积炭或有机物沉积等问题，可以先对检测器喷嘴和收集极用丙酮、甲苯、甲醇等有机溶剂进行清洗。当积炭较厚不能清洗干净的时候，可以对检测器积炭较厚的部分用细砂纸小心打磨。注意在打磨过程中不要对检测器造成损伤。初步打磨完成后，对污染部分进一步用软布进行擦拭，最后再用有机溶剂进行清洗，一般即可消除。

任务一

气相色谱分析条件的选择和色谱峰的定性鉴定

一、色谱图及基本参数简介

1. 色谱图

试样中各组分经色谱分离后，随流动相进入检测器，检测器将各组分的浓度（或质量）变化转换为电信号（电压或电流），由记录仪记录下来，所得到的电信号强度随时间变化而变化的曲线称为色谱图，也称为色谱流出曲线，或称为电信号强度-时间曲线，或称为浓度（质量）-时间曲线，如图 11-6 所示。

（1）色谱峰　色谱流出曲线上的突起部分。

（2）基线　在一定实验操作条件下，检测器对纯流动相产生的相应信号随时间变化的曲线，在色谱流出曲线上表现为稳定平直的直线，基线在稳定的条件下应是一条水平的直线。它的平直与否可反映出实验条件的稳定情况。

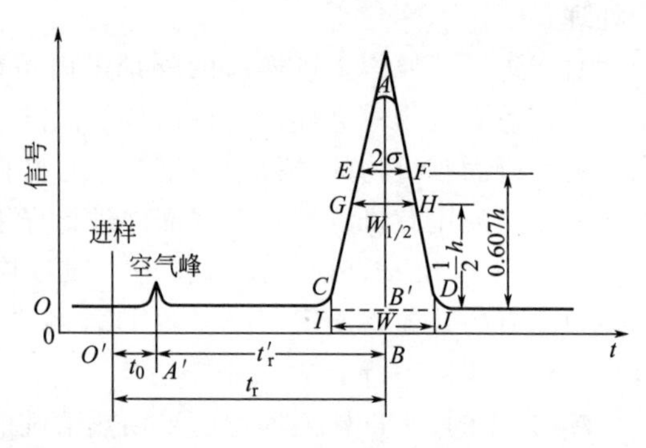

图 11-6　色谱流出曲线

2. 色谱基本参数

一个组分的色谱峰用峰高、峰位和峰宽三个参数说明。峰高或峰面积可用于定量分析，峰位（用保留值表示）可用于定性分析，峰宽可用于衡量柱效。

（1）峰高（h）　色谱峰顶点到基线的垂直距离，以 h 表示。

（2）峰宽（W）　通过色谱峰两侧的拐点分别做峰的切线与峰底的基线相交，在基线上的截距称为峰宽，如图 11-6 中的 IJ 之间的距离。

（3）半峰宽（$W_{1/2}$）　指峰高一半处的峰宽，如图 11-6 中 GH 之间的距离。

（4）标准偏差（σ）　标准偏差表示组分流出柱子的先后离散程度。正常色谱峰的标准偏差为 0.607 倍峰高处色谱峰宽的一半，即图 11-6 中的 GH 距离的一半。峰宽 $W=4\sigma$，半峰宽$=2.354\sigma$。

（5）保留值　保留值又称保留参数，是反映样品中各组分在色谱柱中停留程度的参数，通常用时间（min）或流动相体积（mL）表示。

① 保留时间（t_r）：从进样开始到组分出现浓度极大值时所需时间，即组分通过色谱柱所需要的时间，如图 11-6 中 $O'B$ 所对应的时间。

② 死时间（t_0）：不被固定相溶解或吸附组分的保留时间（即组分在流动相中所消耗的时间），或流动相充满柱内空隙体积占据的空间所需要的时间，又称流动相保留时间，如图 11-6 中 $O'A'$ 所对应的时间。

③ 调整保留时间（t'_r）：组分的保留时间与死时间差值，即组分在固定相中滞留的时间，如图 11-6 中 $A'B$ 所对应的时间。

调整保留时间、保留时间、死时间的关系：

$$t'_r=t_r-t_0$$

（6）峰面积（A）　峰面积是指色谱峰曲线下所围的面积。

对称色谱峰的面积为

$$A=1.065hW_{1/2}$$

凡是在计算机控制下，具有化学工作站的色谱仪器，均由仪器测量直接给出色谱峰的面积，无需用公式计算。

（7）拖尾因子（T）　正常色谱峰呈对称形正态分布曲线，拖尾因子用于评价色谱峰的对称性。它是通过计算 5%峰高处峰宽与峰顶点至峰前沿之间的距离比来评价峰形的参数，目的是为了保证色谱分离效果和测量精度，常用 T 来表示。

$$T=\frac{W_{0.05h}}{2d_1}$$

式中，$W_{0.05h}$ 为5%峰高处峰宽；d_1 为峰顶点至峰前沿之间的距离。

(8) 分配系数（K）　分配系数是指在一定温度和压力下，待测组分溶质在固定相和流动相间达平衡时，在二相中的浓度比。

$$K=\frac{\text{组分在固定相中的浓度}}{\text{组分在流动相中的浓度}}=\frac{c_s}{c_m}=\frac{m_s}{m_m}\times\frac{V_m}{V_s}$$

式中，c_s 为待测组分溶质在固定相中的浓度；c_m 为待测组分溶质在流动相中的浓度；m_s 为待测组分溶质在固定相中的质量；m_m 为待测组分溶质在流动相中的质量；V_s 为柱内固定相体积，V_m 为柱内流动相体积，当柱外体积忽略不计时，用 t_0F_c 表示柱内流动相体积，以 V_0 表示，称为死体积。

分配系数是由组分和固定相的热力学性质决定的，它是每一个溶质的特征值，它仅与固定相、流动相和温度有关，而与两相体积、柱管的特性以及所使用的仪器无关。

(9) 分离因子（α）　分离因子是指在一定温度和压力下，待测组分中两个溶质在固定相和流动相间达平衡时，它们的容量因子（k'）之比或调整保留时间（t'_R）之比。

$$\alpha=\frac{k'_2}{k'_1}=\frac{t'_{R2}}{t'_{R1}}$$

任何两个组分的分离因子（α）值可以从色谱图上测得。分离因子（α）值代表了两个物质在相同色谱条件下的分离选择性。α 值取决于两个溶质在固定相和流动相中的分配系数及温度。改变 α 值就是改变第二个溶质相对于第一个溶质的保留时间。当固定相（即色谱柱）一定时，可以通过改变流动相的极性（如梯度洗脱）或程序升温等方法提高分离选择性。

(10) 相对保留值（$r_{2,1}$）　相对保留值是指在相同操作条件下，某组分2的调整保留时间（t'_{R2}）与另一组分1的调整保留时间（t'_{R1}）之比，用 $r_{2,1}$ 表示。

$$r_{2,1}=\frac{t'_{R2}}{t'_{R1}}=\frac{t_{R2}-t_0}{t_{R1}-t_0}$$

相对保留值是衡量色谱柱的选择性指标，它仅与柱温、固定相性质有关。值越大，两组分越易分离，当 $r_{2,1}=1$ 时，两组分不能分离。

二、定性分析方法

色谱定性分析就是要确定各色谱峰所代表的化合物。由于各种物质在一定的色谱条件下均有确定的保留时间，因此保留值可作为一种定性指标。目前各种色谱定性分析方法都是基于保留值的。但是不同物质在同一色谱条件下，可能具有相似或相同的保留值，即保留值并非专属的。因此仅根据保留值对一个完全未知的样品定性是困难的。如果在了解样品的来源、性质、分析目的的基础上，对样品组成做初步的判断，再结合下列的方法则可确定色谱峰所代表的化合物。

1. 利用标准样品对照性

在一定的色谱条件下，一个未知物只有一个确定的保留时间。因此将已知标准样品在相同的色谱条件下的保留时间与未知物的保留时间进行比较，就可以定性鉴定未知物。若两者相同，则未知物可能是已知的标准样品；反之则未知物就不是该标准样品。

标准样品对照法定性只适用于对组分性质已有所了解，组成比较简单，且有未知物的标准样品。

2. 相对保留值法

相对保留值 α_{is} 是指组分 i 与基准物质 s 调整保留值的比值，它仅随固定液及柱温变化而变化，与其他操作条件无关。

相对保留值测定方法是在相同条件下，分别测出组分 i 和基准物质 s 的调整保留值，再计算即可，然后用已求出的相对保留值与文献相应值保留定性。

通常选容易得到纯品的，而且与被分组分的保留行为相近的物质作为基准物质，常用的如正丁烷、环己烷、正戊烷、苯、对二甲苯、环己醇、环己酮等。

这种方法同样需要对样品的性质有所了解，组成比较简单。

3. 利用加入已知物增加峰高定性法

当相邻两组分的保留值接近，且操作条件不易控制稳定时，可以将纯物质加入到试样中，如果发现有新峰或在未知峰上有不规则的形状（例如峰略有分叉等）出现，则表示两者并非同一物质；如果混合后峰增高而半峰宽并不相应增加，则表示两者很有可能是同一物质。图 11-7(b) 系统中添加纯组分 5 而使该峰高，比图 11-7(a) 中 5 明显增加。

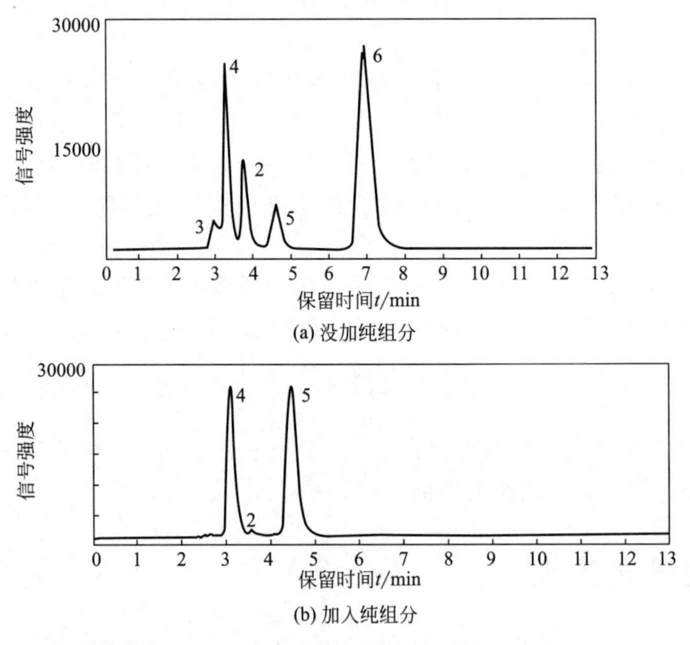

图 11-7　试样中加入纯组分后色谱峰的变化

4. 利用文献上保留指数

保留指数是一种重现性和准确度较其他保留数据都好的定性参数，以“I”表示，相对误差小于 1%。

保留指数 I，是人为地将正构烷烃的碳数 N 乘以 100 定为它的保留指数。例如正戊烷、正己烷、正庚烷的保留指数分别为 500、600、700。待测组分的保留指数是以正构烷烃为参考标准，即用两个紧靠近它的标准正构烷烃来标定，使待测组分的保留值正好在两个正构烷烃的保留值之间。因此，欲求某物质的保留指数，只要与相邻的正构烷烃混合在一起，在给定条件下进行色谱实验，然后计算其保留指数。

5. 其他方法

（1）与化学方法配合进行定性分析　带有某些官能团的化合物，经一些特殊试剂处理，发生物理变化或化学变化后，其色谱峰将会消失、提前或移后，比较处理前后色谱图的差异，就可初步辨认试样含有哪些官能团。使用这种方法时可直接在色谱系统中装上预处理柱。如果反应过程进行较慢或进行复杂的试探性分析，也可让试样与试剂在注射器内或者其他小容器内反应，再将反应后的试样注入色谱柱。

（2）利用检测器的选择性进行定性分析　不同类型的检测器对各种组分的选择性和灵敏度是不相同的，例如热导池检测器对无机物和有机物都有响应，但灵敏度较低；氢焰检测器对有机物灵敏度高，而对无机气体、水分、二硫化碳等响应较小，甚至无响应；电子捕获检测器只对含有卤素、氧、氮等电负性强的组分有较高的灵敏度。又如火焰光度检测器只对含硫、磷的物质有信号；碱盐氢焰电离检测器对含卤素、硫、磷、氮等杂原子的有机物特别灵敏。利用不同检测器具有不同的选择性和灵敏度，可以对未知物大致分类定性。

（3）与其他仪器联用定性　单靠色谱法来定性存在一定局限性。近年来，利用色谱的强分离能力与质谱、红外光谱的强鉴定能力相结合，对于较复杂的混合物先经色谱柱分离为单组分，将具有定性能力的分析仪器如红外（IR）、核磁（NMR）、质谱（MS）、原子光谱（AAS、AES）等仪器作为色谱仪的检测器，可以获得比较准确的信息，进行定性鉴定，其中特别是质谱和色谱的联用，加上电子计算机对数据的快速处理及检索，是目前解决复杂未知物定性问题的最有效工具之一，为未知物的定性分析开创了广阔的前景。

任务实施

【目的】

1. 了解气相色谱仪的基本结构、工作原理与操作技术。
2. 学习选择气相色谱分析的最佳条件，了解气相色谱分离样品的基本原理。
3. 掌握根据保留值，作已知物对照定性的分析方法。

【原理】

气相色谱是对气体物质或可以在一定温度下转化为气体的物质进行检测分析。由于物质的物性不同，其试样中各组分在气相和固定相间的分配系数不同，当汽化后的试样被载气带入色谱柱中运行时，组分就在其中的两相间进行反复多次分配，由于固定相对各组分的吸附或溶解能力不同，虽然载气流速相同，各组分在色谱柱中的运行速度就不同，经过一定时间的分离，按顺序离开色谱柱进入检测器，信号经放大后，在记录器上描绘出各组分的色谱峰。根据出峰位置，确定组分的名称，根据峰面积确定浓度大小。

对一个混合试样成功的分离，是气相色谱法完成定性及定量分析的前提和基础。其中最为关键的是色谱柱、柱温、载气及其流速的确定、燃气和助燃气的比例等色谱条件的选择。

衡量气相色谱分离好坏的程度可用分离度 R 表示：$R=\dfrac{t_{R2}-t_{R1}}{(Y_1+Y_2)/2}$。当 $R\geqslant1.5$ 时，两峰完全分离；当 $R=1.0$ 时，98%的分离。在实际应用下，$R=1.0$ 时一般可以满足需要。

用色谱法进行定性分析的任务是确定色谱图上每一个峰所代表的物质。在色谱条件确定时，任何一种物质都有确定的保留值、保留时间、保留体积、保留指数及相对保留值等保留参数。因此，在相同的色谱操作条件下，通过比较已知纯样和未知物的保留参数或在固定相上的位置，即可确定未知物为何种物质。

当手头上有待测组分的纯样时，通过与已知物的对照进行定性分析极为简单。实验时，可采用单柱比较法、峰高加入法或双柱比较法。

单柱比较法是在相同的色谱条件下，分别对已知纯样及待测试样进行色谱分析，得到两张色谱图，然后比较其保留参数。当两者的数值相同时，即可认为待测试样中有纯样组分存在。双柱比较法是在两个极性完全不同的色谱柱上，在各自确定的操作条件下，测定纯样和待测组分在其上的保留参数，如果都相同，则可准确地判断试样中有与此纯样相同的物质存在。由于有些不同的化合物会在某一固定相上表现出相向的热力学性质，故双柱法定性比单柱法更为可靠。

【仪器和药品】

1. 仪器

气相色谱仪（带 FID 检测器）；微量进样器 10μL。

2. 主要试剂

苯、甲苯、乙苯、邻二甲苯、正己烷等均为分析纯。

【步骤】

1. 样品的配制

分别取苯、甲苯、乙苯、邻二甲苯各 0.10mL 于 4 个 50mL 的容量瓶中，用正己烷定容，摇匀得单一标准样品；再分别取苯、甲苯、乙苯、邻二甲苯各 0.10mL 于一个 50mL 的容量瓶中，用正己烷定容，摇匀得混合标准样品。

2. 色谱条件设置

色谱柱 SE-30 毛细管柱或其他可分析苯系物的色谱柱，进样器温度 200℃，检测器温度 200℃，柱温 70℃，氮气流量 30mL/min，空气流量 400mL/min，氢气流量 40mL/min。

3. 样品的测定

按照初始条件设定色谱条件，待仪器的电路和气路系统达到平衡，基线平直时既可进样。吸取 0.2μL 样品注入汽化室，采集色谱数据，记录色谱图。重复进样两次。注意每做完一种溶液需用后一种待进样溶液洗涤微量进样器 5 次以上。

4. 柱温的选择

改变柱温：50℃、70℃、90℃，同上测试，判断柱温对分离的影响。

【数据记录与处理】

1. 记录初始实验条件下的色谱条件及色谱结果。并根据单一标准样的保留时间确定混合样品中各峰的物质名称。记录各色谱图上各组分色谱峰的保留时间值，填入表 11-1，并定性混合样中的色谱峰。

表 11-1　苯系物定性分析结果　　单位：min

编号	$t_{苯}$				$t_{甲苯}$			
	1	2	3	平均值	1	2	3	平均值
单标								
混合样								

编号	$t_{乙苯}$				$t_{邻二甲苯}$			
	1	2	3	平均值	1	2	3	平均值
单标								
混合样								

2.采用混合标样作为样品，改变柱温：50℃、70℃、90℃，同上测试，记录各色谱图上各组分色谱峰的保留时间值，并填入表11-2。分析柱温对色谱分离的影响。

表11-2　柱温对色谱分离的影响　　单位：min

温度/℃	$t_{苯}$				$t_{甲苯}$			
	1	2	3	平均值	1	2	3	平均值
50								
70								
90								
温度/℃	$t_{乙苯}$				$t_{邻二甲苯}$			
	1	2	3	平均值	1	2	3	平均值
50								
70								
90								

3.如果时间许可，可以混合标样为样品尝试改变不同的载气流速，或改变燃气和助燃气的比例，分析载气流速等因素对色谱分离的影响。

【注意事项】

1.旋动气相色谱仪的旋钮或阀时要缓慢。

2.点燃氢火焰时，应将氢气流量开大，以保证顺利点燃。点燃氢火焰后，再将氢气流量缓慢降至规定值。若氢气流量降得过快，会熄火。

3.判断氢火焰是否点燃的方法：将冷金属物置于出口上方，若有水汽冷凝在金属表面，则表明氢火焰已点燃。

4.用微量进样器进样时，必须注意排除气泡。抽液时应缓慢上提针芯，若有气泡，可将微量进样器针尖向上，使气泡上浮后推出。

【任务训练】

1.气相色谱定性分析的基本原理是什么？本实验中是怎样定性的？

2.试讨论各色谱条件（柱温等）对分离的影响。

3.本实验中的进样量是否需要准确，为什么？

4.简要分析各组分流出先后的原因。

任务二

气相色谱归一化定量分析

知识链接

色谱分析法定量分析的依据是待测组分的量与检测器的响应信号成正比，即待测组分的量与它在色谱图上的峰面积（A）或峰高（h）成正比。因此色谱法可利用A或h定量，其计算公式为

$$m_i = f_i A_i \quad 或 \quad m_i = f_i h_i$$

目前，色谱仪的数据记录和处理均由色谱工作站控制，能自动显示峰面积及峰高并打印输出。式中 f_i 为定量校正因子，由于化合物的绝对定量校正因子难以测定，它随实验条件的变化而变化，故很少采用。

一、定量校正因子

实际工作中一般采用相对定量校正因子，其定义为：某组分 i 与所选定的基准物质 s 的绝对定量校正因子之比，应用最多的是相对质量校正因子（f_m），计算公式如下：

$$f_m=\frac{f_{i\mathrm{M}}}{f_{\mathrm{sM}}}=\frac{\dfrac{m_i}{A_i}}{\dfrac{m_\mathrm{s}}{A_\mathrm{s}}}=\frac{A_\mathrm{s}m_i}{A_i m_\mathrm{s}}$$

上式中，A_i 、A_s 分别为某组分 i 及基准物质 s 色谱峰的峰面积；m_i 、m_s 分别为某组分 i 及基准物质 s 的质量。

二、几种常用的定量分析方法

1. 峰面积归一化法

将试样中所有色谱峰面积之和作为 100%，计算试样中某一待测组分色谱峰的面积占总面积的百分数。

$$c_i=\frac{A_i f_i}{\sum_{i=1}^{n}A_i f_i}\times 100\%$$

c_i 为 i 组分的质量百分含量，%；A_i 为 i 组分色谱峰的峰面积；f_i 为 i 组分的相对质量校正因子。

峰面积归一化法优点是方法简单、结果准确。在允许的进样量范围内，不必准确进样。操作条件变化对测定结果影响较小。缺点是要求试样中的所有组分都必须在同一个分析周期内流出色谱柱，并且检测器都对它们响应产生信号，否则计算结果不准确。另外，不需要测定的组分也要测出 f_i 值。

峰面积归一化法常用于复杂物质分析，特别是其中有许多相似成分的分析，也常用于测定试样中的杂质。在药物分析中，气相色谱法和 FID 检测器常用此法测定含量，但是液相色谱法一般不用此法测定药物含量，可是在测定杂质含量时常用此法，如供试品中单个杂质及杂质总量限度的测定，甚至可以采用不加校正因子的峰面积归一化法。

2. 外标法（标准曲线法）

将待测组分的对照品配制成一系列浓度不同的标准溶液，在严格一致的操作条件下对各标准溶液和待测溶液分别进行色谱分析，用所测得的各标准溶液色谱峰的峰面积对应其浓度作图，得到标准曲线，根据标准曲线确定待测组分的浓度。外标法不需使用校正因子，准确度较高，适用于大批量试样的快速分析，特别适用于工厂控制分析，尤其是气体分析。其缺点是难以做到进样量固定和操作条件稳定，而操作条件变化对结果准确度影响较大，且对进样量准确度的要求较高。

如果标准曲线的截距为零或接近零，可用外标一点法测定含量。在进样量、色谱仪器和操作等分析条件严格固定不变的情况下，用待测组分的对照品作对照物质，以对照物质和试样中待测组分的响应信号相比较进行定量分析的方法称为外标一点法。

$$c_i=\frac{A_i}{A_s}\times\frac{m_s}{m}\times 100\%$$

c_i 为 i 组分的质量百分含量；A_i、A_s 分别为试样中待测组分与对照品的色谱峰面积；m_s、m 分别为对照品和试样的质量。

3. 内标法

内标法是选择一种物质作为内标物（对照物），与试样混合后进行色谱分析。在一定质量的试样（m）中加入一定质量的内标物（m_s），进行色谱分析，然后根据色谱峰面积求算待测组分的含量。

$$c_i=\frac{m_i}{m}\times 100\%=\frac{A_i f'_i}{A_s f'_s}\times\frac{m_s}{m}\times 100\%$$

c_i 为 i 组分的质量百分含量；m_i、m、m_s 分别为待测组分、试样和内标物的质量；A_i、A_s 分别为试样中待测组分和内标物的色谱峰面积；f'_i、f'_s 分别为试样中待测组分和内标物的质量校正因子。

内标法对内标物要求：

① 试样中不含有内标物且内标物不与试样发生化学反应；

② 相对校正因子已知或可以测量；

③ 内标物与待测组分的保留时间和色谱峰的峰面积相近，但两峰又能完全分开；

④ 内标物纯度高且在储存中稳定；

⑤ 内标物的称量要准确。

内标法优点是，进样量不超量时，重复性好；操作条件对分析结果无影响；只需待测组分和内标物有色谱峰，与其他组分是否有色谱峰无关；适合测定微量组分等。

内标法的缺点是，寻找合适的内标物困难；操作较复杂；需已知或可测相对校正因子；内标物要准确称量。

在药物分析中，通常不知道待测组分的相对校正因子，此时可用内标物标准曲线法或内标物对比法。

（1）内标物标准曲线法　用对照品（与试样中待测组分为同一物质）先配制一系列不同浓度的标准溶液，并准确加入相同量的内标物，混合后进行色谱分析，测定各标准溶液中对照品与内标物的色谱峰面积比 A_i/A_s，以 A_i/A_s 对相应标准溶液浓度作图，得到内标物标准曲线。然后，再准确取相同量的内标物加入到同体积的样品溶液中，在相同条件下进行色谱分析，测定样品中待测组分与内标物的色谱峰面积比 A_i/A_s，在内标物标准曲线上查得 A_i/A_s 对应的溶液浓度，最后，计算试样中待测组分的含量。

（2）内标物对比法　如果内标物标准曲线的截距为零或接近零，可用内标物对比法测定含量。用对照品（与试样中待测组分为同一物质）先配制标准溶液，并准确加入一定量的内标物。然后，再准确取相同量的内标物加入到同体积的样品溶液中，在相同条件下分别进行色谱分析。由于标准溶液和样品溶液中加入了相同量的内标物，因此，内标物的量抵消不参与计算，公式如下

$$c_i=\frac{(A_i/A_s)_{\text{样品溶液}}}{(A_i/A_s)_{\text{标准溶液}}}\times\frac{m_{\text{对照品}}}{m_{\text{样品}}}\times 100\%$$

c_i 为 i 组分的质量百分含量；$m_{\text{对照品}}$、$m_{\text{样品}}$ 分别为对照品和样品的质量；$(A_i/A_s)_{\text{标准溶液}}$

中 A_i 、A_s 分别为样品溶液中待测组分和内标物的色谱峰面积。

内标物对比法中标准溶液测定相当于测定校正因子，它除了具有内标法的优点以外，还具有可以消除某些操作条件对测定结果的影响、可以不测定校正因子、进样体积不需准确等优点。因此，《中华人民共和国药典》2010 年版（二部）中内标法测定物质含量的方法都是用的此法。

4. 内加法

内加法实质上是一种特殊的内标法，是在选择不到合适的内标物时，以待测组分的纯物质为内标物，加入到待测试样中，然后在相同的色谱条件下，测定加入待测组分纯物质前后待测组分的峰面积（或峰高），从而计算待测组分在试样中含量的方法。

$$c_i = \frac{A_i}{\Delta A_i} \times \frac{m_{加}}{m_{样}} \times 100\%$$

c_i 为 i 组分的质量百分含量；$m_{加}$、$m_{样}$ 分别为加入待测组分纯物质和试样的质量；A_i 为待测组分色谱峰面积；ΔA_i 为加入待测组分纯物质的色谱峰面积。

内加法是内标法与外标法的结合，优点是，不需要内标物却具有内标法的优点，只需待测组分的纯物质，进样量不必十分准确，操作比较简单。其缺点是，要求加入待测组分纯物质前后两次测定的色谱条件应完全相同，以确保两次测定时的校正因子完全相等，否则将引起误差。

在药物分析中微量组分的定量分析，由于色谱峰小，常常被试样中其他不要求测定的组分干扰，能引起保留时间漂移、色谱峰变宽或色谱峰重叠，为得到准确和可靠的测定结果常用内加法。

任务实施

【目的】

1. 进一步掌握气相色谱仪的操作要点。
2. 了解气相色谱各种定量方法的优缺点。
3. 进一步熟练掌握根据保留值，用已知物对照定性的分析方法。
4. 掌握用归一化法测定混合物中各组分的含量。

【原理】

气相色谱的定量分析：峰面积百分比法、归一化法、内标法和外标法等。峰面积百分比法适用于分析响应因子十分接近的组分的含量，要求样品中所有组分均出峰。归一化法定量准确，但它不仅要求样品中所有组分均出峰，而且要求具备所有组分的标准品，以便于测定校正因子。内标法是精密度最高的色谱定量方法，但要选择一个或几个合适的内标物并不总是易事，而且在分析样品前必须将内标物加入样品中。外标法简便易行，定量精密度相对较低，而且对操作条件的重现性要求较严。本实验采用归一化法。

定量分析的依据：被测组分的质量与其色谱峰面积成正比。

峰面积 A 的测量：f_i 为比例常数，是定量校正因子，一般色谱手册中提供有许多物质的相对校正因子，可直接使用。

定量分析的步骤：

第一步，先进行定性分析：化合物在一定的色谱操作条件下，每种物质都有一确定的保留值，故作为定性分析的依据；在相同的色谱条件下对已知样品和待测试样进行色谱分析，分别测量各组分峰的保留值，若某组分峰与已知样品相同，则可认为二者是同一物质。从而确定各个色谱峰代表的组分。

第二步，归一化法测定含量：若试样中含有 n 个组分，且各组分均能洗出色谱峰，则其中某个组分 i 的质量分数为 W_i 可按照下式计算：

$$W_i=\frac{m_i}{m}\times 100\%=\frac{m_i}{m_1+m_2+\cdots+m_i+m_n}\times 100\%$$

$$=\frac{A_i f_i}{A_1 f_1+A_2 f_2+\cdots+A_i f_i+\cdots+A_n f_n}\times 100\%$$

归一化法的优点是简便、准确，定量结果与进样量无关，操作条件对结果影响较小；缺点是试样中所有组分必须全部出峰，某些不需要定量的组分也要测出其校正因子和峰面积。

【仪器和药品】

1. 仪器

GC-9790 气相色谱仪；FID；毛细管柱，微量进样器。

2. 主要试剂

己烷，庚烷，辛烷，壬烷。

【步骤】

1. 气相色谱仪的基本操作流程

（1）开启

① 开启载气 N_2 钢瓶的阀门；

② 将气体净化器打到“开”的位置；

③ 打开色谱仪的电源；

④ 打开色谱工作站。

（2）实验条件如下：柱温 100℃，汽化室温度 150℃，检测器温度 180℃；N_2 流速 45mL/min；H_2 40mL/min；空气 450mL/min；纸速 10cm/min。

（3）待检测器 FID 温度达到的时候，开启 H_2 钢瓶的阀门及打开空气源的电源，点燃 FID。

（4）运行程序一次并用丙酮进样清洗色谱柱。

（5）进样，运行。

（6）结束时，再用丙酮进样清洗色谱柱，设置程序。辅助Ⅰ：50℃；column：50℃；FID：50℃。先关闭氢气、空气源。等到温度降至该设置温度时，方可关闭色谱仪电源，最后关闭载气阀门。

2. 混合物的分析

（1）纯样保留时间的测定　分别用微量注射器移取纯样（己烷到壬烷）溶液 0.2μL，依次进样分析，分别测定出各色谱峰的保留时间 t_R。

（2）混合物试液的分析　用微量注射器移取 0.2μL 混合物试液进行分析，连续记录各组分色谱峰的保留时间，记录各色谱峰的峰面积。

【数据记录与处理】

1. 将混合物试液各组分色谱峰的调整保留时间与标准样品进行对照，对各色谱峰所代表的组分做出定性判断。

2. 根据峰面积和校正因子，用归一化法计算混合物试液中各组分的质量分数。各组分的 f'_i 值见表 11-3。

表 11-3 己烷、庚烷、辛烷、壬烷各组分的 f'_i 值

组分	己烷	庚烷	辛烷	壬烷
f'_i				
保留时间				
峰面积				
质量分数				

3. 实验完毕，按照要求关闭色谱仪。

【注意事项】

1. 测定时，取样准确，进样要求迅速，瞬间快速取出注射器；注入试样溶液时，不应有气泡。

2. 进样后根据混合物溶液中各组分出峰高低情况，调整进样量，使得出峰最高的约占记录纸宽度的 80%。

3. 测定时，严格控制实验条件恒定，这是实验成功的关键。

4. 为了保护色谱柱，要求载气首先打开，然后开机，结束时先关机，后关载气；严格按照要求的顺序开启和关闭色谱仪。

【任务训练】

1. 进样操作应注意哪些事项？在一定的条件下进样量的大小是否会影响色谱峰的保留时间和半峰宽度？

2. 色谱定量方法有哪几种，各有什么优缺点？

3. 色谱归一化法有何特点，使用该方法应具备什么条件？

附：进样操作

(1) 进样时要求注射器垂直于进样口，左手扶着针头以防弯曲，右手拿着注射器，右手食指卡在注射器芯子和注射器管的交界处，这样可以避免当针进到气路中由于载气压力较高把芯子顶出，影响正确进样。

(2) 注射器取样时，应先用被测试液洗涤 5～6 次，然后缓慢抽取一定量试液，并不带有气泡。

(3) 进样时，要求操作稳当、连贯、迅速，进针位置及速度，针尖停留和拔出速度都会影响进样重现性。

(4) 要经常注意更换进样器上的硅橡胶密封垫片，防止漏气。

任务三

气相色谱法测定苯系物混合样品的含量

任务实施

【目的】

1. 学习气相色谱法测定样品的基本原理、特点。

2. 学习外标法定量的基本原理和测定方法。

【原理】

用待测组分的纯品作对照物质，以对照物质和样品中待测组分的响应信号相比较进行定量的方法称为外标法，此法可分为工作曲线法及外标一点法等。工作曲线法是用对照物质配制一系列浓度的对照品溶液确定工作曲线，求出斜率、截距。在完全相同的条件下，准确进样与对照品溶液相同体积的样品溶液，根据待测组分的信号，从标准曲线上查出其浓度，或用回归方程计算，工作曲线法也可以用外标二点法代替。通常截距应为零，若不等于零说明存在系统误差。工作曲线的截距为零时，可用外标一点法（直接比较法）定量。

外标法是色谱分析中的一种定量方法，它不是把标准物质加入到被测样品中，而是在与被测样品相同的色谱条件下单独测定，把得到的色谱峰面积与被测组分的色谱峰面积进行比较求得被测组分的含量。外标物与被测组分同为一种物质，但要求它有一定的纯度，分析时外标物的浓度应与被测物浓度相接近，以利于定量分析的准确性。

【仪器和药品】

1.仪器

气相色谱仪（带 FID 检测器）；微量进样器 10μL。

2.试剂

苯、甲苯、乙苯、邻二甲苯、正己烷等均为分析纯。

【步骤】

1.系列标准溶液的配制

分别按下列比例（表 11-4）移取苯、甲苯、乙苯、邻二甲苯于 50mL 容量瓶中，用正己烷稀释定容，摇匀得混合标准样品。

表 11-4 苯系物标准溶液的配制

编号	苯/mL	甲苯/mL	乙苯/mL	邻二甲苯/mL
1	0.1	0.1	0.1	0.1
2	0.2	0.2	0.2	0.2
3	0.3	0.3	0.3	0.3
4	0.4	0.4	0.4	0.4
5	0.5	0.5	0.5	0.5

标准曲线的测定：将色谱仪按仪器操作步骤调节至可进样状态，仪器平衡后进样。吸取 0.2μL 标准样品注入汽化室，采集色谱数据，记录色谱图。重复进样 3 次。注意每做完一种标准溶液需用后一种待进样标准溶液洗涤微量进样器 5 次以上。

2.色谱条件设置

色谱柱 SE-30 毛细管柱或其他可分析苯系物的色谱柱，进样器温度 200℃，检测器温度 200℃，柱温 70℃，氮气流量 30mL/min，空气流量 400mL/min，氢气流量 40mL/min。

3.样品的测定

将含有苯、甲苯、乙苯、邻二甲苯的样品摇匀后，在与测定标准曲线相同的色谱条件下对样品进行测定，记录样品的色谱图和色谱数据，重复进样 3 次。

【数据记录与处理】

1.将各组分色谱峰面积 A_i 值，并填入表 11-5 中。绘制各组分的标准曲线，并求出回归方程。

2.在相同色谱条件下对样品进行分析。根据回归方程计算样品中各组分的含量，填入表

11-6 中。

表 11-5　苯系物定量分析结果

编号	$A_{苯}$					$A_{甲苯}$				
	浓度/(mg/mL)	1	2	3	平均值	浓度/(mg/mL)	1	2	3	平均值
1	1.7572					1.7338				
2	3.5144					3.4676				
3	5.2716					5.2014				
4	7.0288					6.9352				
5	8.786					8.669				
编号	$A_{乙苯}$					$A_{邻二甲苯}$				
	浓度/(mg/mL)	1	2	3	平均值	浓度/(mg/mL)	1	2	3	平均值
1	1.74					1.7604				
2	3.48					3.5208				
3	5.22					5.2812				
4	6.96					7.0416				
5	8.7					8.802				

表 11-6　未知物分析结果

编号	$A_{苯}$				$A_{甲苯}$			
	1	2	3	平均值	1	2	3	平均值
未知								
编号	$A_{乙苯}$				$A_{邻二甲苯}$			
	1	2	3	平均值	1	2	3	平均值
未知								

【任务训练】

1. 外标法定量分析的基本方法？

2. 外标法定量实验中是否要严格控制进样量，实验条件的变化是否会影响测定结果，为什么？

任务四

气相色谱法测定酒中乙醇的含量

任务实施

【目的】

1. 了解气相色谱法的分离原理和特点。

2. 熟悉气相色谱仪的基本构造和一般使用方法。

3. 掌握内标法进行样品含量分析的方法。

【原理】

气相色谱法是一种高效、快速而灵敏的分离分析技术。当样品溶液由进样口注入后立即被汽化，并被载气带入色谱柱，经过多次分配而得以分离的各个组分逐一流出色谱柱进入检测器，检测器把各组分的浓度信号转变成电信号后由记录仪或工作站软件记录下来，得到相应信号大小随时间变化的曲线，即色谱图。利用色谱峰的保留值可以进行定性分析，利用峰面积或峰高可以进行定量分析。

内标法是一种常用的色谱定量分析方法。在一定量（m）的样品中加入一定量（m_{is}）的内标物，根据待测组分和内标物的峰面积及内标物的质量计算待测组分质量（m_i）的方法。被测组分的质量分数可用下式计算：

$$p_i=\frac{m_i}{m}\times 100\%=\frac{A_i f_i}{A_{is}}\times\frac{m_{is}}{m}\times 100\%$$

式中，A_i 为样品溶液中待测组分的峰面积；A_{is} 为样品溶液中内标物的峰面积；m_{is} 为样品溶液中内标物的质量；m 为样品的质量；f_i 为待测组分 i 相对于内标物的相对定量校正因子，由标准溶液计算：

$$f_i=\frac{f'_i}{f'_{is}}=\frac{m'_i}{A'_i}\frac{A'_{is}}{m'_{is}}=\frac{m'_i A'_{is}}{m'_{is} A'_i}$$

式中，A'_i 为标准溶液中待测组分 i 的峰面积；A'_{is} 为标准溶液中内标物的峰面积；m'_{is} 为标准溶液中内标物的质量；m'_i 为标准溶液中标准物质的质量。

用内标法进行定量分析，必须选定内标物。内标物必须满足以下条件：

① 应是样品中不存在的、稳定易得的纯物质；

② 内标峰应在各待测组分之间或与之相近；

③ 能与样品互溶但无化学反应；

④ 内标物浓度应恰当，峰面积与待测组分相差不大。

【仪器和药品】

1. 仪器

气相色谱仪（带 FID 检测器）；微量进样器 10μL。

2. 主要试剂

无水乙醇、无水正丙醇、丙酮均为分析纯，白酒（市售）。

【步骤】

1. 标准溶液的配制

准确移取 0.50mL 无水乙醇和 0.50mL 无水正丙醇于 10mL 容量瓶中，用丙酮定容，摇匀。

2. 色谱条件设置

色谱柱 SE-30 毛细管柱或其他可分析苯系物的色谱柱，进样器温度 200℃，检测器温度 200℃，柱温 70℃，氮气流量 30mL/min，空气流量 400mL/min，氢气流量 40mL/min。

3. 相对校正因子的测定

用微量进样器吸取 0.5μL 标准溶液注入色谱仪内，记录各色谱峰保留时间 t_R 和色谱峰面积，重复两次，求出乙醇以正丙醇为内标物的相对校正因子。

4.样品溶液的配制

准确移取 1.00mL 酒样品和 0.50mL 无水正丙醇于 10mL 容量瓶中，用丙酮定容，摇匀。

5.样品溶液的测定

用微量进样器吸取 0.5μL 样品溶液注入色谱仪内，记录各色谱峰的保留时间 t_R，对照比较标准溶液与样品溶液的 t_R，以确定样品中的醇，记录乙醇和正丙醇的色谱峰面积，重复两次。由平均值根据内标法求出样品中乙醇的含量。

【任务训练】

1.内标物的选择应符合哪些条件？用内标法进行定量分析有何优点？

2.用该实验方法能否测定出白酒样品中的水分含量？

任务五

毛细管气相色谱法分离白酒中微量香味化合物

任务实施

【目的】

1.掌握毛细管分离的基本原理及其操作技能。

2.了解毛细管色谱柱的高分离效率和高选择性。

【原理】

白酒是中国传统的蒸馏酒，为世界七大蒸馏酒之一。白酒的主要成分是乙醇和水（占总量的 98%～99%），而溶于其中的酸、酯、醇、醛等种类众多的微量有机化合物作为白酒的呈香呈味物质，却决定着白酒的风格（又称典型性，指酒的香气与口味协调平衡，具有独特的香味）和质量。

国际上，酒类芳香成分的分析技术不断进步，研究成果巨大，鉴定出的成分已达 1000 种以上。白酒中的香味成分一部分来自酿酒所采用的原料和辅料，另一部分则来自微生物的代谢产物。白酒中含量众多的乳酸、乳酸乙酯、乙酸乙酯和己酸乙酯等香味成分，属多菌种发酵，是数量众多的霉菌、酵母菌和细菌等微生物综合作用的结果。

气相色谱法的分离原理是使混合物中的各组分在固定相（固定液）与流动相（载体）间进行分配，由于各组分在性质和结构上的不同，当它们被流动相推动经过固定相时，与固定相发生的相互作用的大小、强弱会有差异，以致各组分在固定相中滞留的时间有长有短，而按顺序流出达到分离的目的。采用毛细管柱直接进样，白酒中的多组分化合物在流动相和涂载体固定相中由于分子扩散作用和传质作用，反复几万次分配使酒中各微量香味组分按其应有的顺序流出，记录信号，得到又窄又尖锐的色谱峰图。对于白酒中那些挥发性极低的物质，气相色谱无法检测，这时需要利用高效液相色谱进行分离和检测。

【仪器和药品】

1. 仪器

气相色谱仪（带 FID 检测器）；微量进样器 10μL。

2. 主要试剂

乙酸乙酯、正丙醇、异丁醇、异戊醇、己酸乙酯、乙酸异戊酯等均为分析纯，白酒。

【步骤】

1. 色谱条件设置

FFAP 柱毛细管柱或其他性能类似的色谱柱，进样器温度 200℃，检测器温度 200℃，柱温 70℃，氮气流量 30mL/min，空气流量 400mL/min，氢气流量 40mL/min。

2. 仪器稳定后，点火，进标样 0.4μL，记录各色谱峰的保留时间。

3. 进白酒样品 0.4μL，观察色谱图，根据保留时间定性分析白酒中含有哪些成分？

【数据记录与处理】

组分的定性主要依靠与标准谱图进行比对、分析。但是，最终确认还需结合白酒的香味化学知识。定量采用内标法测量。要求：利用标准谱图定性分析出 5 种组分。

【任务训练】

1. 毛细管气相色谱法分析有什么特点？

2. 为什么要测定白酒中的醇、酯和醛的成分与含量？

任务六

食品中有机磷残留量的气相色谱分析

任务实施

【目的】

1. 掌握气相色谱仪的工作原理及使用方法。

2. 学习食品中有机磷农药残留的气相色谱测定方法。

【原理】

食品中残留的有机磷农药经有机溶剂提取并经净化、浓缩后，注入气相色谱仪，汽化后在载气携带下于色谱柱中分离，由火焰光度检测器检测。当含有机磷的试样在检测器中的富氢焰上燃烧时，以 HPO 碎片的形式，放射出波长为 526nm 的特性光，这种光经检测器的单色器（滤光片）将非特征光谱滤除后，由光电倍增管接收，产生电信号而被检出。试样的峰面积或峰高与标准品的峰面积或峰高进行比较定量。

【仪器和药品】

1. 仪器

气相色谱仪（带火焰光度检测器 FPD）；微量进样器 10μL；电动振荡器；组织捣碎机；旋转蒸发仪。

2. 主要试剂

敌敌畏等有机磷农药标准品，二氯甲烷、丙酮、无水硫酸钠、中性氧化铝、硫酸钠等均为分析纯，无水硫酸钠需在 700℃灼烧 4h 后备用，中性氧化铝需在 550℃灼烧 4h 后备用。

【步骤】

1. 有机磷农药标准储备液的配制

分别准确称取有机磷农药标准品敌敌畏、乐果、马拉硫磷、对硫磷、甲拌磷、稻瘟净、倍硫磷、杀螟硫磷及虫螨磷等各10.0mg（标样数量可根据需要选择其中几种），用苯（或三氯甲烷）溶解并稀释至100mL，放在冰箱中保存。

2. 有机磷农药标准使用液的配制

临用时用二氯甲烷稀释为使用液，使其浓度分别相当于1.0μg/mL敌敌畏、乐果、马拉硫磷、对硫磷、甲拌磷，2.0μg/mL稻瘟净、倍硫磷、杀螟硫磷及虫螨磷。

3. 样品处理

① 蔬菜：取适量蔬菜擦净，去掉不可食部分后称取蔬菜试样，于组织捣碎机中打成匀浆。称取10.0g混匀的试样，置于250mL具塞锥形瓶中，加30～100g无水硫酸钠脱水，剧烈振摇后如有固体硫酸钠存在，说明所加无水硫酸钠已够。加0.2～0.8g活性炭脱色。加70mL二氯甲烷，在振荡器上振摇0.5h，经干滤纸过滤。量取35mL滤液，通风柜中自然挥发至近干，二氯甲烷少量多次研洗残渣，移入10mL具塞刻度试管中，并定容至2mL，备用。

② 谷物：将样品磨粉（稻谷先脱壳），过20目筛，混匀。称取10g置于具塞锥形瓶中，加入0.5g中性氧化铝（小麦、玉米再加0.2g活性炭）及20mL二氯甲烷，振摇0.5h，过滤，滤液直接进样。若含量过低可再提取2次，混合提取液，浓缩，并定容至2mL进样。

③ 植物油：称取5.0g混匀的试样，用50mL丙酮分次溶解并移入分液漏斗中，摇匀后，加10mL水，轻轻旋转振摇1min，静置1h以上，弃去下面析出的油层，上层溶液自分液漏斗上口倾入另一分液漏斗中，尽量不使剩余的油滴倒入（如乳化严重，分层不清，则放入50mL离心管中，于2500r/min转速下离心0.5h，用滴管吸出上层清液）。加30mL二氯甲烷、100mL 50g/L硫酸钠溶液，振摇1min。静置分层后，将二氯甲烷提取液移至蒸发皿中。丙酮水溶液再用10mL二氯甲烷提取一次，分层后，合并至蒸发皿中。自然挥发后，如无水，可用二氯甲烷少量多次研洗蒸发皿中残液移入具塞量筒中，并定容至5mL。加2g无水硫酸钠振摇脱水，再加1g中性氧化铝、0.2g活性炭（毛油可加0.5g）振荡脱油和脱色，过滤，滤液直接进样。如自然挥发后尚有少量水，则需反复抽提后再如上操作。

4. 色谱条件设置

农残专用柱TM-Pesticides或其他性能类似的色谱柱，进样器温度250℃，检测器温度250℃，柱温180℃（测定敌敌畏时130℃；对于多种有机磷农药检测可以采用梯度升温程序：初始温度130℃保持9min，以20℃/min的升温速率升至200℃，保持5min，再以20℃/min的升温速率升至240℃，保持5min），氮气流量80mL/min，空气流量160mL/min，氢气流量160mL/min，分流比20∶1。

5. 标准曲线的绘制

将有机磷农药标准使用液0.2～1μL分别注入气相色谱仪中记录各色谱峰保留时间t_R和色谱峰面积，重复3次，根据浓度和峰面积绘制不同有机磷农药的标准曲线。

6. 样品的测定

取试样溶液0.2～1μL注入气相色谱仪中，测得峰面积。

【数据记录与处理】

1. 根据浓度和峰面积绘制不同有机磷农药的标准曲线，并求出回归方程。

2. 由标准曲线计算试样中有机磷农药的含量。

【注意事项】

1. 本法采用毒性较小且价格较为便宜的二氯甲烷作为提取试剂，国际上多用乙腈作为有

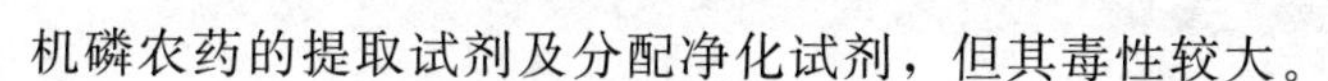

机磷农药的提取试剂及分配净化试剂，但其毒性较大。

2.有些稳定性差的有机磷农药如敌敌畏，因稳定性差且易被色谱柱中的担体吸附，故本法采用降低操作温度来克服上述困难。另外，也可采用缩短色谱柱等措施来克服。

【任务训练】

1.本实验的气路系统包括哪些，各有何作用？

2.电子捕获检测器及火焰光度检测器的原理及适用范围？

3.如何检验该实验方法的准确度？如何提高检测结果的准确度？

项目十二

高效液相色谱法测定有机物的含量

高效液相色谱法（high performance liquid chromatography，HPLC）是色谱法的一个重要分支，以液体为流动相，采用高压输液系统，将具有不同极性的单一溶剂或不同比例的混合溶剂、缓冲液等流动相泵入装有固定相的色谱柱，在柱内各成分被分离后，进入检测器进行检测，从而实现对试样的分析。该方法已成为化学、医学、工业、农学、商检和法检等学科领域中重要的分离分析技术。

知识链接

一、高效液相色谱仪器组成与结构

高效液相色谱仪现在通常做成一个个单元组件，然后根据分析要求将各需要的单元组件组合起来，最基本的组件通常包括高压输液泵、进样装置、色谱柱、检测器及数据处理系统五个部分，如图 12-1 所示。高压输液泵的功能是驱动流动相和样品通过色谱分离柱和检测系统使混合物试样在色谱中完成分离过程；进样器的功能是将待分析样品引入色谱系统，常用的进样方式有 4 种：进样器隔膜进样、停流进样、阀进样和自动进样器进样；色谱柱的功能是分离样品中的各个物质，一般为 10～30cm 长、2～5mm 内径的内壁抛光的不锈钢管

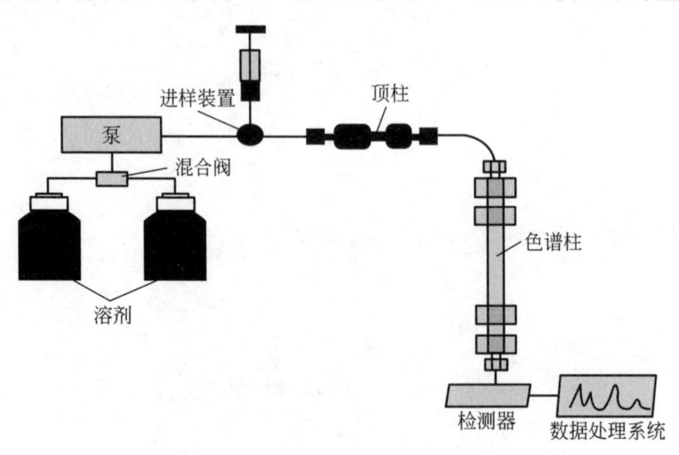

图 12-1　高效液相色谱仪示意图

柱，内装5～10μm的高效微粒固定相；检测器的功能是将被分析组分在柱流出液中浓度的变化转化为光学或电学信号，常见的检测器有示差折光检测器、紫外检测器、二极管阵列紫外检测器、荧光检测器和电化学检测器，其中紫外检测器使用最广。现代化的仪器都配有计算机通过工作站实现数据采集、处理、绘图和打印分析报告等功能。

二、实验技术

1.溶剂处理技术

（1）有机溶剂的提纯　液相色谱溶剂和水应该尽量达到HPLC级。分析纯和优级纯溶剂在很多情况下可以满足色谱分析的要求，但不同的色谱柱和检测方法对溶剂的要求不同，如用紫外检测时溶剂中就不能含有在检测波长下有吸收的杂质，此时要进行除去紫外杂质、脱水、重蒸等纯化操作。通常蒸馏法可除掉大部分有紫外吸收的杂质；氯仿中含有的少量甲醇，可先经水洗再经蒸馏提纯；四氢呋喃由于含抗氧剂丁基甲苯酚而强烈吸收紫外线，可经蒸馏除去。为了防止爆炸，蒸馏终止时，在蒸馏瓶中必须剩余一定量的液体。

（2）流动相的过滤和脱气　流动相溶剂在使用前必须先用0.45μm孔径的滤膜过滤，以除去微小颗粒，防止色谱柱堵塞。同时要进行脱气处理，因为溶解在溶剂中的气体会在管道、输液泵或检测池中以气泡形式逸出，影响正常操作的进行。输液泵内的气泡，使活塞动作不稳定，流量变动，严重时无法输液；色谱柱内的气泡，使柱效降低；检测池中的气泡容易引起检测信号的突然变化，在色谱图上出现尖锐的噪声峰（特别是当柱子加温使用时）；溶解氧常和一些溶剂结合生成有紫外吸收的化合物。在荧光检测中，溶解氧还会使荧光猝灭，溶解气体还可能引起某些样品的氧化降解或使溶液pH值变化。

溶剂脱气的方法很多，常用的方法有：用惰性气相（如氦气）驱除溶剂中的气体、加热回流、超声波脱气和在线（真空）脱气。其中，以超声波脱气最为方便、安全、效果良好，只需将溶剂瓶放入加有水的超声波发生器槽中，处理10～15min即可。在线（真空）脱气的原理为让流动相通过一段由多孔性合成树脂膜制造的输液管，该输液管外有真空容器，真空泵工作时，膜外侧被减压，分子量小的氧气、氮气、二氧化碳就会从膜内进入膜外，而被脱除。

2.样品制备

在某些试样中，常含有多量的蛋白质、脂肪及糖类等物质。它们的存在，将影响组分的分离测定，同时容易堵塞和污染色谱柱，使柱效降低，所以常需对试样预处理。传统的样品预处理方法有溶剂萃取、吸附、超速离心及超过滤等；固相萃取、固相微萃取等更高效、简便的前处理技术应用越来越广泛。

（1）溶剂萃取：适用于待测组件为非极性物质。在试样中加入缓冲溶液调节pH值，然后用乙醚或氯仿等有机溶剂萃取。如果待测组分和蛋白质结合，则在大多数情况下难以用萃取操作来进行分离。

（2）吸附：将吸附剂直接加到试样中，或将吸附剂填充于柱内进行吸附。亲水性物用硅胶吸附，而疏水性物质可用聚苯乙烯-二乙烯基苯等类树脂吸附。

（3）除蛋白质：向试样中加入三氯乙酸或丙酮、乙腈、甲醇等溶剂，蛋白质被沉淀下来，然后经超速离心，吸取上层清液供分离测定用。

（4）超过滤：用孔径为10×10^{-10}～500×10^{-10}m的多孔膜过滤，可除去蛋白质等高分子物质。

（5）固相萃取（solid-phase extraction，SPE），由液固萃取和柱液相色谱技术相结合发展而来，主要用于样品的分离、纯化和浓缩，可以提高分析物的回收率，更有效地将分析物与干扰组分分离，减少样品预处理过程，操作简单、省时、省力。

（6）固相微萃取（solid-phase microextraction，SPME）技术是在固相萃取技术上发展起来的一种微萃取分离技术，是一种集采样、萃取、浓缩和进样于一体的无溶剂样品微萃取新技术。SPME 操作更简单，携带更方便；克服了固相萃取回收率低、吸附剂孔道易堵塞的缺点。因此成为目前所采用的样品前处理技术中应用最为广泛的方法之一。

3. 分离方式的选择

根据试样分子量的大小，样品在水中和有机溶剂中的溶解度，样品极性及稳定程度，物理和化学性质等选择液相色谱分离方法，如图 12-2 所示。

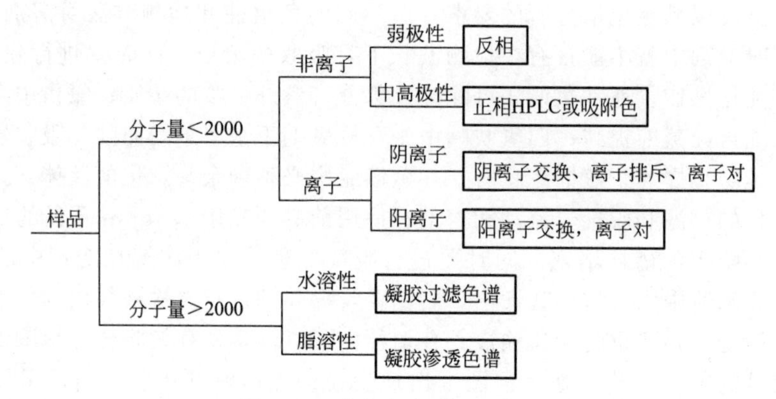

图 12-2　分离方式选择的依据

4. 流动相选择与处理

理想的流动相溶剂应具有低黏度，与检测器兼容性好，易于得到纯品和低毒性等特征。

（1）流动相的选择　液相色谱的流动相直接影响组分的分离度，对流动相溶剂的要求如下。

① 溶剂对于待测样品，必须具有合适的极性和良好的选择性。对样品的溶解度要适宜，如果溶解度欠佳，样品会在柱头沉淀，不但影响了纯化分离，也会使柱子性能下降。

② 溶剂要与检测器匹配。使用 UV 检测器时，所用流动相在检测波长下应没有吸收，或吸收很小。当使用示差折光检测器时，应选择折光系数与样品差别较大的溶剂作流动相，以提高灵敏度。

③ 纯度。由于高效液相灵敏度高，对流动相溶剂的纯度也要求高。不纯的溶剂会引起基线不稳，或产生“伪峰”。痕量杂质的存在，将使截止波长值增加 50～100nm。

④ 化学稳定性好。不能选与样品发生反应或聚合的溶剂。

⑤ 低黏度。若使用高黏度溶剂，势必增高压力，不利于分离。常用的低黏度溶剂有丙酮、乙醇、乙腈等。但黏度过于低的溶剂也不宜采用，如戊烷、乙醚等，它们易在色谱柱或检测器内形成气泡，影响分离。

（2）流动相的 pH 值　采用反相色谱法分离弱酸（$3 \leqslant pK_a \leqslant 7$）或弱碱（$7 \leqslant pK_b \leqslant 8$）样品时，通过调节流动相的 pH 值，以抑制样品组分的解离，增加组分在固定相上的保留，并改善峰形的技术称为反相离子抑制技术。一般在被分析物的 $pK_a \pm 2$ 范围内，有助于获得好的、尖锐的峰。对于弱酸，流动相的 pH 值越小，组分的 k 值越大，当 pH 值远远小于弱酸的 pK_a 值时，弱酸主要以分子形式存在；对弱碱情况相反。分析弱酸样品时，通常在流动相中加入少量弱酸，常用 50mmol/L 磷酸盐缓冲液和 1％乙酸溶液；分析弱碱样品时，通常在流动相中加入少量弱碱，常用50mmol/L磷酸盐缓冲液和30mmol/L三乙胺溶液。流动相中加入有机胺可以减弱碱性溶质与残余硅醇基的强相互作用，减轻或消除峰拖尾现象。所以在这种情况下有机胺（如三乙胺）又称为减尾剂或除尾剂。在一般情况下，pH=3的磷酸钾盐对羧基和氨基化合物分析都能获得良好的应周，钾盐比钠盐更好一些。

（3）流动相的优化调节　样品中所含组分的极性或其他性质相差较大时，等度淋洗很难保证所有组分都得到较好的分离，可以先用强度较弱的淋洗剂使保留弱的组分先分离，然后逐渐提高淋洗剂的强度，使保留强的组分也能在保证分离的前提下，迅速流出色谱柱。梯度淋洗通常是靠改变混合淋洗剂的组成比例来调整淋洗强度的。

流动相优化调节的方法通常有：

① 由强到弱。一般先用90%的乙腈（或甲醇）/水（或缓冲溶液）进行试验，这样可以很快地得到分离结果，然后根据出峰情况调整有机溶剂（乙腈或甲醇）的比例。

② 3倍规则。每减少10%的有机溶剂（甲醇或乙腈）的量，保留因子约增加3倍。这是一个聪明而又省力的办法。调整的过程中，注意观察各个峰的分离情况。

③ 粗调转微调。当分离达到一定程度，应将有机溶剂10%的改变量调整为5%，并据此规则逐渐降低调整率，直至各组分的分离情况不再改变。

5. 衍生化技术

衍生化就是将用通常检测方法不能直接检测或检测灵敏度低的物质与某种试剂（衍生化试剂）反应，使之生成易于检测的化合物。按衍生化的方式可分柱前衍生和柱后衍生。柱前衍生是将被测物转变成可检测的衍生物后，再通过色谱柱分离。这种衍生可以是在线衍生，即将被测物和衍生化试剂分别通过两个输液泵进到混合器里混合并使之立即反应完成，随之进入色谱柱；也可以先将被测物和衍生化试剂反应，再将衍生产物作为样品进样；还可以在流动相中加入衍生化试剂。柱后衍生是先将被测物分离，再将从色谱柱流出的溶液与反应试剂在线混合，生成可检测的衍生物，然后导入检测器。衍生化HPLC不仅使分析体系复杂化，而且需要消耗时间，增加分析成本，有的衍生化反应还需控制较严格的反应条件，因此，只有在找不到方便而灵敏的检测方法，或为了提高分离和检测的选择性时才考虑衍生化法。

三、常用仪器的操作规程与日常维护

1. 依利特P1201高效液相色谱仪操作规程

（1）实验准备

① 流动相的配制与脱气：根据实验需要配制各种单项溶液，用微孔滤膜（0.45μm或0.22μm）抽滤。纯水系溶液用水膜过滤，有机溶剂（或混合溶剂）用油膜过滤。

② 流动相脱气：超声波振荡脱气20～30min。配备在线脱气机的可以不经超声脱气。

③ 样品处理：用溶剂配制适当浓度的样品溶液，微孔滤膜过滤。

（2）开机

① 依次打开柱温箱、高压输液泵、检测器电源和计算机。

② 验证系统配置：进入EC2006色谱工作站，点击左边“仪器控制”⟶“系统配置”，选择UV1201检测器、P1201泵A、P1201泵B、柱温箱等组件，点击“验证系统配置”，弹出的窗口中当前的设备必须包括前面所有选择的仪器，否则下一步操作不能实时控制该组件。

③ 排管路中气泡：将流动相放入溶剂瓶中，打开放空阀，按“冲洗”键排除管路中气

泡。如按“冲洗”键放空阀出口无液体流出时，需要先用进样器抽去管路上的气泡，待气泡排尽后再按一次“冲洗”键彻底排尽气泡，然后关闭放空阀。

④ 色谱纯溶剂冲洗色谱柱：在工作站中设定泵流速和最高、最低压力，使柱压在适宜范围内（不得超过30MPa）。然后用色谱纯甲醇或乙腈等冲洗色谱柱20～30min。

（3）进样分析

① 设置系统参数：通过工作站设定柱温、泵流速、流动相比例和检测波长等参数，“发送仪器参数”即可将设置的参数发送到仪器，启动泵等待仪器平衡20～30min。

若是一个以前分析过的物质，可点击“打开”图标，打开之前保存好的一个谱图，查看“仪器控制”和“分析方法”里面参数是否与要求一致，一致即可点击“发送仪器参数”；不一致稍作修改后点击“发送仪器参数”，启动泵即可平衡仪器。

② 方法保存：点击左边“分析方法”，在“数据采集方法”内输入采集时间，缺省路径（自动保存位置）；系统默认实验结束后需手动点击“保存”按钮保存数据，如需设置自动保存数据，在“分析自动化”内，勾选“数据采集并存储”，在“预定文件名内”输入样品名称，勾选“时间”或“序号”作为保存名称的后半部分，然后点击“文件”→“另存为”→“存储方法”，选择保存位置，输入名称，将此方法保存，方便以后直接调出使用。

③ 进样：吸取一定量的试液（不少于60μL，定量环20μL），在“Load”位置处注入进样阀，快速扳动进样阀手柄到“Inject”处即启动数据采集，然后拔出进样针。样品分析完毕后基线平稳，结束数据采集。然后通过工作站分析实验结果，记录色谱峰的保留时间和峰面积。

④ 数据分析处理：点击“打开”图标，在目标文件夹内双击之前保存的色谱图，即出现样品色谱图。点击色谱图上的“最大化”按钮，在谱图的下方会出现具体的数据，或者点击“查看组分表与积分结果”，出现组分表窗口，与谱图下方出现的数据一致，在窗口内单击右键，出现菜单，选择“属性”，弹出“项目选项”窗口，在我们所需要的选项前打钩，在组分表内出现相应的图谱数据。根据需要对色谱图及数据进行分析处理，点击“打印预览”，查看是否符合要求，然后再点击“打印”即可打印相应的图谱及数据。

（4）关机

① 冲洗色谱柱。

a. 流动相含酸、盐的冲洗方法：操作结束后的水溶液冲洗20～30min，再用纯甲醇冲洗20～30min（注：不能直接用有机溶剂冲洗，盐类易析出堵塞色谱柱，造成永久性损坏；水最好是重蒸水，必须抽滤和脱气）。

b. 流动相不含酸、盐的冲洗方法：操作结束后，先用流动相冲洗10～15min，再用纯甲醇冲洗20～30min。

② 进样阀的冲洗。用流动相或样品溶剂洗涤3～5次，再用甲醇冲洗3～5次；再旋动进样阀到“Load”位置用甲醇冲洗3～5次；最后把进样器上的进样针拔掉，安上配备的冲洗头（白色的圆形配件）用甲醇冲洗3～5次即可。

③ 关机。实验完毕及时关闭检测器（保护检测器，延长检测器寿命）；冲洗完成后依次关闭工作站、恒流泵和柱温箱。收拾整理，填写仪器使用记录。

2. Agilent 1100高效液相色谱仪操作规程

（1）开机　依次打开各部件电源，打开计算机。打开“Instrument 1 online”工作站，进入工作站的操作页面。

（2）色谱条件的设定

① 直接设定：在操作页面的右下部的色谱工作参数中设定。将鼠标移至要设定的参数如进样体积、流速、分析停止时间、流动相比例、柱温、检测波长等，单击一下，即可显示该参数的设置页面，键入设定值后，单击“OK”，即完成。

② 调用已设置好的文件：在命令栏“Method”下，选择“Load Method”，或直接单击快捷键操作的“Load Method”图标，选定文件名，单击“OK”，此时，工作站即调用所选用文件中设定的参数。如欲进行修改，可在色谱工作参数中做修改；亦可在命令栏“Method”下，选择“Edit Entire Method”，在每个页面中键入设定值，单击“OK”。即完成。

③ 编辑新方法：先在命令栏“Method”下，选择“New Method”，之后再在命令栏“Method”下，选择“Edit Entire Method”，在每个页面中键入设定值，完成后，“Save Method”，先在命令栏“Method”下选择“Save Method”，给新文件命名，单击“OK”。即完成。

(3) 仪器运行　当色谱参数设置完成后，单击工作站流程图右下角的“on”仪器开始运行。此时，画面颜色由灰色变成黄色或绿色，当各部件达到所设定的参数时，画面均变为绿色，左上角红色的“not ready”变为绿色的“ready”，表明可以进行分析。

(4) 进样分析

① 单个样品分析：如无自动进样器，在命令栏“Run Control”下，选择“Sample Info”可输入操作者（Operator Name）、数据存储通道（Subdirectory）、样品名（Sample Name）等信息，单击“OK”，然后即可用手动进样器进样。如有自动进样器，在命令栏“Run Control”下，选择“Sample Info”或点击快捷操作的“一个小瓶”图标，之后单击样品信息栏内的小瓶，选择“Sample Info”即打开了样品信息页面，可输入操作者（Operator Name）、数据存储通道（Subdirectory）、进样瓶号（Vial）、样品名（Sample Name）等信息，单击“OK”，即完成。

② 多个样品序列分析：单击快捷操作的“三个小瓶”图标，之后单击样品信息栏内的样品盘，选择“Sequence Table”，即进入连续样品序列表的编辑，输入进样瓶号、样品名进样次数、进样体积等信息，单击“OK”，即完成。否则仪器将运行至色谱参数设置中所设定的分析停止时间时结束分析。

③ 单击信息栏上方绿色的“Start”，自动进样器即按设置的程序进行分析，如欲终止分析，可单击信息栏上方的“Stop”，否则仪器将运行至所设定的分析停止时间时结束分析。

(5) 关机　实验完成后根据流动相是否含酸或缓冲盐，用含甲醇5%～20%的水溶液及色谱纯甲醇或乙腈冲洗管路和色谱柱，冲洗结束后，单击工作站流程图右下角的“off”停止仪器运行。关闭计算机、工作站及各部件电源。填写仪器使用记录。

3.岛津 LC-20ATvp 高效液相色谱仪操作规程

(1) 开机　依次打开泵、自动进样器、柱温箱、检测器和系统控制器电源开关，启动 LC-Solution 工作站联机，联上后能听到一声蜂鸣。然后打开仪器上的排空阀（“open”方向旋转180°)。然后点击仪器面板上“purge”钮开始清洗流路3～5min，直至所用通道无气泡为止。

(2) 流动相及样品的准备　流动相配制所用的试剂必须是色谱级。流动相和样品需经0.45μm 的微孔滤膜过滤后方能进入 LC 系统。水和有机相所用的微孔滤膜不同。

(3) 参数设置　在分析参数设置页中设置流速、检测波长、柱温、停止时间等。完成后点击“下载”将分析参数传输至主机。

(4) 分析方法的保存　选择“文件”→另存方法文件为→选择保存路径→取名→保存文

件。点击“仪器开/关”键开启系统（此时泵开始工作、柱温箱开始升温）。

（5）单次进样分析　将样品瓶放入自动进样器中，待基线平直、压力稳定时方可进样。点击“单次分析”键，在对话框中输入样品名称、样品信息、方法文件名、数据文件名、样品瓶号、样品架号、进样量等样品参数。确定后仪器开始自动进样操作。

（6）批处理分析　点击批处理分析图标，点击“向导”，根据提示逐步输入开始样品编号、进样体积、样品组数、标准样品、数据文件路径、名称、校正级别数、重复进样次数等未知样品的信息。完成后，保存批处理文件。仪器处于“就绪”状态后点击助手栏中的“开始批处理”，启动批处理。

（7）数据文件的查看及定量分析　点击“PDA 数据分析”打开数据处理窗口。打开文件搜索器，定位至数据文件所在文件夹，选择文件的类型，双击文件名即可打开数据文件。

（8）关机　实验完成后根据流动相是否含酸或缓冲盐，用含甲醇 5%～20%的水溶液及色谱纯甲醇或乙腈冲洗管路和色谱柱，冲洗结束后，点击“仪器开/关”键停泵，关闭工作站，关闭系统控制器、泵、自动进样器、柱温箱、检测器。填写仪器使用记录。

4. 六通进样阀的使用与保养

六通进样阀是液相中最理想的进样器，由圆形密封垫（转子）和固定底座（定子）组成，如图 12-3 所示。当六通阀处于“Load”位置时，样品注入定量环，定量环充满后，多余样品从放空孔排出；转至“Inject”位置时，定量环内样品被流动相带入色谱柱。进样体积由定量环体积严格控制，进样准确，重现性好。使用及保养事宜如下。

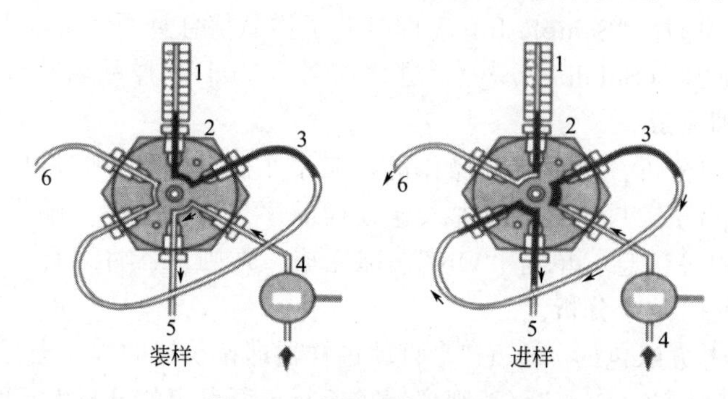

图 12-3　六通进样阀示意图

（1）手柄处于“Load”和“Inject”之间时，由于暂时堵住了流路，流路中压力骤增，再转到进样位，过高的压力在柱头上引起损坏，所以应尽快转动阀，不能停留在中途。在图 12-3 六通阀进样示意图 HPLC 系统中使用的进样器针头有别于气相色谱，是平头进样器。一方面，针头外侧紧贴进样器密封管内侧，密封性能好，不漏液，不引入空气；另一方面，也防止了针头刺坏密封组件及定子。

（2）六通阀进样器的进样方式有部分装液法和完全装液法两种。使用部分装液法进样时，进样量最多为定量环体积的 75%，如 20μL 的定量环最多进样 15μL 的样品，并且要求每次进样体积准确、相同；使用完全装液法进样时，进样量最少为定量环体积的 3～5 倍，即 20μL 的定量环最少进样 60μL 以上的样品，这样才能完全置换样品定量环内残留的溶液，达到所要求的精密度及重现性。推荐采用 100μL 的平头进样针配合 20μL 满环进样。

（3）可根据进样体积的需要自己制作定量环，一般不要求精确计算定量环的体积。

（4）为防止缓冲盐和其他残留物质留在进样系统中，每次结束后应冲洗进样器，通常用不含盐的稀释剂、水或不含盐的流动相冲洗，在进样阀的“Load”和“Inject”位置反复冲洗，再用无纤维纸擦净进样器针头的外侧。

5.高效液相色谱仪的日常维护

（1）检测器的维护和保养

① 禁止拆卸更动仪器内部元件防止损坏或影响准确度。

② 仪器内部的流通池是流动相流过的元件，样品的干净程度和微生物的生长都可能污染流通池，导致无法检测或检测结果不准，所以在使用了一段时间以后要先用水冲洗流通池和管路，然后再换有机溶剂冲洗。

③ 当仪器检测数据出现明显波动，基线噪声变大时要冲洗仪器管路，冲洗后如果还是没有改善就应该检测氘灯能量，如果能量不足就应更换新的氘灯。

④ 每次使用完以后都要用水和一定浓度的有机溶剂冲洗管路，保证下次使用时管路和系统的清洁。

（2）高压恒流泵的维护和保养

① 高压恒流泵为整个色谱系统提供稳定均衡的流动相流速，保证系统的稳定运行和系统的重现性。高压输液泵由步进电机和柱塞等组成，高压力长时间的运行会逐渐磨损泵的内部结构。在升高流速的时候应梯度势升高，最好每次升高 0.2mL/min，当压力稳定时再升高，如此反复直到升高到所需流速。

② 在仪器使用完了以后，要及时清洗管路冲洗泵，保证泵的良好运转环境，保证泵的正常使用寿命。

③ 长期使用仪器或流动相被污染时极易使单向阀污染。单向阀污染判别：将在线过滤头提离流动相液面，将放空阀旋钮拧松，运行泵。此时在入液管中进入一气泡，马上将在线过滤头放入流动相内，然后将放空阀旋钮拧紧，以观察气泡行程，若气泡往前走又向后退，说明下单向阀污染，将下单向阀取下后放入丙酮中超声即可（超声时要让单向阀保持竖直状态）。若气泡往前走，但行程比放空阀旋钮拧松时慢，说明上单向阀污染，即将上单向阀取下后放入丙酮中超声即可（超声时要让单向阀保持竖直状态）。清洗后安装单向阀时要确保方向正确。

（3）色谱柱的维护和保养

① 装色谱柱时应使流动相流路的方向与色谱柱标签上箭头所示方向一致。不宜反向使用，否则会导致色谱柱柱效明显降低，无法恢复。为延长色谱柱的使用寿命，建议使用保护柱。

② 所使用的流动相均应为 HPLC 级或相当于该级别的，在配制过程中所有非 HPLC 级的试剂或溶液均经 0.45μm 滤膜过滤。而且流动相使用前都经过超声脱气后才使用。

③ 所使用的水必须是经过蒸馏纯化后再经过 0.45μm 水膜过滤后使用，所有试液均新用新配。所有样品必须经过 0.45μm 滤膜过滤后方可进样。

④ 如果流动相中含酸或缓冲盐，则实验完成后先用含甲醇 5%～20%的水溶液冲洗管路和色谱柱 30min 以上，再用色谱纯甲醇冲洗管路和色谱柱 30min 以上（也可以梯度冲洗，最后色谱纯甲醇冲洗色谱柱 30min），使色谱柱中的强吸附物质冲洗出来。

⑤ 色谱柱的长期保存：反相柱，可以储存于甲醇或乙腈中，正相柱可以储存于经脱水处理后的正己烷中，并将色谱柱两端的堵头堵上，以免干枯，室温保存。

⑥ 色谱柱的再生：反相柱首先用蒸馏水冲洗，再分别用 20～30 倍柱体积的甲醇和二氯甲烷冲洗，然后按相反顺序冲洗，最后用流动相平衡。正相柱按极性增大的顺序，依次用

20～30倍柱体积的正己烷、二氯甲烷和异丙醇冲洗色谱柱，然后，按相反顺序冲洗，最后用干燥的正己烷平衡。

任务一
高效液相色谱法测定有机化合物的含量

任务实施

【目的】

1. 了解仪器各部分的构造及功能。

2. 掌握样品、流动相的处理，仪器维护等基本知识。

3. 学会简单样品的分析操作过程。

【原理】

高效液相色谱仪液体作为流动相，并采用颗粒极细的高效固定相的柱色谱分离技术，在基本理论方面与气相色谱没有显著不同，它们之间的重大差别在于作为流动相的液体与气体之间的性质差别。与气相色谱相比，高效液相色谱对样品的适用性强，不受分析对象挥发性和热稳定性的限制，可以弥补气相色谱法的不足。

液相色谱根据固定相的性质可分为吸附色谱、键合相色谱、离子交换色谱和大小排阻色谱。其中反相键合相色谱应用最广，键合相色谱法是将类似于气相色谱中固定液的液体通过化学反应键合到硅胶表面，从而形成固定相。若采用极性键合相、非极性流动相，则称为正相色谱；采用非极性键合相，极性流动相，则称为反相色谱。这种分离的保留值大小，主要决定于组分分子与键合固定液分子间作用力的大小。

反相键合相色谱采用醇-水或腈-水体系作为流动相，纯水廉价易得，紫外吸收小，在纯水中添加各种物质可改变流动相选择性。使用最广泛的反相键合相是十八烷基键合相，即让十八烷基（$C_{18}H_{37}$—）键合到硅胶表面，这也就是通常所说的碳十八柱。

【仪器和药品】

1. 仪器

高效液相色谱仪（包括储液器、高压泵、自动进样器、色谱柱、柱温箱、检测器、工作站）；过滤装置。

2. 主要试剂

待测样品（浓度约100×10^{-6}）、甲醇、二次水。

【步骤】

1. 仪器使用前的准备工作

（1）样品与流动相的处理　配好的溶液需要用0.45μm的一次性过滤膜过滤。纯有机相或含一定比例有机相的就要用有机系的滤膜，水相或缓冲盐的就要用水系滤膜。

水、甲醇等过滤后即可使用；水放置一天以上需重新过滤或换新鲜的水。含稳定剂的流动相需经过特殊处理，或使用色谱纯的流动相。

（2）更换泵头里清洗瓶中的清洗液　流动相不同，清洗液也不同，如果流动相为甲醇-

水体系，可以用50%的甲醇；如果流动相含有电解质，通常用95%去离子水甚至高纯水。

如果仪器经常使用建议每周更换两次，如果仪器很少使用则每次使用前必须更换。

（3）更换托盘里洗针瓶中的洗液　洗液一般为：50%的甲醇。

2.排除泵内气泡

开关排气阀时泵一定要关掉。具体操作如下：

（1）在泵关闭的情况下，打开排气阀。

（2）选择要排气泡的通道，打开泵。

（3）按下泵前面板右下方的“Purge”键，仪器将以6.0mL/min的速度自动快速清洗泵内残留的气泡，5min将自动停止。若想手动停止，则再按“Purge”键，将停止清洗。

（4）换其他通道，排气泡。注意：使用快速清洗阀时，只能一个一个通道地排气泡，不得将几个通道同时按比例排气泡，比例阀的快速切换易导致损坏。

（5）流路中没有气泡后，将泵关掉，再关排气阀。　注意：排气阀不能拧得过紧，也不能拧得过松，拧得过松流动相容易从清洗阀部位流进泵头中引起报警。

3.设置柱温箱的温度

按住柱温箱上的“+”或“−”键，直到数字开始闪烁时设定温度。

4.系统的准备

（1）分析样品前先用甲醇或乙腈冲洗流路约20min，平衡活化色谱柱，并赶走管路中的杂质和水分。

（2）若流动相为有机相与水相的混合物，则第（1）步完成后，按照分析样品的需要调节比例阀的比例后冲洗流路约20min后，待基线走平后即可进样。

（3）若流相中含有缓冲盐溶液、有机/无机酸或其他电解质，则第（1）步完成后用95%的去离子水冲洗流路约20min后，再按照分析样品的需要调节比例阀的比例后冲洗流路约20min后，待基线走平后即可进样。

5.洗针

做样之前，按自动进样器面板上的“wash”键，洗针并排掉针中残留的气泡。若针中气泡仍未清除，则再次按“wash”键直至气泡清除为止。

6.进样

（1）程序文件的建立　泵的流速、各通道的比例；自动进样器的进样体积；柱温箱的温度；检测器的波长、测每个样品需要的时间等，都得在程序文件里指定。

（2）方法文件的建立　进样后，软件会自动采集到色谱图，需要一个方法文件对这些谱图进行处理。如积分、定性、定量等。

（3）样品序列的建立　标样有多少个、样品有多少个，分别要进多少体积等，都得在序列文件里指定。

（4）进样。

（5）数据处理与报告打印。

【注意事项】

1.泵

（1）放置了1天或以上的水相或含水相的流动相如需再用，需用微孔滤膜重新过滤。

（2）流动相禁止使用氯仿、三氯（代）苯、亚甲基氯、四氢呋喃、甲苯等；慎重使用四氯化碳、乙醚、异丙醚、酮、甲基环己胺等，以免造成对柱塞密封圈的腐蚀。

2. 柱温箱

柱温箱一旦发生报警，一定要及时找到原因。若实验室湿度太高，则需采取相应的除湿措施。若柱温箱中发生漏液现象，则需及时拧紧色谱柱并擦干漏液，长时间的漏液极易损坏柱温箱中的传感器。

3. 检测器

（1）检测器的紫外或可见灯在长期打开的情况下，一定要保证有溶液流经检测池。若不需要做样，可设置一个较低的流速（如0.05mL/min）或关闭灯的电源。

（2）检测器的灯一般是在流通池有溶液连续流动几分钟后才开的。如果流动池中有气泡，则会提示漂移过大无法通过自检和校正。

（3）检测器的氘灯或钨灯不要经常开关，每开关一次灯的寿命约损失30h。若仪器经常使用，可几天开关灯一次。

4. 整个系统

（1）缓冲溶液的浓度不能高于0.5mol/L，pH范围2～12，Cl^-的浓度要小于0.1mol/L（防止腐蚀流路）。

（2）仪器长时间不用，每个泵通道和整个流路一定要用甲醇冲洗后保存，以免结晶或造成污染。

（3）待测样品或标样在流动相中一定要易溶，否则进样后会结晶造成定量不准确或堵塞色谱柱。

5. 软件

采集紫外信号时，若分析物质的最大波长已知，则尽量减少采集的通道个数，以免占用电脑的空间，特别是PDA-100检测器。

【任务训练】

1. 液相色谱仪是有哪几部分组成的？各起什么作用？

2. 流动相的选择有哪些依据？

3. 柱压不稳定的原因是什么？

任务二 高效液相色谱法测定饮料中咖啡因的含量

任务实施

【目的】

1. 学习高效液相色谱仪的操作。

2. 了解高效液相色谱法测定咖啡因的基本原理。

3. 掌握高效液相色谱法进行定性及定量分析的基本方法。

【原理】

咖啡因又称咖啡碱，是由茶叶或咖啡中提取而得的一种生物碱，它属黄嘌呤衍生物，化学名称为1,3,7-三甲基黄嘌呤。咖啡因能兴奋大脑皮层，使人精神兴奋。咖啡中含咖啡因为

1.2%～1.8%，茶叶中含咖啡因为2.0%～4.7%。可乐饮料、APC药片等中均含咖啡因。其分子式为$C_8H_{10}O_2N_4$，结构式如图12-4所示。

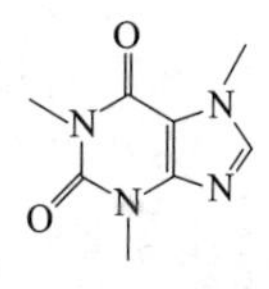

图12-4　咖啡因结构式

定量测定咖啡因的传统分析方法是采用萃取分光光度法。用反相高效液相色谱法将饮料中的咖啡因与其他组分（如：单宁酸、咖啡酸、蔗糖等）分离后，将已配制的浓度不同的咖啡因标准溶液进入色谱系统。如流动相流速和泵的压力在整个实验过程中是恒定的，测定它们在色谱图上的保留时间t_R和峰面积A后，可直接用t_R定性，用峰面积A定量，采用工作曲线法测定饮料中的咖啡因含量。

【仪器和药品】

1.仪器

高效液相色谱仪（含紫外检测器）；液相微量进样器。

2.主要试剂

咖啡因，可乐，茶叶，速溶咖啡等。

咖啡因标准储备溶液（1000μg/mL）：将咖啡因在110℃下烘干1h。准确称取0.1000g咖啡因，超纯水溶解，定量转移至100mL容量瓶中，并稀释至刻度。

【步骤】

1.标准溶液的配制

准确移取标准储备液1.00mL、2.00mL、3.00mL、4.00mL、5.00mL到50mL容量瓶中，超纯水定容，得到质量浓度分别为20μg/mL、40μg/mL、60μg/mL、80μg/mL、100μg/mL的标准系列溶液。

2.色谱条件

色谱柱C_{18}ODS柱，泵流速1.0mL/min，检测波长275nm，进样量20mL，柱温25℃，甲醇与水混合液（体积比50∶50）。

3.仪器基线稳定后，进咖啡因标准样，浓度由低到高。每个样品重复3次，要求3次所得的咖啡因色谱峰面积基本一致，记下峰面积与保留时间，绘制标准曲线并回归方程。

4.样品处理

（1）将约25mL可口可乐置于100mL洁净、干燥的烧杯中，剧烈搅拌30min或用超声波脱气10min，以赶尽可乐中二氧化碳。转移至50mL容量瓶中，并定容至刻度。

（2）准确称取0.04g速溶咖啡，用90℃蒸馏水溶解，冷却后过滤，定容至50mL容量瓶中。

（3）准确称取0.04g茶叶，用20mL蒸馏水煮沸10min，冷却后，过滤取上层清液，并按此步骤再重复一次。转移至50mL容量瓶中，并定容至刻度。

5.上述样品溶液分别进行干过滤（即用干漏斗、干滤纸过滤），弃去前过滤液，取后面的过滤液，用0.45μm的过滤膜过滤，备用。

6.样品测定

分别注入样品溶液20μL，根据保留时间确定样品中咖啡因色谱峰的位置，记录咖啡因色谱峰峰面积，计算样品中咖啡因的含量。

【数据记录与处理】

1.测定不同浓度的标准溶液，记录咖啡因色谱峰的保留时间及峰面积，回归标准曲线。

2.确定未知样中咖啡因的出峰时间及峰面积，计算样品中咖啡因的含量。

【注意事项】

1. 不同的可乐、茶叶、咖啡中咖啡因含量不大相同，称取的样品量可酌量增减。

2. 若样品和标准溶液需保存，应置于冰箱中。

3. 为获得良好结果，标准和样品的进样量要严格保持一致。

【任务训练】

1. 用标准曲线法定量的优缺点是什么？

2. 根据结构式，咖啡因能用离子交换色谱法分析吗？为什么？

3. 在样品干过滤时，为什么要弃去前过滤液？这样做会不会影响实验结果？为什么？

任务三

高效液相色谱法测定食品中苯甲酸和山梨酸的含量

任务实施

【目的】

1. 了解高效液相色谱分离理论。

2. 掌握流动相 pH 值对酸性化合物保留因子的影响。

【原理】

食品添加剂是在食品生产中加入的用于防腐或调节味道、颜色的化合物，为了保证食品的食用安全，必须对添加剂的种类和加入量进行控制。高效液相色谱法是分析和检测食品添加剂的有效手段。

本实验以 C_{18} 键合的多孔硅胶微球作为固定相，甲醇-磷酸盐缓冲溶液（体积比为 50：50）的混合溶液作流动相的反相液相色谱分离苯甲酸和山梨酸。两种化合物由于分子结构不同，在固定相和流动相中的分配比不同，在分析过程中经多次分配便逐渐分离，依次流出色谱柱。经紫外-可见检测器进行色谱峰检测。

苯甲酸和山梨酸为含有羧基的有机酸，流动相的 pH 值影响它们的解离程度，因此也影响其在两相（固定相和流动相）中的分配系数，本实验将通过测定不同流动相的 pH 值条件下苯甲酸和山梨酸保留时间的变化，了解液相色谱中流动相 pH 值对于有机酸分离的影响。

【仪器和药品】

1. 仪器

高效液相色谱仪（含紫外检测器）；液相微量进样器；滤膜。

2. 主要试剂

超纯水；磷酸、甲醇、磷酸二氢钠、苯甲酸、山梨酸等均为分析纯。

苯甲酸样品溶液（25μg/mL）、山梨酸样品溶液（25μg/mL）及混合液。

【步骤】

1. 设置色谱条件

按照仪器操作要求，打开计算机及色谱仪各部分电源开关。在工作站上设置色谱条件：色谱柱 C_{18} ODS 柱，柱温 30℃，流速 1mL/min，检测波长 230nm，进样量 20μL，甲醇与

50mmol/L 磷酸二氢钠水溶液的体积比为 50∶50。

流动相：

（1）甲醇与 50mmol/L 磷酸二氢钠水溶液的体积比为 50∶50（pH＝4.0）；

（2）甲醇与 50mmol/L 磷酸二氢钠水溶液的体积比为 50∶50（pH＝5.0），首先配制 50mmol/L 磷酸二氢钠水溶液，以磷酸调 pH 值至 4.0 或 5.0，然后与等体积甲醇混合，0.45μm 滤膜过滤后使用。

2. 色谱分析

先用 pH 4.0 的流动相平衡仪器，待仪器稳定、色谱基线平直后，分别进行苯甲酸样品溶液、山梨酸样品溶液及混合溶液。记录保留时间，将测定的各纯化合物的保留时间与混合物样品中色谱峰的保留时间对照，确定混合物色谱中各色谱峰属于何种组分。

3. 计算两组分的分离度 R

$$R=\frac{2(t_{R2}-t_{R1})}{\omega_1+\omega_2}$$

式中，$t_{R2}-t_{R1}$ 为两组分的保留时间之差；ω_1、ω_2 为两个色谱峰基线宽度（基峰宽）。

4. 考查 pH 值对分离的影响

之后改用 pH 5.0 的流动相，待仪器平衡后进混合物样品分析。记录保留时间，计算两组分的分离度 R。

【数据记录与处理】

记录不同 pH 值流动相下苯甲酸和山梨酸的保留时间，计算并比较分离度 R。

【注意事项】

1. 实验结束后以甲醇-水（体积比 10∶90）为流动相冲色谱柱约 30min，除去缓冲盐。
2. 实验条件特别是流动相配比，可以根据具体情况进行调整。
3. 有磷酸二氢钠的溶液容易有沉淀生成，需要注意流动相在放置过程中有无变化。

【任务训练】

1. 流动相的 pH 值升高后，苯甲酸和山梨酸的保留时间及分离度如何变化？
2. 保留时间变化的原因是什么？

任务四
高效液相色谱法检测常见的食品添加剂

任务实施

【目的】

1. 了解 HPLC 定量分析的原理和定量方法。
2. 学习液相色谱分析测试方法的优化调试方法，建立最佳的分析测试方法。
3. 了解实际样品的分析测试过程，独立完成实际样品的取样、制备到分析等全过程。

【原理】

液相色谱法采用液体作为流动相，利用物质在两相中的吸附或分配系数的微小差异达到分离的目的。当两相做相对移动时，被测物质在两相之间进行反复多次的质量交换，使溶质间微小的性质差异产生放大的效果，达到分离分析和测定的目的。液相色谱与气相色谱相比，最大的优点是可以分离，不可挥发，具有一定溶解性的物质或受热后不稳定的物质，这类物质在已知化合物中占有相当大的比例，这也确定了液相色谱在应用领域中的地位。高效液相色谱可分析低分子量、低沸点的有机化合物，更多适用于分析中、高分子量，高沸点及热稳定性差的有机化合物。80%的有机化合物都可以用高效液相色谱分析，目前已广泛应用于各行业。

食品添加剂指“为改善食品品质和色、香、味，以及为防腐或根据加工工艺的需要而加入食品中的化学合成或天然物质”。它是食品加工必不可少的主要基础配料，其使用水平是食品工业现代化的重要标志之一。食品添加剂在食品工业中起着重要作用，各种食品添加剂能否使用，使用范围和最大使用量各国都有严格规定，受法律制约，以保证安全使用，这些规定是建立在一整套科学严密的毒性评价基础上的。为保证食品质量安全，必须对食品添加剂的使用进行严格的监控。因此，食品中食品添加剂的检测是十分必要的。

各种食品添加剂中，常见的有防腐剂（苯甲酸、山梨酸）、人工合成甜味剂（主要是糖精钠、安赛蜜）以及人工合成色素（柠檬黄、日落黄、胭脂红、苋菜红）等。对食品中的各种添加剂的检测最有效的方法则是高效液相色谱法，可以充分利用高效液相色谱的分离特性分析食品中常见的添加剂。

【仪器和药品】

1. 仪器

高效液相色谱仪（含紫外检测器）；液相微量进样器；0.45μm 滤膜。

2. 主要试剂

山梨酸、苯甲酸、糖精钠等标准品，甲醇（色谱纯），乙酸铵（分析纯）。

20mmol/L 乙酸铵溶液：取 1.54g 乙酸铵，加水溶解并稀释至 1000mL，微孔滤膜过滤。

氨水（1+1）：氨水与水等体积混合。

【步骤】

1. 标准系列溶液的配制

准确称取山梨酸、苯甲酸、糖精钠等标准品 10.00mg 于 10mL 容量瓶中。超纯水定容得 1.00mg/mL 的标准原液。分别准确吸取不同体积山梨酸、苯甲酸、糖精钠等标准原液（1.00mg/mL），将其稀释为浓度分别为 0μg/mL、10μg/mL、20μg/mL、30μg/mL、40μg/mL、50μg/mL 的混合标准使用液，摇匀，待测。

2. 样品溶液的制备

液体样品前处理：橙汁、碳酸饮料液体样品：称取 10g 样品（精确至 0.1mg）于 25mL 容量瓶中，用氨水（1+1）调节 pH 值至近中性，用水定容至刻度，混匀，经水系 0.45μm 微孔滤膜过滤，备用。

固态样品前处理：取一定量有代表性的固态食品样品放入捣碎机中捣碎，称取 2.50～5.00g（精确至 0.1mg）试样于 25mL 的比色管中，加 10mL 超纯水，摇匀后用氨水（1+1）调节 pH 值至近中性，或用氢氧化钠溶液调节 pH 值为 7～8。超声提取 10min，再振荡提取 10min 后用超纯水定容摇匀。以 4000r/min 速度离心 5～10min。上清液经水系 0.45μm 微孔滤膜过滤，备用。

3. 色谱条件

色谱柱 Kromasil C_{18}，检测波长 230nm，进样量 20μL，柱温 25℃，流速 1.0mL/min，甲醇与 20mmol/L 乙酸铵水溶液的体积比为 10∶90。

4.标准系列与样品溶液的测定

仪器稳定后进样分析。分别取混合标准使用液和样品处理液注入高效液相色谱仪进行分析，各样品均3次平行实验。根据保留时间进行定性，根据峰面积定量求出样品中被测物质的含量。

【数据记录与处理】

1.食品添加剂标准品的分离分析，通过保留时间确定各峰对应的物质成分。

2.以峰面积为纵坐标、浓度为横坐标，绘制各组分的标准曲线，并拟合回归方程。

3.根据标准品在色谱图上的保留值，对样品中的各峰进行定性分析，由峰面积根据标准曲线求出对应的浓度，并计算出样品中的含量。

【任务训练】

1.查阅液相分析方面的参考书，了解影响液相分析方法的因素有哪些？

2.比较液相与气相分析的异同点，各自的适用范围。

3.如何建立最优化的液相分析方法？

任务五
高效液相色谱法测定土壤中的多环芳烃

任务实施

【目的】

1.了解HPLC定量分析的原理和定量方法。

2.学习液相色谱分析测试方法的优化调试方法，建立最佳的分析测试方法。

3.了解实际样品的分析测试过程，独立完成实际样品的取样、制备到分析等全过程。

【原理】

多环芳烃（简称PAHs）主要是有机物在高温下不完全燃烧而产生，广泛存在于土壤、水等自然环境和各种食品中。其中萘、芘等16种PAHs因具有致畸、致癌和致突变作用而被视为最严重的有机污染物类型之一。国家环保总局推荐采用高效液相色谱法（HPLC）测定饮用水、地下水、土壤中的PAHs。

【仪器和药品】

1.仪器

高效液相色谱仪（含荧光检测器FLD）；液相微量进样器；滤膜；氮吹仪。

2.主要试剂

多环芳烃标准液（根据需要购买16种或其中几种）；乙腈、二氯甲烷、正己烷、丙酮、甲醇均为色谱纯；超纯水；商用硅胶柱。

【步骤】

1.样品的制备

取保存于干净棕色瓶内，避光风干后过100目筛的5.000g土样，用二氯甲烷索氏提取24h，将提取液旋转蒸干，再加入2.00mL环已烷溶解，吸取0.50mL过硅胶柱，用正己烷-二氯甲烷（体积比为1∶1）混合溶液洗脱。弃去前1mL洗脱液后开始收集。收集2.00mL

洗脱液，氮吹仪吹干，再用乙腈溶解并定容至 1mL 后待上机测定。

2. 色谱条件

色谱柱 Hypersil ODS2 C_{18} 柱，进样量 20μL，柱温 30℃，乙腈-水（体积比 70∶30），流速 0.8mL/min，荧光检测器变波长检测，检测波长如表 12-1 所示。

表 12-1　荧光检测波长

时间/min	激发波长/nm	发射波长/nm	时间/min	激发波长/nm	发射波长/nm
0～8	260	340	15	270	390
9	245	380	24	290	410
12	280	460	41.5	290	480

3. 标准曲线的绘制

取购买的多环芳烃标准液，逐级稀释到质量浓度约为 2μg/mL、5μg/mL、10μg/mL、20μg/mL、50μg/mL、100μg/mL 的多环芳烃对照品溶液。仪器稳定后进样分析，根据色谱分离情况适当优化色谱条件，使各组分分离良好，色谱峰对称性好，便于分辨。记录各组分的保留时间和峰面积，以峰面积为纵坐标，质量浓度为横坐标绘制标准曲线，并拟合回归方程。

4. 样品溶液的测定

取样品处理液进样分析，根据保留时间进行定性，根据峰面积定量求出样液中被测物质的含量。

【数据记录与处理】

1. 多环芳烃标准品的分离分析，通过保留时间确定各峰对应的物质成分。
2. 以峰面积为纵坐标，浓度为横坐标，绘制各组分的标准曲线，并拟合回归方程。
3. 根据标准曲线求出样品中对应组分的浓度，并计算出样品中的含量。

【任务训练】

1. 查阅液相分析方面的参考书，了解影响液相分析方法的因素有哪些？
2. 如何建立最优化的液相分析方法？

任务六

高效液相色谱法正相拆分麻黄碱对映体

任务实施

【目的】

1. 了解手性高效液相色谱法拆分药物对映体的原理。
2. 理解手性高效液相色谱与常规高效液相色谱的不同点。
3. 掌握手性高效液相色谱法的实验技术。

【原理】

药物的手性对于药理学有很大影响。两种药物对映体，其药理作用可能不同，因此，药效可能相差很大，甚至完全相反，更为严重的是，有些药物对映体，一个可以治疗疾病，而另一个可能有毒副作用。因此药物对映体的拆分十分重要。经典的手性拆分方法，如分级结晶、旋光法等重现性或灵敏度欠佳。近年来多采用快速、灵敏、准确的高效液相色谱法。

手性高效液相色谱法可分为直接法和间接法两大类。间接法是先把对映体混合物用手性试剂作柱前衍生，形成非对映异构体，然后再用常规固定相分离。常用的衍生化试剂有异硫氰酸酯、异氰酸酯、酰氯、磺酰氯、萘衍生物、光学活性的氨基酸等。而直接法则不用衍生，直接用手性流动相或手性固定相拆分即可，简便易行，因此发展很快。直接法拆分药物对映体的基础是“三点作用原理”，即“手性环境与药物对映体之间至少有三个部位发生相互作用，而且这三个作用中至少有一个是由立体化学因素决定的”。其作用模式如图 12-5 所示。

麻黄碱是拟肾上腺素类药物，有松弛支气管平滑肌、收缩血管和兴奋中枢神经等药理作用，临床应用十分广泛，常见于治疗哮喘、伤风、过敏等症的各种药物中。麻黄碱有两个手性碳原子，其结构式如图 12-6 所示。

本实验采用手性固定相法直接拆分麻黄碱药物对映体。所采用的固定相是酰胺型手性固定相（Pirkle 型手性固定相），其结构如图 12-7 所示。固定相的手性中心分别与异构体发生氢键作用（2 个）及 x⁻冗电子授受作用，而且这两种作用力的强度对麻黄碱的两个异构体是不同的，因此，麻黄碱对映体可以被分开。

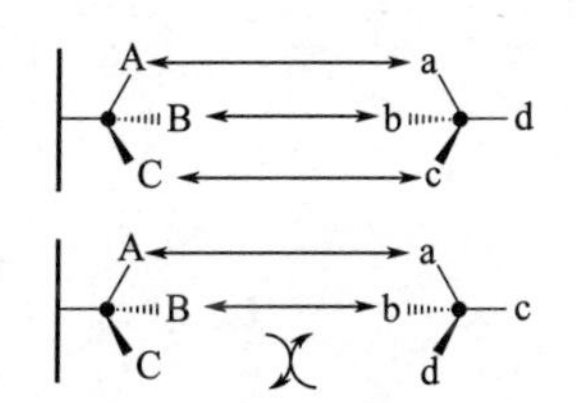

图 12-5　三点作用模型

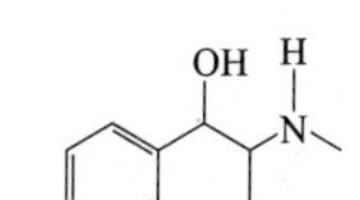

图 12-6　麻黄碱的结构

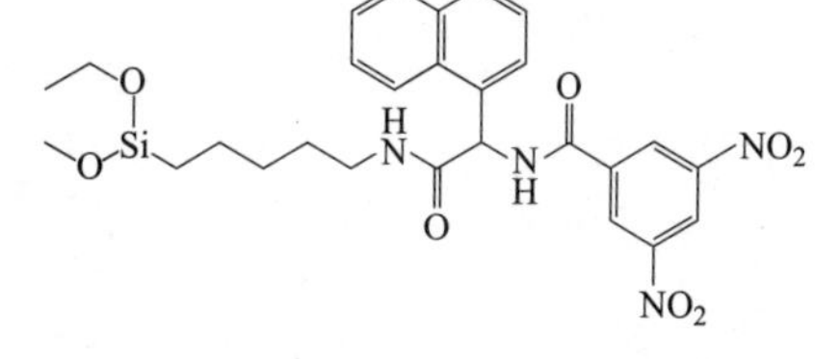

图 12-7　酰胺型手性固定相的结构

【仪器和药品】

1. 仪器

高效液相色谱仪；微量进样器；超声波清洗仪。

2. 主要试剂

正己烷、P_2O_5、二氯乙烷、无水 CaO、甲醇等均分析纯；麻黄碱标样。

正己烷：加入 P_2O_5 过夜，防水蒸馏得无水正己烷。1,2-二氯乙烷：加入无水 CaO 过夜，防水蒸馏得无水二氯乙烷。甲醇：用无水 CaO 回流 3h，然后重蒸得无水甲醇。

【步骤】

1. 流动相的配制

将无水正己烷、无水二氯乙烷、无水甲醇按体积比 66∶24∶10 混合（注意加入顺序为正己烷、二氯乙烷、甲醇），超声波混匀后作为流动相。

2. 麻黄碱标准液的配制

将药物麻黄碱用甲醇超声溶解，用流动相稀释配制成 0.10mg/mL 的标准溶液，过滤后备用。

3. 色谱条件

手性柱，柱温 30℃，流速 1mL/min，检测波长 254nm，流动相为正己烷-二氯乙烷-甲醇（体积比 66∶24∶10）。

4.死时间 t_M 的测定

流动相平衡仪器 0.5h 后，注射 5μL 的乙酸乙酯，记录色谱图。

5.分离麻黄碱对映体

注射 20μL 的麻黄碱标准溶液，记录色谱图，约 1h 后，停止记录，记下保留时间及半峰宽。平行测样 3 次。记下柱长 L。

【任务训练】

1.正相拆分和反相拆分的区别是什么？

2.配制流动相时，能否先把正己烷和甲醇混合，再加入二氯乙烷混合？为什么？

3.根据麻黄碱的结构和所用固定相的结构，指出其符合“三点作用原理”的三个力？

项目十三

离子色谱法测定工业水样中离子的含量

离子色谱（ion chromatography，IC）是高效液相色谱（HPLC）的一种，是分析阴离子和阳离子的一种液相色谱方法。狭义地讲，是基于离子性化合物与固定相表面离子性功能基团之间的电荷相互作用，实现离子性物质分离和分析的色谱方法。广义地讲，是基于被测物的可离解性（离子性）进行分离的液相色谱方法。对于一些离子型化合物，尤其是一些阴离子的分析，IC是目前首选的、最简单的方法。

知识链接

一、离子色谱仪器组成与结构

离子色谱仪一般分为四部分：输液系统、分离系统、检测系统和数据处理系统（计算机和色谱工作站）。分离机制主要包括：离子交换色谱、离子排斥色谱和离子对色谱（反相离子对），离子交换色谱分离机理主要是离子交换，离子排斥色谱分离机理则为离子排斥，而离子对色谱的分离机理主要是基于吸附和离子对的形成。

二、实验技术

1. 去离子水制备及溶液配制

（1）去离子水的制备　一般离子色谱中使用的纯水的电导率应在0.5μS/cm以下。用石英蒸馏器制得的蒸馏水的电导率在1μS/cm左右，对于高含量离子的分析，或对分析要求不高时可以使用。通常用金属蒸馏器制得的水的电导率在5～25μS/cm，反渗透法制得的纯水电导率在2～40μS/cm，均难以满足离子色谱的要求。因此需要用专门的去离子水制备装置制备纯水。一般将去离子水再用石英蒸馏器蒸馏，也可将反渗透水作原水引进去离子水制备装置。精密去离子水制备装置可以制得电导率0.06μS/cm以下（比电导17MΩ以上）的纯水。

（2）溶液的配制　配制标准溶液时一定要防止离子污染。样品溶液和流动相配制好后要用0.5μm以上的滤膜过滤。防止微生物的繁殖，最好现配现用。

2. 流动相的选择

流动相也称淋洗液，是用去离子水溶解淋洗剂配制而成。淋洗剂通常都是电解质，在溶液中离解成阴离子和阳离子，对分离起实际作用的离子称淋洗离子，如用碳酸钠水溶液作流动相分离无机阴离子时，碳酸钠是淋洗剂，碳酸根离子才是淋洗离子。选择流动相的基本原则是淋洗离子能从交换位置置换出被测离子。从理论上讲，淋洗离子与树脂的亲和力应接近或稍高于被测离子，但在实际应用中，当样品中强保留离子和弱保留离子共存时，如果选择与保留最强的离子的亲和力接近的淋洗离子，往往有些弱保留离子很快流出色谱柱，不能达到分离，因此，合适的流动相应根据样品的组成，通过实验进行选择。

离子抑制色谱除了控制流动相 pH 值外，对流动相的要求和通常的反相色谱一样，离子对色谱的流动相是由淋洗剂（有机溶剂或水溶液）和离子对试剂组成的。对酸性物质多用季铵盐（如溴化四甲基铵，溴化四丁基铵、溴化十六烷基三甲基甲铵）作离子对试剂，而对碱性物质则多用烷基磺酸盐（如己烷磺酸盐、樟脑磺酸盐）和烷基硫酸盐（如十二烷基硫酸盐）作离子对试剂。离子对试剂的烷基增大，生成的离子对化合物的疏水性增强，在固定相中的保留也随之增大，但对选择性的影响不大。所以对于性质很相似的溶质，宜选用烷基较小的离子对试剂。

对分离影响较大的另一个因素是流动相的 pH 值，它决定被测物质的离解程度。对于硅胶基质的键合固定相，流动相的 pH 值应为 2.0～7.5。某些缓冲剂离子也有可能与离子对试剂结合，所以缓冲剂的浓度不宜过高，通常为 1～5mmol/L。

3. 定性方法

当色谱柱、流动相及其他色谱条件确定后，便可以根据分离机理和经验分析哪些离子可能有保留及其大致保留顺序。在此基础上，就可以用标准物质进行对照。在确定的色谱条件下保留时间也是确定的，与标准物质保留时间一致就认为是与标准物质相同的离子。这种方法称作保留时间定性。

很多离子具有选择性或专属性显色反应，也可以用显色反应进行定性。质谱的定性能力很强，如果离子色谱和质谱联用（IC/MS）就可以很准确地定性。与液相色谱-质谱联用（LC/MS）一样，IC/MS 联用也是在接口上存在一些困难，加上仪器昂贵，应用不多。

4. 定量方法

IC 定量方法与其他分析方法一样，用得最多的是标准曲线法、标准加入法和内标法。基于在一定的被测物浓度范围内，色谱峰面积与被测离子浓度成线性关系。

三、常用仪器的操作规程与日常维护

1. Dionex ICS-900 离子色谱仪操作规程

（1）开机

① 确认淋洗液和再生液的储量是否满足需要，加注淋洗液后，在控制面板中将显示液位的箭头用鼠标移动到正确位置，随着淋洗液的消耗而变化。液位达到 200mL、100mL 和 0mL 时，软件将会发出警告。再生液储罐必须加满，使用过程中不能晃动。

② 使用氦气、氩气或氮气对淋洗液加压，将压缩气瓶的输出压力调节至 0.2MPa，淋洗液瓶的压力调节至 5psi（1psi＝6894.76Pa，下同），拔出黑色旋钮，顺时针调节至 5psi，将黑色旋钮推回原位锁住。

③ 打开总电源和 UPS 电源开关，打开仪器主机电源开关和自动进样器开关，启动电脑。打开淋洗液发生器的电源。等电脑启动完成后，点击右下角三角形的地方出现服务器管理器，点击“启动仪器控制器”（此时进样器上的 connect 灯变绿色表示软件和主机联接成功）。

（2）启动工作站：点击“Chromeleon”图标，进入工作站操作界面。

（3）排气泡：先把主机上的排气阀逆时针旋转两圈左右→点击软件 ICS-900→点击“灌注”→点击右上角的“确定”，等待排气 1～2min 后→点击“泵关闭”，旋紧排气阀。点击软件上的泵打开，仪器上流速设为 1.0mL/min，压力上升 1000psi 以上，再把淋洗液发生器前面的三个灯依次按亮，变成绿色，等待检测器上的总电导“总计”为 2.0pS 为合格。

（4）样品的制备

① 样品的选择和储存：样品收集在用去离子水清洗的高密度聚乙烯瓶中。不要用强酸或洗涤剂清洗该容器，这样做会使许多离子遗留在瓶壁上，对分析带来干扰。

如果样品不能在采集当天分析，应立即用 0.45μm 的过滤膜过滤，否则其中的细菌可能使样品浓度随时间而改变。即使将样品储存在 4℃的环境中，也只能抑制而不能消除细菌的生长。尽快分析 NO_2^- 和 SO_3^{2-}，它们会分别氧化成 NO_3^- 和 SO_4^{2-}。不含有 NO_2^- 和 SO_3^{2-} 的样品可以储存在冰箱中，一星期内阴离子的浓度不会有明显的变化。

② 样品预处理：进样前要用 0.45μm 的过滤膜过滤；对于含有高浓度干扰基体的样品，进样前应先通过预处理柱；对于大分子样品如核酸类，进样前应先通过前处理，避免大分子残存在离子交换柱内。

③ $NaHCO_3/Na_2CO_3$ 作为淋洗液时，用其稀释样品，可以有效地减小水负峰对 F^- 和 Cl^- 的影响（当 F^- 的浓度小于 0.05μg/mL 时尤为有效），但同时要用淋洗液配制空白和标准溶液。稀释方法通常是在 100mL 样品中加入 1mL 浓 100 倍的淋洗液。

（5）样品序列创建：点击软件数据→“创建”菜单→序列→ICS900 依次把“样品数量、开始位置、和进样量”设置好（进样量溴酸盐为 500μL，氯酸盐为 50μL，其他一般阴离子为 10μL）→下一步仪器方法→浏览（做溴酸盐时选溴酸盐梯度，做其他阴离子时选阴离子梯度）→处理方法→报告模板→下一步输入文件名后保存。

（6）放样品和换定量环：依照以上序列的样品数在自动进样器上放好样品。换环时进样阀处于装样的状态下更换。进样量溴酸盐为 500μL，氯酸盐为 50μL，其他一般阴离子为 10μL）。

（7）添加序列，开始运行样品：点击“仪器”→队列→把以前的删除后，选择保存的序列，点击“添加”→开始，样品开始测定。

（8）关机：关淋洗液发生器的三个绿灯→淋洗液发生器上的电源→软件上的泵关闭→关软件→停止仪器控制器→关主机电源、电脑电源、自动进样器电源→关气→把纯水瓶中的纯水倒掉，废液倒掉。填写仪器使用记录。

2.离子色谱仪的日常维护

（1）泵

① 防止任何杂质和空气进入泵体，所有流动相都要经过 0.45μm 过滤膜抽滤。滤膜要经常更换，进液处的沙芯过滤头要经常清洗。

② 泵工作时要随时检查淋洗液存量显示值与实际值是否一致，避免由于溶液吸于空泵运转磨损柱塞、密封环或缸体，最终产生漏液。过滤头要始终浸在溶液底部，要避免向上反弹而吸进气泡。注意观察压力变化、电导显示值＜25μS/cm。

（2）色谱柱

① 分析柱由填充有离子交换树脂的分离柱和保护柱组成。保护柱可以吸附有可能污染分离柱的物质。开机前要检查淋洗液与分离柱是否一致。

② 单通道色谱仪更换系统时，更换完保护柱、分离柱和抑制器后，先不要连接保护柱

进口，开机冲洗流路，当用试纸检验流出液的 pH 值与分离柱要求一致时，方可拧紧保护柱进口接口。

③ 当柱子和色谱仪联结时，阀件或管路一定要清洗干净，避免使用高黏度的溶剂作为流动相；要测定的实际样品要经过预处理，每次分析工作结束后，要用空白水进样清洗进样阀中残留的样品；并旋松启动阀、废液阀，从启动阀注入去离子水。若分离柱后面很长时间不使用时，让淋洗液正常运行至少 10min 之后用死接头将分离柱/保护柱两端封堵存储。

（3）微膜抑制器

① 对于阴离子抑制器，为延长其使用寿命，再生液硫酸必须使用优级纯，必须全部装满，罐体不能晃动。淋洗液与再生液要同步进行配制。

② 使用阳离子抑制器时为延长其使用寿命，要将抑制电流设定为 50mA。每星期至少开机一次，保持抑制器活性；注意在抑制电源关闭后不要连续泵淋洗液，只允许运行 30min 左右，确认再生液出口处没有气泡后就停泵。

③ 仪器若长期不用应封存抑制器，重新启用前需要水化抑制器。ASRS：从“ELUENT OUT”处注入 3mL 0.2mol/L H_2SO_4。从“REGEN IN”处注入 5mL 0.2mol/L H_2SO_4。CSRS：从“ELUENT OUT”处注入 3mL 0.2mol/L NaOH。从“REGEN IN”处注入 5mL 0.2mol/L NaOH。完成上述操作后，将抑制器平放 30min。

（4）输液系统

① 输液系统有气泡会影响分离效果和检测信号的稳定性，具有全密封外加保护 N_2 的淋洗液罐，可确保淋洗液浓度没有变化并长期稳定保存。所以淋洗液必须进行滤膜脱气处理，脱气效果的好坏直接关系到仪器是否正常运转，这是整个仪器操作的关键。

② 注意事项：防止输液系统堵塞，水样做离子色谱分析前要经过 0.22μm 或 0.45μm 过滤膜过滤处理，消除基体干扰后方可进样。未知样品必须先行稀释 100 倍方可进样。

（5）进样器

① 对于气动进样阀，使用时要注意进样要处在进样阀状态，进样量控制在 4 倍定量环体积，进样后不要推至底部以避免推进空气。

② 每次分析结束后，要反复冲洗进样口，防止样品的交叉污染。阳离子样品分析结束后，将抑制器电源关掉，管路无气泡时关泵。10 天以上不用仪器时，断开保护柱、分离柱，并将这两者加 1～2 个通管连通，开泵，过纯水 10min 以上，清洗管路避免电导池堵塞。

任务一

离子色谱法测定水样中无机阴离子的含量

任务实施

【目的】

1. 掌握一种快速定量测定无机阴离子的方法。

2. 了解离子色谱仪的工作原理并掌握使用离子色谱仪的方法。

【原理】

采用离子色谱法测定水样中无机阴离子的含量，因此用阴离子交换柱，其填料通常为季铵盐交换基团［称为固定相，以 $R^-N^+(CH_3)_3 \cdot H^-$ 表示］，分离机理主要是离子交换，用 $NaHCO_3/Na_2CO_3$ 为淋洗液。用淋洗液平衡阴离子交换柱，样品溶液自进样口注入六通阀，高压泵输送淋洗液，将样品溶液带入交换柱。由于静电场相互作用，样品溶液的阴离子与交换柱固定相中的可交换离子 OH^- 发生交换，并暂时选择地保留在固定相上，同时，保留的阴离子又被带负电荷的淋洗离子（CO_3^{2-}/HCO_3^-）交换下来进入流动相。由于不同的阴离子与交换基团的亲和力大小不同，因此在固定相中的保留时间也就不同。亲和力小的阴离子与交换基团的作用力小，因而在固定相中的保留时间就短，先流出色谱柱；亲和力大的阴离子与交换基团的作用力大，在固定相中的保留时间就长，后流出色谱柱，于是不同的阴离子彼此就达到了分离的目的。被分离的阴离子经抑制器被转换为高电导率的无机酸，而淋洗液离子（CO_3^{2-}/HCO_3^-）则被转换为弱电导率的碳酸（消除背景电导率，使其不干扰被测阴离子的测定)，然后电导检测器依次测定被转变为相应酸型的阴离子，与标准进行比较，根据保留时间定性，以峰高或峰面积定量。采用峰面积标准曲线定量。

【仪器和药品】

1. 仪器

离子色谱仪；阴离子保护柱；阴离分离柱；自动再生抑制器。

2. 主要试剂

Na_2CO_3、$NaHCO_3$、NaF、NaCl、$NaNO_2$、NaBr、$NaNO_3$、Na_3PO_4、Na_2SO_4。

$NaHCO_3/Na_2CO_3$ 为阴离子淋洗储备溶液：称取 37.10g Na_2CO_3（分析纯级以上）和 8.40g $NaHCO_3$（分析纯级以上）（均已在 105℃烘箱中烘 2h，并冷却至室温），溶于高纯水中，转入 1000mL 容量瓶中，加水至刻度，摇匀。然后将此淋洗储备溶液储存于聚乙烯瓶中，在冰箱中保存。

此淋洗储备溶液为：0.35mol/L Na_2CO_3＋0.10mol/L $NaHCO_3$。

3. 阴离子标准储备溶液

用优级纯的钠盐分别配制成浓度为 100mg/L 的 F^-、1000mg/L 的 Cl^-、100mg/L 的 NO_2^-、1000mg/L 的 Br^-、1000mg/L 的 NO_3^-、1000mg/L 的 PO_4^{3-}、1000mg/L 的 SO_4^{2-} 7 种阴离子标准储备溶液。

【步骤】

1. $NaHCO_3/Na_2CO_3$ 阴离子淋洗液的制备

移取 0.35mol/L Na_2CO_3＋0.10mol/L $NaHCO_3$ 阴离子淋洗储备溶液 10.00mL，用高纯水稀释至 1000mL，摇匀。此淋洗液为 3.5mmol/L Na_2CO_3＋1.0mmol/L $NaHCO_3$。

2. 阴离子单个标准溶液的制备

分别移取 100mg/L 的 F^- 标液 5.00mL、1000mg/L 的 Cl^- 标液 2.00mL、100mg/L 的 NO_2^- 标液 15.00mL、1000mg/L 的 Br^- 标液 3.00mL、1000mg/L 的 NO_3^- 标液 3.00mL、1000mg/L 的 PO_4^{3-} 标液 5.00mL、1000mg/L 的 SO_4^{2-} 标液 5.00mL 于 7 个 100mL 容量瓶中，分别用高纯水稀释至刻度，摇匀。得到 F^- 浓度为 5mg/L、Cl^- 浓度为 20mg/L、NO_2^- 浓度为 15mg/L、Br^- 浓度为 30mg/L、NO_3^- 浓度为 30mg/L、PO_4^{3-} 浓度为 50mg/L、SO_4^{2-} 浓度为 50mg/L 的 7 种标准溶液。按同样方法依次移取不同量的储备液配制成另几种不同浓度的阴离子单个标准溶液，浓度范围为 5～100mg/L。

3. 阴离子混合标准溶液的制备

分别移取 100mg/L 的 F^- 标液 5.00mL、1000mg/L 的 Cl^- 标液 2.00mL、100mg/L 的

NO_2^- 标液 15.00mL、1000mg/L 的 Br^- 标液 3.00mL、1000mg/L 的 NO_3^- 标液 3.00mL、1000mg/L 的 PO_4^{3-} 标液 5.00mL、1000mg/L 的 SO_4^{2-} 标液 5.00mL 于一个 100mL 容量瓶中，用高纯水稀释至刻度，摇匀。得到 F^- 浓度为 5mg/L、Cl^- 浓度为 20mg/L、NO_2^- 浓度为 15mg/L、Br^- 浓度为 30mg/L、NO_3^- 浓度为 30mg/L、PO_4^{3-} 浓度为 50mg/L、SO_4^{2-} 浓度为 50mg/L 的混合标准溶液。按同样方法依次移取不同量的储备液配制成另几种不同浓度的阴离子单个标准溶液，浓度范围为 5～100mg/L。

4. 操作步骤

按仪器操作说明操作，得到标准品图谱和样品图谱，并进行分析计算。

【数据记录与处理】

1. 将阴离子混合标准溶液的制备列表。

2. 根据实验数据对测定结果进行评价，计算有关误差（列表表示）。

【注意事项】

1. 离子交换柱的型号、规格不一样时，色谱条件会有很大的差异，一般商品离子色谱柱都附有常见离子的分析条件。

2. 系统柱压应该稳定在 1500～2500psi 为宜。柱压过高可能使流路有堵塞或柱子污染，柱压过低可能使流路泄漏或有气泡。

3. 抑制器使用时应该注意如下几点：

① 尽量将电流设定为 50mA 以延长抑制器的使用寿命；

② 抑制器与泵同时开关；

③ 每星期至少开机一次，保持抑制器活性；

④ 长期不用应封存抑制器。

【任务训练】

1. 离子的保留时间与哪些因素有关？

2. 为什么在离子的色谱峰前会出现一个负峰（倒峰）？应该怎样避免？

任务二

离子色谱法测定矿泉水中钠、钾、钙、镁等离子的含量

任务实施

【目的】

1. 了解离子色谱法分离钠、钾、钙、镁离子的原理和操作。

2. 掌握利用外标法进行色谱定量分析的原理和步骤。

【原理】

离子色谱法是根据荷电物质在离子交换柱上具有不同的迁移率而将物质分离并进行自动检测的分析方法。离子色谱法分为单柱法和双柱法两种。钠、钾、钙、镁离子的分离常采用单柱离子色谱法。单柱离子色谱法是在分离柱后直接连接电导检测器。分离柱一般采用低容

量的离子交换树脂和低电导的洗脱液。依据所分离的离子性质不同，洗脱液选用不同的类型。以单柱阳离子色谱法为例，洗脱液一般为无机酸的稀溶液、有机酸溶液或乙二胺硝酸盐稀溶液。当样品随着流动相通过柱子时，样品离子（X^+）、流动相离子（H^+）与阳离子交换树脂之间发生如下交换反应。

流动相　　$H^+ + Y^+R^- \longrightarrow Y^+ + H^+R^-$

样品　　$X^+ + H^+R^- \longrightarrow H^+ + X^+R^-$

随着流动相不断流过柱子，样品离子又被流动相从树脂上交换下来。

$$X^+ + H^+R^- \longrightarrow H^+ + X^+R^-$$

由于洗脱液中 H^+ 电导值比其他被分离的阳离子的电导值高，当被分离的阳离子通过检测器时，电导值减小，所以所得到的色谱峰是倒峰，离子的浓度正比于电导值的降低，即负峰的峰高或峰面积。把色谱峰的方位转换一下，倒峰可表示成习惯方向。由于不同的离子在离子交换柱上具有不同的迁移率，从而被流动相洗脱下来的顺序不同，根据色谱基本方程，不同离子的保留时间 t_R 不同，在色谱图上表现为在不同的出峰位置。

在采用单点外标法进行定量时，任一组分的峰面积 A_i，正比于进入检测器的浓度 C_i。单点校正只需用未知样品组分与已知标准物的信号比乘以标准物的浓度，即可算出未知组分的含量。在本实验中，将已知浓度的标准钠、钾、钙、镁离子混合液进行色谱分离，测量各离子峰的峰面积或峰高，然后将样品溶液进行色谱分离，测量这四种相应离子峰的峰面积或峰高。

【仪器和药品】

1. 仪器

离子色谱仪。

2. 试剂

硝酸钠、硝酸钾、硝酸钙、硝酸镁（色谱纯或分析纯），市售矿泉水。

【步骤】

1. 钠、钾、钙、镁标准溶液的配制

分别准确称量一定量的硝酸钠、硝酸钾、硝酸钙、硝酸镁，配制成 1.00mg/mL 标准溶液，然后用二次蒸馏水稀释成浓度为 10μg/mL 的标准溶液。

2. 标准溶液分析

注入四种离子的标准溶液，记录色谱图。确定各离子的色谱峰保留值 t_R。

3. 混合标液的分析

将各离子的混合溶液进样分析，记录色谱图。

4. 样品分析

将市售矿泉水样品稀释 10 倍后进样分析，记录色谱图。根据保留时间定性，峰面积定量分析当地自来水中这四种离子的含量。

【数据记录与处理】

1. 由钠、钾、钙、镁标准溶液的色谱图，确定各离子的色谱峰保留值 t_R。

2. 根据混合标样的峰面积，采用单点外标法，计算样品溶液中各离子的浓度。

3. 用峰高代替峰面积进行各离子浓度的计算。

【任务训练】

1. 根据钙、镁离子的浓度判断当地水样的硬度。

2. 单点外标法与多点外标法相比，其优缺点如何？

3. 采用峰面积与峰高定量，结果有何不同？哪一种更准确？

附　录

附录 1

常用酸碱溶液的密度和浓度

溶液名称	密度 ρ/(g/cm^3)	质量分数/%	(物质的量)浓度 c/(mol/L)
浓硫酸	1.84	95～96	18
稀硫酸	1.18	25	3
稀硫酸	1.06	9	1
浓盐酸	1.19	38	12
稀盐酸	1.10	20	6
稀盐酸	1.03	7	2
浓硝酸	1.40	65	14
稀硝酸	1.20	32	6
稀硝酸	1.07	12	2
稀高氯酸	1.12	19	2
浓氢氟酸	1.13	40	23
氢溴酸	1.38	40	7
氢碘酸	1.70	57	7.5
冰醋酸	1.05	99～100	17.5
稀醋酸	1.04	35	6
稀醋酸	1.02	12	2
浓氢氧化钠	1.36	33	11
稀氢氧化钠	1.09	8	2
浓氨水	0.88	35	18
浓氨水	0.91	25	13.5
稀氨水	0.96	11	6
稀氨水	0.99	3.5	2

附录2

常用基准物的干燥条件与应用

基准物质	干燥条件	标定对象
$AgNO_3$	280～290℃干燥至恒重	卤化物、硫氰酸盐
As_2O_3	室温干燥器中保存	I_2
$CaCO_3$	110～120℃保持2h,干燥器中冷却	EDTA
$KHC_8H_4O_4$(邻苯二甲酸氢钾)	110～120℃干燥至恒重,干燥器中冷却	$NaOH$、$HClO_4$
KIO_3	120～140℃保持2h,干燥器中冷却	$Na_2S_2O_3$
$K_2Cr_2O_7$	140～150℃保持3～4h,干燥器中冷却	$FeSO_4$、$Na_2S_2O_3$
NaCl	500～600℃保持50min,干燥器中冷却	$AgNO_3$
$Na_2B_4O_7 \cdot 10H_2O$	含NaCl-蔗糖饱和溶液的干燥器中保存	HCl、H_2SO_4
Na_2CO_3	270～300℃保持50min,干燥器中冷却	HCl、H_2SO_4
$Na_2C_2O_4$(草酸钠)	130℃保持2h,干燥器中冷却	$KMnO_4$
Zn	室温干燥器中保存	EDTA
ZnO	900～1000℃保持50min,干燥器中冷却	EDTA

附录3

常用缓冲溶液的配制

缓冲溶液组成	pK_a	缓冲液pH	缓冲溶液配制方法
氨基乙酸-HCl	2.35(pK_{a1})	2.3	氨基乙酸150g溶于500mL水中,加浓盐酸80mL,用水稀释至1L
H_3PO_4-枸橼酸盐		2.5	$Na_2HPO_4 \cdot 12H_2O$ 113g溶于200mL水后,加枸橼酸387g,溶解,过滤后,稀释至1L
一氯乙酸-NaOH	2.86	2.8	200g一氯乙酸溶于200mL水中,加NaOH 40g溶解后,稀释至1L
邻苯二甲酸氢钾-HCl	2.95(pK_{a1})	2.9	500g邻苯二甲酸氢钾溶于500mL水中,加浓盐酸80mL,稀释至1L
甲酸-NaOH	3.76	3.7	95g甲酸和NaOH 40g于500mL水中,溶解,稀释至1L
NH_4Ac-HAc		4.5	NH_4Ac 77g溶于200mL水中,加冰醋酸59mL,稀释到1L

续表

缓冲溶液组成	pK_a	缓冲液 pH	缓冲溶液配制方法
NaAc-HAc	4.74	4.7	无水 NaAc 83g 溶于水中，加冰醋酸 60mL，稀释至 1L
NaAc-HAc	4.74	5.0	无水 NaAc 160g 溶于水中，加冰醋酸 60mL，稀释至 1L
NH_4Ac-HAc		5.0	NH_4Ac 250g 溶于 200mL 水中，加冰醋酸 25mL，稀释至 1L
六亚甲基四胺-HCl	5.15	5.4	六亚甲基四胺 40g 溶于 200mL 水中，加浓盐酸 10mL，稀释至 1L
NH_4Ac-HAc		6.0	NH_4Ac 600g 溶于 200mL 水中，加冰醋酸 20mL，稀释到 1L
NaAc-H_3PO_4 盐		8.0	无水 NaAc 50g 和 $Na_2HPO_4 \cdot 12H_2O$ 50g，溶于水中，稀释至 1L
NH_3-NH_4Cl	9.26	9.2	NH_4Cl 54g 溶于水中，加浓氨水 63mL，稀释到 1L
NH_3-NH_4Cl	9.26	9.5	NH_4Cl 54g 溶于水中，加浓氨水 126mL，稀释到 1L
NH_3-NH_4Cl	9.26	10.0	NH_4Cl 54g 溶于水中，加浓氨水 350mL，稀释到 1L

附录 4 常用的指示剂及其配制

1. 酸碱滴定常用指示剂及其配制

指示剂名称	变色 pH 范围	颜色变化	溶液配制方法
甲基紫(第一变色范围)	0.13～0.5	黄色→绿色	0.1%或 0.05%水溶液
甲基紫(第二变色范围)	1.0～1.5	绿色→蓝色	0.1%水溶液
甲基紫(第三变色范围)	2.0～3.0	蓝色→紫色	0.1%水溶液
百里酚蓝(麝香草酚蓝)(第一变色范围)	1.2～2.8	红色→黄色	0.1g 指示剂溶于 100mL 20%乙醇中
百里酚蓝(麝香草酚蓝)(第二变色范围)	8.0～9.0	黄色→蓝色	0.1g 指示剂溶于 100mL 20%乙醇中
甲基红	4.4～6.2	红色→黄色	0.1 或 0.2g 指示剂溶于 100mL 60%乙醇中
甲基橙	3.1～4.4	红色→橙黄色	0.1%水溶液
溴甲酚绿	3.8～5.4	黄色→蓝色	0.1g 指示剂溶于 100mL 20%乙醇中
溴百里酚蓝	6.0～7.6	黄色→蓝色	0.05g 指示剂溶于 100mL 20%乙醇中
酚酞	8.2～10.0	无色→紫红色	0.1g 指示剂溶于 100mL 60%乙醇中
甲基红-溴甲酚绿	5.1	酒红色→绿色	3 份 0.1%溴甲酚绿乙醇溶液 2 份 0.2%甲基红乙醇溶液
中性红-次甲基蓝	7.0	紫蓝色→绿色	0.1%中性红、次甲基蓝乙醇溶液各 1 份
甲酚红-百里酚蓝	8.3	黄色→紫色	1 份 0.1%甲酚红水溶液 3 份 0.1%百里酚蓝水溶液

2.沉淀滴定常用指示剂及其配制

指示剂名称	被测离子和滴定条件	终点颜色变化	溶液配制方法
铬酸钾	Cl^-、Br^- 中性或弱碱性	黄色→砖红色	5%水溶液
铁铵矾(硫酸铁铵)	Br^-、I^-、SCN^- 酸性	无色→红色	8%水溶液
荧光黄	Cl^-、I^-、SCN^-、Br^- 中性	黄绿色→玫瑰红色,黄绿色→橙色	0.1%乙醇溶液
曙红	Br^-、I^-、SCN^- pH 1~2	橙色→深红色	0.1%乙醇溶液(或0.5%钠盐水溶液)

3.常用金属指示剂及其配制

指示剂名称	适用pH范围	直接滴定的离子	终点颜色变化	配制方法
铬黑T(EBT)	8~11	Mg^{2+}、Zn^{2+}、Cd^{2+}、Pb^{2+}等	酒红色→蓝色	0.1g铬黑T和10g氯化钠,研磨均匀
二甲酚橙(XO)	<6.3	Bi^{3+}、Zn^{2+}、Cd^{2+}、Pb^{2+}、Hg^{2+}及稀土等	紫红色→亮黄色	0.2%水溶液
钙指示剂	12~12.5	Ca^{2+}	酒红色→蓝色	0.05g钙指示剂和10g氯化钠,研磨均匀
吡啶偶氮萘酚(PAN)	1.9~12.2	Bi^{3+}、Cu^{2+}、Ni^{2+}、Th^{4+}等	紫红色→黄色	0.1%乙醇溶液

附录5 常用基准物质的干燥条件和应用范围

基准物质		干燥后组成	干燥条件/℃	标定对象
名称	化学式			
碳酸氢钠	$NaHCO_3$	Na_2CO_3	270~300	酸
碳酸钠	$Na_2CO_3 \cdot 10H_2O$	Na_2CO_3	270~300	酸
碳酸氢钾	$KHCO_3$	KCO_3	270~300	酸
草酸	$H_2C_2O_4 . 2H_2O$	$H_2C_2O_4 \cdot 2H_2O$	室温空气干燥	碱或KMnO4
邻苯二甲酸氢钾	$KHC_8H_4O_4$	$KHC_8H_4O_4$	110~120	碱
重铬酸钾	$K_2Cr_2O_7$	$K_2Cr_2O_7$	140~150	还原剂
溴酸钾	$KBrO_3$	$KBrO_3$	130	还原剂
碘酸钾	KIO_3	KIO_3	130	还原剂
铜	Cu	Cu	室温干燥器中保存	还原剂
三氧化二砷	As_2O_3	As_2O_3	室温干燥器中保存	氧化剂
草酸钠	$Na_2C_2O_4$	$Na_2C_2O_4$	130	氧化剂
碳酸钙	$CaCO_3$	$CaCO_3$	110	EDTA
锌	Zn	Zn	室温干燥器中保存	EDTA

续表

基准物质		干燥后组成	干燥条件/℃	标定对象
名称	化学式			
氧化锌	ZnO	ZnO	900～1 000	EDTA
氧化钾	NaCl	NaCl	500～600	$AgNO_3$
氢化钾	KCl	KCl	500～600	$AgNO_3$
硝酸银	$AgNO_3$	$AgNO_3$	180～290	氯化物

附录 6

不同温度下标准滴定溶液的体积的补正值（GB/T 601—2002）

[1000mL 溶液由 t℃换为 20℃时的补正值/(mL/L)]

温度/℃	水和 0.05mol/L 以下的各种水溶液	0.1mol/L 和 0.2mol/L 以下的各种水溶液	盐酸溶液 $c(HCl)=$ 0.5mol/L	盐酸溶液 $c(HCl)=$ 1mol/L	硫酸溶液 $c(1/2H_2SO_4)$ =0.5mol/L，氢氧化钠溶液 $c(NaOH)=$ 0.5mol/L	硫酸溶液 $c(1/2H_2SO_4)$ =1mol/L，氢氧化钠溶液 $c(NaOH)=$ 1mol/L	碳酸钠溶液 $c(1/2Na_2CO_3)$ =1mol/L	氢氧化钾-乙醇溶液 $c(KOH)=$ 0.1mol/L
5	+1.38	+1.7	+1.9	+2.3	+2.4	+3.6	+3.3	
6	+1.38	+1.7	+1.9	+2.2	+2.3	+3.4	+3.2	
7	+1.36	+1.6	+1.8	+2.2	+2.2	+3.2	+3.0	
8	+1.33	+1.6	+1.8	+2.1	+2.2	+3.0	+2.8	
9	+1.29	+1.5	+1.7	+2.0	+2.1	+2.7	+2.6	
10	+1.23	+1.5	+16	+1.9	+2.0	+2.5	+2.4	+10.8
11	+1.17	+1.4	+1.5	+1.8	+1.8	+2.3	+2.2	+9.6
12	+1.10	+1.3	+1.4	+1.6	+1.7	+2.0	+2.0	+8.5
13	+0.99	+1.1	+1.2	+1.4	+1.5	+1.8	+1.8	+7.4
14	+0.88	+1.0	+1.1	+1.2	+1.3	+1.6	+1.5	+6.5
15	+0.77	+0.9	+0.9	+1.0	+1.1	+1.3	+1.3	+5.2
16	+0.64	+0.7	+0.8	+0.8	+0.9	+1.1	+1.1	+4.2
17	+0.50	+0.6	+0.6	+0.6	+0.7	+0.8	+0.8	+3.1
18	+0.34	+0.4	+0.4	+0.4	+0.5	+0.6	+0.6	+2.1
19	+0.18	+0.2	+0.2	+0.2	+0.2	+0.3	+0.3	+1.0
20	0.00	0.00	0.00	0.0	0.0	0.0	0.0	0.0
21	−0.18	−0.2	−0.2	−0.2	−0.2	−0.3	−0.3	−1.1
22	−0.38	−0.4	−0.4	−0.5	−0.5	−0.6	−0.6	−2.2

续表

温度/℃	水和0.05mol/L以下的各种水溶液	0.1mol/L和0.2mol/L以下的各种水溶液	盐酸溶液 $c(HCl)=$ 0.5mol/L	盐酸溶液 $c(HCl)=$ 1mol/L	硫酸溶液 $c(1/2H_2SO_4)=0.5$mol/L，氢氧化钠溶液 $c(NaOH)=$ 0.5mol/L	硫酸溶液 $c(1/2H_2SO_4)=1$mol/L，氢氧化钠溶液 $c(NaOH)=$ 1mol/L	碳酸钠溶液 $c(1/2Na_2CO_3)=1$mol/L	氢氧化钾-乙醇溶液 $c(KOH)=$ 0.1mol/L
23	−0.58	−0.6	−0.7	−0.7	−0.8	−0.9	−0.9	−3.3
24	−0.80	−0.9	−0.9	−1.0	−1.0	−1.2	−1.2	−4.2
25	−1.03	−1.1	−1.1	−1.2	−1.3	−1.5	−1.5	−5.3
26	−1.26	−1.4	−1.4	−1.4	−1.5	−1.8	−1.8	−6.4
27	−1.51	−1.7	−1.7	−1.7	−1.8	−2.1	−2.1	−7.5
28	−1.76	−2.0	−2.0	−2.0	−2.1	−2.4	−2.4	−8.5
29	−2.01	−2.3	−2.3	−2.3	−2.4	−2.8	−2.8	−9.6
30	−2.30	−2.5	−2.5	−2.6	−2.8	−3.2	−3.1	−10.6
31	−2.58	−2.7	−2.7	−2.9	−3.1	−3.5		−11.6
32	−2.86	−3.0	−3.0	−3.2	−3.4	−3.9		−12.6
33	−3.04	−3.2	−3.3	−3.5	−3.7	−4.2		−13.7
34	−3.47	−3.7	−3.6	−3.8	−4.1	−4.6		−14.8
35	−3.78	−4.0	−4.0	−4.1	−4.4	−5.0		−16.0
36	−4.10	−4.3	−4.3	−4.4	−4.7	−5.3		−17.0

注：1.本表数值是以20℃为标准温度以实测法测出。

2.表中带有"+"、"−"号的数值是以20℃为分界。室温低于20℃的补正值为"+"，高于20℃的补正值为"−"。

3.本表的用法，如下：

如1L硫酸溶液[$c(1/2H_2SO_4)=1$mol/L]由25℃换算为20℃时，其体积补正值为−1.5mL，故40.00mL换算为20℃时的体积为：

$$40.00-\frac{1.5}{1000}\times 40.00=39.94\ (\text{mL})$$

附录7

国际原子量表

[以原子量 $Ar(^{12}C)=12$ 为标准]

原子序数	名称	元素符号	原子量	原子序数	名称	元素符号	原子量	原子序数	名称	元素符号	原子量
1	氢	H	1.0079	6	碳	C	12.011	11	钠	Na	22.98977
2	氦	He	4.002602	7	氮	N	14.0067	12	镁	Mg	24.305
3	锂	Li	6.941	8	氧	O	15.9994	13	铝	Al	26.98154
4	铍	Be	9.01218	9	氟	F	18.99840	14	硅	Si	28.0855
5	硼	B	10.811	10	氖	Ne	20.179	15	磷	P	30.97376

续表

原子序数	名称	元素符号	原子量	原子序数	名称	元素符号	原子量	原子序数	名称	元素符号	原子量
16	硫	S	32.066	48	镉	Cd	112.41	80	汞	Hg	200.59
17	氯	Cl	35.453	49	铟	In	114.82	81	铊	Tl	204.383
18	氩	Ar	39.948	50	锡	Sn	118.710	82	铅	Pb	207.2
19	钾	K	39.0983	51	锑	Sb	121.75	83	铋	Bi	208.9804
20	钙	Ca	40.078	52	碲	Te	127.60	84	钋	Po	(209)
21	钪	Sc	44.95591	53	碘	I	126.9045	85	砹	At	(210)
22	钛	Ti	47.88	54	氙	Xe	131.29	86	氡	Rn	(222)
23	钒	V	50.9415	55	铯	Cs	132.9054	87	钫	Fr	(223)
24	铬	Cr	51.9961	56	钡	Ba	137.33	88	镭	Re	226.0254
25	锰	Mn	54.9380	57	镧	La	138.9055	89	锕	Ac	227.0278
26	铁	Fe	55.847	58	铈	Ce	140.12	90	钍	Th	232.0381
27	钴	Co	58.9332	59	镨	Pr	140.9077	91	镤	Pa	231.0359
28	镍	Ni	58.69	60	钕	Nd	144.24	92	铀	U	238.0289
29	铜	Cu	63.546	61	钷	Pm	(145)	93	镎	Np	237.0482
30	锌	Zn	65.39	62	钐	Sm	150.36	94	钚	Pu	(244)
31	镓	Ga	69.723	63	铕	Eu	151.96	95	镅	Am	(243)
32	锗	Ge	72.59	64	钆	Gd	157.25	96	锔	Cm	(247)
33	砷	As	74.9216	65	铽	Tb	158.9254	97	锫	Bk	(247)
34	硒	Se	78.96	66	镝	Dy	162.50	98	锎	Cf	(251)
35	溴	Br	79.904	67	钬	Ho	164.9304	99	锿	Es	(252)
36	氪	Kr	83.80	68	铒	Er	167.26	100	镄	Fm	(257)
37	铷	Rb	85.4678	69	铥	Tm	168.9342	101	钔	Md	(258)
38	锶	Sr	87.62	70	镱	Yb	173.04	102	锘	No	(259)
39	钇	Y	88.9059	71	镥	Lu	174.967	103	铹	Lr	(262)
40	锆	Zr	91.224	72	铪	Hf	178.49	104	𬬻	Rf	(261)
41	铌	Nb	92.9064	73	钽	Ta	180.9479	105	𬭊	Db	(262)
42	钼	Mo	95.94	74	钨	W	183.85	106	𬭳	Sg	(263)
43	锝	Tc	(98)[①]	75	铼	Re	186.207	107	𬭛	Bh	(262)
44	钌	Ru	101.07	76	锇	Os	190.2	108	𬭶	Hs	(265)
45	铑	Rh	102.9055	77	铱	Ir	192.22	109	鿏	Mt	(266)
46	钯	Pd	106.42	78	铂	Pt	195.08				
47	银	Ag	107.868	79	金	Au	196.9665				

① 括弧中的数值使该放射性元素已知的半衰期最长的同位素的原子质量数。

附录 8

多种物质分光光度计吸收曲线（参考）

1. 苯甲酸吸收光谱曲线

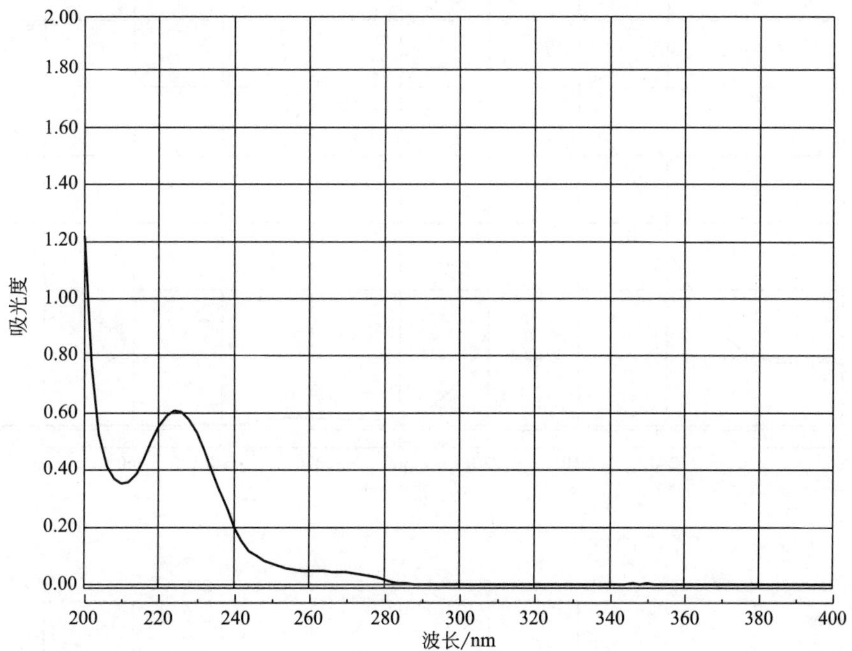

2. 水杨酸吸收光谱曲线

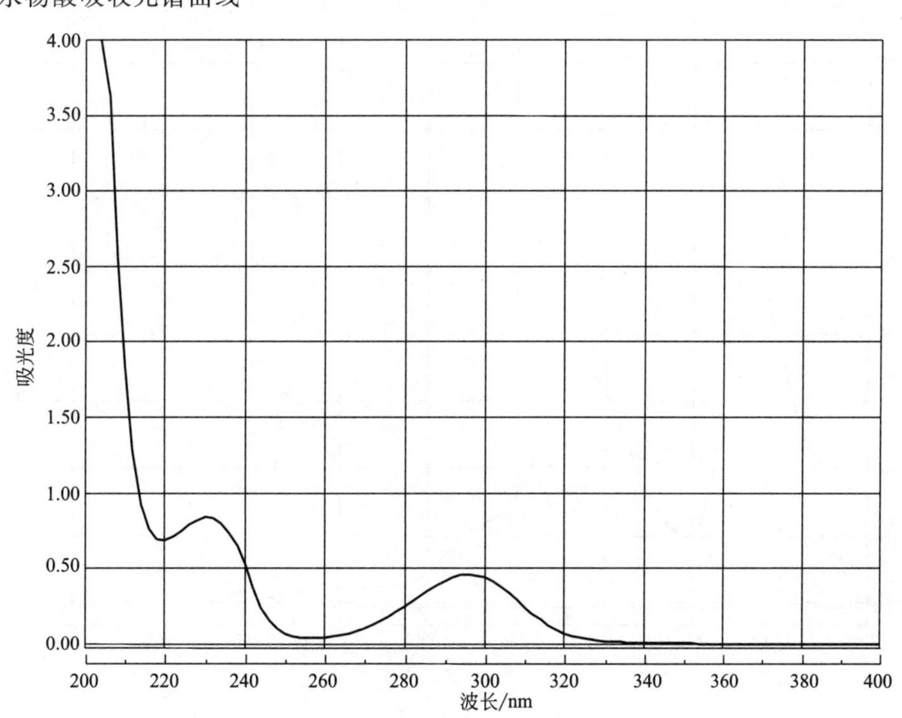

3. 山梨酸吸收光谱曲线

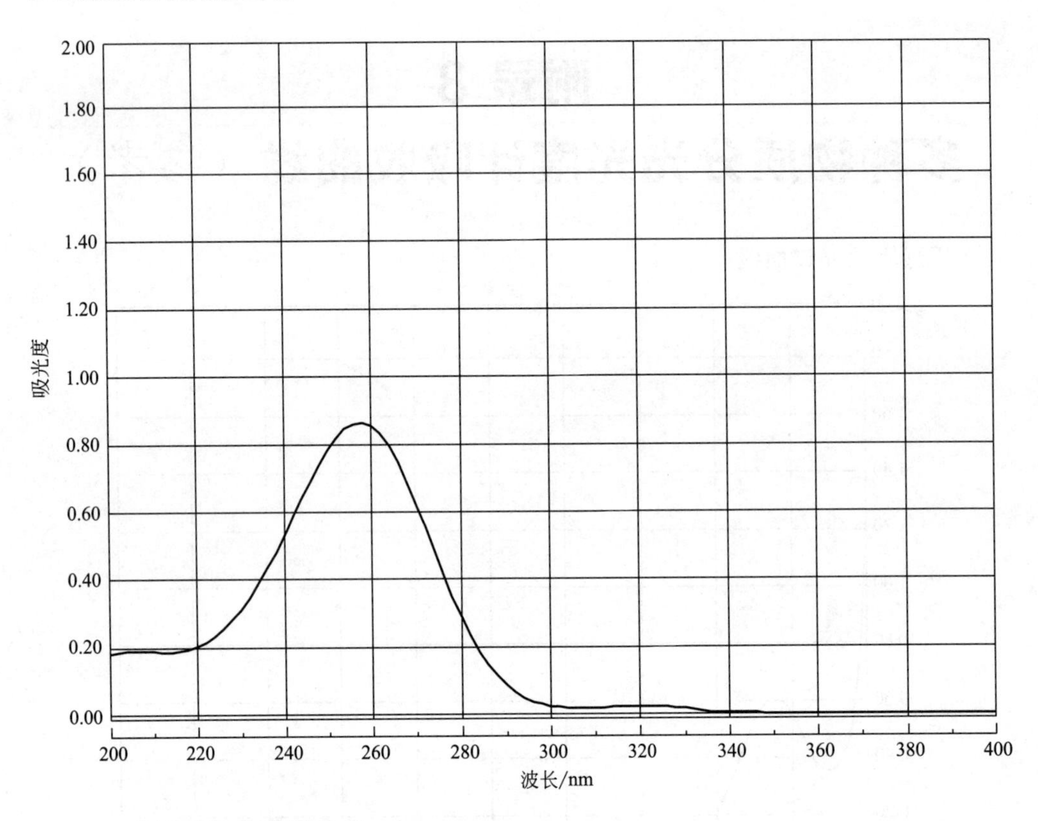

4. 1,10-菲罗啉吸收光谱曲线

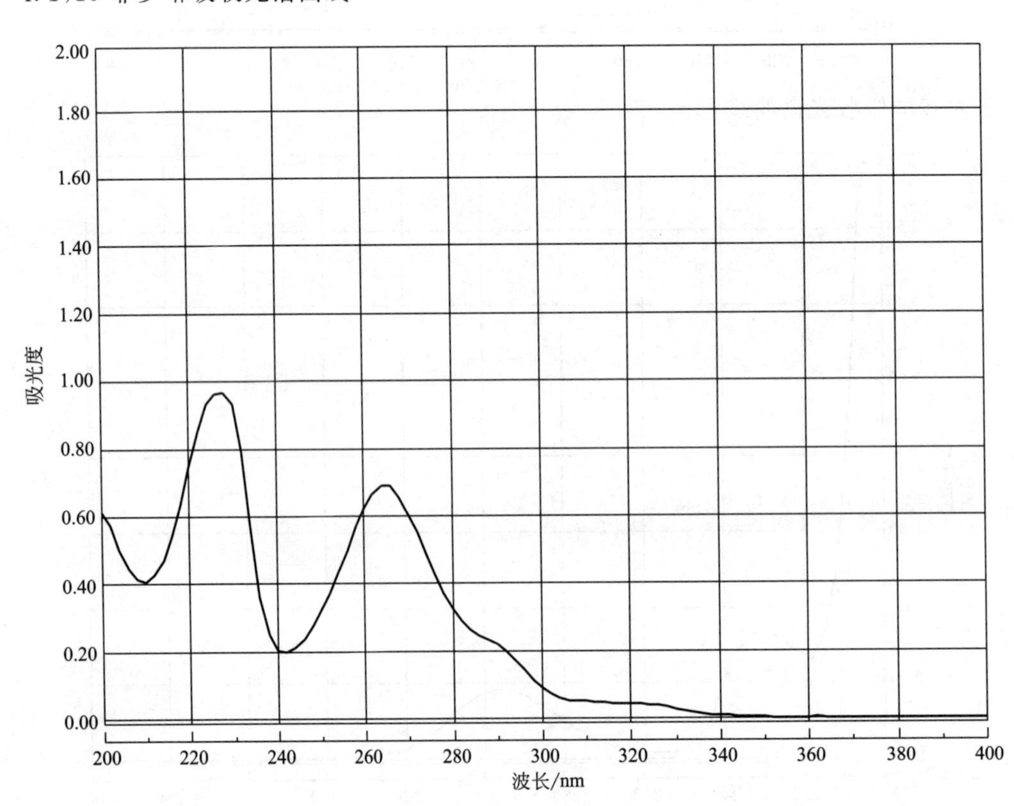

5. 磺基水杨酸吸收光谱曲线

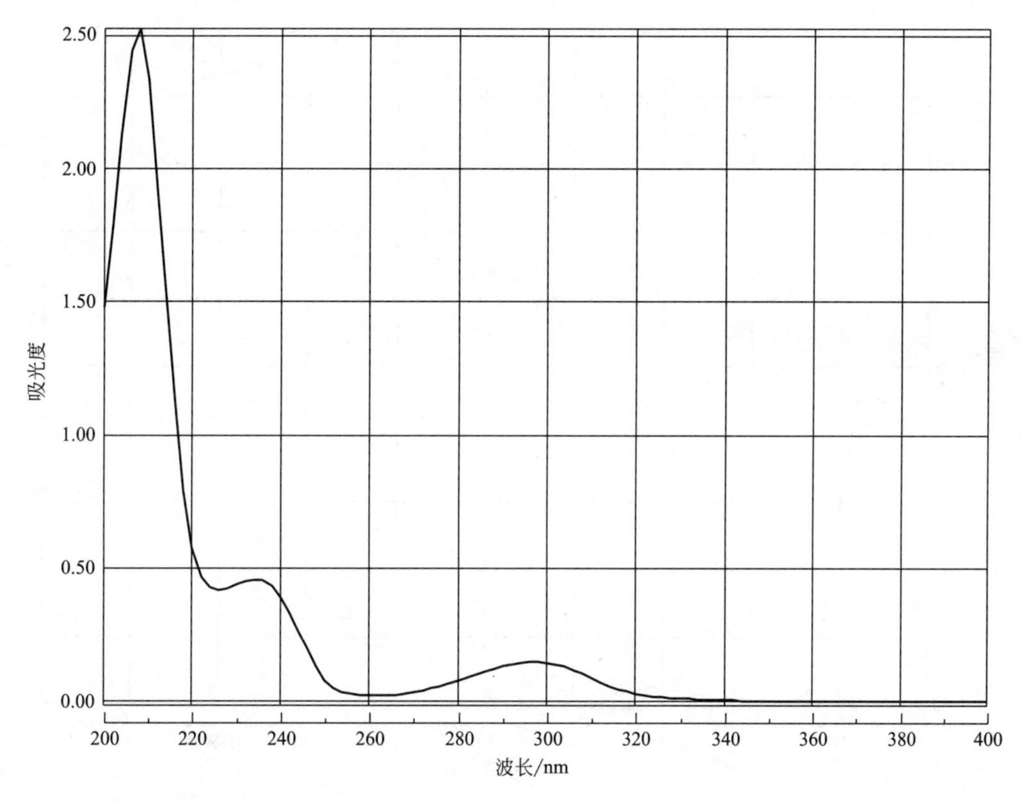

6. 对羟基苯磺酸吸收光谱曲线

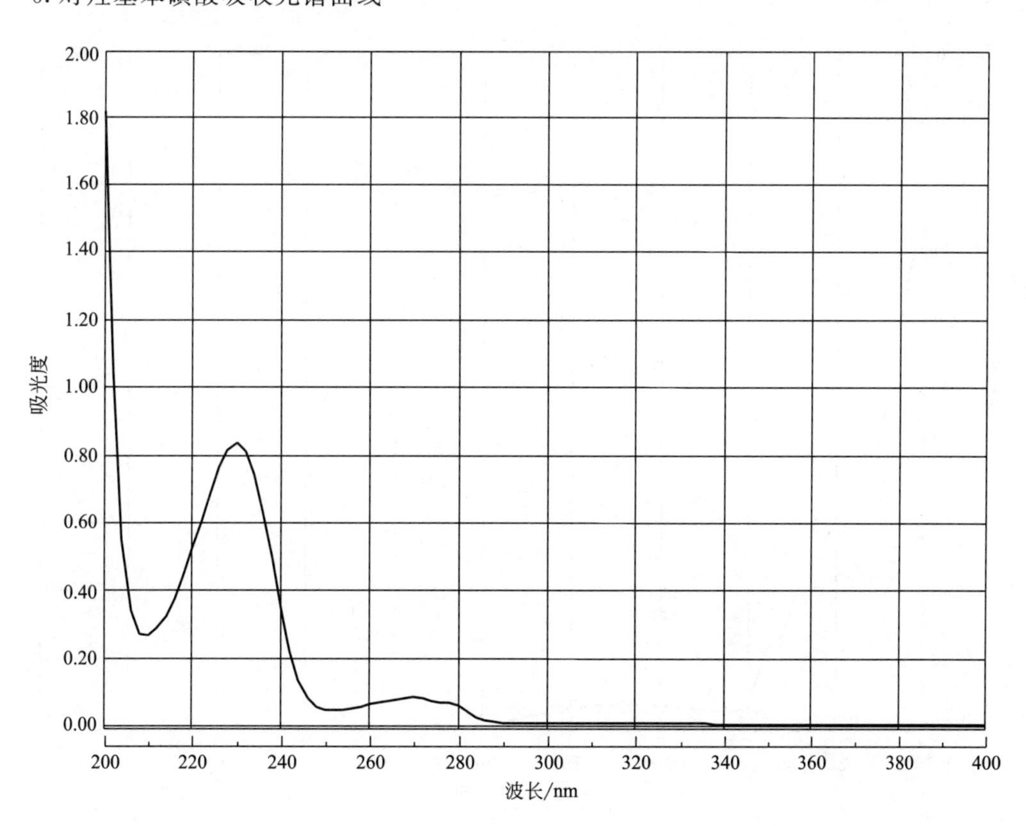

7. 苯磺酸吸收光谱曲线

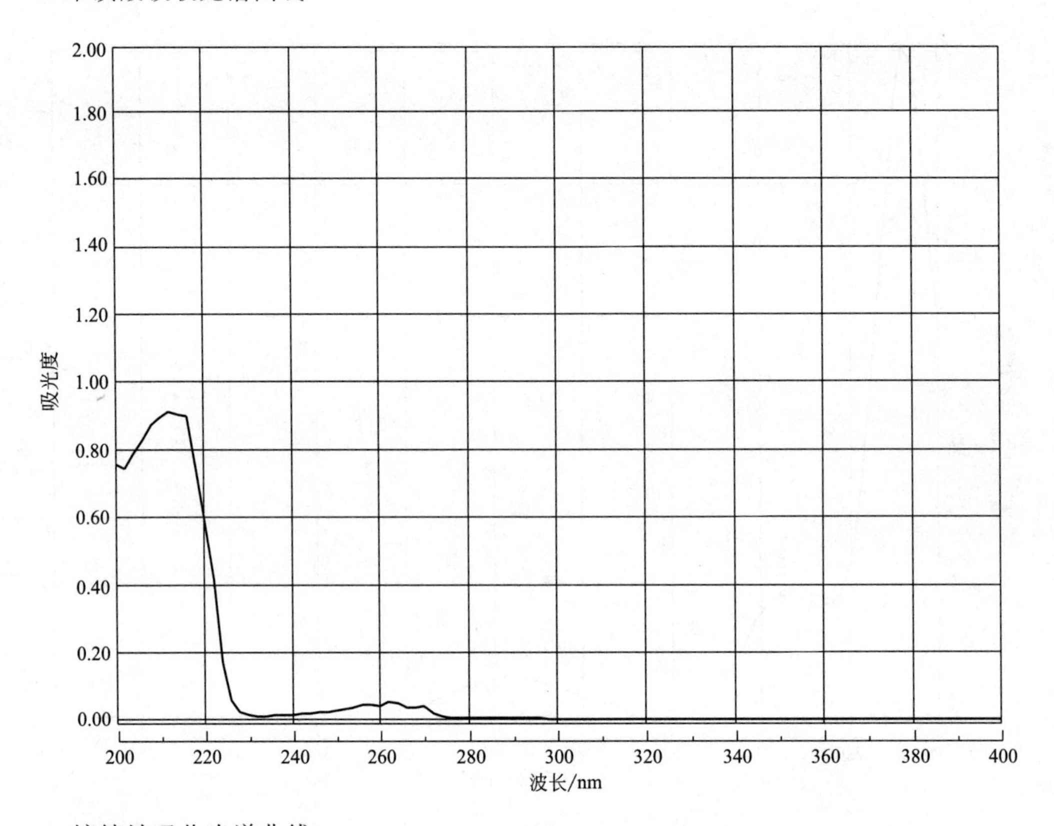

8. 糖精钠吸收光谱曲线

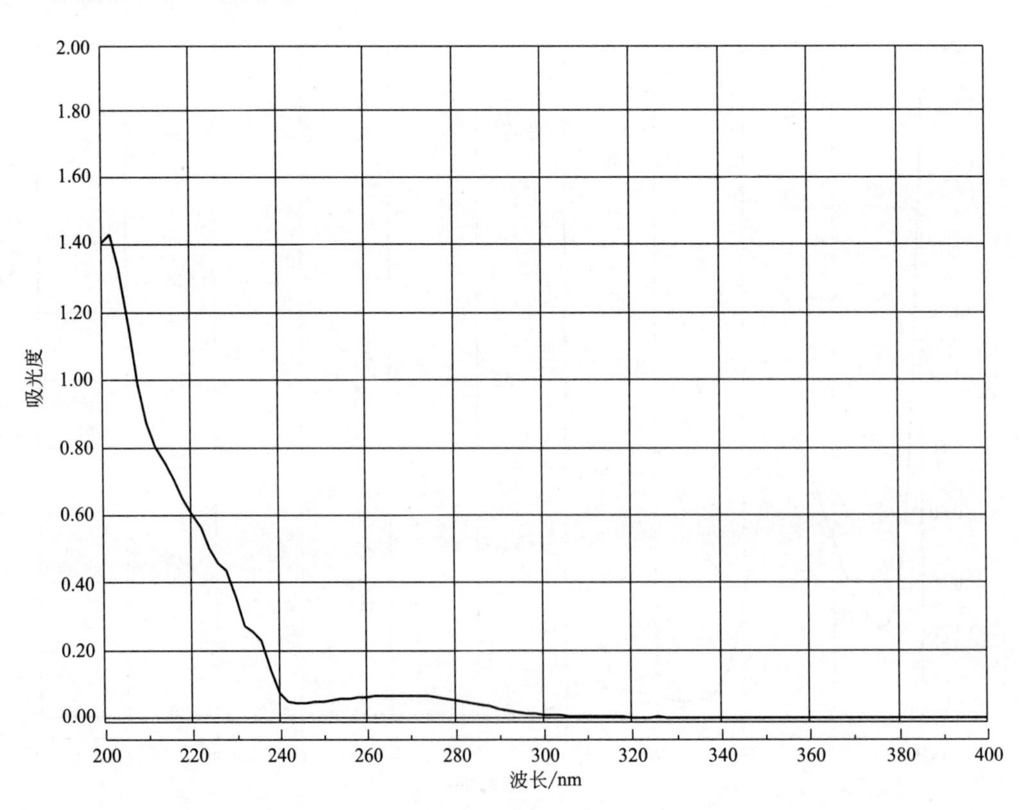

参考文献

[1] 陈若愚，朱建飞.无机与分析化学实验.北京：化学工业出版社，2014.

[2] 胡广林，张雪梅.分析化学实验.北京：化学工业出版社，2015.

[3] 黄涛，张明通.无机化学实验.北京：化学工业出版社，2015.

[4] 孙凤霞.仪器分析.北京：化学工业出版社，2015.

[5] 唐仕荣.仪器分析实验.北京：化学工业出版社，2016.

[6] 孙微微，张海玲.分析化学实训.北京：化学工业出版社，2013.

[7] 冷宝林，牟晓红.化学分析.北京：中国石化出版社，2013.

[8] 张新锋.分析化学.北京：化学工业出版社，2014.

[9] 李克安.分析化学教程.北京：北京大学出版社，2005.

[10] 张小玲，张慧敏.化学分析实验.北京：北京理工大学出版社，2007.

[11] 张学军，高嵩.分析化学实验教程.北京：中国环境出版社，2009.

[12] 孙英.分析化学实验.北京：中国农业大学出版社，2009.

[13] 黄少云.无机及分析化学实验.北京：化学工业出版社，2008.

[14] 朱竹青，朱荣华主编.无机及分析化学实验.北京：中国农业大学出版社，2008.

[15] 张晓明.分析化学实验教程.北京：科学出版社，2008.

[16] 范玉华.无机及分析化学实验.青岛：中国海洋大学出版社，2009.

[17] 罗盛旭，范春蕾，王小红.无机及分析化学实验.北京：现代教育出版社，2008.

[18] 姚思童，张进.现代分析化学实验.北京：化学工业出版社，2008.